RPM

이홍섭 지음

수학 필독서 5,500만 부 돌파!

유형서 최초
전 문항 해설 강의 제공

유형의 완성 RPM

확률과 통계

KB263515

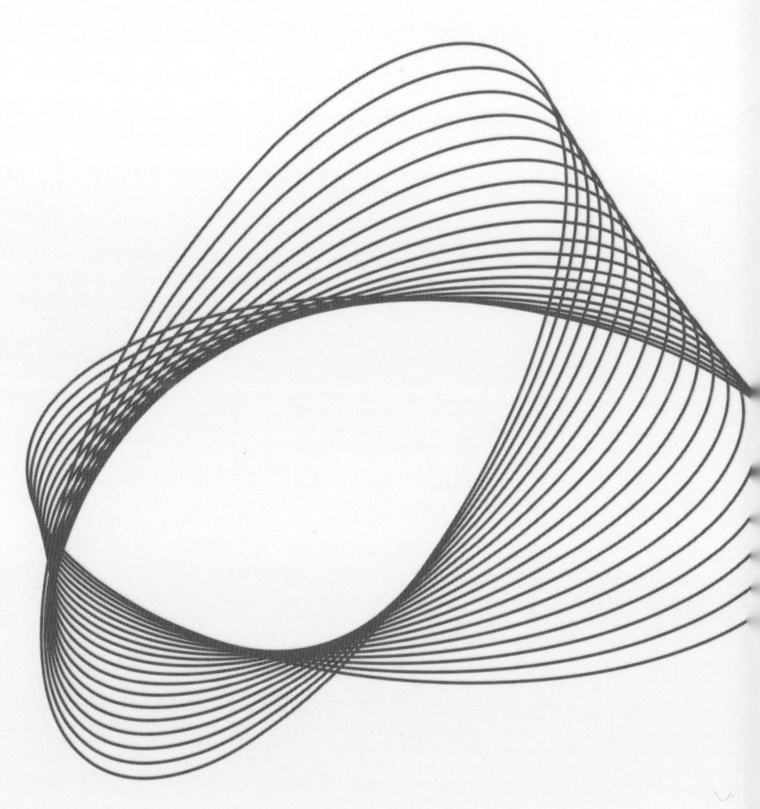

개념원리 수학연구소

수학 점수 제대로 올리는 방법

방법 1 · 개념원리 X RPM 조합으로 공부하기

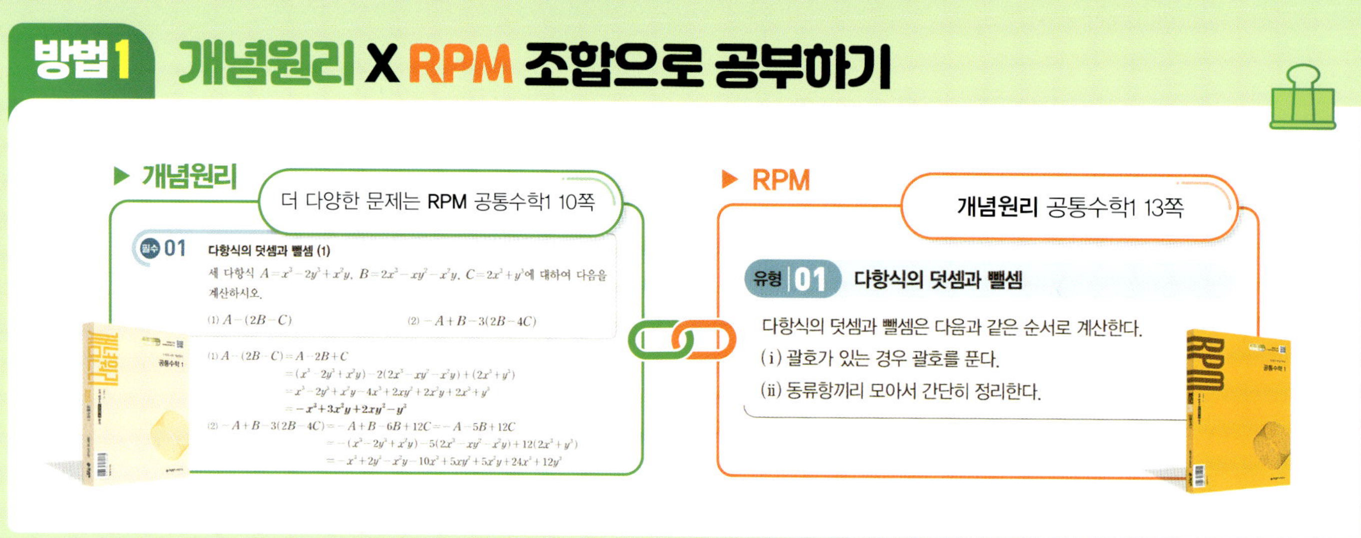

개념원리 와 RPM 에 있는 링크를 통해 개념과 유형의 학습 효율 최대화!

방법 2 · RPM 전 문항 무료 강의 활용하기

RPM 무료 해설 강의 로 모든 유형을 확실하게!

학생 모두가 수학을 쉽게 배울 수 있는 환경이 조성될 때까지
개념원리의 노력은 계속됩니다.

수학공부

혼자하기 힘드신가요?

개념원리 물개 챌린지로 즐겁게 공부해요!!

수학공부는 물론 개념원리라는 뜻!

목표

수학 공부 습관 형성

교재 한 권 완독

수학 성적 올리기

미션

주 3회 이상
개념원리 또는 RPM 공부

공부 내용 인스타그램 또는
블로그에 인증 (5분 소요)

진행일정

개념원리
1월, 7월 방학기간 진행

RPM
3월, 9월 학기 중 진행

혜택

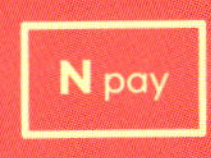

네이버 페이
참여할수록 높아지는 상품 금액

질의 응답방
문제, 공부법 질문이 가능한 카톡방 운영

다양한 선물
노트 등 다양한 홍보물 제공

학습 지원 자료 / 동기부여
학습 플래너, 동기부여 명언 등 제공

* 홍보물 제공 내용은 본사 재고 상황에 따라 달라질 수 있습니다.

이왕 하는 수학공부, 물개 챌린지로 친구들과 선물받으면서 하자!

QR을 통해 물개 챌린지 모집 알림 받기를 신청하세요!

※ 자세한 챌린지 내용, 혜택, 일정을 안내해 드립니다.

개념원리 RPM 확률과 통계

발행일	2025년 4월 1일 (1판 1쇄)
기획 및 집필	이홍섭, 개념원리 수학연구소
콘텐츠 개발 총괄	한소영
콘텐츠 개발 책임	이선옥, 김현진, 모규리, 오영석, 오지애, 오서희
사업 책임	정현호
마케팅 책임	권가민, 이미혜
제작/유통 책임	이건호
영업 책임	정현호
디자인	(주)이츠북스
펴낸이	고사무열
펴낸곳	(주)개념원리
등록번호	제 22-2381호
주소	서울시 강남구 테헤란로 8길 37, 7층(한동빌딩) 06239
고객센터	1644-1248

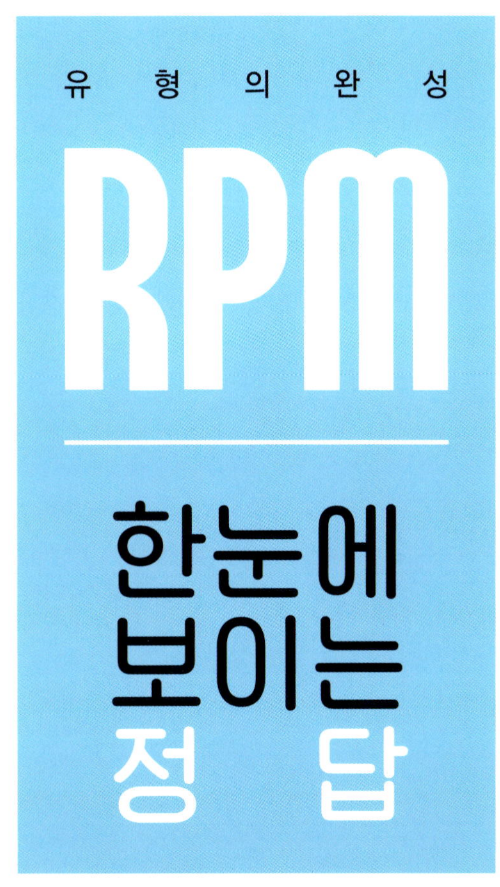

유 형 의 완 성
RPM
한눈에
보이는
정 답
확률과 통계

0407 ㄱ, ㄹ **0408** $\dfrac{2}{3}$ **0409** $\dfrac{9}{16}$ **0410** (1) $\dfrac{1}{6}$ (2) $\dfrac{1}{6}$

0411 (1) $f(x)=\dfrac{1}{2}x$ (2) $\dfrac{3}{4}$ (3) $\dfrac{9}{16}$ **0412** $\text{N}(6, 2^2)$

0413 $\text{N}(8, 3^2)$ **0414** (1) $\text{E}(Y)=19, \sigma(Y)=6$ (2) $\text{N}(19, 6^2)$

0415 ㄱ, ㄴ, ㄷ **0416** 0.2857 **0417** 0.0228 **0418** 0.8413

0419 0.0668 **0420** 0.383 **0421** 0.6915 **0422** 2 **0423** 0.5

0424 1.5 **0425** 1 **0426** $Z=\dfrac{X-5}{2}$

0427 $Z=\dfrac{X-30}{3}$ **0428** (1) $Z=\dfrac{X-8}{4}$ (2) 0.7745

0429 $\text{N}(12, 3^2)$ **0430** $\text{N}(150, 5^2)$

0431 (1) $Z=\dfrac{X-54}{6}$ (2) 0.8185 **0432** $\dfrac{2}{3}$ **0433** ④

0434 $\dfrac{1}{5}$ **0435** ⑤ **0436** $\dfrac{3}{4}$ **0437** $\dfrac{11}{15}$ **0438** ③

0439 B, C **0440** ③ **0441** ② **0442** 7 **0443** 0.9544

0444 ④ **0445** 39 **0446** ③ **0447** 11 **0448** 3

0449 -3 **0450** ③ **0451** ⑤ **0452** 0.9772 **0453** 55

0454 2 **0455** 23 **0456** 24.5 **0457** ④ **0458** 0.1587

0459 ① **0460** 20 **0461** 0.6554 **0462** ② **0463** ②

0464 92.3점 **0465** 12 **0466** 93점 **0467** ② **0468** 63

0469 ③ **0470** 218 **0471** 0.0228 **0472** ② **0473** ②

0474 ① **0475** 0.9938 **0476** 0.1587 **0477** 영어 **0478** ④

0479 ⑤ **0480** 43 **0481** ① **0482** ② **0483** $\dfrac{1}{6}$

0484 ③ **0485** ③ **0486** ① **0487** ① **0488** ⑤

0489 16 **0490** ⑤ **0491** 48 **0492** ② **0493** ④

0494 ④ **0495** 143.2분 **0496** ⑤ **0497** ④

0498 0.3085 **0499** ③ **0500** ③ **0501** $\dfrac{15}{16}$ **0502** $k>7$

0503 160 **0504** 0.1359 **0505** ① **0506** 0.4772 **0507** 0.99

0508 ㄱ, ㄴ **0509** (1) 16 (2) 12

0510 (1) $\dfrac{2}{9}$, $\dfrac{2}{9}$, $\dfrac{1}{9}$ (2) 평균: 2, 분산: $\dfrac{1}{3}$, 표준편차: $\dfrac{\sqrt{3}}{3}$

0511 (1) 30 (2) 9 (3) 3 **0512** (1) 60 (2) 4 (3) 2

0513 (1) $\text{E}(X)=0, \text{V}(X)=\dfrac{1}{2}, \sigma(X)=\dfrac{\sqrt{2}}{2}$

(2) $\text{E}(\overline{X})=0, \text{V}(\overline{X})=\dfrac{1}{6}, \sigma(\overline{X})=\dfrac{\sqrt{6}}{6}$

0514 (1) 평균: 300, 분산: 4 (2) $\text{N}(300, 2^2)$ (3) $Z=\dfrac{\overline{X}-300}{2}$
(4) 0.1587

0515 (1) 0.0228 (2) 0.927 **0516** $\dfrac{1}{125}$

0517 $p=\dfrac{3}{40}$, $\hat{p}=\dfrac{1}{10}$ **0518** 평균: 0.8, 표준편차: 0.04

0519 평균: 0.8, 표준편차: 0.008

0520 평균: 0.1, 분산: 0.0009, 표준편차: 0.03

0521 $\text{N}(0.2, 0.02^2)$

0522 (개) $\text{N}\left(m, \dfrac{\sigma^2}{n}\right)$ (내) $\dfrac{\overline{X}-m}{\dfrac{\sigma}{\sqrt{n}}}$ (대) $1.96\dfrac{\sigma}{\sqrt{n}}$

0523 (1) $58.824 \le m \le 61.176$ (2) $58.452 \le m \le 61.548$

0524 (1) $99.02 \le m \le 100.98$ (2) $98.71 \le m \le 101.29$

0525 (1) $0.33648 \le p \le 0.38352$ (2) $0.32904 \le p \le 0.39096$

0526 $\dfrac{5}{16}$ **0527** 404 **0528** $\sqrt{5}$ **0529** $\dfrac{5}{3}$ **0530** ④

0531 68 **0532** 0.0062 **0533** 0.9544 **0534** 0.1525 **0535** ⑤

0536 0.1336 **0537** 2664 **0538** 4 **0539** 64 **0540** 64

0541 55.5 **0542** 255 **0543** 39 **0544** 0.8413 **0545** ⑤

0546 0.4938 **0547** $119.02 \le m \le 120.98$ **0548** ① **0549** 7

0550 ② **0551** ② **0552** ① **0553** 135 **0554** 94

0555 1.96 **0556** ④ **0557** ② **0558** 81 **0559** 16

0560 68 **0561** ⑤ **0562** 225 **0563** 100

0564 $0.7484 \le p \le 0.8516$ **0565** $0.12 \le p \le 0.28$ **0566** ③

0567 576 **0568** 0.0832 **0569** 1344 **0570** ③ **0571** ①

0572 ㄱ, ㄷ **0573** 360 **0574** ② **0575** ⑤ **0576** ①

0577 61 **0578** 0.9544 **0579** ② **0580** 16 **0581** 359

0582 0.9772 **0583** 11 **0584** ③ **0585** 196 **0586** 169

0587 ② **0588** 360 **0589** 3600명 **0590** ② **0591** $\dfrac{1}{8}$

0592 199 **0593** 576 **0594** 21 **0595** ② **0596** ㄱ, ㄴ

0235 (1) $\dfrac{1}{2}$ (2) $\dfrac{1}{6}$ (3) $\dfrac{1}{3}$ **0236** $\dfrac{1}{3}$ **0237** (1) 0.1 (2) 0.4

0238 (1) $\dfrac{3}{8}$ (2) $\dfrac{5}{7}$ (3) $\dfrac{15}{56}$ **0239** (1) 독립 (2) 종속

0240 (1) $\dfrac{1}{6}$ (2) $\dfrac{1}{2}$ (3) $\dfrac{1}{4}$ **0241** 0.35 **0242** (1) $\dfrac{1}{3}$ (2) $\dfrac{40}{243}$

0243 $\dfrac{3}{8}$ **0244** $\dfrac{16}{625}$ **0245** 0.25 **0246** $\dfrac{2}{3}$ **0247** ⑤

0248 $\dfrac{1}{4}$ **0249** ③ **0250** $\dfrac{5}{8}$ **0251** 6 **0252** ②

0253 $\dfrac{5}{18}$ **0254** $\dfrac{1}{4}$ **0255** 13 **0256** $\dfrac{3}{7}$ **0257** 0.54

0258 ⑤ **0259** $\dfrac{9}{50}$ **0260** $\dfrac{10}{19}$ **0261** ④ **0262** ③

0263 ① **0264** ③ **0265** $\dfrac{1}{3}$ **0266** ㄱ **0267** ⑤

0268 독립 **0269** $\dfrac{1}{3}$ **0270** $\dfrac{11}{15}$ **0271** $\dfrac{1}{10}$ **0272** $\dfrac{3}{4}$

0273 $\dfrac{3}{5}$ **0274** $\dfrac{3}{14}$ **0275** 0.24 **0276** $\dfrac{1}{6}$ **0277** ①

0278 $\dfrac{5}{8}$ **0279** 0.42 **0280** ⑤ **0281** $\dfrac{3}{64}$ **0282** ④

0283 432 **0284** $\dfrac{328}{625}$ **0285** ④ **0286** $\dfrac{11}{24}$ **0287** ㄴ, ㄷ

0288 ㄱ **0289** ㄱ, ㄴ **0290** ① **0291** $\dfrac{162}{625}$ **0292** $\dfrac{15}{64}$

0293 $\dfrac{2}{3}$ **0294** $\dfrac{2}{3}$ **0295** ⑤ **0296** 95 **0297** $\dfrac{3}{10}$

0298 $\dfrac{11}{21}$ **0299** ① **0300** ④ **0301** ③ **0302** $\dfrac{3}{8}$

0303 12 **0304** ④ **0305** ④ **0306** $\dfrac{40}{243}$ **0307** $\dfrac{2}{5}$

0308 $\dfrac{23}{35}$ **0309** 5 **0310** $\dfrac{3}{4}$ **0311** $\dfrac{23}{41}$ **0312** 587

0313 $\dfrac{1}{2}$

0314 이산확률변수 **0315** 연속확률변수

0316 이산확률변수 **0317** 연속확률변수

0318 1, 2, 3, 4, 5, 6 **0319** 0, 1, 2, 3, 4

0320 (1) 0, 1, 2 (2)

X	0	1	2	합계
$\mathrm{P}(X=x)$	$\dfrac{1}{4}$	$\dfrac{1}{2}$	$\dfrac{1}{4}$	1

0321 (1) 1, 2, 3 (2) $\mathrm{P}(X=x)=\dfrac{{}_4\mathrm{C}_x \times {}_2\mathrm{C}_{3-x}}{{}_6\mathrm{C}_3}$ $(x=1, 2, 3)$

(3)

X	1	2	3	합계
$\mathrm{P}(X=x)$	$\dfrac{1}{5}$	$\dfrac{3}{5}$	$\dfrac{1}{5}$	1

0322 (1) $\dfrac{1}{9}$ (2) $\dfrac{5}{9}$ (3) $\dfrac{2}{3}$ **0323** (1) $\dfrac{11}{4}$ (2) $\dfrac{23}{16}$ (3) $\dfrac{\sqrt{23}}{4}$

0324 (1) $\dfrac{4}{9}$, $\dfrac{4}{9}$, $\dfrac{1}{9}$ (2) $\mathrm{E}(X)=\dfrac{2}{3}$, $\mathrm{V}(X)=\dfrac{4}{9}$, $\sigma(X)=\dfrac{2}{3}$

0325 (1)

X	0	50	100	합계
$\mathrm{P}(X=x)$	$\dfrac{1}{4}$	$\dfrac{1}{2}$	$\dfrac{1}{4}$	1

(2) 50

0326 (1) 평균: 11, 분산: 6, 표준편차: $\sqrt{6}$

(2) 평균: 3, 분산: $\dfrac{1}{6}$, 표준편차: $\dfrac{\sqrt{6}}{6}$

0327 (1) 12 (2) 40 (3) $2\sqrt{10}$ **0328** $\mathrm{B}\left(10, \dfrac{1}{2}\right)$

0329 $\mathrm{B}\left(7, \dfrac{1}{3}\right)$ **0330** 이항분포를 따르지 않는다.

0331 (1) $\mathrm{P}(X=x)={}_4\mathrm{C}_x\left(\dfrac{1}{4}\right)^x\left(\dfrac{3}{4}\right)^{4-x}$ $(x=0, 1, 2, 3, 4)$ (2) $\dfrac{3}{64}$

0332 (1) $\mathrm{B}\left(5, \dfrac{3}{5}\right)$ (2) $\mathrm{P}(X=x)={}_5\mathrm{C}_x\left(\dfrac{3}{5}\right)^x\left(\dfrac{2}{5}\right)^{5-x}$ $(x=0, 1, 2, 3, 4, 5)$

(3) $\dfrac{144}{625}$

0333 $\mathrm{E}(X)=21$, $\mathrm{V}(X)=14$, $\sigma(X)=\sqrt{14}$

0334 $\mathrm{E}(X)=96$, $\mathrm{V}(X)=24$, $\sigma(X)=2\sqrt{6}$ **0335** (1) 30 (2) 10 (3) $\sqrt{10}$

0336 $\dfrac{9}{8}$ **0337** $\dfrac{1}{2}$ **0338** $\dfrac{1}{3}$ **0339** ① **0340** $\dfrac{1}{4}$

0341 $\dfrac{5}{6}$ **0342** $\dfrac{1}{2}$ **0343** $\dfrac{17}{42}$ **0344** ② **0345** $\dfrac{31}{35}$

0346 3 **0347** $\dfrac{19}{18}$ **0348** ③ **0349** $\dfrac{1}{6}$ **0350** $\dfrac{14}{25}$

0351 $\dfrac{6}{7}$ **0352** ① **0353** 32 **0354** ③ **0355** 33

0356 50 **0357** ④ **0358** 70 **0359** 24 **0360** ⑤

0361 53 **0362** $2\sqrt{11}$ **0363** ⑤ **0364** 8 **0365** $\dfrac{608}{625}$

0366 0.392 **0367** ② **0368** 32 **0369** $\dfrac{4}{5}$ **0370** 98

0371 $\dfrac{2}{3}$ **0372** $\dfrac{9}{4}$ **0373** ③ **0374** ④ **0375** 16

0376 94 **0377** 27 **0378** $\dfrac{35}{3}$ **0379** ③ **0380** 10

0381 ③ **0382** 7 **0383** 5900원 **0384** $\dfrac{3}{8}$ **0385** $\dfrac{3}{4}$

0386 ① **0387** $\dfrac{1}{3}$ **0388** ⑤ **0389** $\dfrac{\sqrt{33}}{6}$ **0390** ②

0391 25 **0392** 2 **0393** 25 **0394** 135 **0395** ③

0396 8 **0397** ② **0398** 30 **0399** 1500 **0400** $\dfrac{44}{3}$

0401 10 **0402** 41 **0403** 415 **0404** 78 **0405** $\dfrac{49}{36}$

0406 $\dfrac{3}{8}$

0001 6　　**0002** 8　　**0003** 16　　**0004** 243　　**0005** 5

0006 7　　**0007** 64　　**0008** 16　　**0009** 60　　**0010** 30

0011 ㈎ 6　㈏ 3　㈐ 9　㈑ 84　　**0012** 5　　**0013** 21

0014 35　　**0015** 1　　**0016** 9　　**0017** 5　　**0018** 10

0019 21　　**0020** $x^4+4x^3y+6x^2y^2+4xy^3+y^4$

0021 $x^5-10x^4+40x^3-80x^2+80x-32$

0022 $81a^4+216a^3b+216a^2b^2+96ab^3+16b^4$

0023 $a^3-6a+\dfrac{12}{a}-\dfrac{8}{a^3}$　　**0024** (1) 35　(2) 21　(3) 1　　**0025** 8

0026 -270　　**0027** 80　　**0028** -20

0029

$$
\begin{array}{c}
1 \\
1 \quad 1 \\
1 \quad 2 \quad 1 \\
1 \quad 3 \quad \boxed{3} \quad 1 \\
1 \quad \boxed{4} \quad \boxed{6} \quad 4 \quad 1 \\
1 \quad \boxed{5} \quad \boxed{10} \quad 10 \quad \boxed{5} \quad 1 \\
1 \quad \boxed{6} \quad \boxed{15} \quad \boxed{20} \quad 15 \quad 6 \quad 1
\end{array}
$$

(1) $a^5+5a^4b+10a^3b^2+10a^2b^3+5ab^4+b^5$

(2) $a^6+12a^5b+60a^4b^2+160a^3b^3+240a^2b^4+192ab^5+64b^6$

0030 6　　**0031** 7　　**0032** 256　　**0033** 0　　**0034** 512

0035 64　　**0036** ③　　**0037** 16　　**0038** 56　　**0039** ①

0040 1500　　**0041** 84　　**0042** 65　　**0043** ③　　**0044** ②

0045 1080　　**0046** 250　　**0047** 225　　**0048** ②　　**0049** 7560

0050 ④　　**0051** 340　　**0052** ④　　**0053** 30　　**0054** ③

0055 72　　**0056** ①　　**0057** 1680　　**0058** 280　　**0059** ③

0060 30　　**0061** 90　　**0062** 51　　**0063** 60　　**0064** 84

0065 1001　　**0066** 45　　**0067** ④　　**0068** ②　　**0069** ④

0070 28　　**0071** 122　　**0072** 126　　**0073** ②　　**0074** 405

0075 ②　　**0076** 220　　**0077** ②　　**0078** ①　　**0079** ③

0080 ②　　**0081** ④　　**0082** 35　　**0083** ①　　**0084** ④

0085 18　　**0086** ④　　**0087** 11　　**0088** ①　　**0089** ⑤

0090 7　　**0091** ④　　**0092** ⑤　　**0093** 6　　**0094** 27

0095 31　　**0096** 54　　**0097** 42　　**0098** ⑤　　**0099** ③

0100 7　　**0101** ②　　**0102** ②　　**0103** ④　　**0104** 466

0105 216　　**0106** ③　　**0107** 81　　**0108** 249　　**0109** 27

0110 180　　**0111** 24　　**0112** 24　　**0113** ⑤　　**0114** 192

0115 150　　**0116** 39　　**0117** ①　　**0118** 280　　**0119** ⑤

0120 ④　　**0121** ④　　**0122** 8　　**0123** ①　　**0124** ③

0125 4　　**0126** ④　　**0127** ②　　**0128** 9　　**0129** 75

0130 10　　**0131** 27　　**0132** 4　　**0133** ①　　**0134** 54

0135 45

0136 (1) $\{1,\ 2,\ 3,\ 4,\ 5,\ 6\}$　(2) $\{1\},\ \{2\},\ \{3\},\ \{4\},\ \{5\},\ \{6\}$　(3) $\{2,\ 4,\ 6\}$　(4) $\{1,\ 2,\ 3,\ 6\}$

0137 (1) $\{1,\ 3,\ 6,\ 9\}$　(2) $\{3,\ 9\}$　(3) $\{1,\ 2,\ 4,\ 5,\ 7,\ 8,\ 10\}$　(4) $\{2,\ 4,\ 5,\ 6,\ 7,\ 8,\ 10\}$

0138 A와 C, B와 C　　**0139** (1) $\dfrac{1}{2}$　(2) $\dfrac{1}{2}$　(3) $\dfrac{2}{3}$　(4) $\dfrac{1}{3}$

0140 (1) $\dfrac{1}{5}$　(2) $\dfrac{2}{5}$　　**0141** $\dfrac{99}{100}$　　**0142** $\dfrac{1}{4}$

0143 (1) 0　(2) 1　　**0144** (1) 1　(2) 0　　**0145** $\dfrac{11}{20}$

0146 $\dfrac{1}{30}$　　**0147** 0.4　　**0148** (1) $\dfrac{1}{2}$　(2) $\dfrac{3}{10}$　　**0149** $\dfrac{5}{6}$

0150 $A^C,\ A^C,\ \dfrac{1}{8},\ \dfrac{7}{8}$　　**0151** (1) $\dfrac{1}{4}$　(2) $\dfrac{3}{4}$　　**0152** ㄱ

0153 ④　　**0154** 16　　**0155** $\dfrac{1}{3}$　　**0156** $\dfrac{3}{20}$　　**0157** ③

0158 $\dfrac{7}{36}$　　**0159** ②　　**0160** $\dfrac{5}{28}$　　**0161** $\dfrac{1}{5}$　　**0162** $\dfrac{9}{20}$

0163 $\dfrac{3}{8}$　　**0164** $\dfrac{1}{9}$　　**0165** ⑤　　**0166** $\dfrac{24}{125}$　　**0167** ②

0168 $\dfrac{1}{35}$　　**0169** $\dfrac{3}{7}$　　**0170** $\dfrac{5}{128}$　　**0171** ③　　**0172** $\dfrac{10}{21}$

0173 5　　**0174** $\dfrac{3}{5}$　　**0175** 4개　　**0176** $\dfrac{8}{31}$　　**0177** $\dfrac{11}{25}$

0178 ㄱ, ㄷ　　**0179** ㄱ, ㄴ, ㄷ　　**0180** ㄴ　　**0181** $\dfrac{2}{3}$

0182 ⑤　　**0183** ④　　**0184** $\dfrac{7}{16}$　　**0185** $\dfrac{1}{2}$　　**0186** $\dfrac{3}{5}$

0187 $\dfrac{7}{16}$　　**0188** $\dfrac{3}{5}$　　**0189** $\dfrac{13}{28}$　　**0190** ④　　**0191** $\dfrac{9}{14}$

0192 $\dfrac{5}{21}$　　**0193** $\dfrac{4}{5}$　　**0194** ⑤　　**0195** ④　　**0196** 6

0197 $\dfrac{9}{14}$　　**0198** $\dfrac{3}{4}$　　**0199** ⑤　　**0200** $\dfrac{4}{5}$　　**0201** $1-\dfrac{\pi}{8}$

0202 ⑤　　**0203** $1-\dfrac{\pi}{4}$　　**0204** ㄴ, ㄷ　　**0205** ①　　**0206** $\dfrac{1}{3}$

0207 $\dfrac{2}{5}$　　**0208** $\dfrac{13}{25}$　　**0209** $\dfrac{1}{12}$　　**0210** ①　　**0211** ③

0212 $\dfrac{7}{54}$　　**0213** ①　　**0214** $\dfrac{1}{20}$　　**0215** ①　　**0216** $\dfrac{4}{5}$

0217 6　　**0218** $\dfrac{8}{55}$　　**0219** ③　　**0220** ②　　**0221** $\dfrac{5}{6}$

0222 $\dfrac{13}{50}$　　**0223** $\dfrac{19}{25}$　　**0224** $\dfrac{3}{5}$　　**0225** 4　　**0226** ④

0227 ⑤　　**0228** $\dfrac{1}{6}$　　**0229** $\dfrac{35}{1296}$　　**0230** $\dfrac{73}{80}$　　**0231** $\dfrac{4}{9}$

0232 $\dfrac{6}{35}$　　**0233** 51　　**0234** $\dfrac{7}{90}$

RPM

확률과 통계

구성과 특징

개념원리 RPM 수학은 중요 교과서 문제와 내신 빈출 유형들을
엄선하여 재구성한 교재입니다.

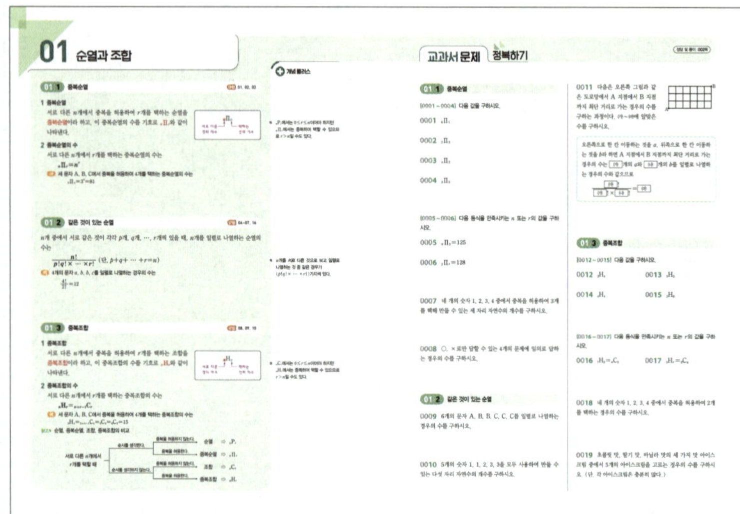

핵심 개념 정리

교과서 필수 개념만을 모아 알차게 정리하고, 개념 이해를
돕기 위한 추가 설명은 예, 주의, 참고 등으로 제시하였습니다.

교과서 문제 정복하기

개념과 공식을 적용하는 교과서 기본 문제들로 구성하고,
충분한 연습을 통해 개념을 완벽히 이해할 수 있도록 하였
습니다.

 **학습 tip** 핵심 개념과 중요 공식은 문제 해결의 밑바탕이 되므로 확실하게 알아 두고,
교과서 문제 정복하기 문제를 통해 완전히 익혀 두자.

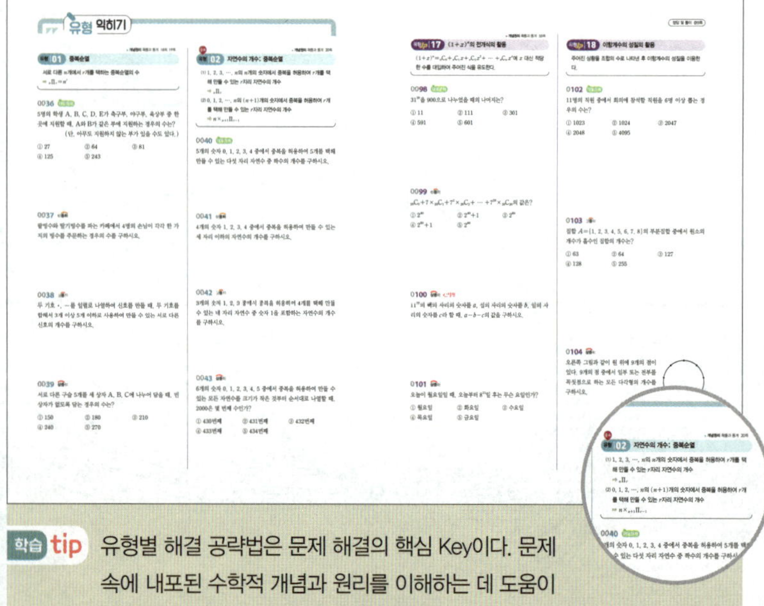

유형 익히기

개념&공식/해결 방법/문제 형태에 따라 유형을 세분화하
고, 유형별 해결 공략법을 제시하여 문제 해결력을 키울
수 있도록 하였습니다. 또 각 유형의 중요 문제를 대표문제
로 선정하고, 그 외 문제는 난이도 순서로 구성하여 자연
스럽게 유형별 완전 학습이 이루어지도록 하였습니다.

유형UP

고난도 유형과 개념 복합 유형을 마지막에 구성하여 수준별 학습
이 가능하도록 하였습니다.

개념원리 기본서 연계 링크

각 유형마다 개념원리의 해당 쪽수를 링크하여 개념과 공
식 적용 방법을 더 탄탄하게 학습할 수 있도록 하였습니다.

학습 tip 유형별 해결 공략법은 문제 해결의 핵심 Key이다. 문제
속에 내포된 수학적 개념과 원리를 이해하는 데 도움이
되므로 꼼꼼하게 체크하고 기억해 두자.

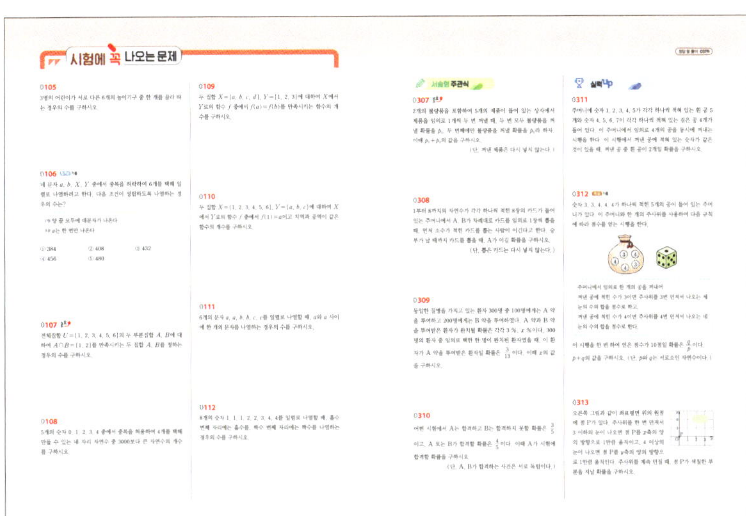

시험에 꼭 나오는 문제

시험에 꼭 나오는 문제를 선별하여 유형별로 골고루 구성하였고, 출제율이 높은 문제는 중요★ 표시를 하였습니다.

✎ 서술형 주관식 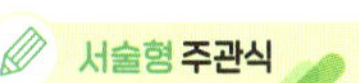

전국 내신 기출 문제를 분석하여 자주 출제되었던 서술형(논술형) 문제로 구성하였습니다.

🏆 실력 Up 

내신 고득점 획득과 수학적 사고력을 기르는 데 필요한 문제로 구성하였습니다.

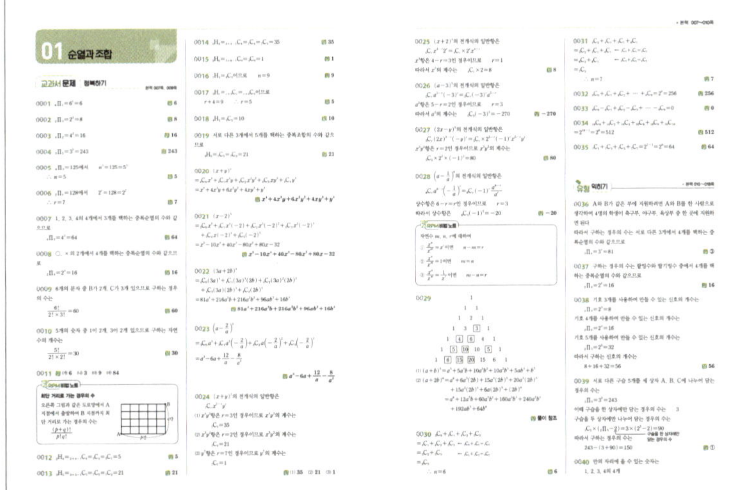

정답 및 풀이

혼자서도 충분히 이해할 수 있도록 풀이를 쉽고 자세히 서술하였고, 수학적 사고력을 기를 수 있도록 다른 풀이를 충분히 제시하였습니다.

RPM 비법노트를 통해 문제의 핵심 개념, 문제 해결 Tip을 확인할 수 있습니다.

한눈에 보이는 정답

정답을 빠르게 채점하고 오답 문항을 바로 확인할 수 있습니다.

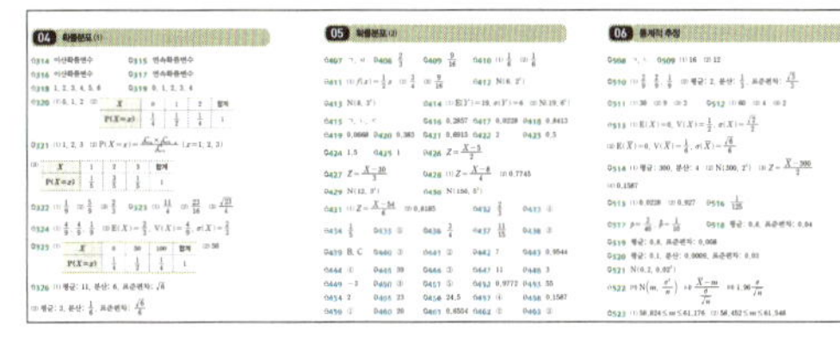

I

경우의 수

01 순열과 조합

01 순열과 조합

01 | 1 중복순열

유형 01, 02, 03

1 중복순열

서로 다른 n개에서 중복을 허용하여 r개를 택하는 순열을 **중복순열**이라 하고, 이 중복순열의 수를 기호로 $_n\Pi_r$와 같이 나타낸다.

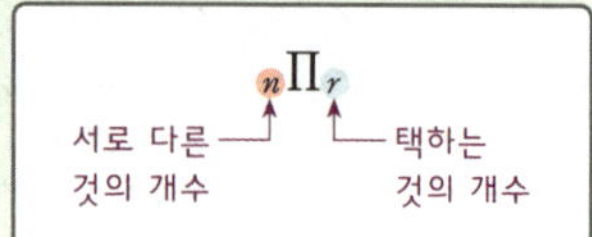

2 중복순열의 수

서로 다른 n개에서 r개를 택하는 중복순열의 수는

$$_n\Pi_r = n^r$$

예 세 문자 A, B, C에서 중복을 허용하여 4개를 택하는 중복순열의 수는

$$_3\Pi_4 = 3^4 = 81$$

- $_n\mathrm{P}_r$에서는 $0 \le r \le n$이어야 하지만 $_n\Pi_r$에서는 중복하여 택할 수 있으므로 $r > n$일 수도 있다.

01 | 2 같은 것이 있는 순열

유형 04~07, 16

n개 중에서 서로 같은 것이 각각 p개, q개, $\cdots$, r개씩 있을 때, n개를 일렬로 나열하는 순열의 수는

$$\frac{n!}{p! \, q! \times \cdots \times r!} \quad (\text{단, } p+q+\cdots+r=n)$$

예 4개의 문자 a, b, b, c를 일렬로 나열하는 경우의 수는

$$\frac{4!}{2!} = 12$$

- n개를 서로 다른 것으로 보고 일렬로 나열하는 것 중 같은 경우가 $(p! \, q! \times \cdots \times r!)$가지씩 있다.

01 | 3 중복조합

유형 08, 09, 10

1 중복조합

서로 다른 n개에서 중복을 허용하여 r개를 택하는 조합을 **중복조합**이라 하고, 이 중복조합의 수를 기호로 $_n\mathrm{H}_r$와 같이 나타낸다.

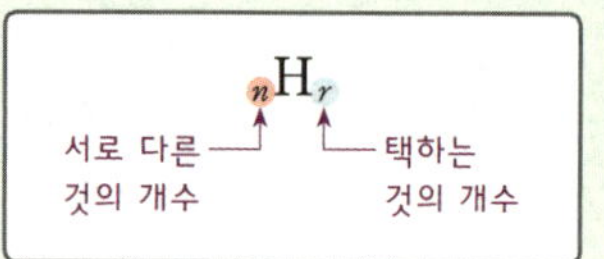

2 중복조합의 수

서로 다른 n개에서 r개를 택하는 중복조합의 수는

$$_n\mathrm{H}_r = {}_{n+r-1}\mathrm{C}_r$$

예 세 문자 A, B, C에서 중복을 허용하여 4개를 택하는 중복조합의 수는

$$_3\mathrm{H}_4 = {}_{3+4-1}\mathrm{C}_4 = {}_6\mathrm{C}_4 = {}_6\mathrm{C}_2 = 15$$

- $_n\mathrm{C}_r$에서는 $0 \le r \le n$이어야 하지만 $_n\mathrm{H}_r$에서는 중복하여 택할 수 있으므로 $r > n$일 수도 있다.

참고▶ 순열, 중복순열, 조합, 중복조합의 비교

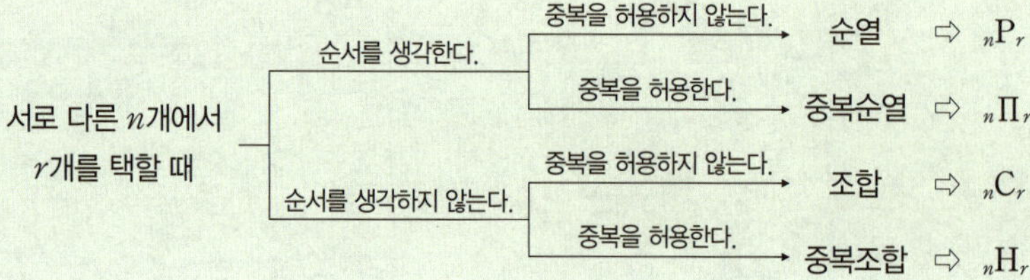

교과서 **문제** 정복하기

01 | 1 중복순열

[0001 ~ 0004] 다음 값을 구하시오.

0001 $_6\Pi_1$

0002 $_2\Pi_3$

0003 $_4\Pi_2$

0004 $_3\Pi_5$

[0005 ~ 0006] 다음 등식을 만족시키는 n 또는 r의 값을 구하시오.

0005 $_n\Pi_3 = 125$

0006 $_2\Pi_r = 128$

0007 네 개의 숫자 1, 2, 3, 4 중에서 중복을 허용하여 3개를 택해 만들 수 있는 세 자리 자연수의 개수를 구하시오.

0008 ○, ×로만 답할 수 있는 4개의 문제에 임의로 답하는 경우의 수를 구하시오.

01 | 2 같은 것이 있는 순열

0009 6개의 문자 A, B, B, C, C, C를 일렬로 나열하는 경우의 수를 구하시오.

0010 5개의 숫자 1, 1, 2, 3, 3을 모두 사용하여 만들 수 있는 다섯 자리 자연수의 개수를 구하시오.

0011 다음은 오른쪽 그림과 같은 도로망에서 A 지점에서 B 지점까지 최단 거리로 가는 경우의 수를 구하는 과정이다. ㈎~㈑에 알맞은 수를 구하시오.

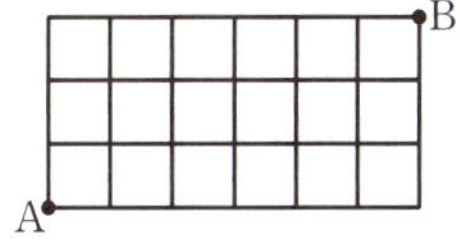

> 오른쪽으로 한 칸 이동하는 것을 a, 위쪽으로 한 칸 이동하는 것을 b라 하면 A 지점에서 B 지점까지 최단 거리로 가는 경우의 수는 ㈎ 개의 a와 ㈏ 개의 b를 일렬로 나열하는 경우의 수와 같으므로
>
> $$\dfrac{㈐\,!}{㈎\,! \times ㈏\,!} = ㈑$$

01 | 3 중복조합

[0012 ~ 0015] 다음 값을 구하시오.

0012 $_2H_4$ **0013** $_3H_5$

0014 $_4H_4$ **0015** $_5H_0$

[0016 ~ 0017] 다음 등식을 만족시키는 n 또는 r의 값을 구하시오.

0016 $_7H_3 = {}_nC_3$ **0017** $_5H_r = {}_9C_4$

0018 네 개의 숫자 1, 2, 3, 4 중에서 중복을 허용하여 2개를 택하는 경우의 수를 구하시오.

0019 초콜릿 맛, 딸기 맛, 바닐라 맛의 세 가지 맛 아이스크림 중에서 5개의 아이스크림을 고르는 경우의 수를 구하시오. (단, 각 아이스크림은 충분히 많다.)

01 4 이항정리 유형 11, 12, 13, 17

1 이항정리

자연수 n에 대하여 $(a+b)^n$의 전개식은 다음과 같고, 이를 **이항정리**라 한다.

$$(a+b)^n = {}_nC_0 a^n + {}_nC_1 a^{n-1}b + {}_nC_2 a^{n-2}b^2 + \cdots + {}_nC_r a^{n-r}b^r + \cdots + {}_nC_n b^n$$

이때 ${}_nC_r a^{n-r}b^r$을 $(a+b)^n$의 전개식의 **일반항**이라 한다.

2 이항계수

$(a+b)^n$의 전개식에서 각 항의 계수 ${}_nC_0,\ {}_nC_1,\ {}_nC_2,\ \cdots,\ {}_nC_r,\ \cdots,\ {}_nC_n$을 **이항계수**라 한다.

01 5 파스칼의 삼각형 유형 14

1 파스칼의 삼각형

n이 자연수일 때, $(a+b)^n$의 전개식에서 각 항의 이항계수를 다음과 같이 삼각형 모양으로 배열한 것을 **파스칼의 삼각형**이라 한다.

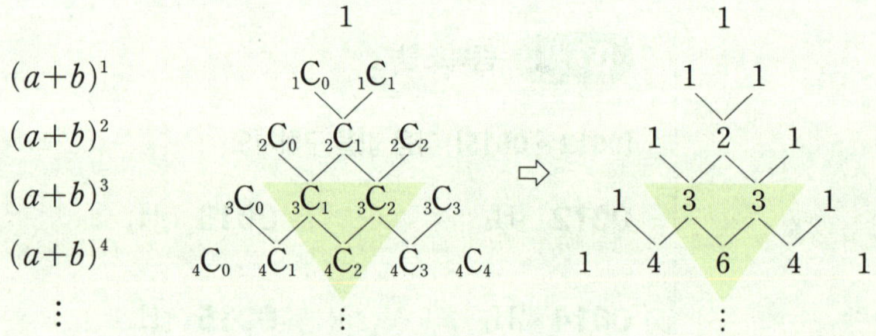

2 파스칼의 삼각형의 각 행에서 이웃하는 두 수의 합은 그 두 수의 아래쪽 중앙에 있는 수와 같다. 즉

$${}_{n-1}C_{r-1} + {}_{n-1}C_r = {}_nC_r \quad (\text{단},\ 1 \le r < n)$$

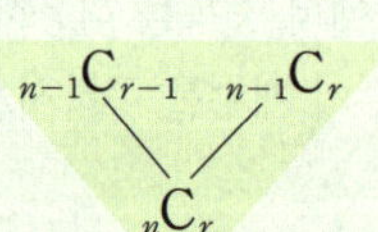

01 6 이항계수의 성질 유형 15, 18

n이 자연수일 때, 다음이 성립한다.

(1) ${}_nC_0 + {}_nC_1 + {}_nC_2 + \cdots + {}_nC_n = 2^n$

(2) ${}_nC_0 - {}_nC_1 + {}_nC_2 - \cdots + (-1)^n {}_nC_n = 0$

(3) ${}_nC_0 + {}_nC_2 + {}_nC_4 + \cdots = {}_nC_1 + {}_nC_3 + {}_nC_5 + \cdots = 2^{n-1}$

참고 ▶ $(1+x)^n = {}_nC_0 + {}_nC_1 x + {}_nC_2 x^2 + \cdots + {}_nC_n x^n$ ······ ㉠

(1) ㉠에 $x=1$을 대입하면　　$2^n = {}_nC_0 + {}_nC_1 + {}_nC_2 + \cdots + {}_nC_n$ ······ ㉡

(2) ㉠에 $x=-1$을 대입하면　　$0 = {}_nC_0 - {}_nC_1 + {}_nC_2 - \cdots + (-1)^n {}_nC_n$ ······ ㉢

(3) ㉡+㉢을 하면　　$2^n = 2({}_nC_0 + {}_nC_2 + {}_nC_4 + \cdots)$

　　∴ ${}_nC_0 + {}_nC_2 + {}_nC_4 + \cdots = 2^{n-1}$ ← 홀수 번째 항의 계수의 합

　　㉡−㉢을 하면　　$2^n = 2({}_nC_1 + {}_nC_3 + {}_nC_5 + \cdots)$

　　∴ ${}_nC_1 + {}_nC_3 + {}_nC_5 + \cdots = 2^{n-1}$ ← 짝수 번째 항의 계수의 합

개념 플러스

- $a \ne 0$, $b \ne 0$일 때, $a^0 = 1$, $b^0 = 1$이다.

- ${}_nC_r = {}_nC_{n-r}$이므로 $(a+b)^n$의 전개식에서 $a^{n-r}b^r$의 계수와 $a^r b^{n-r}$의 계수는 서로 같다.

- 파스칼의 삼각형에서
  ① 각 행의 양 끝에 있는 수는 모두 1이다.
  　⇨ ${}_nC_0 = 1$, ${}_nC_n = 1$
  ② 각 행의 수의 배열은 좌우대칭이다.
  　⇨ ${}_nC_r = {}_nC_{n-r}$

교과서 문제 정복하기

01 | 4 이항정리

[0020 ~ 0023] 이항정리를 이용하여 다음 식을 전개하시오.

0020 $(x+y)^4$

0021 $(x-2)^5$

0022 $(3a+2b)^4$

0023 $\left(a-\dfrac{2}{a}\right)^3$

0024 $(x+y)^7$의 전개식에서 다음 항의 계수를 구하시오.

(1) x^4y^3

(2) x^5y^2

(3) y^7

[0025 ~ 0028] 다음을 구하시오.

0025 $(x+2)^4$의 전개식에서 x^3의 계수

0026 $(a-3)^5$의 전개식에서 a^2의 계수

0027 $(2x-y)^5$의 전개식에서 x^3y^2의 계수

0028 $\left(a-\dfrac{1}{a}\right)^6$의 전개식에서 상수항

01 | 5 파스칼의 삼각형

0029 아래 그림의 파스칼의 삼각형에서 □ 안에 알맞은 수를 써넣고, 이를 이용하여 다음 식을 전개하시오.

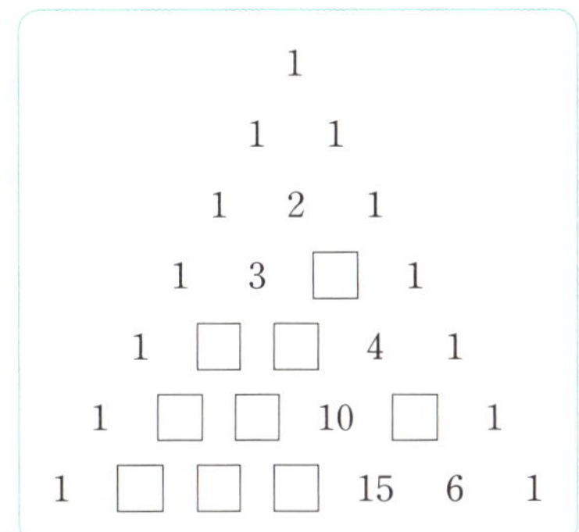

(1) $(a+b)^5$

(2) $(a+2b)^6$

[0030 ~ 0031] 다음 등식을 만족시키는 자연수 n의 값을 구하시오.

0030 $_3C_0+_3C_1+_4C_2+_5C_3=_nC_3$

0031 $_4C_2+_4C_1+_5C_1+_6C_1=_nC_2$

01 | 6 이항계수의 성질

[0032 ~ 0035] 다음 값을 구하시오.

0032 $_8C_0+_8C_1+_8C_2+ \cdots +_8C_8$

0033 $_9C_0-_9C_1+_9C_2-_9C_3+ \cdots -_9C_9$

0034 $_{10}C_0+_{10}C_2+_{10}C_4+_{10}C_6+_{10}C_8+_{10}C_{10}$

0035 $_7C_1+_7C_3+_7C_5+_7C_7$

▶ **개념원리** 확률과 통계 18쪽, 19쪽

유형 | 01 중복순열

서로 다른 n개에서 r개를 택하는 중복순열의 수
➡ $_n\Pi_r = n^r$

0036 대표문제

5명의 학생 A, B, C, D, E가 축구부, 야구부, 육상부 중 한 곳에 지원할 때, A와 B가 같은 부에 지원하는 경우의 수는?
(단, 아무도 지원하지 않는 부가 있을 수도 있다.)

① 27　　　　② 64　　　　③ 81
④ 125　　　⑤ 243

0037 상중하

팥빙수와 딸기빙수를 파는 카페에서 4명의 손님이 각각 한 가지의 빙수를 주문하는 경우의 수를 구하시오.

0038 상중하

두 기호 •, −를 일렬로 나열하여 신호를 만들 때, 두 기호를 합해서 3개 이상 5개 이하로 사용하여 만들 수 있는 서로 다른 신호의 개수를 구하시오.

0039 상중하

서로 다른 구슬 5개를 세 상자 A, B, C에 나누어 담을 때, 빈 상자가 없도록 담는 경우의 수는?

① 150　　　　② 180　　　　③ 210
④ 240　　　　⑤ 270

▶ **개념원리** 확률과 통계 20쪽

중요 유형 | 02 자연수의 개수; 중복순열

(1) 1, 2, 3, ⋯, n의 n개의 숫자에서 중복을 허용하여 r개를 택해 만들 수 있는 r자리 자연수의 개수
➡ $_n\Pi_r$

(2) 0, 1, 2, ⋯, n의 $(n+1)$개의 숫자에서 중복을 허용하여 r개를 택해 만들 수 있는 r자리 자연수의 개수
➡ $n \times {}_{n+1}\Pi_{r-1}$

0040 대표문제

5개의 숫자 0, 1, 2, 3, 4 중에서 중복을 허용하여 5개를 택해 만들 수 있는 다섯 자리 자연수 중 짝수의 개수를 구하시오.

0041 상중하

4개의 숫자 1, 2, 3, 4 중에서 중복을 허용하여 만들 수 있는 세 자리 이하의 자연수의 개수를 구하시오.

0042 상중하

3개의 숫자 1, 2, 3 중에서 중복을 허용하여 4개를 택해 만들 수 있는 네 자리 자연수 중 숫자 1을 포함하는 자연수의 개수를 구하시오.

0043 상중하

6개의 숫자 0, 1, 2, 3, 4, 5 중에서 중복을 허용하여 만들 수 있는 모든 자연수를 크기가 작은 것부터 순서대로 나열할 때, 2000은 몇 번째 수인가?

① 430번째　　② 431번째　　③ 432번째
④ 433번째　　⑤ 434번째

▶ **개념원리** 확률과 통계 21쪽

유형 03 함수의 개수; 중복순열

두 집합 $X=\{a_1,\ a_2,\ a_3,\ \cdots,\ a_r\}$, $Y=\{b_1,\ b_2,\ b_3,\ \cdots,\ b_n\}$에 대하여

(1) X에서 Y로의 함수의 개수 ➡ $_n\Pi_r$

(2) X에서 Y로의 일대일함수의 개수 ➡ $_nP_r$ (단, $n\geq r$)

0044 대표문제

두 집합 $X=\{1,\ 2,\ 3\}$, $Y=\{a,\ b,\ c,\ d,\ e\}$에 대하여 X에서 Y로의 함수의 개수를 m, 일대일함수의 개수를 n이라 할 때, $m+n$의 값은?

① 160　　　　② 185　　　　③ 210

④ 235　　　　⑤ 260

0045 상중하

두 집합 $X=\{1,\ 2,\ 3,\ 4\}$, $Y=\{1,\ 2,\ 3,\ 4,\ 5,\ 6\}$에 대하여 X에서 Y로의 함수 f 중에서 $f(3)\neq 3$인 함수의 개수를 구하시오.

0046 상중하

집합 $X=\{1,\ 2,\ 3,\ 4,\ 5\}$에 대하여 X에서 X로의 함수 f 중에서 $f(1)=f(4)>3$인 함수의 개수를 구하시오.

0047 상중하

두 집합 $X=\{1,\ 2,\ 3,\ 4\}$, $Y=\{1,\ 2,\ 3,\ 4,\ 5\}$에 대하여 함수 $f:X\longrightarrow Y$ 중에서 $f(1)=1$ 또는 $f(2)=2$인 함수의 개수를 구하시오.

유형 04 문자를 나열하는 경우의 수

▶ **개념원리** 확률과 통계 24쪽

n개 중에서 서로 같은 것이 각각 p개, q개, $\cdots$, r개씩 있을 때, n개를 일렬로 나열하는 순열의 수

$$\Rightarrow \frac{n!}{p!\,q!\times\cdots\times r!}$$

0048 대표문제

challenge의 9개의 문자를 일렬로 나열할 때, 양 끝에 l을 나열하는 경우의 수는?

① 2500　　　　② 2520　　　　③ 2540

④ 2560　　　　⑤ 2580

0049 상중하

happiness의 9개의 문자를 일렬로 나열할 때, 모음끼리 이웃하도록 나열하는 경우의 수를 구하시오.

0050 상중하

internet의 8개의 문자를 일렬로 나열할 때, 2개의 t가 이웃하지 않도록 나열하는 경우의 수는?

① 1680　　　　② 1890　　　　③ 2520

④ 3780　　　　⑤ 5040

0051 상중하 서술형

7개의 문자 a, b, b, c, c, c, d를 일렬로 나열할 때, 양 끝에 서로 다른 문자를 나열하는 경우의 수를 구하시오.

유형 | 05 자연수의 개수; 같은 것이 있는 순열

같은 것이 있는 숫자를 이용하여 만들 수 있는 자연수의 개수는 다음과 같은 순서로 구한다.

(ⅰ) 주어진 조건에 따라 특정한 자리에 조건에 맞는 숫자를 먼저 나열한다.

(ⅱ) 같은 것이 있는 순열의 수를 이용하여 남은 숫자들을 나열하는 경우의 수를 구한다.

0052 대표문제

6개의 숫자 0, 1, 1, 2, 2, 2를 모두 사용하여 만들 수 있는 여섯 자리 자연수의 개수는?

① 35　　　　② 40　　　　③ 45
④ 50　　　　⑤ 55

0053 상중하

5개의 숫자 1, 2, 2, 3, 3 중에서 4개를 택하여 만들 수 있는 네 자리 자연수의 개수를 구하시오.

0054 상중하

6개의 숫자 1, 2, 2, 4, 5, 5를 모두 사용하여 여섯 자리 자연수를 만들 때, 300000보다 큰 자연수의 개수는?

① 70　　　　② 80　　　　③ 90
④ 100　　　　⑤ 110

0055 상중하

6개의 숫자 0, 1, 1, 2, 2, 3을 모두 사용하여 만들 수 있는 여섯 자리 자연수 중 홀수의 개수를 구하시오.

유형 | 06 순서가 정해진 경우의 수

서로 다른 n개를 일렬로 나열할 때, 특정한 r개를 정해진 순서대로 나열하는 경우의 수는 순서가 정해진 r개를 같은 것으로 생각하면 같은 것이 r개 포함된 n개를 일렬로 나열하는 경우의 수와 같다.

➡ $\dfrac{n!}{r!}$

0056 대표문제

6개의 문자 a, b, c, d, e, f를 일렬로 나열할 때, 모음은 알파벳 순서대로 나열하는 경우의 수는?

① 360　　　　② 512　　　　③ 648
④ 720　　　　⑤ 840

0057 상중하

tomorrow의 8개의 문자를 일렬로 나열할 때, t를 m보다 앞에 나열하는 경우의 수를 구하시오.

0058 상중하

7개의 숫자 1, 1, 1, 2, 3, 4, 5를 일렬로 나열할 때, 3을 2와 4 사이에 나열하는 경우의 수를 구하시오.

0059 상중하

compromise의 10개의 문자를 일렬로 나열할 때, c는 p보다 앞에 나열하고 i는 r보다 앞에 나열하는 경우의 수는 $k \times 10!$이다. 이때 상수 k의 값은?

① $\dfrac{1}{32}$　　　　② $\dfrac{1}{24}$　　　　③ $\dfrac{1}{16}$
④ $\dfrac{1}{8}$　　　　⑤ $\dfrac{1}{4}$

▶ 개념원리 확률과 통계 27쪽

유형 |07 최단 거리로 가는 경우의 수 (1)

A 지점에서 B 지점까지 최단 거리로 갈 때, P 지점을 거쳐 가는 경우의 수

➡ (A 지점에서 P 지점까지 최단 거리로 가는 경우의 수)
 × (P 지점에서 B 지점까지 최단 거리로 가는 경우의 수)

0060 대표문제

오른쪽 그림과 같은 도로망이 있다. A 지점에서 P 지점을 거쳐 B 지점까지 최단 거리로 가는 경우의 수를 구하시오.

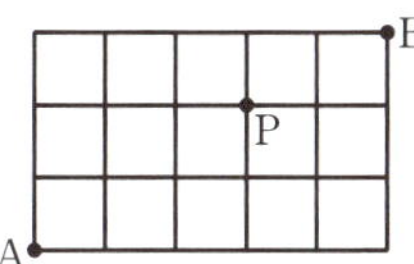

0061 상중하

오른쪽 그림과 같은 도로망이 있다. A 지점에서 B 지점까지 최단 거리로 갈 때, P 지점과 Q 지점 사이의 도로를 지나는 경우의 수를 구하시오.

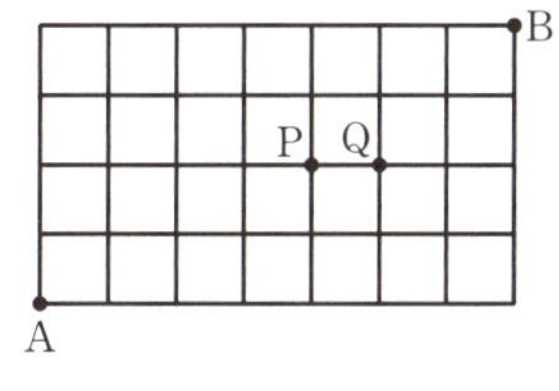

0062 상중하 ◀서술형

오른쪽 그림과 같은 도로망이 있다. A 지점에서 B 지점까지 최단 거리로 갈 때, P 지점은 지나고 Q 지점은 지나지 않는 경우의 수를 구하시오.

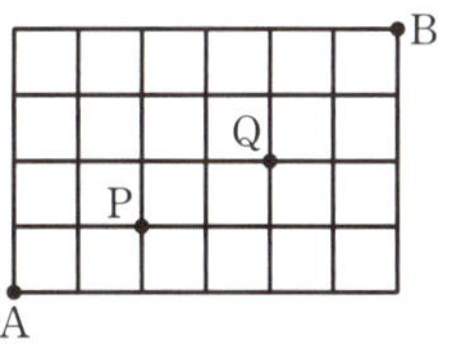

0063 상중하

오른쪽 그림과 같이 크기가 같은 정육면체 6개를 쌓아 올려 직육면체를 만들었다. 정육면체의 모서리를 따라 꼭짓점 A에서 꼭짓점 B까지 최단 거리로 가는 경우의 수를 구하시오.

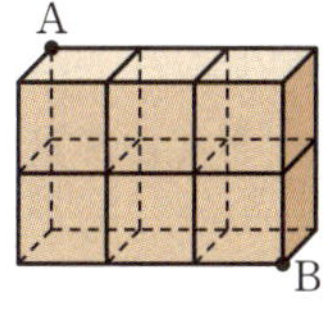

▶ 개념원리 확률과 통계 35~37쪽

유형 |08 중복조합

서로 다른 n개에서 r개를 택하는 중복조합의 수

➡ $_n\mathrm{H}_r = {}_{n+r-1}\mathrm{C}_r$

0064 대표문제

4명의 학생에게 같은 종류의 볼펜 10자루를 나누어 주려고 한다. 모든 학생이 볼펜을 적어도 한 자루씩 받는 경우의 수를 구하시오.

0065 상중하

5명의 후보가 출마한 선거에서 10명의 유권자가 각각 한 명의 후보에게 무기명으로 투표할 때, 투표 결과의 수를 구하시오.
(단, 기권이나 무효표는 없다.)

0066 상중하

$(a+b+c)^8$을 전개할 때 생기는 서로 다른 항의 개수를 구하시오.

0067 상중하

같은 종류의 초콜릿 10개를 네 개의 접시 A, B, C, D에 나누어 담으려고 한다. 접시 A에는 초콜릿을 2개 이상, 접시 B에는 초콜릿을 3개 이상 담는 경우의 수는?
(단, 빈 접시가 있을 수도 있다.)

① 28 　　② 36 　　③ 45
④ 56 　　⑤ 70

유형 09 방정식의 해의 개수

방정식 $x_1+x_2+x_3+\cdots+x_n=r$ (n, r는 자연수)에서

(1) 음이 아닌 정수인 해의 개수 ➡ $_n\mathrm{H}_r$

(2) 자연수인 해의 개수 ➡ $_n\mathrm{H}_{r-n}$ (단, $r\geq n$)

0068 대표문제

방정식 $x+y+z=10$의 음이 아닌 정수인 해의 개수를 a, 자연수인 해의 개수를 b라 할 때, $a+b$의 값은?

① 100　　　② 102　　　③ 104

④ 106　　　⑤ 108

0069 상중하

부등식 $x+y+z<5$를 만족시키는 음이 아닌 정수 x, y, z의 순서쌍 (x, y, z)의 개수는?

① 20　　　② 25　　　③ 30

④ 35　　　⑤ 40

0070 상중하

$x\geq 2$, $y\geq 2$, $z\geq 1$일 때, 방정식 $x+y+z=11$의 정수인 해의 개수를 구하시오.

0071 상중하

음이 아닌 정수 a, b, c, d에 대하여 $a^2+b+c+d=9$를 만족시키는 순서쌍 (a, b, c, d)의 개수를 구하시오.

유형 10 함수의 개수; 중복조합

두 집합 X, Y의 원소의 개수가 각각 r, n이고 $a\in X$, $b\in X$일 때, 함수 $f:X\longrightarrow Y$ 중에서

$$a<b이면 f(a)\leq f(b)$$

를 만족시키는 함수의 개수 ➡ $_n\mathrm{H}_r$

0072 대표문제

두 집합 $X=\{1, 2, 3, 4\}$, $Y=\{3, 4, 5, 6, 7, 8\}$에 대하여 X에서 Y로의 함수 f 중에서 $x_i<x_j$이면 $f(x_i)\geq f(x_j)$를 만족시키는 함수의 개수를 구하시오. (단, $x_i\in X$, $x_j\in X$)

0073 상중하

두 집합 $X=\{1, 2, 3, 4, 5\}$, $Y=\{1, 2, 3, 4, 5, 6\}$에 대하여 함수 $f:X\longrightarrow Y$ 중에서 다음 조건을 만족시키는 함수의 개수는?

> ㈎ $f(2)=3$
> ㈏ $f(1)\leq f(2)\leq f(3)\leq f(4)$

① 150　　　② 180　　　③ 210

④ 240　　　⑤ 270

0074 상중하

집합 $X=\{1, 2, 3, 4, 5\}$에 대하여 X에서 X로의 함수 f 중에서 다음 조건을 만족시키는 함수의 개수를 구하시오.

> ㈎ X의 원소 x에 대하여 $x\leq 3$이면 $f(x)\geq 3$이다.
> ㈏ $f(4)\leq f(5)$

▶ 개념원리 확률과 통계 46쪽

유형 11 $(a+b)^n$의 전개식

① $(a+b)^n$의 전개식의 일반항 ➡ $_nC_r\,a^{n-r}b^r$

② $(a+x)^n$의 전개식에서 x^r의 계수 ➡ $_nC_r\,a^{n-r}$

0075 대표문제

$(2+ax)^5$의 전개식에서 x^2의 계수가 2000일 때, 양수 a의 값은?

① 4 　　　　② 5 　　　　③ 8

④ 10 　　　　⑤ 15

0076 상중하 ◀서술형

$\left(x+\dfrac{2}{x}\right)^6$의 전개식에서 상수항을 a, x^2의 계수를 b라 할 때, $a+b$의 값을 구하시오.

0077 상중하

$\left(x^2+\dfrac{1}{x^3}\right)^n$의 전개식에서 상수항이 0이 아닌 실수가 되도록 하는 자연수 n의 최솟값은?

① 4 　　　　② 5 　　　　③ 6

④ 7 　　　　⑤ 8

0078 상중하

$(\sqrt{6}+x)^6$의 전개식에서 상수항을 포함한 모든 정수인 계수의 합은?

① 847 　　　　② 851 　　　　③ 855

④ 859 　　　　⑤ 863

▶ 개념원리 확률과 통계 47쪽

유형 12 $(a+b)(c+d)^n$의 전개식

$(a+b)(c+d)^n$의 전개식의 일반항은

$$(a+b)(c+d)^n=a(c+d)^n+b(c+d)^n$$

으로 바꾸어 생각한다.

0079 대표문제

$(x+2)\left(x+\dfrac{1}{x}\right)^4$의 전개식에서 x^2의 계수는?

① 2 　　　　② 4 　　　　③ 8

④ 12 　　　　⑤ 16

0080 상중하

$(2x^2-x)(x^2+2)^7$의 전개식에서 x^4의 계수는?

① 892 　　　　② 896 　　　　③ 900

④ 904 　　　　⑤ 908

0081 상중하

$(ax^3-3x)(3x+2)^5$의 전개식에서 x^5의 계수가 1170일 때, 실수 a의 값은?

① -6 　　　　② -5 　　　　③ 4

④ 5 　　　　⑤ 6

0082 상중하

$(x^2+x+1)\left(x+\dfrac{1}{x}\right)^6$의 전개식에서 상수항을 구하시오.

유형 13 $(a+b)^m(c+d)^n$의 전개식

$(a+b)^m(c+d)^n$의 전개식의 일반항

➡ $(a+b)^m$과 $(c+d)^n$의 전개식의 일반항의 곱

0083 대표문제

$(x-2)^3(2x+1)^5$의 전개식에서 x^2의 계수는?

① -206 ② -125 ③ -68

④ 125 ⑤ 206

0084 상중하

$(x-3)^5(x+a)^4$의 전개식에서 x^8의 계수가 1일 때, 실수 a의 값은?

① -12 ② -8 ③ -4

④ 4 ⑤ 8

0085 상중하

$(x-1)^3\left(x+\dfrac{3}{x}\right)^5$의 전개식에서 x^6의 계수를 구하시오.

유형 14 파스칼의 삼각형

(1) $_1C_0=_2C_0=_3C_0=\cdots=_nC_0=1$

(2) $_1C_1=_2C_2=_3C_3=\cdots=_nC_n=1$

(3) $_{n-1}C_{r-1}+_{n-1}C_r=_nC_r$

0086 대표문제

다음 중 $_1C_0+_2C_1+_3C_2+_4C_3+_5C_4+_6C_5$의 값과 같은 것은?

① $_5C_2$ ② $_6C_2$ ③ $_6C_3$

④ $_7C_2$ ⑤ $_7C_3$

0087 상중하

$_nC_5=_{n-1}C_5+_{n-1}C_6$을 만족시키는 자연수 n의 값을 구하시오.

0088 상중하

다음 중 $_7C_1+_8C_2+_9C_3+_{10}C_4+_{11}C_5$의 값과 같은 것은?

① $_{12}C_5-1$ ② $_{12}C_5$ ③ $_{12}C_5+1$

④ $_{13}C_5-1$ ⑤ $_{13}C_5+1$

0089 상중하

다음 중

$$(1+x)+(1+x)^2+(1+x)^3+\cdots+(1+x)^{20}$$

의 전개식에서 x^2의 계수와 같은 것은?

① $_{20}C_2$ ② $_{21}C_2$ ③ $_{22}C_2$

④ $_{20}C_3$ ⑤ $_{21}C_3$

▶ 개념원리 확률과 통계 54쪽

유형 15 이항계수의 성질

(1) $_nC_0+{}_nC_1+{}_nC_2+\cdots+{}_nC_n=2^n$

(2) $_nC_0-{}_nC_1+{}_nC_2-\cdots+(-1)^n{}_nC_n=0$

(3) $_nC_0+{}_nC_2+{}_nC_4+\cdots={}_nC_1+{}_nC_3+{}_nC_5+\cdots=2^{n-1}$

0090 대표문제

부등식 $64\leq{}_nC_1+{}_nC_2+{}_nC_3+\cdots+{}_nC_n<128$을 만족시키는 자연수 n의 값을 구하시오.

0091 상중하

$_{20}C_1-{}_{20}C_2+{}_{20}C_3-{}_{20}C_4+\cdots+{}_{20}C_{19}$의 값은?

① -2 ② 0 ③ 1

④ 2 ⑤ 2^{19}

0092 상중하

옳은 것만을 **보기**에서 있는 대로 고른 것은?

> **보기**
>
> ㄱ. $_{11}C_1+{}_{11}C_3+{}_{11}C_5+{}_{11}C_7+{}_{11}C_9=2^{10}$
>
> ㄴ. $_7C_0-{}_7C_1+{}_7C_2-\cdots-{}_7C_7=0$
>
> ㄷ. $_{30}C_0+{}_{30}C_1+{}_{30}C_2+\cdots+{}_{30}C_{30}=4^{15}$

① ㄱ   ② ㄴ   ③ ㄷ

④ ㄱ, ㄴ   ⑤ ㄴ, ㄷ

0093 상중하 ◀서술형

$\dfrac{_{15}C_0+{}_{15}C_2+{}_{15}C_4+\cdots+{}_{15}C_{14}}{_9C_0+{}_9C_1+{}_9C_2+{}_9C_3+{}_9C_4}=2^n$을 만족시키는 자연수 n의 값을 구하시오.

▶ 개념원리 확률과 통계 28쪽

유형 JP 16 최단 거리로 가는 경우의 수 (2)

도로망이 복잡할 때, 최단 거리로 가는 경우의 수는 다음과 같은 순서로 구한다.

(i) 반드시 지나야 하는 중간 지점들을 찾는다.

(ii) 각 중간 지점을 지나 최단 거리로 가는 경우의 수를 구한다.

(iii) (ii)에서 구한 경우의 수를 모두 더한다.

0094 대표문제

오른쪽 그림과 같은 도로망이 있다. A 지점에서 B 지점까지 최단 거리로 가는 경우의 수를 구하시오.

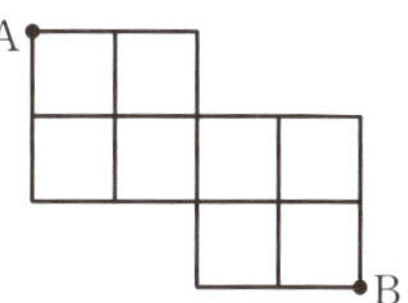

0095 상중하

오른쪽 그림과 같은 도로망이 있다. A 지점에서 B 지점까지 최단 거리로 가는 경우의 수를 구하시오.

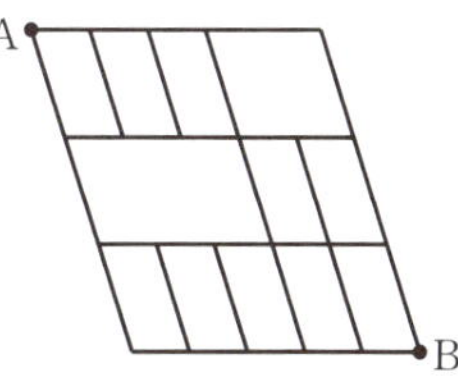

0096 상중하

오른쪽 그림과 같은 도로망이 있다. A 지점에서 B 지점까지 최단 거리로 가는 경우의 수를 구하시오.

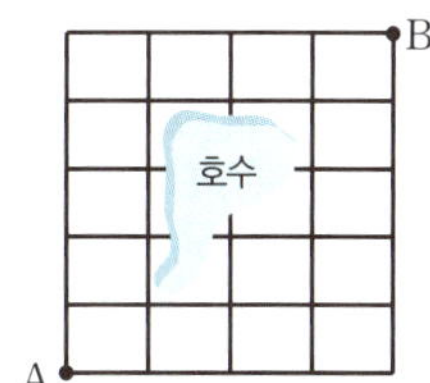

0097 상중하

오른쪽 그림과 같은 도로망이 있다. A 지점에서 B 지점까지 최단 거리로 가는 경우의 수를 구하시오.

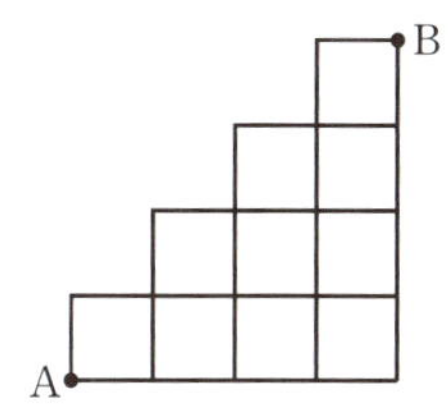

유형 JP | 17 $(1+x)^n$의 전개식의 활용

▶ 개념원리 확률과 통계 55쪽

$(1+x)^n={}_nC_0+{}_nC_1x+{}_nC_2x^2+\cdots+{}_nC_nx^n$에 x 대신 적당한 수를 대입하여 주어진 식을 유도한다.

0098 대표문제

31^{20}을 900으로 나누었을 때의 나머지는?

① 11　　　　② 111　　　　③ 301
④ 591　　　　⑤ 601

0099 상중하

${}_{20}C_0+7\times{}_{20}C_1+7^2\times{}_{20}C_2+\cdots+7^{20}\times{}_{20}C_{20}$의 값은?

① 2^{40}　　　　② $2^{40}+1$　　　　③ 2^{60}
④ $2^{60}+1$　　　　⑤ 2^{80}

0100 상중하 서술형

11^{30}의 백의 자리의 숫자를 a, 십의 자리의 숫자를 b, 일의 자리의 숫자를 c라 할 때, $a-b-c$의 값을 구하시오.

0101 상중하

오늘이 월요일일 때, 오늘부터 8^{13}일 후는 무슨 요일인가?

① 월요일　　　　② 화요일　　　　③ 수요일
④ 목요일　　　　⑤ 금요일

유형 JP | 18   이항계수의 성질의 활용

주어진 상황을 조합의 수로 나타낸 후 이항계수의 성질을 이용한다.

0102 대표문제

11명의 직원 중에서 회의에 참석할 직원을 6명 이상 뽑는 경우의 수는?

① 1023　　　　② 1024　　　　③ 2047
④ 2048　　　　⑤ 4095

0103 상중하

집합 $A=\{1, 2, 3, 4, 5, 6, 7, 8\}$의 부분집합 중에서 원소의 개수가 홀수인 집합의 개수는?

① 63　　　　② 64　　　　③ 127
④ 128　　　　⑤ 255

0104 상중하

오른쪽 그림과 같이 원 위에 9개의 점이 있다. 9개의 점 중에서 일부 또는 전부를 꼭짓점으로 하는 모든 다각형의 개수를 구하시오.

시험에 꼭 나오는 문제

0105

3명의 어린이가 서로 다른 6개의 놀이기구 중 한 개를 골라 타는 경우의 수를 구하시오.

0106 평가원 기출

네 문자 a, b, X, Y 중에서 중복을 허락하여 6개를 택해 일렬로 나열하려고 한다. 다음 조건이 성립하도록 나열하는 경우의 수는?

> ㈎ 양 끝 모두에 대문자가 나온다.
> ㈏ a는 한 번만 나온다.

① 384   ② 408   ③ 432
④ 456   ⑤ 480

0107 중요★

전체집합 $U=\{1, 2, 3, 4, 5, 6\}$의 두 부분집합 A, B에 대하여 $A \cap B=\{1, 2\}$를 만족시키는 두 집합 A, B를 정하는 경우의 수를 구하시오.

0108

5개의 숫자 0, 1, 2, 3, 4 중에서 중복을 허용하여 4개를 택해 만들 수 있는 네 자리 자연수 중 3000보다 큰 자연수의 개수를 구하시오.

0109

두 집합 $X=\{a, b, c, d\}$, $Y=\{1, 2, 3\}$에 대하여 X에서 Y로의 함수 f 중에서 $f(a)=f(b)$를 만족시키는 함수의 개수를 구하시오.

0110

두 집합 $X=\{1, 2, 3, 4, 5, 6\}$, $Y=\{a, b, c\}$에 대하여 X에서 Y로의 함수 f 중에서 $f(1)=a$이고 치역과 공역이 같은 함수의 개수를 구하시오.

0111

6개의 문자 a, a, b, b, c, c를 일렬로 나열할 때, a와 a 사이에 한 개의 문자를 나열하는 경우의 수를 구하시오.

0112

8개의 숫자 1, 1, 1, 2, 2, 3, 4, 4를 일렬로 나열할 때, 홀수 번째 자리에는 홀수를, 짝수 번째 자리에는 짝수를 나열하는 경우의 수를 구하시오.

0113 중요★

principle의 9개의 문자를 일렬로 나열할 때, e를 i와 i 사이에 나열하는 경우의 수는?

① 5040
② 7260
③ 9248
④ 20460
⑤ 30240

0114

오른쪽 그림과 같은 도로망이 있다. A 지점에서 B 지점까지 최단 거리로 갈 때, P 지점과 Q 지점 사이의 도로를 지나지 않는 경우의 수를 구하시오.

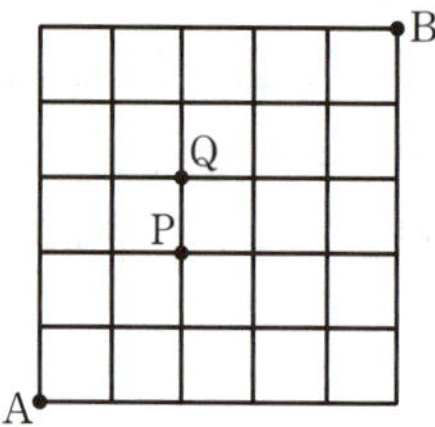

0115

3명의 학생 A, B, C에게 흰 바둑돌 4개와 검은 바둑돌 6개를 나누어 주려고 한다. 검은 바둑돌을 받지 못하는 학생이 없도록 나누어 주는 경우의 수를 구하시오.

(단, 흰 바둑돌을 받지 못하는 학생이 있을 수도 있다.)

0116

방정식 $x+y+z+3w=6$의 음이 아닌 정수인 해의 개수를 구하시오.

0117 수능 기출

다음 조건을 만족시키는 자연수 a, b, c, d, e의 모든 순서쌍 (a, b, c, d, e)의 개수는?

> (가) $a+b+c+d+e=12$
> (나) $|a^2-b^2|=5$

① 30
② 32
③ 34
④ 36
⑤ 38

0118

$1 \leq |a| \leq |b| \leq |c| \leq 5$를 만족시키는 정수 a, b, c의 순서쌍 (a, b, c)의 개수를 구하시오.

0119 중요★

두 집합 $X=\{1, 2, 3, 4\}$, $Y=\{-2, -1, 0, 1, 2\}$에 대하여 X에서 Y로의 함수 f 중에서 $f(1) \leq f(2) \leq f(3)=f(4)$를 만족시키는 함수의 개수는?

① 10
② 18
③ 21
④ 28
⑤ 35

0120

$\dfrac{(1+x)^8-1}{x}$의 전개식에서 x^3의 계수는?

① 48
② 56
③ 65
④ 70
⑤ 72

0121 교육청 기출

양수 a에 대하여 $\left(ax-\dfrac{2}{ax}\right)^7$의 전개식에서 각 항의 계수의 총합이 1일 때, $\dfrac{1}{x}$의 계수는?

① 70   ② 140   ③ 210
④ 280   ⑤ 350

0122

$(ax^2+1)(2x+1)^4$의 전개식에서 x^4의 계수가 -56일 때, x^3의 계수를 구하시오. (단, a는 상수이다.)

0123 중요★

다음 중 $_3C_1+_4C_2+_5C_3+_6C_4+_7C_5+_8C_6+_9C_7$의 값과 같은 것은?

① $_{10}C_3-1$ ② $_{10}C_3$ ③ $_{10}C_4-1$
④ $_{10}C_4$ ⑤ $_{10}C_5-1$

0124

$(1+2x)+(1+2x)^2+(1+2x)^3+\cdots+(1+2x)^{10}$의 전개식에서 x^4의 계수는 $2^5\times k$이다. 이때 상수 k의 값은?

① 229   ② 230   ③ 231
④ 232   ⑤ 233

0125

$_{2n+1}C_2+_{2n+1}C_4+_{2n+1}C_6+\cdots+_{2n+1}C_{2n}=255$를 만족시키는 자연수 n의 값을 구하시오.

0126

옳은 것만을 **보기**에서 있는 대로 고른 것은?

보기

ㄱ. $_{10}C_0+_{10}C_1+_{10}C_2+\cdots+_{10}C_9=2^{10}-1$
ㄴ. $_4C_0-_4C_1+_4C_2-_4C_3+_4C_4=1$
ㄷ. $_{13}C_2+_{13}C_4+_{13}C_6+_{13}C_8+_{13}C_{10}+_{13}C_{12}=2^{12}-1$

① ㄱ   ② ㄷ   ③ ㄱ, ㄴ
④ ㄱ, ㄷ   ⑤ ㄱ, ㄴ, ㄷ

0127

$_{10}C_1\times2^9+_{10}C_2\times2^8+_{10}C_3\times2^7+\cdots+_{10}C_9\times2+_{10}C_{10}$의 값은?

① 2^{10} ② $3^{10}-2^{10}$ ③ 3^{10}
④ $2^{10}+3^{10}$ ⑤ 5^{10}

0128

9^{11}을 100으로 나누었을 때의 나머지를 구하시오.

 시험에 꼭 나오는 문제

 서술형 주관식

0129

두 집합 $X=\{1, 2, 3, 4\}$, $Y=\{0, 1, 2, 3, 4\}$에 대하여 함수 $f : X \longrightarrow Y$ 중에서 $f(1)+f(2)=2$를 만족시키는 함수의 개수를 구하시오.

0130

6개의 숫자 1, 1, 1, 2, 2, 3 중에서 4개를 택하여 만들 수 있는 3의 배수의 개수를 구하시오.

0131

어느 중국집의 세 가지 메뉴 짜장면, 짬뽕, 볶음밥 중에서 8인분을 주문하려고 한다. 짜장면을 3인분 이상 주문하는 경우의 수를 a, 짜장면, 짬뽕, 볶음밥을 각각 적어도 2인분씩 주문하는 경우의 수를 b라 할 때, $a+b$의 값을 구하시오.

0132 중요★

$(3x+k)^6$의 전개식에서 x^3의 계수와 x^2의 계수가 같을 때, 양수 k의 값을 구하시오.

 실력  up

0133 교육청 기출

숫자 1, 1, 2, 2, 2, 3, 3, 4가 하나씩 적혀 있는 8장의 카드가 있다. 이 8장의 카드 중에서 7장을 택하여 이 7장의 카드 모두를 일렬로 나열할 때, 서로 이웃한 2장의 카드에 적혀 있는 수의 곱 모두가 짝수가 되도록 나열하는 경우의 수는?

(단, 같은 숫자가 적힌 카드끼리는 서로 구별하지 않는다.)

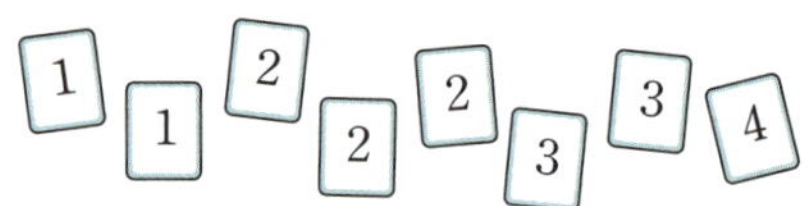

① 264   ② 268   ③ 272
④ 276   ⑤ 280

0134

크기가 같은 정육면체 5개를 오른쪽 그림과 같이 쌓아 올렸을 때, 꼭짓점 A에서 꼭짓점 B까지 정육면체의 모서리를 따라 최단 거리로 가는 경우의 수를 구하시오.

0135

$(_{15}C_0)^2+(_{15}C_1)^2+(_{15}C_2)^2+ \cdots +(_{15}C_{15})^2={}_nC_r$일 때, 자연수 n, r에 대하여 $n+r$의 값을 구하시오.

Ⅱ

확률

02 | 1 시행과 사건 　유형 01

1 시행: 같은 조건에서 반복할 수 있고 그 결과가 우연에 의하여 결정되는 실험이나 관찰

2 표본공간: 어떤 시행에서 일어날 수 있는 모든 결과의 집합

3 사건: 표본공간의 부분집합

4 근원사건: 한 개의 원소로 이루어진 사건

5 표본공간 S의 두 사건 A, B에 대하여

(1) **합사건**: A 또는 B가 일어나는 사건을 A와 B의 합사건이라 하고, $A \cup B$와 같이 나타낸다.

(2) **곱사건**: A와 B가 동시에 일어나는 사건을 A와 B의 곱사건이라 하고, $A \cap B$와 같이 나타낸다.

(3) **배반사건**: A와 B가 동시에 일어나지 않을 때, 즉 $A \cap B = \varnothing$일 때, A와 B는 서로 **배반사건**이라 한다.

(4) **여사건**: A가 일어나지 않는 사건을 A의 **여사건**이라 하고, A^c와 같이 나타낸다.

참고 ▸ 위의 사건을 벤다이어그램으로 나타내면 다음과 같다.

(1) 합사건　　(2) 곱사건　　(3) 배반사건　　(4) 여사건

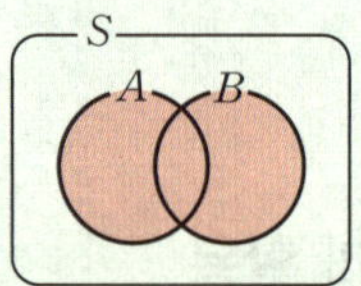
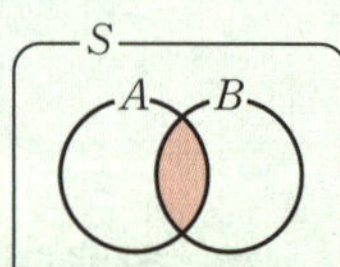
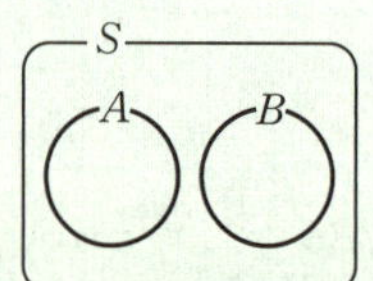
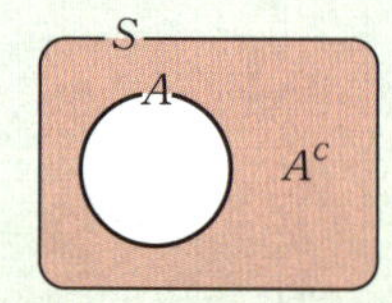

● 표본공간(sample space)은 보통 S로 나타내고, 공집합이 아닌 경우만 생각한다.

● $A \cap A^c = \varnothing$이므로 A와 A^c는 서로 배반사건이다.

02 | 2 확률 　유형 02~07, 14

1 확률: 어떤 시행에서 사건 A가 일어날 가능성을 수로 나타낸 것을 사건 A가 일어날 확률이라 하고, 기호로 $\mathbf{P(A)}$와 같이 나타낸다.

2 수학적 확률: 어떤 시행에서 표본공간 S의 각 근원사건이 일어날 가능성이 모두 같은 정도로 기대될 때, 사건 A가 일어날 확률 $\mathrm{P}(A)$를

$$\mathrm{P}(A) = \frac{n(A)}{n(S)} \leftarrow \frac{(\text{사건 } A\text{가 일어나는 경우의 수})}{(\text{모든 경우의 수})}$$

로 정의하고, 이것을 사건 A가 일어날 **수학적 확률**이라 한다.

3 통계적 확률: 같은 시행을 n번 반복할 때, 사건 A가 일어난 횟수를 r_n이라 하면 n이 충분히 커짐에 따라 상대도수 $\dfrac{r_n}{n}$이 일정한 값 p에 가까워진다고 알려져 있다. 이때 p를 사건 A가 일어날 **통계적 확률**이라 한다.

참고 ▸ 기하적 확률: 연속적인 변량을 크기로 갖는 표본공간의 영역 S 안에서 각각의 점을 택할 가능성이 같은 정도로 기대될 때, 영역 S에 포함되어 있는 영역 A에 대하여 영역 S에서 임의로 택한 점이 영역 A에 포함될 확률 $\mathrm{P}(A)$는

$$\mathrm{P}(A) = \frac{(\text{영역 } A\text{의 크기})}{(\text{영역 } S\text{의 크기})}$$

로 정의하고, 이것을 기하적 확률이라 한다.

● 수학적 확률은 표본공간이 공집합이 아닌 유한집합인 경우에만 생각한다.

● 실제로 시행 횟수 n을 한없이 크게 할 수 없으므로 n이 충분히 클 때의 상대도수를 통계적 확률로 생각한다.

● 시행 횟수 n을 충분히 크게 하면 통계적 확률은 수학적 확률에 가까워진다는 것이 알려져 있다.

교과서 문제 정복하기

02|1 시행과 사건

0136 한 개의 주사위를 한 번 던지는 시행에서 다음을 구하시오.

(1) 표본공간

(2) 근원사건

(3) 짝수의 눈이 나오는 사건

(4) 6의 약수의 눈이 나오는 사건

0137 1부터 10까지의 자연수가 각각 하나씩 적힌 10장의 카드 중에서 임의로 한 장을 뽑는 시행에서 뽑힌 카드에 적힌 수가 3의 배수인 사건을 A, 9의 약수인 사건을 B라 하자. 다음을 구하시오.

(1) $A \cup B$

(2) $A \cap B$

(3) A^C

(4) B^C

0138 한 개의 동전을 두 번 던지는 시행에서 서로 다른 면이 나오는 사건을 A, 적어도 한 개는 뒷면이 나오는 사건을 B, 모두 앞면이 나오는 사건을 C라 할 때, A, B, C 중에서 서로 배반사건인 두 사건을 모두 구하시오.

02|2 확률

0139 한 개의 주사위를 던질 때, 홀수의 눈이 나오는 사건을 A, 소수의 눈이 나오는 사건을 B라 하자. 다음을 구하시오.

(1) $P(A)$

(2) $P(B)$

(3) $P(A \cup B)$

(4) $P(A \cap B)$

0140 A, B, C, D, E의 5명을 일렬로 세울 때, 다음을 구하시오.

(1) A를 가장 앞에 세울 확률

(2) D, E를 이웃하게 세울 확률

0141 새로 개발한 백신을 10000명에게 투여하였더니 9900명이 항체가 생겼다고 한다. 어떤 사람에게 이 백신을 투여할 때, 항체가 생길 확률을 구하시오.

0142 오른쪽 그림과 같이 4등분된 정사각형 모양의 과녁에 화살을 쏠 때, 4가 적힌 영역을 맞힐 확률을 구하시오. (단, 화살은 과녁을 벗어나지 않고, 경계선에 맞지 않는다.)

1	2
3	4

02 | 3 확률의 기본 성질   유형 08

표본공간이 S인 어떤 시행에서 다음 성질이 성립한다.

(1) 임의의 사건 A에 대하여 $0 \leq P(A) \leq 1$

(2) 반드시 일어나는 사건 S에 대하여 $P(S) = 1$

(3) 절대로 일어나지 않는 사건 $\varnothing$에 대하여 $P(\varnothing) = 0$

참고▶ (1) 표본공간 S의 임의의 사건 A에 대하여 $\varnothing \subset A \subset S$이므로

$$0 \leq n(A) \leq n(S)$$

각 변을 $n(S)$로 나누면

$$0 \leq \frac{n(A)}{n(S)} \leq 1 \qquad \therefore 0 \leq P(A) \leq 1$$

(2) 반드시 일어나는 사건, 즉 전사건 S에 대하여

$$P(S) = \frac{n(S)}{n(S)} = 1$$

(3) 절대로 일어나지 않는 사건, 즉 공사건 $\varnothing$에 대하여

$$P(\varnothing) = \frac{n(\varnothing)}{n(S)} = 0$$

02 | 4 확률의 덧셈정리   유형 09, 10, 11

표본공간 S의 두 사건 A, B에 대하여

$$\mathbf{P(A \cup B) = P(A) + P(B) - P(A \cap B)}$$

이때 두 사건 A, B가 서로 배반사건이면

$$\mathbf{P(A \cup B) = P(A) + P(B)}$$

참고▶ 표본공간 S의 두 사건 A, B에 대하여

$$n(A \cup B) = n(A) + n(B) - n(A \cap B)$$

양변을 $n(S)$로 나누면

$$\frac{n(A \cup B)}{n(S)} = \frac{n(A)}{n(S)} + \frac{n(B)}{n(S)} - \frac{n(A \cap B)}{n(S)}$$

$$\therefore P(A \cup B) = P(A) + P(B) - P(A \cap B)$$

02 | 5 여사건의 확률   유형 09, 12, 13

표본공간 S의 사건 A와 그 여사건 A^c에 대하여

$$\mathbf{P(A^c) = 1 - P(A)}$$

참고▶ 표본공간 S의 사건 A와 그 여사건 A^c는 서로 배반사건이므로 확률의 덧셈정리에 의하여

$$P(A \cup A^c) = P(A) + P(A^c)$$

이때 $P(A \cup A^c) = P(S) = 1$이므로

$$P(A) + P(A^c) = 1 \qquad \therefore P(A^c) = 1 - P(A)$$

＋ 개념 플러스

● 표본공간 S는 반드시 일어나는 사건이다.

● 두 사건 A, B가 서로 배반사건이면 $A \cap B = \varnothing$이므로
$$P(A \cap B) = 0$$

● '적어도 ~일 확률', '~ 이상일 확률', '~ 이하일 확률', '~가 아닐 확률'을 구하는 문제는 여사건의 확률을 이용하면 편리하다.

교과서 문제 정복하기

02 | 3 확률의 기본 성질

0143 1부터 10까지의 자연수가 각각 하나씩 적힌 10장의 카드 중에서 임의로 한 장을 뽑을 때, 다음을 구하시오.

(1) 0이 적힌 카드가 나올 확률

(2) 자연수가 적힌 카드가 나올 확률

0144 서로 다른 두 개의 주사위를 동시에 던질 때, 다음을 구하시오.

(1) 나오는 두 눈의 수의 곱이 40 이하일 확률

(2) 나오는 두 눈의 수의 합이 1일 확률

02 | 4 확률의 덧셈정리

0145 두 사건 A, B에 대하여
$$P(A)=\frac{2}{5},\ P(B)=\frac{1}{4},\ P(A\cap B)=\frac{1}{10}$$
일 때, $P(A\cup B)$를 구하시오.

0146 두 사건 A, B에 대하여
$$P(A)=\frac{1}{5},\ P(B)=\frac{2}{3},\ P(A\cup B)=\frac{5}{6}$$
일 때, $P(A\cap B)$를 구하시오.

0147 두 사건 A와 B가 서로 배반사건이고
$$P(A)=0.3,\ P(A\cup B)=0.7$$
일 때, $P(B)$를 구하시오.

0148 1부터 40까지의 자연수가 각각 하나씩 적힌 40개의 공이 들어 있는 상자에서 임의로 한 개의 공을 꺼낼 때, 다음을 구하시오.

(1) 3의 배수 또는 4의 배수가 적힌 공이 나올 확률

(2) 5의 배수 또는 9의 배수가 적힌 공이 나올 확률

02 | 5 여사건의 확률

0149 사건 A에 대하여 $P(A)=\dfrac{1}{6}$일 때, $P(A^c)$를 구하시오.

0150 다음은 서로 다른 3개의 동전을 동시에 던질 때, 적어도 한 개는 앞면이 나올 확률을 구하는 과정이다. □ 안에 알맞은 것을 써넣으시오.

적어도 한 개는 앞면이 나오는 사건을 A라 하면 $\boxed{}$는 모두 뒷면이 나오는 사건이다.

이때 모두 뒷면이 나올 확률은
$$P\left(\boxed{}\right)=\boxed{}$$

따라서 적어도 한 개는 앞면이 나올 확률은
$$P(A)=\boxed{}$$

0151 서로 다른 두 개의 주사위를 동시에 던질 때, 다음을 구하시오.

(1) 나오는 두 눈의 수의 곱이 홀수일 확률

(2) 나오는 두 눈의 수의 곱이 짝수일 확률

▶ 개념원리 확률과 통계 61쪽

유형 | 01 배반사건

두 사건 A, B에 대하여
(1) $A \cap B = \varnothing$ ➡ 배반사건이다.
(2) $A \cap B \neq \varnothing$ ➡ 배반사건이 아니다.

0152 대표문제

한 개의 주사위를 던지는 시행에서 나오는 눈의 수가 짝수인 사건을 A, 홀수인 사건을 B, 3의 배수인 사건을 C라 할 때, 서로 배반사건인 것만을 **보기**에서 있는 대로 고르시오.

> **보기**
> ㄱ. A와 B　　　ㄴ. A와 C　　　ㄷ. B와 C

0153 상중하

표본공간 $S = \{1, 2, 3, 4, 5, 6, 7, 8\}$의 세 사건 A, B, C를 벤다이어그램으로 나타내면 오른쪽 그림과 같을 때, 사건 A와 서로 배반사건인 것만을 **보기**에서 있는 대로 고른 것은?

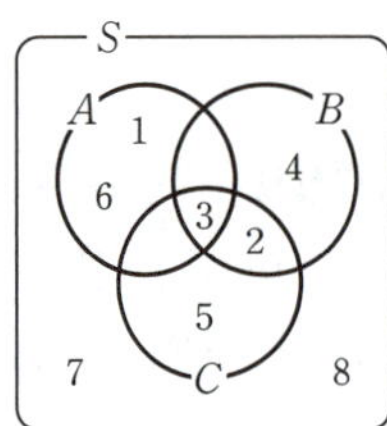

> **보기**
> ㄱ. $A^c \cup B$　　　ㄴ. $B^c \cap C$　　　ㄷ. $B \cap C^c$

① ㄴ　　　　② ㄷ　　　　③ ㄱ, ㄷ
④ ㄴ, ㄷ　　　⑤ ㄱ, ㄴ, ㄷ

0154 상중하

1부터 10까지의 자연수가 각각 하나씩 적힌 10장의 카드 중에서 임의로 한 장의 카드를 뽑을 때, 뽑은 카드에 적힌 수가 3의 배수인 사건을 A, 소수인 사건을 B라 하자. 두 사건 A, B와 모두 배반사건인 사건의 개수를 구하시오.

▶ 개념원리 확률과 통계 64쪽

유형 | 02 수학적 확률

어떤 시행에서 표본공간 S의 각 근원사건이 일어날 가능성이 모두 같은 정도로 기대될 때, 사건 A가 일어날 수학적 확률은

$$P(A) = \frac{n(A)}{n(S)}$$

0155 대표문제

서로 다른 두 개의 주사위를 동시에 던질 때, 나오는 두 눈의 수의 차가 3 이상일 확률을 구하시오.

0156 상중하

5개의 수 1, 3, 5, 7, 9 중에서 임의로 택한 한 개의 수를 a, 4개의 수 2, 4, 6, 8 중에서 임의로 택한 한 개의 수를 b라 할 때, $a \times b > 50$일 확률을 구하시오.

0157 상중하

집합 $A = \{1, 2, 3, 4, 5, 6\}$의 부분집합 중에서 임의로 한 개를 택할 때, 이 부분집합이 원소 2, 5를 모두 포함할 확률은?

① $\dfrac{1}{8}$　　　　② $\dfrac{3}{16}$　　　　③ $\dfrac{1}{4}$

④ $\dfrac{1}{2}$　　　　⑤ $\dfrac{5}{8}$

0158 상중하 서술형

한 개의 주사위를 두 번 던져서 첫 번째에 나온 눈의 수를 a, 두 번째에 나온 눈의 수를 b라 할 때, 이차방정식 $x^2 - 2ax + b = 0$이 허근을 가질 확률을 구하시오.

▶ 개념원리 확률과 통계 65쪽

유형 03 순열을 이용하는 확률

서로 다른 것을 일렬로 나열하는 사건의 확률은 순열을 이용하여 구한다.

➡ 서로 다른 n개에서 r개를 택하여 일렬로 나열하는 경우의 수는

$$_n\mathrm{P}_r = n(n-1)(n-2)\times\cdots\times(n-r+1)$$
$$= \frac{n!}{(n-r)!} \ (\text{단, } 0 < r \le n)$$

0159 대표문제

서로 다른 만화책 3권과 서로 다른 소설책 4권을 책꽂이에 일렬로 꽂을 때, 만화책끼리 이웃하게 꽂을 확률은?

① $\dfrac{1}{14}$　　② $\dfrac{1}{7}$　　③ $\dfrac{8}{35}$

④ $\dfrac{2}{7}$　　⑤ $\dfrac{13}{35}$

0160 상중하 서술형

8개의 문자 p, r, e, v, i, o, u, s를 일렬로 나열할 때, p와 s 사이의 문자가 2개일 확률을 구하시오.

0161 상중하

남학생 4명과 여학생 2명이 일렬로 설 때, 양 끝에는 남학생이 서고 여학생끼리는 서로 이웃하게 설 확률을 구하시오.

0162 상중하

5개의 숫자 1, 2, 3, 4, 5를 모두 사용하여 다섯 자리 자연수를 만들 때, 이 자연수가 35000보다 클 확률을 구하시오.

▶ 개념원리 확률과 통계 66쪽

유형 04 중복순열을 이용하는 확률

중복을 허용하여 일렬로 나열하는 사건의 확률은 중복순열을 이용하여 구한다.

➡ 서로 다른 n개에서 r개를 택하는 중복순열의 수는

$$_n\Pi_r = n^r$$

0163 대표문제

세 사람이 4개의 호텔 중에서 임의로 각각 한 곳을 택하여 투숙할 때, 세 사람이 서로 다른 호텔에 투숙할 확률을 구하시오.

0164 상중하

사과, 귤, 배, 감, 복숭아, 키위가 각각 1개씩 있다. 이 6개의 과일을 A, B, C 3명에게 남김없이 나누어 줄 때, 사과와 귤은 A가 받을 확률을 구하시오.

(단, 과일을 받지 못한 사람이 있을 수도 있다.)

0165 상중하

5개의 숫자 1, 2, 3, 4, 5 중에서 중복을 허용하여 4개를 뽑아 만들 수 있는 네 자리 자연수 중에서 하나를 택할 때, 이 자연수가 홀수일 확률은?

① $\dfrac{11}{25}$　　② $\dfrac{12}{25}$　　③ $\dfrac{13}{25}$

④ $\dfrac{14}{25}$　　⑤ $\dfrac{3}{5}$

0166 상중하

집합 $X=\{1, 2, 3, 4\}$에서 집합 $Y=\{a, b, c, d, e\}$로의 함수 f를 만들 때, 집합 X의 원소 x_1, x_2에 대하여 $x_1 \ne x_2$이면 $f(x_1) \ne f(x_2)$를 만족시킬 확률을 구하시오.

유형 05 같은 것이 있는 순열을 이용하는 확률

같은 것을 포함하여 일렬로 나열하는 사건의 확률은 같은 것이 있는 순열을 이용하여 구한다.

➡ n개 중에서 서로 같은 것이 각각 p개, q개, $\cdots$, r개씩 있을 때, n개를 일렬로 나열하는 경우의 수는

$$\frac{n!}{p!\,q!\times\cdots\times r!}$$

0167 대표문제

6개의 숫자 1, 1, 2, 2, 2, 3을 일렬로 나열할 때, 짝수끼리 서로 이웃할 확률은?

① $\dfrac{1}{6}$ ② $\dfrac{1}{5}$ ③ $\dfrac{1}{4}$

④ $\dfrac{1}{3}$ ⑤ $\dfrac{1}{2}$

0168 상중하

C, E, C, I, L, I, A의 7개의 문자를 일렬로 나열할 때, 자음과 모음을 번갈아 나열할 확률을 구하시오.

0169 상중하

오른쪽 그림과 같은 도로망이 있다. A 지점에서 출발하여 B 지점까지 최단 거리로 갈 때, C 지점을 지날 확률을 구하시오.

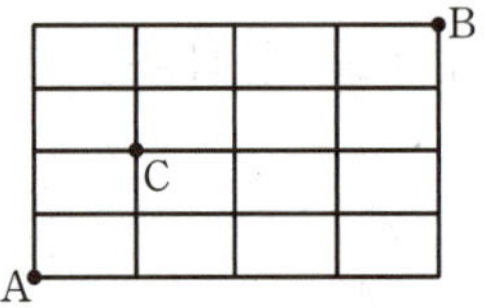

(단, 각 경로를 택할 확률은 같다.)

0170 상중하

집합 $X=\{1,\ 2,\ 3,\ 4\}$에 대하여 X에서 X로의 함수 f를 만들 때, $f(1)+f(2)+f(3)+f(4)=6$을 만족시킬 확률을 구하시오.

 유형 06 조합을 이용하는 확률

순서를 생각하지 않고 택하는 사건의 확률은 조합을 이용하여 구한다.

➡ 서로 다른 n개에서 순서를 생각하지 않고 r개를 택하는 경우의 수는

$$_n\mathrm{C}_r=\frac{_n\mathrm{P}_r}{r!}=\frac{n!}{r!\,(n-r)!}\ (단,\ 0\le r\le n)$$

0171 대표문제

유미와 준서를 포함한 6명 중에서 임의로 3명의 대표를 뽑을 때, 유미는 대표로 뽑히고 준서는 대표로 뽑히지 않을 확률은?

① $\dfrac{3}{20}$ ② $\dfrac{4}{15}$ ③ $\dfrac{3}{10}$

④ $\dfrac{7}{20}$ ⑤ $\dfrac{2}{5}$

0172 상중하

흰 공 4개와 검은 공 6개가 들어 있는 주머니에서 임의로 5개의 공을 동시에 꺼낼 때, 흰 공 2개와 검은 공 3개가 나올 확률을 구하시오.

0173 상중하

20개의 제비가 들어 있는 상자에서 임의로 2개의 제비를 동시에 뽑을 때, 2개의 제비가 모두 당첨 제비일 확률이 $\dfrac{1}{19}$이다. 이때 상자에 들어 있는 당첨 제비의 개수를 구하시오.

0174 상중하 서술형

오른쪽 그림과 같이 원 위에 6개의 점이 일정한 간격으로 놓여 있다. 6개의 점 중에서 임의로 3개의 점을 택하여 그 점을 꼭짓점으로 하는 삼각형을 만들 때, 직각삼각형이 만들어질 확률을 구하시오.

▶ 개념원리 확률과 통계 69쪽

유형 07 통계적 확률

(1) 사건 A가 n번의 시행 중에서 r번의 꼴로 일어나면 사건 A가 일어날 통계적 확률은 $\dfrac{r}{n}$ 이다.

(2) 시행 횟수가 충분히 크면 통계적 확률은 수학적 확률에 가까워진다.

0175 대표문제

흰 공과 검은 공을 합하여 10개의 공이 들어 있는 주머니에서 임의로 2개의 공을 동시에 꺼내어 색을 확인하고 다시 넣는 시행을 여러 번 반복하였더니 15번에 2번 꼴로 2개가 모두 흰 공이었다. 이때 주머니 속에는 몇 개의 흰 공이 들어 있다고 할 수 있는지 구하시오.

0176 상중하

다음 표는 어느 지역의 운전자를 대상으로 보유하고 있는 자동차의 제조사를 조사한 것이다.

제조사	A사	B사	C사	기타
운전자 수(명)	272	160	82	106

이 지역의 운전자 중에서 임의로 한 명을 택할 때, B사의 자동차를 보유하고 있을 확률을 구하시오.

(단, 모든 운전자는 각각 한 대의 자동차를 보유하고 있다.)

0177 상중하

오른쪽 표는 어느 고등학교 2학년 학생 100명의 수학 점수를 조사하여 나타낸 것이다. 이 고등학교 2학년 학생 중에서 임의로 한 명을 택할 때, 수학 점수가 60점 이상 80점 미만일 확률을 구하시오.

수학 점수(점)	학생 수(명)
$40^{이상} \sim 50^{미만}$	19
$50 \quad \sim 60$	21
$60 \quad \sim 70$	26
$70 \quad \sim 80$	18
$80 \quad \sim 90$	10
$90 \quad \sim 100$	6
합계	100

유형 08 확률의 기본 성질

표본공간이 S인 어떤 시행에서 다음 성질이 성립한다.

(1) 임의의 사건 A에 대하여 $\quad 0 \le P(A) \le 1$

(2) 반드시 일어나는 사건 S에 대하여 $\quad P(S)=1$

(3) 절대로 일어나지 않는 사건 $\varnothing$에 대하여 $\quad P(\varnothing)=0$

0178 대표문제

표본공간을 S, 절대로 일어나지 않는 사건을 $\varnothing$이라 할 때, 임의의 두 사건 A, B에 대하여 옳은 것만을 **보기**에서 있는 대로 고르시오.

보기

ㄱ. $0 \le P(A) \le 1$

ㄴ. $P(A)+P(B) \ge P(S)$

ㄷ. $1-P(S)=P(\varnothing)$

0179 상중하

표본공간이 S인 임의의 두 사건 A, B에 대하여 옳은 것만을 **보기**에서 있는 대로 고르시오.

보기

ㄱ. $0 \le P(A)P(B) \le 1$

ㄴ. $P(A)+P(A^c)=1$

ㄷ. $0 \le P(A \cap B) \le 1$

0180 상중하

표본공간이 S인 임의의 두 사건 A, B에 대하여 옳은 것만을 **보기**에서 있는 대로 고르시오.

보기

ㄱ. $A \cup B=S$이면 $P(A)+P(B)=1$이다.

ㄴ. $0 \le P(A)+P(B) \le 2$

ㄷ. $P(A)+P(B)=1$이면 A와 B는 서로 배반사건이다.

유형 09 확률의 계산

표본공간 S의 두 사건 A, B에 대하여
(1) $\mathrm{P}(A \cup B) = \mathrm{P}(A) + \mathrm{P}(B) - \mathrm{P}(A \cap B)$
(2) $\mathrm{P}(A^c) = 1 - \mathrm{P}(A)$

0181 대표문제

두 사건 A, B에 대하여
$$\mathrm{P}(A) = \frac{1}{3}, \ \mathrm{P}(B) = \frac{1}{2}, \ \mathrm{P}(A^c \cup B^c) = \frac{5}{6}$$
일 때, $\mathrm{P}(A \cup B)$를 구하시오.

0182 상중하

두 사건 A, B에 대하여
$$\mathrm{P}(A) = \frac{2}{3}, \ \mathrm{P}(B) = \frac{1}{4}, \ \mathrm{P}(A \cap B) = \frac{1}{6}$$
일 때, $\mathrm{P}(A^c \cap B^c)$는?

① $\frac{2}{3}$ ② $\frac{1}{2}$ ③ $\frac{2}{5}$

④ $\frac{1}{3}$ ⑤ $\frac{1}{4}$

0183 상중하

두 사건 A, B에 대하여
$$\mathrm{P}(A) = \frac{1}{3}, \ \mathrm{P}(B^c) = \frac{2}{5}, \ \mathrm{P}(A^c \cap B^c) = \frac{1}{5}$$
일 때, $\mathrm{P}(A - B)$는?

① $\frac{1}{10}$ ② $\frac{2}{15}$ ③ $\frac{1}{6}$

④ $\frac{1}{5}$ ⑤ $\frac{7}{30}$

0184 상중하

두 사건 A, B에 대하여 A와 B^c는 서로 배반사건이고
$$\mathrm{P}(A \cup B) = \frac{5}{8}, \ \mathrm{P}(A) + \mathrm{P}(B) = \frac{13}{16}$$
일 때, $\mathrm{P}(A^c \cap B)$를 구하시오.

유형 10 확률의 덧셈정리; 배반사건이 아닌 경우

두 사건 A, B에 대하여
$$\mathrm{P}(A \cup B) = \mathrm{P}(A) + \mathrm{P}(B) - \mathrm{P}(A \cap B)$$

0185 대표문제

A 상자에는 1, 3, 5, 7의 숫자가 각각 하나씩 적힌 4장의 카드가 들어 있고, B 상자에는 1, 2, 3, 4, 5의 숫자가 각각 하나씩 적힌 5장의 카드가 들어 있다. 두 상자 A, B에서 임의로 각각 카드를 한 장씩 꺼낼 때, 꺼낸 두 카드에 적힌 숫자의 합이 4 이하이거나 3의 배수일 확률을 구하시오.

0186 상중하

서윤이네 반 학생들 중에서 A 가수를 좋아하는 학생은 전체의 $\frac{2}{5}$, B 가수를 좋아하는 학생은 전체의 $\frac{1}{3}$이고, A 가수와 B 가수를 모두 좋아하는 학생은 전체의 $\frac{2}{15}$이다. 이 반 학생 중 임의로 한 명을 택할 때, A 가수 또는 B 가수를 좋아하는 학생일 확률을 구하시오.

0187 상중하

두 집합 $X = \{1, 2, 3\}$, $Y = \{0, 1, 2, 3\}$에 대하여 X에서 Y로의 함수 f를 만들 때, $f(1) = 0$이거나 $f(2) = 1$일 확률을 구하시오.

0188 상중하

1부터 30까지의 자연수가 각각 하나씩 적힌 30장의 카드가 들어 있는 상자에서 임의로 한 장의 카드를 꺼낼 때, 꺼낸 카드에 적힌 수를 a라 하자. 이때 x에 대한 이차방정식 $10x^2 - 7ax + a^2 = 0$이 정수인 해를 가질 확률을 구하시오.

유형 11 확률의 덧셈정리; 배반사건인 경우

두 사건 A, B가 서로 배반사건, 즉 $A \cap B = \varnothing$일 때
$$\mathrm{P}(A \cup B) = \mathrm{P}(A) + \mathrm{P}(B)$$

0189 대표문제

흰 공 3개와 검은 공 5개가 들어 있는 주머니에서 임의로 2개의 공을 동시에 꺼낼 때, 꺼낸 2개의 공이 같은 색일 확률을 구하시오.

0190 상중하

1부터 7까지의 자연수가 각각 하나씩 적힌 7장의 카드 중에서 임의로 3장을 동시에 뽑을 때, 뽑은 카드에 적힌 세 수의 합이 홀수일 확률은?

① $\dfrac{2}{7}$ 　　② $\dfrac{12}{35}$ 　　③ $\dfrac{2}{5}$

④ $\dfrac{16}{35}$ 　　⑤ $\dfrac{18}{35}$

0191 상중하 서술형

1학년 학생 5명과 2학년 학생 3명으로 구성된 검도 동아리에서 대회에 출전할 6명을 임의로 선발할 때, 1학년 학생이 2학년 학생보다 많이 선발될 확률을 구하시오.

0192 상중하

A와 B를 포함한 6명의 학생이 세미나실에서 조별 과제를 하려고 한다. 세미나실의 좌석 배치가 다음 그림과 같고 6명의 학생이 각각 1개의 좌석에 앉을 때, A와 B가 같은 열에 이웃하게 앉을 확률을 구하시오.

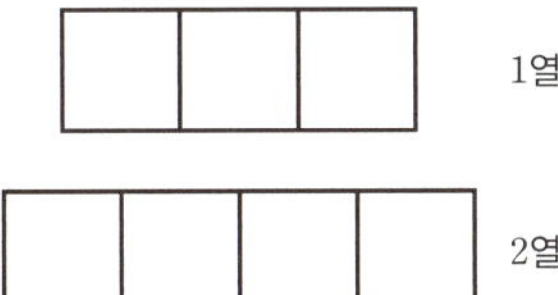

유형 12 여사건의 확률; '적어도'의 조건

적어도 한 개가 ●인 사건의 여사건은 모두 ●가 아닌 사건이므로
(적어도 한 개가 ●일 확률) $= 1 - ($모두 ●가 아닐 확률$)$

0193 대표문제

빨간 공 2개와 파란 공 4개가 들어 있는 상자에서 임의로 3개의 공을 동시에 꺼낼 때, 적어도 한 개는 빨간 공일 확률을 구하시오.

0194 상중하

남학생 2명과 여학생 3명을 일렬로 세울 때, 적어도 한쪽 끝에 남학생을 세울 확률은?

① $\dfrac{3}{10}$ 　　② $\dfrac{2}{5}$ 　　③ $\dfrac{1}{2}$

④ $\dfrac{3}{5}$ 　　⑤ $\dfrac{7}{10}$

0195 상중하

3쌍의 부부가 일렬로 앉을 때, 서로 이웃하지 않는 부부가 적어도 1쌍 있을 확률은?

① $\dfrac{4}{5}$ 　　② $\dfrac{7}{8}$ 　　③ $\dfrac{9}{10}$

④ $\dfrac{14}{15}$ 　　⑤ $\dfrac{19}{20}$

0196 상중하

n명의 여학생을 포함한 10명의 학생 중에서 임의로 2명의 대표를 선출할 때, 적어도 1명은 여학생일 확률이 $\dfrac{13}{15}$이다. 이때 n의 값을 구하시오.

▶ 개념원리 확률과 통계 79쪽, 81쪽

유형 13 여사건의 확률; '이상', '이하', '아닌'의 조건

(1) (● 이상일 확률)=1−(● 미만일 확률)

(2) (● 이하일 확률)=1−(● 초과일 확률)

(3) (●가 아닐 확률)=1−(●일 확률)

0197 대표문제

검은 구슬 5개와 흰 구슬 4개가 들어 있는 주머니에서 임의로 4개의 구슬을 동시에 꺼낼 때, 검은 구슬이 2개 이하로 나올 확률을 구하시오.

0198 상중하

할아버지와 할머니를 포함한 8명의 가족이 일렬로 설 때, 할아버지와 할머니가 서로 이웃하지 않을 확률을 구하시오.

0199 상중하

어떤 학생이 ○, ×로 답하는 5개의 문제에 임의로 답을 할 때, 2문제 이상 맞힐 확률은?

① $\dfrac{7}{16}$　　② $\dfrac{1}{2}$　　③ $\dfrac{9}{16}$

④ $\dfrac{11}{16}$　　⑤ $\dfrac{13}{16}$

0200 상중하

6개의 숫자 1, 2, 3, 4, 5, 6 중에서 서로 다른 세 개를 택하여 세 자리 자연수를 만들 때, 550 이하일 확률을 구하시오.

▶ 개념원리 확률과 통계 70쪽

유형 JP 14 기하적 확률

길이, 넓이, 부피 등 연속적으로 변하여 그 개수를 구할 수 없는 경우에는 길이, 넓이, 부피 등의 비율로 확률을 구한다.

➡ $P(A) = \dfrac{(사건\ A가\ 일어나는\ 영역의\ 크기)}{(일어날\ 수\ 있는\ 모든\ 영역의\ 크기)}$

0201 대표문제

오른쪽 그림과 같이 한 변의 길이가 4인 정사각형 ABCD의 내부에 임의로 점 P를 잡을 때, 삼각형 PBC가 예각삼각형이 될 확률을 구하시오.

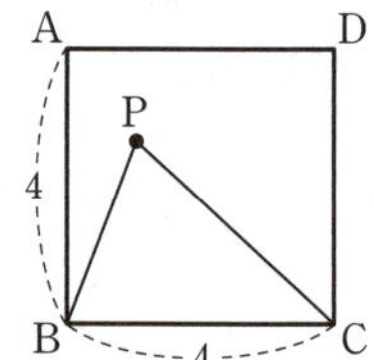

0202 상중하

$-3 \le a \le 4$인 실수 a에 대하여 이차방정식 $x^2 + ax - 2a = 0$이 실근을 가질 확률은?

① $\dfrac{2}{7}$　　② $\dfrac{5}{14}$　　③ $\dfrac{3}{7}$

④ $\dfrac{1}{2}$　　⑤ $\dfrac{4}{7}$

0203 상중하

오른쪽 그림과 같이 한 변의 길이가 2인 정사각형 ABCD의 내부에 임의로 한 점 P를 잡을 때,

$\overline{PA} \ge 1,\ \overline{PB} \ge 1,\ \overline{PC} \ge 1,\ \overline{PD} \ge 1$

일 확률을 구하시오.

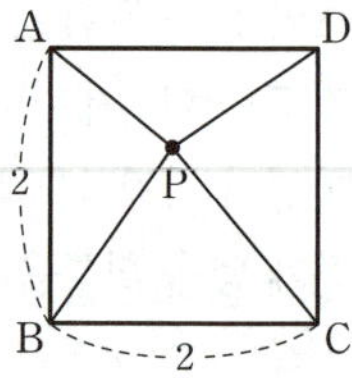

0204

서로 다른 두 개의 주사위를 동시에 던지는 시행에서 나오는 두 눈의 수가 서로 같은 사건을 A, 두 눈의 수의 합이 10인 사건을 B, 두 눈의 수의 차가 4인 사건을 C라 하자. 서로 배반사건인 것만을 **보기**에서 있는 대로 고르시오.

> 보기
> ㄱ. A와 B ㄴ. A와 C ㄷ. B와 C

0205

한 개의 주사위를 세 번 던져서 나오는 눈의 수를 차례대로 a, b, c라 할 때, $a \times b \times c = 4$일 확률은?

① $\dfrac{1}{36}$ ② $\dfrac{1}{18}$ ③ $\dfrac{1}{12}$

④ $\dfrac{1}{9}$ ⑤ $\dfrac{5}{36}$

0206

세 사람이 가위바위보를 한 번 할 때, 한 명만 이길 확률을 구하시오.

0207

5명의 학생 A, B, C, D, E가 월요일부터 금요일까지 5일 동안 각각 하루씩 청소 당번을 맡도록 임의로 정할 때, A, B가 연속하여 청소 당번을 맡을 확률을 구하시오.

0208 중요★

6개의 숫자 0, 1, 2, 3, 4, 5에서 서로 다른 세 숫자를 뽑아 만들 수 있는 세 자리 자연수 중에서 하나를 택할 때, 이 자연수가 짝수일 확률을 구하시오.

0209

문자 A, B, C, D, E, F가 각각 하나씩 적혀 있는 6장의 카드와 숫자 1, 2, 3이 각각 하나씩 적혀 있는 3장의 카드가 있다. 이 9장의 카드를 일렬로 나열할 때, 문자 A가 적혀 있는 카드의 양옆에 숫자가 적혀 있는 카드가 놓일 확률을 구하시오.

0210

키가 서로 다른 네 사람이 일렬로 설 때, 왼쪽에서 세 번째에 선 사람이 자신과 이웃한 두 사람보다 키가 작을 확률은?

① $\dfrac{1}{3}$ ② $\dfrac{1}{2}$ ③ $\dfrac{3}{5}$

④ $\dfrac{2}{3}$ ⑤ $\dfrac{3}{4}$

0211

3명의 전학생 A, B, C를 1반부터 6반까지 6개의 반에 각각 임의로 배정할 때, A와 B가 같은 반이 될 확률은?

① $\dfrac{1}{36}$ ② $\dfrac{1}{12}$ ③ $\dfrac{1}{6}$

④ $\dfrac{1}{4}$ ⑤ $\dfrac{1}{3}$

0212

두 집합 $X=\{a, b, c\}$, $Y=\{1, 2, 3, 4, 5, 6\}$에 대하여 X에서 Y로의 모든 함수 f 중에서 임의로 1개를 택할 때, 이 함수가 다음 조건을 만족시킬 확률을 구하시오.

> (가) $f(b)$는 홀수이다.
> (나) $f(a)\leq f(b)\leq f(c)$

0213 중요★

6개의 문자 b, a, n, a, n, a를 일렬로 나열할 때, 양 끝에 n이 올 확률은?

① $\dfrac{1}{15}$ ② $\dfrac{1}{10}$ ③ $\dfrac{1}{5}$

④ $\dfrac{1}{3}$ ⑤ $\dfrac{1}{2}$

0214

1, 2, 3, 4, 5, 6의 숫자가 각각 하나씩 적힌 6장의 카드 중에서 임의로 3장을 동시에 뽑을 때, 뽑힌 카드에 적힌 세 수의 곱이 홀수일 확률을 구하시오.

0215

일렬로 앉아 있던 학생 5명의 자리를 임의로 다시 배정하였을 때, 처음과 같은 자리에 배정받은 학생이 2명일 확률은?

① $\dfrac{1}{6}$ ② $\dfrac{5}{24}$ ③ $\dfrac{1}{4}$

④ $\dfrac{7}{24}$ ⑤ $\dfrac{1}{3}$

0216

남자 선수 4명과 여자 선수 2명이 있다. 이 6명의 선수를 2명씩 짝 지어 3개의 팀을 만들 때, 남자 선수 1명과 여자 선수 1명으로 이루어진 팀이 만들어질 확률을 구하시오.

0217 평가원 기출

40개의 공이 들어 있는 주머니가 있다. 각각의 공은 흰 공 또는 검은 공 중 하나이다. 이 주머니에서 임의로 2개의 공을 동시에 꺼낼 때, 흰 공 2개를 꺼낼 확률을 p, 흰 공 1개와 검은 공 1개를 꺼낼 확률을 q, 검은 공 2개를 꺼낼 확률을 r이라 하자. $p=q$일 때, $60r$의 값을 구하시오. (단, $p>0$)

0218

방정식 $a+b+c+d=8$을 만족시키는 음이 아닌 정수 a, b, c, d의 모든 순서쌍 (a, b, c, d) 중에서 임의로 한 개를 택할 때, $a<b$, $a<c$, $a<d$일 확률을 구하시오.

0219

표본공간이 S인 임의의 두 사건 A, B에 대하여 옳은 것만을 **보기**에서 있는 대로 고른 것은?

> **보기**
> ㄱ. $A\subset B$이면 $\mathrm{P}(A)\leq\mathrm{P}(B)$이다.
> ㄴ. $\mathrm{P}(A\cup B)\leq\mathrm{P}(A)+\mathrm{P}(B)$
> ㄷ. $\mathrm{P}(A\cup B)=1$이면 A는 B의 여사건이다.

① ㄱ   ② ㄴ   ③ ㄱ, ㄴ

④ ㄱ, ㄷ   ⑤ ㄱ, ㄴ, ㄷ

0220 (평가원) 기출

두 사건 A, B는 서로 배반사건이고
$$\mathrm{P}(A^C)=\frac{5}{6},\ \mathrm{P}(A\cup B)=\frac{3}{4}$$
일 때, $\mathrm{P}(B^C)$의 값은?

① $\dfrac{3}{8}$ ② $\dfrac{5}{12}$ ③ $\dfrac{11}{24}$

④ $\dfrac{1}{2}$ ⑤ $\dfrac{13}{24}$

0221

두 사건 A, B에 대하여
$$\mathrm{P}(A\cap B^C)=\frac{1}{3},\ \mathrm{P}(B^C)=\frac{1}{2}$$
일 때, $\mathrm{P}(A\cup B)$를 구하시오.

0222

두 사건 A, B에 대하여 $\mathrm{P}(A)=\dfrac{3}{5}$, $\mathrm{P}(B)=\dfrac{5}{6}$일 때, $\mathrm{P}(A\cap B)$의 최댓값을 M, 최솟값을 m이라 하자. 이때 Mm의 값을 구하시오.

0223

5개의 숫자 1, 2, 3, 4, 5에서 중복을 허용하여 2개를 뽑아 만들 수 있는 두 자리 자연수 중에서 하나를 택할 때, 이 자연수가 홀수이거나 3의 배수일 확률을 구하시오.

0224 중요★

5명의 학생 A, B, C, D, E를 일렬로 세울 때, B와 D 사이에 적어도 한 명의 학생을 세울 확률을 구하시오.

0225

초코 케이크 3조각과 딸기 케이크 n조각 중에서 임의로 3조각을 골라 접시에 담을 때, 접시에 담긴 케이크 중에서 초코 케이크가 2조각 이하일 확률이 $\dfrac{34}{35}$이다. 이때 n의 값을 구하시오.

0226

오른쪽 그림과 같이 반원 위에 있는 10개의 점 중에서 임의로 3개를 택할 때, 택한 세 점을 꼭짓점으로 하는 삼각형이 만들어질 확률은?

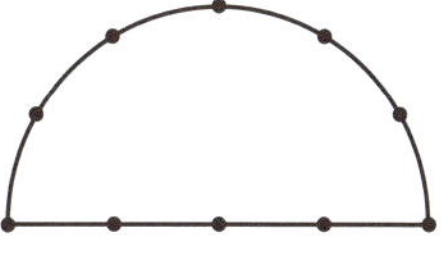

① $\dfrac{5}{6}$ ② $\dfrac{6}{7}$ ③ $\dfrac{9}{10}$

④ $\dfrac{11}{12}$ ⑤ $\dfrac{14}{15}$

0227 수능 기출

숫자 1, 2, 3, 4, 5, 6이 하나씩 적혀 있는 6장의 카드가 있다. 이 6장의 카드를 모두 한 번씩 사용하여 일렬로 임의로 나열할 때, 양 끝에 놓인 카드에 적힌 두 수의 합이 10 이하가 되도록 카드가 놓일 확률은?

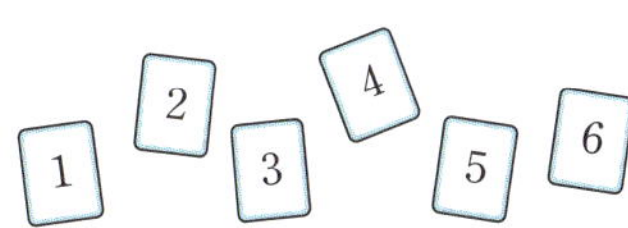

① $\dfrac{8}{15}$ ② $\dfrac{19}{30}$ ③ $\dfrac{11}{15}$

④ $\dfrac{5}{6}$ ⑤ $\dfrac{14}{15}$

시험에 꼭 나오는 문제 

 서술형 주관식 

0228

7개의 문자 A, B, C, D, E, F, G를 일렬로 나열할 때, A, B, C가 이 순서대로 나열될 확률을 구하시오.

0229

두 집합 $X=\{1, 2, 3, 4\}$, $Y=\{5, 6, 7, 8, 9, 10\}$에 대하여 함수 $f : X \longrightarrow Y$를 만들 때, $f(1) \le f(2) < f(3) = f(4)$를 만족시킬 확률을 구하시오.

0230

어느 여행사는 대만 여행 상품 4종류, 태국 여행 상품 5종류, 베트남 여행 상품 7종류를 판매하고 있다. 3명의 고객 A, B, C가 이 여행사의 여행 상품 중 서로 다른 상품을 하나씩 택할 때, 적어도 한 명은 다른 나라의 여행 상품을 택할 확률을 구하시오.

0231

서로 다른 세 주사위 A, B, C를 동시에 던져서 나온 눈의 수를 각각 a, b, c라 할 때, $(a-b)(b-c)(c-a)=0$일 확률을 구하시오.

실력 Up

0232

집합 $X=\{a, b, c, d\}$의 공집합이 아닌 부분집합 15개 중에서 임의로 서로 다른 두 집합을 택하여 각각 A, B라 할 때, $A \subset B$, $B \neq X$일 확률을 구하시오.

0233 평가원 기출

주머니에 숫자 1, 2, 3, 4가 하나씩 적혀 있는 흰 공 4개와 숫자 4, 5, 6, 7이 하나씩 적혀 있는 검은 공 4개가 들어 있다. 이 주머니를 사용하여 다음 규칙에 따라 점수를 얻는 시행을 한다.

> 주머니에서 임의로 2개의 공을 동시에 꺼내어 꺼낸 공이 서로 다른 색이면 12를 점수로 얻고, 꺼낸 공이 서로 같은 색이면 꺼낸 두 공에 적힌 수의 곱을 점수로 얻는다.

이 시행을 한 번 하여 얻은 점수가 24 이하의 짝수일 확률이 $\dfrac{q}{p}$일 때, $p+q$의 값을 구하시오.

(단, p와 q는 서로소인 자연수이다.)

0234

6개의 숫자 1, 2, 3, 4, 5, 6이 각각 하나씩 적혀 있는 6장의 카드를 일렬로 나열할 때, 다음 조건을 만족시킬 확률을 구하시오.

> (가) 3이 적혀 있는 카드의 양옆에는 각각 3보다 큰 수가 적혀 있는 카드가 있다.
> (나) 4가 적혀 있는 카드의 양옆에는 각각 4보다 작은 수가 적혀 있는 카드가 있다.

너의 믿음은 너의 생각이 되고
너의 생각은 너의 말이 되며
너의 말은 너의 행동이 된다.

너의 행동은 너의 습관이 되고
너의 습관은 너의 가치가 되며
너의 가치는 너의 운명이 된다.

– 마하트마 간디 –

03 조건부확률

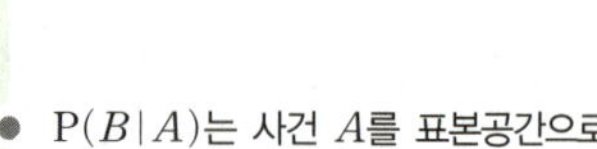

03 | 1 조건부확률
유형 01, 02, 05

1 조건부확률

확률이 0이 아닌 사건 A가 일어났다고 가정할 때 사건 B가 일어날 확률을 사건 A가 일어났을 때의 사건 B의 **조건부확률**이라 하고, 기호로 $P(B\,|\,A)$와 같이 나타낸다.

2 사건 A가 일어났을 때의 사건 B의 조건부확률은

$$P(B\,|\,A) = \frac{P(A \cap B)}{P(A)} \ (\text{단, } P(A) > 0)$$

- $P(B\,|\,A)$는 사건 A를 표본공간으로 생각할 때, 사건 $A \cap B$가 일어날 확률을 뜻한다.

- 일반적으로 $P(B\,|\,A) \neq P(A\,|\,B)$이다.

03 | 2 확률의 곱셈정리
유형 03, 04, 05

두 사건 A, B에 대하여 $P(A) > 0$, $P(B) > 0$일 때
$$P(A \cap B) = P(A)P(B\,|\,A) = P(B)P(A\,|\,B)$$

- $P(B\,|\,A) = \dfrac{P(A \cap B)}{P(A)}$의 양변에 $P(A)$를 곱하면
$P(A \cap B) = P(A)P(B\,|\,A)$

03 | 3 사건의 독립과 종속
유형 06, 07, 08, 10

1 독립

두 사건 A, B에 대하여 사건 A가 일어나는 것이 사건 B가 일어날 확률에 영향을 주지 않을 때, 즉
$$P(B\,|\,A) = P(B)$$
일 때, 두 사건 A와 B는 서로 **독립**이라 한다.

참고▶ $P(A\,|\,B) = P(A)$일 때에도 두 사건 A와 B는 서로 독립이다.

2 종속

두 사건 A와 B가 서로 독립이 아닐 때, 즉
$$P(B\,|\,A) \neq P(B)$$
일 때, 두 사건 A와 B는 서로 **종속**이라 한다.

3 두 사건 A와 B가 서로 독립이기 위한 필요충분조건은
$$P(A \cap B) = P(A)P(B) \ (\text{단, } P(A) > 0, P(B) > 0)$$

참고▶ 세 사건 A, B, C가 서로 독립이면 $P(A \cap B \cap C) = P(A)P(B)P(C)$

- 두 사건 A와 B가 서로 독립이면
$P(B\,|\,A^c) = P(B\,|\,A) = P(B)$

- $0 < P(A) < 1$, $0 < P(B) < 1$인 두 사건 A와 B가 서로 독립이면
A와 B^c, A^c와 B, A^c와 B^c
도 각각 서로 독립이다.

- 두 사건 A와 B가 서로 종속이기 위한 필요충분조건은
$P(A \cap B) \neq P(A)P(B)$
(단, $P(A) > 0$, $P(B) > 0$)

03 | 4 독립시행의 확률
유형 09, 11

1 독립시행

동일한 시행을 반복할 때, 각 시행에서 일어나는 사건이 서로 독립인 경우에 이 시행을 **독립시행**이라 한다.

2 독립시행의 확률

어떤 시행에서 사건 A가 일어날 확률이 $p\,(0 < p < 1)$일 때, 이 시행을 n번 반복하는 독립시행에서 사건 A가 r번 일어날 확률은
$$_n\mathrm{C}_r\, p^r (1-p)^{n-r} \ (\text{단, } r = 0, 1, 2, \cdots, n)$$

- 주사위나 동전을 여러 번 던지는 시행은 각 시행의 결과가 다른 시행의 결과에 아무런 영향을 주지 않으므로 독립시행이다.

교과서 문제 정복하기

03 | 1 조건부확률

0235 한 개의 주사위를 한 번 던지는 시행에서 짝수의 눈이 나오는 사건을 A, 소수의 눈이 나오는 사건을 B라 할 때, 다음을 구하시오.

(1) $\mathrm{P}(A)$

(2) $\mathrm{P}(A \cap B)$

(3) $\mathrm{P}(B \,|\, A)$

0236 100원짜리 동전 2개, 10원짜리 동전 1개를 동시에 던져서 뒷면이 1개 나왔을 때, 그것이 10원짜리 동전일 확률을 구하시오.

03 | 2 확률의 곱셈정리

0237 두 사건 A, B에 대하여 $\mathrm{P}(A) = 0.25$, $\mathrm{P}(B) = 0.2$, $\mathrm{P}(A \,|\, B) = 0.5$일 때, 다음을 구하시오.

(1) $\mathrm{P}(A \cap B)$

(2) $\mathrm{P}(B \,|\, A)$

0238 검은 공 3개와 흰 공 5개가 들어 있는 주머니에서 임의로 공을 한 개씩 두 번 꺼낼 때, 첫 번째에 꺼낸 공이 검은 공인 사건을 A, 두 번째에 꺼낸 공이 흰 공인 사건을 B라 하자. 다음을 구하시오. (단, 꺼낸 공은 다시 넣지 않는다.)

(1) $\mathrm{P}(A)$

(2) $\mathrm{P}(B \,|\, A)$

(3) $\mathrm{P}(A \cap B)$

03 | 3 사건의 독립과 종속

0239 한 개의 주사위를 한 번 던지는 시행에서 홀수의 눈이 나오는 사건을 A, 3의 배수의 눈이 나오는 사건을 B, 6의 약수의 눈이 나오는 사건을 C라 할 때, 다음에 답하시오.

(1) 두 사건 A, B가 서로 독립인지 종속인지 말하시오.

(2) 두 사건 B, C가 서로 독립인지 종속인지 말하시오.

0240 두 사건 A, B가 서로 독립이고 $\mathrm{P}(A) = \dfrac{1}{4}$, $\mathrm{P}(B) = \dfrac{2}{3}$일 때, 다음을 구하시오.

(1) $\mathrm{P}(A \cap B)$

(2) $\mathrm{P}(A^c \cap B)$

(3) $\mathrm{P}(A \,|\, B^c)$

0241 명중률이 각각 0.5, 0.7인 두 양궁 선수 A, B가 과녁을 향해 각각 화살을 한 발씩 쏘았을 때, 두 선수 모두 과녁에 화살을 명중시킬 확률을 구하시오.

03 | 4 독립시행의 확률

0242 한 개의 주사위를 던지는 시행에서 5의 약수의 눈이 나오는 사건을 A라 할 때, 다음을 구하시오.

(1) $\mathrm{P}(A)$

(2) 한 개의 주사위를 던지는 시행을 5번 반복할 때, 사건 A가 3번 일어날 확률

0243 한 개의 동전을 4번 던질 때, 앞면이 2번 나올 확률을 구하시오.

0244 정답이 한 개인 오지선다형 문제 4개에 임의로 답을 할 때, 3문제를 맞힐 확률을 구하시오.

▶ 개념원리 확률과 통계 89쪽

유형 | 01 조건부확률의 계산

조건부확률 $P(B|A)$는 다음과 같은 순서로 구한다.
(i) 확률의 덧셈정리와 여사건의 확률을 이용하여
  $P(A)$, $P(A \cap B)$를 구한다.
(ii) $P(B|A) = \dfrac{P(A \cap B)}{P(A)}$에 대입한다.

0245 대표문제

두 사건 A, B에 대하여
$$P(A) = 0.2, \ P(B) = 0.4, \ P(A^c \cap B^c) = 0.5$$
일 때, $P(A|B)$를 구하시오.

0246 상중하

두 사건 A, B에 대하여
$$P(A \cap B) = \frac{1}{3}, \ P(A^c \cap B) = \frac{1}{6}$$
일 때, $P(A|B)$를 구하시오.

0247 상중하

두 사건 A, B가 서로 배반사건이고 $P(A) = \dfrac{1}{4}$, $P(B) = \dfrac{3}{5}$
일 때, $P(B|A^c)$는?

① $\dfrac{2}{5}$ ② $\dfrac{1}{2}$ ③ $\dfrac{3}{5}$

④ $\dfrac{3}{4}$ ⑤ $\dfrac{4}{5}$

0248 상중하

두 사건 A, B에 대하여
$$P(A) = \frac{2}{3}, \ P(A|B) = \frac{2}{3}, \ P(A \cup B) = \frac{3}{4}$$
일 때, $P(B)$를 구하시오.

▶ 개념원리 확률과 통계 90쪽

중요

유형 | 02 조건부확률

사건 A가 일어났을 때의 사건 B의 조건부확률
$$\Rightarrow P(B|A) = \frac{P(A \cap B)}{P(A)}$$

0249 대표문제

오른쪽 표는 어느 고등학교 학생 60명을 대상으로 수학과 영어 중 선호하는 과목을 조사하여 나타낸 것이다. 60명의 학생 중에서 임의로 뽑은 한 명이 여학생일 때, 그 학생이 수학을 선호할 확률은?

(단위: 명)

	수학	영어	합계
남학생	18	14	32
여학생	12	16	28
합계	30	30	60

① $\dfrac{1}{7}$ ② $\dfrac{2}{7}$ ③ $\dfrac{3}{7}$

④ $\dfrac{4}{7}$ ⑤ $\dfrac{5}{7}$

0250 상중하

어느 여행 동호회에서 국내 여행을 선호하는 회원은 전체의 40 %이고, 국내 여행을 선호하는 남자 회원은 전체의 25 %이다. 이 동호회에서 임의로 뽑은 한 명이 국내 여행을 선호하는 회원일 때, 그 회원이 남자일 확률을 구하시오.

0251 상중하

남자 회원이 20명, 여자 회원이 10명인 어느 배드민턴 동아리에서 아마추어 대회에 참가할 회원을 조사하였더니 남자 회원은 15명, 여자 회원은 a명이었다. 이 배드민턴 동아리 회원 중 임의로 뽑은 한 명이 아마추어 대회에 참가한다고 할 때, 그 회원이 여자일 확률은 $\dfrac{2}{7}$이다. 이때 a의 값을 구하시오.

▶ 개념원리 확률과 통계 91쪽

유형 03 확률의 곱셈정리
; $P(A \cap B) = P(A)P(B|A)$

두 사건 A, B에 대하여
$$(A, B\text{가 모두 일어날 확률})$$
$$= P(A \cap B) = P(A)P(B|A)$$

0252 대표문제

13개의 당첨권을 포함하여 27개의 행운권이 들어 있는 상자에서 A와 B가 차례대로 행운권을 임의로 한 장씩 뽑을 때, 두 사람 모두 당첨권을 뽑을 확률은?

(단, 뽑은 행운권은 다시 넣지 않는다.)

① $\dfrac{1}{9}$　　② $\dfrac{2}{9}$　　③ $\dfrac{1}{3}$

④ $\dfrac{4}{9}$　　⑤ $\dfrac{5}{9}$

0253 상중하

주머니 A에는 빨간 구슬 5개와 파란 구슬 4개가 들어 있고, 주머니 B에는 빨간 구슬 7개와 파란 구슬 2개가 들어 있다. 한 주머니를 임의로 택하여 구슬 한 개를 꺼냈을 때, 그 구슬이 주머니 A에 들어 있는 빨간 구슬일 확률을 구하시오.

0254 상중하

어느 고등학교 동아리의 신입 회원 9명 중 6명은 남학생, 3명은 여학생이다. 신입 회원을 임의로 한 명씩 차례대로 호명할 때, 첫 번째에는 여학생, 두 번째에는 남학생을 호명할 확률을 구하시오.

0255 상중하 ◀서술형

흰 바둑돌 n개와 검은 바둑돌 4개가 들어 있는 상자에서 임의로 바둑돌을 한 개씩 두 번 꺼낼 때, 첫 번째에는 흰 바둑돌, 두 번째에는 검은 바둑돌이 나올 확률이 $\dfrac{1}{5}$이다. 이때 모든 n의 값의 합을 구하시오. (단, 꺼낸 바둑돌은 다시 넣지 않는다.)

▶ 개념원리 확률과 통계 92쪽

유형 04 확률의 곱셈정리
; $P(E) = P(A \cap E) + P(A^c \cap E)$

두 사건 A, E에 대하여
$$P(E) = P(A \cap E) + P(A^c \cap E)$$
$$= P(A)P(E|A) + P(A^c)P(E|A^c)$$

0256 대표문제

흰 공 4개와 검은 공 3개가 들어 있는 주머니에서 지우와 수진이가 차례대로 공을 임의로 한 개씩 꺼낼 때, 수진이가 검은 공을 꺼낼 확률을 구하시오. (단, 꺼낸 공은 다시 넣지 않는다.)

0257 상중하

어떤 축구팀은 비가 내릴 때 경기에서 이길 확률이 0.4이고, 비가 내리지 않을 때 경기에서 이길 확률이 0.6이라 한다. 이번 주 일요일에 비가 올 확률이 0.3일 때, 이 팀이 이번 주 일요일 경기에서 이길 확률을 구하시오.

0258 상중하

어느 대학의 신입생 중 수시 합격자와 정시 합격자는 각각 전체 신입생의 80 %, 20 %이고, 수시 합격자의 70 %와 정시 합격자의 30 %가 여학생이다. 이 학교의 신입생 중에서 임의로 한 명을 택할 때, 그 학생이 여학생일 확률은?

① $\dfrac{23}{50}$　　② $\dfrac{13}{25}$　　③ $\dfrac{27}{50}$

④ $\dfrac{3}{5}$　　⑤ $\dfrac{31}{50}$

0259 상중하

어느 학교의 A 반과 B 반 학생 수의 비는 2 : 3이고 A 반 학생의 $\dfrac{1}{5}$과 B 반 학생의 $\dfrac{1}{6}$이 방과 후 수업을 신청했다고 한다. 두 반의 학생들 중에서 임의로 한 명을 뽑을 때, 그 학생이 방과 후 수업을 신청했을 확률을 구하시오.

사건 E가 일어났을 때의 사건 A의 조건부확률

$$\Rightarrow \mathrm{P}(A|E)=\frac{\mathrm{P}(A\cap E)}{\mathrm{P}(E)}=\frac{\mathrm{P}(A\cap E)}{\mathrm{P}(A\cap E)+\mathrm{P}(A^c\cap E)}$$

0260 대표문제

어느 회사에서는 같은 제품을 두 공장 A, B에서 생산한다. A 공장과 B 공장의 생산량은 각각 전체 제품의 40 %, 60 %이고, 불량률은 각각 5 %, 3 %이다. 두 공장에서 생산된 제품 중 임의로 택한 한 개의 제품이 불량품이었을 때, 그 제품이 A 공장에서 생산되었을 확률을 구하시오.

0261 상중하

K 야구팀의 홈 경기에서의 승률은 70 %, 원정 경기에서의 승률은 40 %이고, 올해 치르는 경기의 50 %가 홈 경기이다. 올해의 어떤 경기에서 K 야구팀이 승리했을 때, 그 경기가 홈 경기였을 확률은?

① $\dfrac{3}{10}$ ② $\dfrac{2}{5}$ ③ $\dfrac{1}{2}$

④ $\dfrac{7}{11}$ ⑤ $\dfrac{36}{55}$

0262 상중하

어느 물류 회사는 전체 제품의 30 %는 버스로, 70 %는 기차로 운송하는데 버스로 운송하는 제품의 80 %, 기차로 운송하는 제품의 20 %가 1일 이내에 배송된다. 이 회사에서 배송한 제품 중 임의로 택한 한 개의 제품이 1일 이내에 배송된 제품이었을 때, 그 제품이 기차로 운송되었을 확률은?

① $\dfrac{3}{19}$ ② $\dfrac{5}{19}$ ③ $\dfrac{7}{19}$

④ $\dfrac{9}{19}$ ⑤ $\dfrac{11}{19}$

0263 상중하

필통 A에는 빨간 볼펜 2개와 파란 볼펜 4개가 들어 있고, 필통 B에는 빨간 볼펜 3개와 파란 볼펜 3개가 들어 있다. 임의로 필통 하나를 택하여 2개의 볼펜을 동시에 꺼냈더니 빨간 볼펜 1개와 파란 볼펜 1개가 나왔을 때, 그것이 필통 B에서 나왔을 확률은?

① $\dfrac{9}{17}$ ② $\dfrac{10}{17}$ ③ $\dfrac{11}{17}$

④ $\dfrac{12}{17}$ ⑤ $\dfrac{13}{17}$

0264 상중하

흰 공 2개와 검은 공 3개가 들어 있는 상자에서 하준이가 임의로 1개의 공을 꺼내고 지호가 남은 4개의 공 중에서 임의로 1개의 공을 꺼냈다. 지호가 꺼낸 공이 흰 공이었을 때, 하준이가 꺼낸 공도 흰 공일 확률은?

① $\dfrac{1}{2}$ ② $\dfrac{1}{3}$ ③ $\dfrac{1}{4}$

④ $\dfrac{1}{5}$ ⑤ $\dfrac{1}{6}$

0265 상중하

주머니 안에 세 장의 카드 A, B, C가 있다. 카드 A는 양면에 모두 숫자 1이 쓰여 있고, 카드 B는 한 면에는 숫자 1, 다른 면에는 숫자 2가 쓰여 있고, 카드 C는 양면에 모두 숫자 2가 쓰여 있다. 이 주머니에서 임의로 한 장의 카드를 뽑았더니 보이는 면에 숫자 1이 쓰여 있었을 때, 그 뒷면에는 숫자 2가 쓰여 있을 확률을 구하시오.

▶ 개념원리 확률과 통계 101쪽

유형 **06** 사건의 독립과 종속의 판정

두 사건 A, B에 대하여
(1) $P(A \cap B) = P(A)P(B)$ ➡ 독립
(2) $P(A \cap B) \neq P(A)P(B)$ ➡ 종속

0266 대표문제

1부터 12까지의 자연수가 각각 하나씩 적힌 12장의 카드 중에서 임의로 한 장의 카드를 뽑을 때, 홀수가 적힌 카드가 나오는 사건을 A, 3의 배수가 적힌 카드가 나오는 사건을 B, 소수가 적힌 카드가 나오는 사건을 C라 하자. 서로 독립인 사건인 것만을 **보기**에서 있는 대로 고르시오.

> **보기**
>
> ㄱ. A와 B　　　ㄴ. A와 C　　　ㄷ. B와 C

0267 상중하

10원짜리 동전 1개와 100원짜리 동전 1개를 동시에 던져서 10원짜리 동전의 앞면이 나오는 사건을 A, 100원짜리 동전의 뒷면이 나오는 사건을 B, 두 개의 동전이 같은 면이 나오는 사건을 C, 두 개의 동전이 다른 면이 나오는 사건을 D라 할 때, 다음 중 두 사건이 서로 독립이 <u>아닌</u> 것은?

① A와 B　　　② A와 C　　　③ B와 C
④ B와 D　　　⑤ C와 D

0268 상중하

두 사건 A, B에 대하여
$$P(A) = \frac{3}{4},\ P(B) = \frac{2}{3},\ P(A \cup B) = \frac{11}{12}$$
일 때, 두 사건 A와 B가 서로 독립인지 종속인지 말하시오.

▶ 개념원리 확률과 통계 102쪽

유형 **07** 독립사건의 확률의 계산

두 사건 A, B가 서로 독립이면
$$P(A \cap B) = P(A)P(B)$$
임을 이용한다.

0269 대표문제

두 사건 A, B가 서로 독립이고
$$P(A) = \frac{1}{2},\ P(A \cup B) = \frac{2}{3}$$
일 때, $P(B)$를 구하시오.

0270 상중하

두 사건 A, B가 서로 독립이고
$$P(A \cup B) = \frac{2}{5},\ P(A)P(B) = \frac{1}{3}$$
일 때, $P(A|B) + P(B|A)$의 값을 구하시오.

0271 상중하 ◀서술형

세 사건 A, B, C에 대하여 A, B는 서로 배반사건이고, A, C는 서로 독립이다. $P(A \cup B) = \frac{7}{10}$, $P(A \cap C) = \frac{1}{2}$, $P(C) = \frac{5}{6}$일 때, $P(B)$를 구하시오.

0272 상중하

두 사건 A, B가 서로 독립이고
$$P(B) = \frac{1}{6},\ P(A \cap B^c) + P(A^c \cap B) = \frac{2}{3}$$
일 때, $P(A)$를 구하시오.

유형 | 08 독립사건의 확률

(1) 주어진 상황에서 서로 독립인 두 사건 A, B를 정하고
$$P(A \cap B) = P(A)P(B)$$
임을 이용한다.

(2) 두 사건 A와 B가 서로 독립이면
$$A와 B^C, \ A^C와 B, \ A^C와 B^C$$
도 각각 서로 독립이다.

0273 대표문제

두 축구 선수 A, B가 페널티 킥을 성공할 확률이 각각 $\dfrac{2}{5}$, $\dfrac{1}{3}$이다. A, B가 각각 한 번씩 페널티 킥을 시도할 때, 적어도 한 명은 성공할 확률을 구하시오.

0274 상중하

주머니 A에는 빨간 구슬 5개와 파란 구슬 3개가 들어 있고, 주머니 B에는 빨간 구슬 3개와 파란 구슬 4개가 들어 있다. 두 주머니에서 각각 임의로 구슬을 한 개씩 꺼낼 때, 모두 파란 구슬일 확률을 구하시오.

0275 상중하

다음 주 화요일에 A 지역과 B 지역에 눈이 올 확률은 각각 0.2, 0.3이다. 다음 주 화요일에 A 지역에는 눈이 오지 않고, B 지역에는 눈이 올 확률을 구하시오.

(단, A 지역과 B 지역에 눈이 오는 사건은 서로 독립이다.)

0276 상중하

예준이와 나연이가 어떤 이벤트에 당첨될 확률이 각각 $\dfrac{1}{10}$, p이다. 두 사람 중 한 명만 이벤트에 당첨될 확률이 $\dfrac{7}{30}$일 때, p의 값을 구하시오.

(단, 두 사람이 이벤트에 당첨되는 사건은 서로 독립이다.)

0277 상중하

다음은 어떤 집단에서 두 바이러스 A, B의 보균자 수를 조사하여 나타낸 표이다.

(단위: 명)

	바이러스 A	바이러스 B	합계
남자	x		150
여자			300
합계	240	210	450

이 집단에서 임의로 한 명을 택할 때, 바이러스 A 보균자를 택하는 사건과 남자를 택하는 사건은 서로 독립이다. 이때 x의 값은?

① 80   ② 90   ③ 100
④ 110   ⑤ 120

0278 상중하

다음 그림과 같이 두 상자 A, B에 숫자가 적힌 카드가 각각 4장씩 들어 있다. 두 상자에서 각각 임의로 카드 한 장씩을 꺼낼 때, 카드에 적힌 두 수의 합이 홀수일 확률을 구하시오.

0279 상중하 서술형

오른쪽 그림과 같은 회로에서 세 스위치 A, B, C가 열려 있을 확률이 각각 0.4, 0.5, 0.6이다. 각 스위치가 독립적으로 작동할 때, 전구에 불이 켜질 확률을 구하시오.

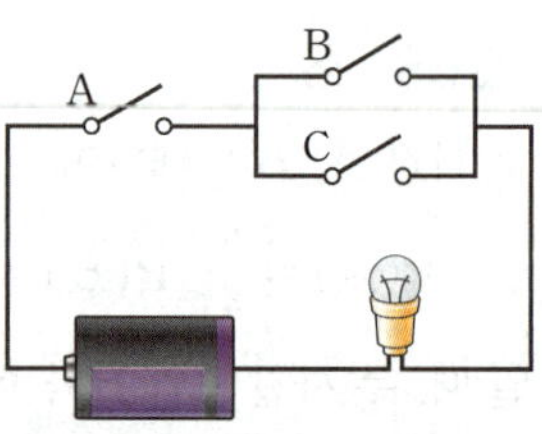

유형 **09** 독립시행의 확률 (1)

어떤 시행에서 사건 A가 일어날 확률이 $p\,(0<p<1)$일 때, 이 시행을 n번 반복하는 독립시행에서 사건 A가 r번 일어날 확률은
$$_n\mathrm{C}_r\,p^r(1-p)^{n-r}$$

0280 대표문제

어떤 사격 선수가 총을 한 발 쏘아 표적을 맞힐 확률이 $\dfrac{2}{3}$라 한다. 이 선수가 총을 5발 쏠 때, 표적을 한 번 이상 맞힐 확률은?

① $\dfrac{32}{243}$ ② $\dfrac{80}{243}$ ③ $\dfrac{163}{243}$

④ $\dfrac{202}{243}$ ⑤ $\dfrac{242}{243}$

0281 상중하

평평한 면이 아래로 나올 확률이 $\dfrac{1}{4}$인 윷가락 4개를 동시에 던질 때, 평평한 면이 아래로 나온 윷가락이 3개일 확률을 구하시오.

0282 상중하

어느 호텔의 각 객실에서 룸서비스를 이용할 확률이 $\dfrac{3}{5}$이라 한다. 손님이 묵고 있는 4개의 객실 중 적어도 1개의 객실에서 룸서비스를 이용할 확률은?

① $\dfrac{81}{625}$ ② $\dfrac{256}{625}$ ③ $\dfrac{544}{625}$

④ $\dfrac{609}{625}$ ⑤ $\dfrac{624}{625}$

0283 상중하

5문제 중에서 4문제 이상을 맞히면 합격하는 시험이 있다. 평균적으로 7문제 중에서 2문제를 맞히는 학생이 이 시험에 합격할 확률이 $\dfrac{k}{7^5}$일 때, 상수 k의 값을 구하시오.

0284 상중하

공격 성공률이 40 %인 배구 선수가 공격을 4번 시도할 때, 2번 이상 성공시킬 확률을 구하시오.

0285 상중하

실력이 같은 정도로 기대되는 두 팀 A, B가 5번 경기를 하여 먼저 3번을 이기는 팀이 우승하는 시합을 할 때, 4번째 경기에서 우승팀이 결정될 확률은? (단, 비기는 경우는 없다.)

① $\dfrac{3}{16}$ ② $\dfrac{1}{4}$ ③ $\dfrac{5}{16}$

④ $\dfrac{3}{8}$ ⑤ $\dfrac{7}{16}$

0286 상중하

한 개의 주사위를 던져서 3의 배수의 눈이 나오면 한 개의 동전을 3번 던지고 3의 배수의 눈이 나오지 않으면 한 개의 동전을 2번 던질 때, 동전의 앞면이 1번 나올 확률을 구하시오.

▶ **개념원리** 확률과 통계 109쪽

유형 JP | 10 사건의 독립과 종속의 성질

두 사건 A, B가 서로
(1) 독립 ➡ $P(B|A)=P(B|A^C)=P(B)$
　　　　$P(A|B)=P(A|B^C)=P(A)$
(2) 종속 ➡ $P(B|A) \neq P(B|A^C)$
　　　　$P(A|B) \neq P(A|B^C)$

0287 대표문제

두 사건 A, B에 대하여 옳은 것만을 **보기**에서 있는 대로 고르시오. (단, $P(A) \neq 0$, $P(B) \neq 0$)

보기

ㄱ. A, B가 서로 독립이면 $P(A|B)=P(B|A)$이다.
ㄴ. A, B가 서로 배반사건이면 $P(B|A)=0$이다.
ㄷ. $A \subset B$이면 $P(B|A)=1$이다.

0288 상중하

두 사건 A, B에 대하여 옳은 것만을 **보기**에서 있는 대로 고르시오. (단, $0 < P(A) < 1$, $0 < P(B) < 1$)

보기

ㄱ. A, B가 서로 독립이면 A^C, B도 서로 독립이다.
ㄴ. A, B가 서로 배반사건이면 A, B는 서로 독립이다.
ㄷ. A, B가 서로 독립이면 A, B는 서로 배반사건이다.

0289 상중하

두 사건 A, B가 서로 독립일 때, 옳은 것만을 **보기**에서 있는 대로 고르시오. (단, $0 < P(A) < 1$, $0 < P(B) < 1$)

보기

ㄱ. $P(A^C|B)=1-P(A)$
ㄴ. $P(A)=P(A)P(B)+P(A)P(B^C)$
ㄷ. $P(A \cup B)=P(A)+P(B)$

유형 JP | 11 독립시행의 확률 (2)

점수 또는 위치에 대한 조건이 주어지는 경우
➡ 방정식을 이용하여 주어진 사건이 일어나는 횟수를 구하고 독립시행의 확률을 이용한다.

0290 대표문제

수직선 위의 원점에 점 A가 있다. 한 개의 주사위를 던져서 5의 약수의 눈이 나오면 점 A를 양의 방향으로 1만큼, 그 외의 눈이 나오면 점 A를 음의 방향으로 1만큼 움직인다. 주사위를 4번 던질 때, 점 A의 좌표가 2가 될 확률은?

① $\dfrac{8}{81}$ 　　② $\dfrac{11}{81}$ 　　③ $\dfrac{16}{81}$

④ $\dfrac{8}{27}$ 　　⑤ $\dfrac{35}{81}$

0291 상중하 서술형

흰 공 3개와 검은 공 2개가 들어 있는 주머니에서 임의로 한 개의 공을 꺼낼 때, 흰 공이 나오면 3점, 검은 공이 나오면 2점을 얻는 게임이 있다. 이 게임을 5번 할 때, 얻은 점수의 합이 14점일 확률을 구하시오.

(단, 꺼낸 공은 색을 확인한 후 다시 주머니에 넣는다.)

0292 상중하

오른쪽 그림과 같이 한 변의 길이가 1인 정오각형 ABCDE의 꼭짓점 A에서 출발하여 변을 따라 시계 반대 방향으로 움직이는 점 P가 있다. 한 개의 동전을 던져서 앞면이 나오면 2만큼, 뒷면이 나오면 1만큼 움직일 때, 동전을 6번 던져서 점 P가 다시 꼭짓점 A로 돌아올 확률을 구하시오.

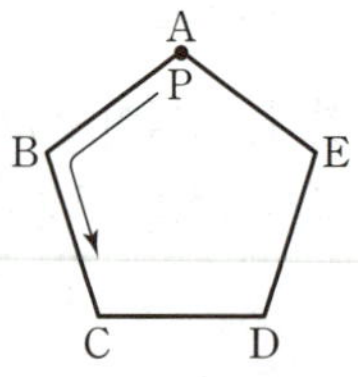

0293

두 사건 A, B에 대하여
$$P(A \cup B)=1, \ P(A \cap B)=\frac{1}{3}, \ P(A|B)=P(B|A)$$
일 때, $P(A)$를 구하시오.

0294

두 사건 A, B에 대하여
$$P(A)=\frac{1}{2}, \ P(A|B)=\frac{3}{10}, \ P(B|A)=\frac{2}{5}$$
일 때, $P(B)$를 구하시오.

0295

서로 다른 두 개의 주사위를 동시에 던져서 나온 두 눈의 수의 합이 6일 때, 나온 두 눈의 수가 모두 홀수일 확률은?

① $\dfrac{1}{5}$ ② $\dfrac{3}{10}$ ③ $\dfrac{2}{5}$

④ $\dfrac{1}{2}$ ⑤ $\dfrac{3}{5}$

0296

어느 영화 동아리의 회원 수는 180이고, 각 회원은 영화 A와 영화 B 중 하나를 택하여 관람하였다. 이 동아리 회원 중 영화 A를 관람한 회원은 남자 회원 45명과 여자 회원 35명이다. 이 동아리 회원 중 임의로 뽑은 한 명이 영화 B를 관람한 회원일 때, 그 회원이 남자일 확률은 $\dfrac{2}{5}$이다. 이 영화 동아리의 여자 회원 수를 구하시오.

0297 중요★

3개의 당첨 제비를 포함하여 10개의 제비가 들어 있는 주머니에서 A, B가 차례대로 제비를 임의로 한 개씩 뽑을 때, B가 당첨 제비를 뽑을 확률을 구하시오.

(단, 뽑은 제비는 다시 넣지 않는다.)

0298

상자 A에는 빨간 구슬 3개, 파란 구슬 4개가 들어 있고, 상자 B에는 빨간 구슬 5개, 파란 구슬 2개가 들어 있다. 한 상자를 임의로 택하여 2개의 구슬을 동시에 꺼낼 때, 나온 구슬이 서로 다른 색일 확률을 구하시오.

0299 평가원 기출

주머니 A에는 흰 공 2개, 검은 공 4개가 들어 있고, 주머니 B에는 흰 공 3개, 검은 공 3개가 들어 있다. 두 주머니 A, B와 한 개의 주사위를 사용하여 다음 시행을 한다.

주사위를 한 번 던져
나온 눈의 수가 5 이상이면
주머니 A에서 임의로 2개의 공을 동시에 꺼내고,
나온 눈의 수가 4 이하이면
주머니 B에서 임의로 2개의 공을 동시에 꺼낸다.

이 시행을 한 번 하여 주머니에서 꺼낸 2개의 공이 모두 흰색일 때, 나온 눈의 수가 5 이상일 확률은?

① $\dfrac{1}{7}$ ② $\dfrac{3}{14}$ ③ $\dfrac{2}{7}$

④ $\dfrac{5}{14}$ ⑤ $\dfrac{3}{7}$

0300 수능 기출

두 사건 A, B는 서로 독립이고

$$P(A \cap B) = \frac{1}{4}, \ P(A^C) = 2P(A)$$

일 때, $P(B)$의 값은? (단, A^C은 A의 여사건이다.)

① $\frac{3}{8}$ ② $\frac{1}{2}$ ③ $\frac{5}{8}$

④ $\frac{3}{4}$ ⑤ $\frac{7}{8}$

0301

두 사건 A, B가 서로 독립이고

$$P(A \cup B) = \frac{5}{8}, \ P(A \cap B) = \frac{1}{8}, \ P(A) > P(B)$$

일 때, $P(B)$는?

① $\frac{1}{8}$ ② $\frac{1}{5}$ ③ $\frac{1}{4}$

④ $\frac{1}{3}$ ⑤ $\frac{1}{2}$

0302

세 공연 A, B, C가 내일 매진될 확률이 각각 $\frac{1}{4}$, $\frac{2}{3}$, $\frac{1}{2}$일 때, 내일 세 공연 중 두 공연만 매진될 확률을 구하시오.

(단, 각 공연이 매진되는 사건은 서로 독립이다.)

0303

남학생이 16명, 여학생이 24명인 어떤 학급의 학생들을 대상으로 체험 학습 장소에 대한 선호도를 조사하였더니 놀이동산을 선호하는 남학생은 8명, 여학생은 k명이었다. 이 학급 학생 중에서 임의로 한 명을 택할 때, 놀이동산을 선호하는 학생을 택하는 사건을 A, 남학생을 택하는 사건을 B라 하자. 두 사건 A, B가 서로 독립이 되도록 하는 k의 값을 구하시오.

0304 중요★

한 개의 동전을 6번 던질 때, 앞면이 나오는 횟수가 뒷면이 나오는 횟수보다 클 확률은?

① $\frac{17}{64}$ ② $\frac{9}{32}$ ③ $\frac{5}{16}$

④ $\frac{11}{32}$ ⑤ $\frac{1}{2}$

0305

다음은 $0 < P(A) < 1$, $0 < P(B) < 1$인 두 사건 A, B가 서로 독립이면 A^C, B^C도 서로 독립임을 증명한 것이다.

> **증명**
>
> 두 사건 A, B가 서로 독립이므로
> $$P(A \cap B) = P(A)P(B)$$
> $$\therefore P(A^C \cap B^C) = 1 - \boxed{(가)}$$
> $$= 1 - \{P(A) + P(B) - \boxed{(나)}\}$$
> $$= \{1 - P(A)\}\{1 - P(B)\}$$
> $$= P(A^C) \boxed{(다)}$$
> 따라서 두 사건 A^C, B^C도 서로 독립이다.

위의 과정에서 (가), (나), (다)에 알맞은 것을 차례대로 나열한 것은?

① $P(A \cap B)$, $P(A)P(B)$, $P(B)$
② $P(A \cap B)$, $P(A \cup B)$, $P(B^C)$
③ $P(A \cup B)$, $P(A)P(B)$, $P(B)$
④ $P(A \cup B)$, $P(A)P(B)$, $P(B^C)$
⑤ $P(A \cup B)$, $P(A \cup B)$, $P(B)$

0306

혜진이와 윤주가 계단에서 가위바위보를 하여 비긴 경우에는 둘 다 1칸씩 내려가고, 승부가 난 경우에는 이긴 사람은 2칸 올라가고 진 사람은 1칸 내려가려고 한다. 가위바위보를 5번 하였을 때, 혜진이가 처음보다 4칸 올라가 있을 확률을 구하시오. (단, 계단은 위, 아래로 충분히 있다.)

서술형 주관식

0307 중요 ★

2개의 불량품을 포함하여 5개의 제품이 들어 있는 상자에서 제품을 임의로 1개씩 두 번 꺼낼 때, 두 번 모두 불량품을 꺼낼 확률을 p_1, 두 번째에만 불량품을 꺼낼 확률을 p_2라 하자. 이때 p_1+p_2의 값을 구하시오.

(단, 꺼낸 제품은 다시 넣지 않는다.)

0308

1부터 8까지의 자연수가 각각 하나씩 적힌 8장의 카드가 들어 있는 주머니에서 A, B가 차례대로 카드를 임의로 1장씩 뽑을 때, 먼저 소수가 적힌 카드를 뽑는 사람이 이긴다고 한다. 승부가 날 때까지 카드를 뽑을 때, A가 이길 확률을 구하시오.

(단, 뽑은 카드는 다시 넣지 않는다.)

0309

동일한 질병을 가지고 있는 환자 300명 중 100명에게는 A 약을 투여하고 200명에게는 B 약을 투여하였다. A 약과 B 약을 투여받은 환자가 완치될 확률은 각각 3 %, x %이다. 300명의 환자 중 임의로 택한 한 명이 완치된 환자였을 때, 이 환자가 A 약을 투여받은 환자일 확률은 $\dfrac{3}{13}$이다. 이때 x의 값을 구하시오.

0310

어떤 시험에서 A는 합격하고 B는 합격하지 못할 확률은 $\dfrac{3}{5}$이고, A 또는 B가 합격할 확률은 $\dfrac{4}{5}$이다. 이때 A가 시험에 합격할 확률을 구하시오.

(단, A, B가 합격하는 사건은 서로 독립이다.)

실력Up 

0311

주머니에 숫자 1, 2, 3, 4, 5가 각각 하나씩 적혀 있는 흰 공 5개와 숫자 4, 5, 6, 7이 각각 하나씩 적혀 있는 검은 공 4개가 들어 있다. 이 주머니에서 임의로 4개의 공을 동시에 꺼내는 시행을 한다. 이 시행에서 꺼낸 공에 적혀 있는 숫자가 같은 것이 있을 때, 꺼낸 공 중 흰 공이 2개일 확률을 구하시오.

0312 수능 기출

숫자 3, 3, 4, 4, 4가 하나씩 적힌 5개의 공이 들어 있는 주머니가 있다. 이 주머니와 한 개의 주사위를 사용하여 다음 규칙에 따라 점수를 얻는 시행을 한다.

 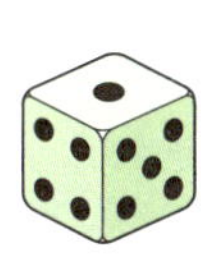

주머니에서 임의로 한 개의 공을 꺼내어
꺼낸 공에 적힌 수가 3이면 주사위를 3번 던져서 나오는 세 눈의 수의 합을 점수로 하고,
꺼낸 공에 적힌 수가 4이면 주사위를 4번 던져서 나오는 네 눈의 수의 합을 점수로 한다.

이 시행을 한 번 하여 얻은 점수가 10점일 확률은 $\dfrac{q}{p}$이다. $p+q$의 값을 구하시오. (단, p와 q는 서로소인 자연수이다.)

0313

오른쪽 그림과 같이 좌표평면 위의 원점에 점 P가 있다. 주사위를 한 번 던져서 3 이하의 눈이 나오면 점 P를 x축의 양의 방향으로 1만큼 움직이고, 4 이상의 눈이 나오면 점 P를 y축의 양의 방향으로 1만큼 움직인다. 주사위를 계속 던질 때, 점 P가 색칠한 부분을 지날 확률을 구하시오.

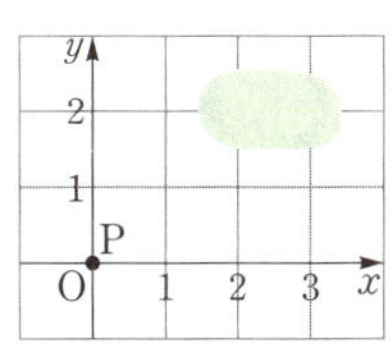

도전은 기회를 만들고,

노력은 변화를 만든다.

Ⅲ 통계

04 확률분포 (1)

04 | 1 확률변수와 확률분포

1 확률변수: 어떤 시행에서 표본공간의 각 원소에 하나의 실수가 대응되는 함수를 **확률변수**라 하고, 확률변수 X가 어떤 값 x를 가질 확률을 기호로 $\mathrm{P}(X=x)$와 같이 나타낸다.

참고▶ 확률변수는 표본공간을 정의역으로 하고 실수 전체의 집합을 공역으로 하는 함수이지만 변수의 역할도 하므로 확률변수라 한다.

2 확률분포: 확률변수 X가 가질 수 있는 값과 이 값을 가질 확률의 대응 관계를 X의 **확률분포**라 한다.

3 이산확률변수: 확률변수 X가 가질 수 있는 값이 유한개이거나 무한히 많더라도 자연수와 같이 셀 수 있을 때, X를 **이산확률변수**라 한다.

4 연속확률변수: 확률변수 X가 어떤 범위에 속하는 모든 실수의 값을 가질 때, X를 **연속확률변수**라 한다.

● 확률변수는 보통 X, Y, Z, $\cdots$로 나타내고, 확률변수가 가질 수 있는 값은 x, y, z, $\cdots$로 나타낸다.

04 | 2 이산확률변수의 확률분포   유형 01, 02, 03

1 확률질량함수

(1) 이산확률변수 X가 가질 수 있는 모든 값 x_1, x_2, x_3, $\cdots$, x_n에 X가 이 값을 가질 확률 p_1, p_2, p_3, $\cdots$, p_n이 대응되는 함수
$$\mathrm{P}(X=x_i)=p_i \ (i=1, 2, 3, \cdots, n)$$
를 이산확률변수 X의 **확률질량함수**라 한다.

(2) 이산확률변수 X의 확률분포를 표와 그래프로 나타내면 다음과 같다.

X	x_1	x_2	x_3	$\cdots$	x_n	합계
$\mathrm{P}(X=x_i)$	p_1	p_2	p_3	$\cdots$	p_n	1

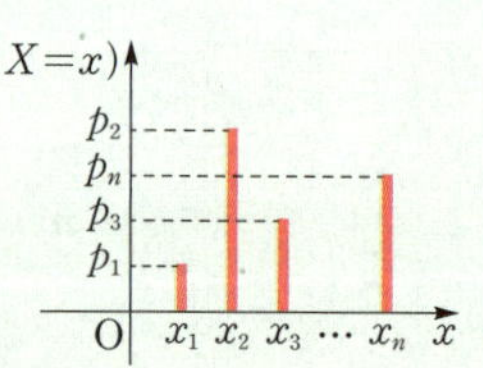

2 확률질량함수의 성질

이산확률변수 X의 확률질량함수 $\mathrm{P}(X=x_i)=p_i \ (i=1, 2, 3, \cdots, n)$에 대하여

(1) $0 \leq p_i \leq 1$ ← 확률은 0 이상 1 이하이다.

(2) $p_1+p_2+p_3+\cdots+p_n=1$ ← 확률의 총합은 1이다.

참고▶ 확률변수 X가 a 이상 b 이하의 값을 가질 확률은 $\mathrm{P}(a \leq X \leq b)$와 같이 나타낸다.

● $\mathrm{P}(X=a$ 또는 $X=b)$
$=\mathrm{P}(X=a)+\mathrm{P}(X=b)$
(단, $a \neq b$)

04 | 3 이산확률변수의 기댓값(평균), 분산, 표준편차   유형 04, 05, 13

이산확률변수 X의 확률질량함수가 $\mathrm{P}(X=x_i)=p_i \ (i=1, 2, 3, \cdots, n)$일 때, 확률변수 X의 **기댓값**(평균), 분산, 표준편차는 각각 기호로 $\mathrm{E}(X)$, $\mathrm{V}(X)$, $\sigma(X)$와 같이 나타낸다.

(1) $\mathrm{E}(X)=x_1 p_1+x_2 p_2+\cdots+x_n p_n$

(2) $\mathrm{V}(X)=\mathrm{E}((X-m)^2)$ ← (편차)²의 기댓값
$$=(x_1-m)^2 p_1+(x_2-m)^2 p_2+\cdots+(x_n-m)^2 p_n$$
$$=\mathrm{E}(X^2)-\{\mathrm{E}(X)\}^2 \ (단, m=\mathrm{E}(X))$$

(3) $\sigma(X)=\sqrt{\mathrm{V}(X)}$

● $\mathrm{E}(X)$는 평균을 뜻하는 mean의 첫 글자 m으로 나타내기도 한다.

● $\sigma(X)$는 $\mathrm{V}(X)$의 양의 제곱근이다.

교과서 **문제** 정복하기

04 | 1 확률변수와 확률분포

[0314 ~ 0317] 다음 확률변수 X가 이산확률변수인지 연속확률변수인지 말하시오.

0314 한 개의 주사위를 3번 던질 때, 1의 눈이 나오는 횟수 X

0315 어느 반 학생들의 키 X

0316 어느 공장에서 생산되는 제품의 개수 X

0317 배차 간격이 7분인 버스를 기다리는 시간 X

[0318 ~ 0319] 다음 확률변수 X가 가질 수 있는 값을 모두 구하시오.

0318 한 개의 주사위를 던질 때, 나오는 눈의 수 X

0319 어떤 야구 선수가 4번 타석에 설 때, 안타를 치는 횟수 X

04 | 2 이산확률변수의 확률분포

0320 서로 다른 2개의 동전을 동시에 던질 때, 앞면이 나오는 동전의 개수를 확률변수 X라 하자. 다음 물음에 답하시오.

(1) X가 가질 수 있는 값을 모두 구하시오.

(2) X의 확률분포를 표로 나타내시오.

0321 빨간 공 4개와 파란 공 2개가 들어 있는 주머니에서 임의로 3개의 공을 동시에 꺼낼 때, 나오는 빨간 공의 개수를 확률변수 X라 하자. 다음 물음에 답하시오.

(1) X가 가질 수 있는 값을 모두 구하시오.

(2) X의 확률질량함수를 구하시오.

(3) X의 확률분포를 표로 나타내시오.

0322 확률변수 X의 확률분포가 아래 표와 같을 때, 다음을 구하시오.

X	-1	0	1	2	합계
$\mathrm{P}(X=x)$	$\dfrac{1}{3}$	a	$\dfrac{2}{9}$	$3a$	1

(1) 상수 a의 값

(2) $\mathrm{P}(X=1$ 또는 $X=2)$

(3) $\mathrm{P}(-1 \le X \le 1)$

04 | 3 이산확률변수의 기댓값(평균), 분산, 표준편차

0323 확률변수 X의 확률분포가 아래 표와 같을 때, 다음을 구하시오.

X	1	2	3	4	합계
$\mathrm{P}(X=x)$	$\dfrac{1}{4}$	$\dfrac{1}{8}$	$\dfrac{1}{4}$	$\dfrac{3}{8}$	1

(1) $\mathrm{E}(X)$ (2) $\mathrm{V}(X)$ (3) $\sigma(X)$

0324 한 개의 주사위를 2번 던질 때, 3의 약수의 눈이 나오는 횟수를 확률변수 X라 하자. 다음 물음에 답하시오.

(1) 아래 표를 완성하시오.

X	0	1	2	합계
$\mathrm{P}(X=x)$				1

(2) $\mathrm{E}(X)$, $\mathrm{V}(X)$, $\sigma(X)$를 구하시오.

0325 50원짜리 동전 2개를 동시에 던질 때, 앞면이 나온 동전의 금액의 합을 X원이라 하자. 다음 물음에 답하시오.

(1) 확률변수 X의 확률분포를 표로 나타내시오.

(2) X의 기댓값을 구하시오.

04 | 4 확률변수 $aX+b$의 평균, 분산, 표준편차　유형 06, 07, 08, 12

확률변수 X와 상수 a, b $(a\neq0)$에 대하여 다음이 성립한다.

(1) $\mathrm{E}(aX+b)=a\mathrm{E}(X)+b$

(2) $\mathrm{V}(aX+b)=a^2\mathrm{V}(X)$

(3) $\sigma(aX+b)=|a|\sigma(X)$

참고▶ 이산확률변수 X의 확률질량함수가 $\mathrm{P}(X=x_i)=p_i$ $(i=1,\ 2,\ 3,\ \cdots,\ n)$일 때, 확률변수 $aX+b$의 평균, 분산, 표준편차는 다음과 같다.

(1) $\begin{aligned}\mathrm{E}(aX+b)&=(ax_1+b)p_1+(ax_2+b)p_2+\cdots+(ax_n+b)p_n\\&=a(x_1p_1+x_2p_2+\cdots+x_np_n)+b(p_1+p_2+\cdots+p_n)\\&=a\mathrm{E}(X)+b\end{aligned}$

(2) $\begin{aligned}&\mathrm{V}(aX+b)\\&=\{(ax_1+b)-(am+b)\}^2p_1+\{(ax_2+b)-(am+b)\}^2p_2+\cdots+\{(ax_n+b)-(am+b)\}^2p_n\\&=a^2\{(x_1-m)^2p_1+(x_2-m)^2p_2+\cdots+(x_n-m)^2p_n\}\\&=a^2\mathrm{V}(X)\ (단,\ m=\mathrm{E}(X))\end{aligned}$

(3) $\sigma(aX+b)=\sqrt{\mathrm{V}(aX+b)}=\sqrt{a^2\mathrm{V}(X)}=|a|\sigma(X)$

04 | 5 이항분포　유형 09~12

1 이항분포

한 번의 시행에서 사건 A가 일어날 확률을 p라 할 때, n번의 독립시행에서 사건 A가 일어나는 횟수를 X라 하면 확률변수 X의 확률질량함수는 다음과 같다.

$$\mathrm{P}(X=x)={_n}\mathrm{C}_x\,p^xq^{n-x}\ (단,\ q=1-p,\ x=0,\ 1,\ 2,\ \cdots,\ n)$$

이와 같은 확률변수 X의 확률분포를 **이항분포**라 하고, 기호로 **$\mathrm{B}(n,\ p)$**와 같이 나타낸다.

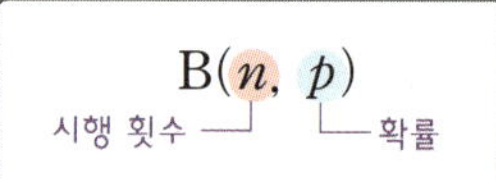

2 이항분포의 평균, 분산, 표준편차

확률변수 X가 이항분포 $\mathrm{B}(n,\ p)$를 따를 때, 다음이 성립한다.

(1) $\mathrm{E}(X)=np$

(2) $\mathrm{V}(X)=np(1-p)$

(3) $\sigma(X)=\sqrt{np(1-p)}$

04 | 6 큰 수의 법칙

어떤 시행에서 사건 A가 일어날 수학적 확률이 p일 때, n번의 독립시행에서 사건 A가 일어나는 횟수를 X라 하면 임의의 양수 h에 대하여 n이 한없이 커짐에 따라 확률 $\mathrm{P}\left(\left|\dfrac{X}{n}-p\right|<h\right)$는 1에 가까워진다. 이것을 **큰 수의 법칙**이라 한다.

참고▶ 시행 횟수 n이 충분히 클 때, 사건 A의 상대도수 $\dfrac{X}{n}$는 사건 A의 통계적 확률에 가까워지므로 큰 수의 법칙에 의하여 통계적 확률은 수학적 확률 p에 가까워짐을 알 수 있다.

＋ 개념 플러스

● 확률변수 $aX+b$의 성질은 X가 연속확률변수일 때에도 성립한다.

● ${_n}\mathrm{C}_x$는 n번의 독립시행에서 사건 A가 x번 일어나는 경우의 수이며 p^xq^{n-x}은 각 경우의 확률이다.

● $\mathrm{B}(n,\ p)$의 B는 이항분포를 뜻하는 Binomial distribution의 첫 글자이다.

● 자연 현상이나 사회 현상과 같이 수학적 확률을 구하기 어려운 경우에는 큰 수의 법칙에 의하여 통계적 확률을 대신 이용할 수 있다.

교과서 **문제** 정복하기

04│4 **확률변수 $aX+b$의 평균, 분산, 표준편차**

0326 확률변수 X에 대하여 $\mathrm{E}(X)=6$, $\mathrm{V}(X)=\dfrac{3}{2}$일 때, 다음 확률변수의 평균, 분산, 표준편차를 구하시오.

(1) $2X-1$

(2) $-\dfrac{1}{3}X+5$

0327 확률변수 X의 확률분포가 아래 표와 같을 때, 다음을 구하시오.

X	0	1	2	4	합계
$\mathrm{P}(X=x)$	$\dfrac{1}{8}$	$\dfrac{1}{4}$	$\dfrac{1}{8}$	$\dfrac{1}{2}$	1

(1) $\mathrm{E}(4X+2)$

(2) $\mathrm{V}(4X+2)$

(3) $\sigma(4X+2)$

04│5 **이항분포**

[0328~0330] 다음 확률변수 X가 이항분포를 따르는지 확인하고, 이항분포를 따르면 X의 확률분포를 $\mathrm{B}(n,\,p)$ 꼴로 나타내시오.

0328 10개의 동전을 동시에 던질 때, 뒷면이 나오는 동전의 개수 X

0329 명중률이 $\dfrac{1}{3}$인 양궁 선수가 7발의 화살을 쏠 때, 과녁에 명중하는 화살의 개수 X

0330 2개의 당첨 제비를 포함한 10개의 제비 중에서 임의로 2개의 제비를 한 개씩 차례대로 뽑을 때, 나오는 당첨 제비의 개수 X (단, 꺼낸 제비는 다시 넣지 않는다.)

0331 확률변수 X가 이항분포 $\mathrm{B}\left(4,\,\dfrac{1}{4}\right)$을 따를 때, 다음을 구하시오.

(1) X의 확률질량함수

(2) $\mathrm{P}(X=3)$

0332 자유투 성공률이 0.6인 농구 선수가 5번의 자유투를 시도할 때, 성공하는 횟수를 확률변수 X라 하자. 다음 물음에 답하시오.

(1) X의 확률분포를 $\mathrm{B}(n,\,p)$ 꼴로 나타내시오.

(2) X의 확률질량함수를 구하시오.

(3) $\mathrm{P}(X=2)$를 구하시오.

[0333~0334] 확률변수 X가 다음과 같은 이항분포를 따를 때, $\mathrm{E}(X)$, $\mathrm{V}(X)$, $\sigma(X)$를 구하시오.

0333 $\mathrm{B}\left(63,\,\dfrac{1}{3}\right)$

0334 $\mathrm{B}\left(128,\,\dfrac{3}{4}\right)$

0335 한 개의 주사위를 45번 던질 때, 6의 약수의 눈이 나오는 횟수를 확률변수 X라 하자. 다음을 구하시오.

(1) $\mathrm{E}(X)$

(2) $\mathrm{V}(X)$

(3) $\sigma(X)$

▶ 개념원리 확률과 통계 117쪽

유형 01 확률질량함수의 성질 (1)

확률변수 X의 확률질량함수 $P(X=x_i)=p_i\ (i=1,\ 2,\ \cdots,\ n)$
에 대하여 $\quad p_1+p_2+\cdots+p_n=1$

0336 대표문제

확률변수 X의 확률질량함수가

$$P(X=x)=\frac{k}{x(x-1)}\ (x=2,\ 3,\ 4,\ \cdots,\ 9)$$

일 때, 상수 k의 값을 구하시오.

0337 상중하

확률변수 X의 확률분포가 다음 표와 같을 때, 상수 a의 값을 구하시오.

X	0	1	2	3	합계
$P(X=x)$	$\frac{3}{8}$	$\frac{a}{4}$	a^2	$\frac{1}{4}$	1

0338 상중하

확률변수 X의 확률질량함수가

$$P(X=x)=\begin{cases}\dfrac{x}{12}+a\ (x=0,\ 1,\ 2)\\[2mm]\dfrac{x}{12}-a\ (x=3,\ 4)\end{cases}$$

일 때, $P(X=2)$를 구하시오. (단, a는 상수이다.)

0339 상중하

확률변수 X의 확률질량함수가

$$P(X=x)=\frac{k}{\sqrt{x}+\sqrt{x+1}}\ (x=1,\ 2,\ 3,\ \cdots,\ 15)$$

일 때, 상수 k의 값은?

① $\frac{1}{3}$ ② $\frac{1}{2}$ ③ $\frac{\sqrt{3}}{3}$

④ $\frac{2}{3}$ ⑤ $\frac{\sqrt{2}}{2}$

▶ 개념원리 확률과 통계 118쪽

유형 02 확률질량함수의 성질 (2)

확률변수 X의 확률질량함수 $P(X=x_i)=p_i\ (i=1,\ 2,\ \cdots,\ n)$
에 대하여

$$P(X=x_i \text{ 또는 } X=x_j)=P(X=x_i)+P(X=x_j)$$
$$=p_i+p_j\ (\text{단},\ i\neq j)$$

0340 대표문제

확률변수 X의 확률분포가 다음 표와 같다.

X	1	2	3	4	합계
$P(X=x)$	$\frac{k}{2}$	$\frac{3}{8}-k^2$	$\frac{1}{8}$	k	1

이때 $P(X^2-5X+6=0)$을 구하시오. (단, k는 상수이다.)

0341 상중하

확률변수 X의 확률질량함수가

$$P(X=x)=kx^2\ (x=1,\ 2,\ 3,\ 4)$$

일 때, $P(X\geq3)$을 구하시오. (단, k는 상수이다.)

0342 상중하

확률변수 X의 확률분포가 다음 표와 같다.

X	-1	0	1	합계
$P(X=x)$	$2p$	$\frac{4}{3}p$	q	1

$P(X=1)=\frac{1}{3}P(X=-1)$일 때, $P(0\leq X\leq 1)$을 구하시오. (단, p, q는 상수이다.)

▶ 개념원리 확률과 통계 119쪽

유형 **03** 이산확률변수의 확률

이산확률변수 X에 대하여 $P(a \leq X \leq b)$는 다음과 같은 순서로 구한다.

(ⅰ) $a \leq X \leq b$를 만족시키는 X의 값을 구한다.

(ⅱ) X가 (ⅰ)의 값을 가질 확률을 각각 구하여 더한다.

0343 대표문제

남자 4명, 여자 5명 중에서 임의로 3명의 대표를 뽑을 때, 남자 대표의 수를 확률변수 X라 하자. 이때 $P(X \geq 2)$를 구하시오.

0344 상중하

한 개의 주사위를 2번 던지는 시행에서 나오는 두 눈의 수의 합을 확률변수 X라 할 때, $P(3 \leq X \leq 5)$는?

① $\dfrac{1}{6}$ ② $\dfrac{1}{4}$ ③ $\dfrac{1}{3}$

④ $\dfrac{5}{12}$ ⑤ $\dfrac{1}{2}$

0345 상중하

3개의 당첨 제비를 포함한 7개의 제비 중에서 임의로 3개의 제비를 동시에 뽑을 때, 뽑은 당첨 제비의 개수를 확률변수 X라 하자. 이때 $P(X^2 - 4X + 3 \leq 0)$을 구하시오.

0346 상중하

흰 공 6개와 검은 공 4개가 들어 있는 주머니에서 임의로 4개의 공을 동시에 꺼낼 때, 나오는 검은 공의 개수를 확률변수 X라 하자. $P(X \geq a) = \dfrac{5}{42}$를 만족시키는 자연수 a의 값을 구하시오.

▶ 개념원리 확률과 통계 125쪽

유형 **04** 이산확률변수의 평균, 분산, 표준편차 ; 확률분포가 주어진 경우

이산확률변수 X의 확률질량함수가

$P(X = x_i) = p_i \ (i = 1, 2, \cdots, n)$일 때

(1) 평균: $E(X) = x_1 p_1 + x_2 p_2 + \cdots + x_n p_n$

(2) 분산: $V(X) = E(X^2) - \{E(X)\}^2$

(3) 표준편차: $\sigma(X) = \sqrt{V(X)}$

0347 대표문제

확률변수 X의 확률분포가 다음 표와 같을 때, $V(X)$를 구하시오. (단, a는 상수이다.)

X	-1	0	1	2	합계
$P(X=x)$	$\dfrac{1}{4}$	$\dfrac{1}{3}$	a	$\dfrac{1}{6}$	1

0348 상중하

확률변수 X의 확률질량함수가

$P(X = x) = k(x-1) \ (x = 2, 3, 4, 5)$

일 때, $\sigma(X)$는? (단, k는 상수이다.)

① $\dfrac{1}{6}$ ② $\dfrac{\sqrt{2}}{3}$ ③ 1

④ $\sqrt{2}$ ⑤ 2

0349 상중하 ◀ 서술형

다음과 같이 확률변수 X의 확률분포를 나타낸 표의 일부가 찢어져 보이지 않는다. $E(X) = \dfrac{1}{6}$일 때, $P(X = -1)$을 구하시오.

X	-2	-1	0	1	합계
$P(X=x)$			$\dfrac{1}{4}$	$\dfrac{1}{2}$	1

유형 | 05 이산확률변수의 평균, 분산, 표준편차
; 확률분포가 주어지지 않은 경우

이산확률변수 X의 확률분포가 주어지지 않은 경우에 X의 평균, 분산, 표준편차는 다음과 같은 순서로 구한다.

(i) 확률변수 X가 가질 수 있는 값을 찾고 각 값을 가질 확률을 구하여 X의 확률분포를 표로 나타낸다.

(ii) 확률변수 X의 평균, 분산, 표준편차를 구한다.

0350 대표문제

불량품 4개가 포함된 10개의 제품 중에서 임의로 3개의 제품을 동시에 뽑을 때, 뽑은 불량품의 개수를 확률변수 X라 하자. 이때 $\mathrm{V}(X)$를 구하시오.

0351 상중하

빨간 구슬 3개와 파란 구슬 4개가 들어 있는 주머니에서 임의로 2개의 구슬을 동시에 꺼낼 때, 나오는 빨간 구슬의 개수를 확률변수 X라 하자. 이때 $\mathrm{E}(X)$를 구하시오.

0352 상중하

1, 2, 3, 4의 숫자가 각각 하나씩 적힌 4장의 카드 중에서 임의로 2장의 카드를 동시에 뽑을 때, 뽑은 카드에 적힌 두 수 중 큰 수를 확률변수 X라 하자. 이때 $\sigma(X)$는?

① $\dfrac{\sqrt{5}}{3}$ ② 1 ③ $\dfrac{2\sqrt{3}}{3}$

④ $\sqrt{3}$ ⑤ 2

유형 | 06 확률변수 $aX+b$의 평균, 분산, 표준편차
; 평균, 분산이 주어진 경우

확률변수 X와 상수 a, b $(a\neq0)$에 대하여

(1) $\mathrm{E}(aX+b)=a\mathrm{E}(X)+b$

(2) $\mathrm{V}(aX+b)=a^2\mathrm{V}(X)$

(3) $\sigma(aX+b)=|a|\sigma(X)$

0353  대표문제

평균이 5, 분산이 4인 확률변수 X에 대하여 확률변수 $Y=aX+10$일 때, Y의 평균이 20, 분산이 b이다. 이때 상수 a, b에 대하여 ab의 값을 구하시오.

0354 상중하

확률변수 X에 대하여 $\mathrm{E}(3X+1)=16$, $\sigma(-3X+2)=6$일 때, $\mathrm{E}(X)+\mathrm{V}(X)$의 값은?

① 7 ② 8 ③ 9

④ 10 ⑤ 11

0355 상중하

확률변수 X에 대하여 $\mathrm{E}(X)=120$, $\mathrm{V}(X)=48$일 때, 확률변수 $Y=\dfrac{X-100}{4}$에 대하여 $\mathrm{E}(Y)=a$, $\mathrm{E}(Y^2)=b$이다. 이때 $a+b$의 값을 구하시오. (단, a, b는 상수이다.)

0356 상중하

어떤 시험의 원점수 X의 평균을 m, 표준편차를 σ라 할 때, 표준점수 T는

$$T=a\times\dfrac{X-m}{\sigma}+b \ (a>0)$$

꼴로 나타내어진다. 이 시험의 표준점수 T의 평균이 65, 표준편차가 15일 때, 상수 a, b에 대하여 $b-a$의 값을 구하시오.

▶ 개념원리 확률과 통계 129쪽

유형 07 확률변수 $aX+b$의 평균, 분산, 표준편차
; 확률분포가 주어진 경우

확률변수 X의 확률분포를 이용하여 X의 평균, 분산, 표준편차를 구한 후
$$\mathrm{E}(aX+b)=a\mathrm{E}(X)+b,\ \mathrm{V}(aX+b)=a^2\mathrm{V}(X),$$
$$\sigma(aX+b)=|a|\sigma(X)$$
임을 이용한다.

0357 대표문제

확률변수 X의 확률질량함수가
$$\mathrm{P}(X=x)=\frac{x+k}{16}\ (x=-2,\ 0,\ 2,\ 4)$$
일 때, $\mathrm{V}(4X+3)$은? (단, k는 상수이다.)

① 52　　　② 53　　　③ 54
④ 55　　　⑤ 56

0358 상중하 ◀서술형

확률변수 X의 확률분포가 다음 표와 같을 때, $\mathrm{E}(aX-5)$를 구하시오. (단, a는 상수이다.)

X	200	300	500	합계
$\mathrm{P}(X=x)$	$\dfrac{1}{2}$	a	$4a^2$	1

0359 상중하

확률변수 X의 확률분포가 다음 표와 같다. 확률변수 $Y=aX+b$에 대하여 $\mathrm{E}(Y)=14$, $\mathrm{V}(Y)=20$일 때, 상수 a, b에 대하여 ab의 값을 구하시오. (단, $a>0$)

X	0	1	2	3	합계
$\mathrm{P}(X=x)$	$\dfrac{1}{8}$	$\dfrac{1}{4}$	$\dfrac{1}{8}$	$\dfrac{1}{2}$	1

▶ 개념원리 확률과 통계 130쪽

유형 08 확률변수 $aX+b$의 평균, 분산, 표준편차
; 확률분포가 주어지지 않은 경우

확률변수 X의 확률분포가 주어지지 않은 경우에 확률변수 $aX+b$의 평균, 분산, 표준편차는 다음과 같은 순서로 구한다.
(ⅰ) 확률변수 X의 확률분포를 표로 나타낸 후 확률변수 X의 평균, 분산, 표준편차를 구한다.
(ⅱ) $\mathrm{E}(aX+b)=a\mathrm{E}(X)+b,\ \mathrm{V}(aX+b)=a^2\mathrm{V}(X)$,
$\sigma(aX+b)=|a|\sigma(X)$임을 이용한다.

0360 대표문제

흰 바둑돌 2개와 검은 바둑돌 4개가 들어 있는 주머니에서 임의로 2개의 바둑돌을 동시에 꺼낼 때, 나오는 흰 바둑돌의 개수를 확률변수 X라 하자. 이때 $\mathrm{V}(4-3X)$는?

① $\dfrac{1}{3}$　　　② 1　　　③ $\dfrac{5}{2}$
④ 3　　　⑤ $\dfrac{16}{5}$

0361 상중하

오른쪽 그림과 같이 마름모의 각 꼭짓점에 1, 3, 5, 7이 각각 적혀 있다. 마름모의 4개의 변과 2개의 대각선 중 임의로 한 개의 선분을 택할 때, 선분의 양 끝 점에 대응하는 수 중 큰 수를 확률변수 X라 하자. 이때 $9X+2$의 평균을 구하시오.

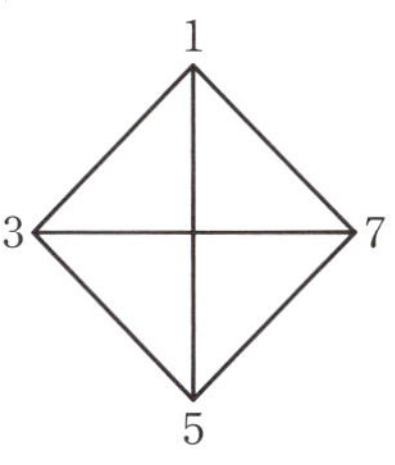

0362 상중하 ◀서술형

5개의 숫자 1, 2, 3, 3, a가 각각 하나씩 적힌 5장의 카드 중에서 임의로 한 장을 뽑을 때, 뽑힌 카드에 적힌 수를 확률변수 X라 하자. $\mathrm{E}(5X-6)=8$일 때, $\sigma(5X-6)$을 구하시오.

유형 09 이항분포에서의 확률

확률변수 X가 이항분포 $\mathrm{B}(n,\,p)$를 따를 때, X의 확률질량함수는
$$\mathrm{P}(X=x)={}_n\mathrm{C}_x\,p^x(1-p)^{n-x}\ (x=0,\,1,\,2,\,\cdots,\,n)$$

0363 대표문제

어떤 기계에서 생산되는 제품의 $10\,\%$가 불량품이라 한다. 이 기계에서 생산된 제품 중에서 5개를 택할 때, 나오는 불량품의 개수를 확률변수 X라 하자. 이때 $\mathrm{P}(X\geq1)$은?

① $\left(\dfrac{1}{10}\right)^5$ ② $\left(\dfrac{9}{10}\right)^5$ ③ $1-\left(\dfrac{9}{10}\right)^4$

④ $1-\left(\dfrac{1}{10}\right)^5$ ⑤ $1-\left(\dfrac{9}{10}\right)^5$

0364 상중하

이항분포 $\mathrm{B}\left(n,\,\dfrac{1}{3}\right)$을 따르는 확률변수 X에 대하여 $\mathrm{P}(X=n-1)=16\mathrm{P}(X=n)$일 때, n의 값을 구하시오.

0365 상중하

어떤 양궁 선수는 화살을 쏠 때, 5발 중에서 4발은 과녁을 명중시킨다고 한다. 이 선수가 4발의 화살을 쏠 때, 2발 이상 과녁을 명중시킬 확률을 구하시오.

0366 상중하

어느 비행기의 비즈니스석은 18석이고, 비즈니스석 예약자의 예약 취소율은 $10\,\%$이다. 어느 날 이 비행기의 비즈니스석을 20명이 예약했을 때, 실제로 좌석이 부족할 확률을 구하시오. (단, 각 예약자의 예약 취소는 독립적이고, $0.9^{19}=0.135$, $0.9^{20}=0.122$로 계산한다.)

유형 10 이항분포에서의 평균, 분산, 표준편차 ; 이항분포가 주어진 경우

확률변수 X가 이항분포 $\mathrm{B}(n,\,p)$를 따르면
$$\mathrm{E}(X)=np,\ \mathrm{V}(X)=np(1-p),\ \sigma(X)=\sqrt{np(1-p)}$$

0367 대표문제

이항분포 $\mathrm{B}(20,\,p)$를 따르는 확률변수 X에 대하여 $\mathrm{E}(X)=10$일 때, $\mathrm{E}(X^2)$은?

① 100 ② 105 ③ 110
④ 115 ⑤ 120

0368 상중하

확률변수 X의 확률질량함수가
$$\mathrm{P}(X=x)={}_{36}\mathrm{C}_x\left(\dfrac{2}{3}\right)^x\left(\dfrac{1}{3}\right)^{36-x}\ (x=0,\,1,\,2,\,\cdots,\,36)$$
일 때, $\mathrm{E}(X)+\mathrm{V}(X)$의 값을 구하시오.

0369 상중하

확률변수 X가 이항분포 $\mathrm{B}(4,\,p)$를 따르고 $\mathrm{P}(X=4)=\dfrac{256}{625}$일 때, $\sigma(X)$를 구하시오.

0370 상중하

확률변수 X가 이항분포 $\mathrm{B}\left(72,\,\dfrac{1}{6}\right)$을 따를 때, X의 평균과 분산을 두 근으로 하는 이차방정식은 $x^2+ax+b=0$이다. 상수 a, b에 대하여 $a+b$의 값을 구하시오.

0371 상중하 ◀서술형

이항분포 $B(n, p)$를 따르는 확률변수 X의 평균이 2, 분산이 $\dfrac{3}{2}$일 때, $\dfrac{P(X=3)}{P(X=2)}$의 값을 구하시오.

▶ 개념원리 확률과 통계 138쪽

유형 11 이항분포에서의 평균, 분산, 표준편차
; 이항분포가 주어지지 않은 경우

독립시행에서 어떤 사건이 일어나는 횟수를 X라 할 때, 확률변수 X의 평균, 분산, 표준편차는 다음과 같은 순서로 구한다.

(ⅰ) 한 번의 시행에서 사건이 일어날 확률 p를 구한다.
(ⅱ) 확률변수 X가 따르는 이항분포를 구한다.
(ⅲ) $E(X)$, $V(X)$, $\sigma(X)$를 구한다.

0372 대표문제

3개의 동전을 동시에 던지는 시행을 6번 반복할 때, 앞면이 2개, 뒷면이 1개 나오는 횟수를 확률변수 X라 하자. 이때 X의 평균을 구하시오.

0373 상중하

어느 마라톤에 참가한 사람 중 60 %가 코스를 완주한다고 한다. 50명의 참가자 중에서 완주하는 사람의 수를 확률변수 X라 할 때, $\sigma(X)$는?

① $2\sqrt{2}$ ② 3 ③ $2\sqrt{3}$
④ $\sqrt{15}$ ⑤ $3\sqrt{2}$

0374 상중하

윷가락 한 개를 던질 때, 평평한 면이 나올 확률은 $\dfrac{3}{5}$이다. 윷가락 4개를 동시에 던질 때 평평한 면이 3개, 둥근 면이 1개 나오는 것을 걸이라 한다. 윷가락 4개를 동시에 던지는 시행을 25번 반복할 때, 걸이 나오는 횟수를 확률변수 X라 하자. 이때 $E(X)$는?

① $\dfrac{32}{5}$ ② $\dfrac{178}{25}$ ③ 8
④ $\dfrac{216}{25}$ ⑤ $\dfrac{84}{5}$

0375 상중하

어느 공장에서 생산한 장난감은 10개 중 1개의 비율로 불량품이고, 이 장난감을 포장할 때 사용하는 상자는 9개 중 1개의 비율로 불량품이다. 한 개의 장난감을 한 개의 상자에 넣어 포장한 100개의 상품 중에서 장난감과 상자가 모두 정상인 상품의 개수를 확률변수 X라 할 때, $V(X)$를 구하시오.

0376 상중하

흰 공 4개와 검은 공 m개가 들어 있는 주머니에서 한 개의 공을 꺼내어 색을 확인하고 다시 주머니에 넣는 시행을 n번 반복할 때, 흰 공이 나오는 횟수를 확률변수 X라 하자. X의 평균이 40, 분산이 24일 때, $n-m$의 값을 구하시오.

▶ 개념원리 확률과 통계 139쪽

유형 **12** 확률변수 $aX+b$의 평균, 분산, 표준편차 ; 이항분포를 따르는 경우

이항분포 $\mathrm{B}(n, p)$를 따르는 확률변수 X에 대하여
(1) $\mathrm{E}(aX+b)=a\mathrm{E}(X)+b=anp+b$
(2) $\mathrm{V}(aX+b)=a^2\mathrm{V}(X)=a^2np(1-p)$
(3) $\sigma(aX+b)=|a|\sigma(X)=|a|\sqrt{np(1-p)}$

0377 대표문제

이항분포 $\mathrm{B}\left(n, \dfrac{1}{3}\right)$을 따르는 확률변수 X에 대하여 $\mathrm{V}(2X+3)=32$일 때, $\mathrm{E}(2X+3)$을 구하시오.

0378 상중하

어느 베이커리에 온 손님 중 30 %가 식빵을 사간다고 한다. 이 베이커리에 온 손님 500명 중에서 식빵을 사가는 손님의 수를 X라 할 때, $\mathrm{V}\left(\dfrac{1}{3}X-1\right)$을 구하시오.

0379 상중하

한 개의 동전을 5번 던져서 앞면이 나오는 횟수를 확률변수 X라 할 때, $aX+b$의 평균이 2, 분산이 20이다. 상수 a, b에 대하여 ab의 값은? (단, $a>0$)

① -28 ② -30 ③ -32
④ -34 ⑤ -36

0380 상중하

원점 O를 출발하여 수직선 위를 움직이는 점 P가 있다. 한 개의 주사위를 던져서 3의 배수의 눈이 나오면 양의 방향으로 3만큼, 그 외의 눈이 나오면 음의 방향으로 1만큼 점 P를 이동시킨다. 주사위를 30번 던진 후의 점 P의 좌표를 확률변수 X라 할 때, $\mathrm{E}(X)$를 구하시오.

▶ 개념원리 확률과 통계 127쪽

유형 **13** 기댓값

확률변수 X의 확률질량함수가 $\mathrm{P}(X=x_i)=p_i$ $(i=1, 2, \cdots, n)$ 일 때, X의 기댓값은
$$\mathrm{E}(X)=x_1p_1+x_2p_2+\cdots+x_np_n$$

0381 대표문제

50원짜리 동전 1개, 100원짜리 동전 2개를 동시에 던져서 앞면이 나오면 그 동전을 받는 게임이 있다. 이 게임을 한 번 해서 받을 수 있는 금액의 기댓값은?

① 75원 ② 100원 ③ 125원
④ 150원 ⑤ 175원

0382 상중하 ◀ 서술형

빨간 구슬 3개와 노란 구슬 a개가 들어 있는 상자에서 임의로 1개의 구슬을 꺼낼 때, 빨간 구슬을 꺼내면 5000원을 받고, 노란 구슬을 꺼내면 1500원을 지불하는 게임이 있다. 이 게임을 한 번 해서 받을 수 있는 금액의 기댓값이 450원일 때, a의 값을 구하시오.

0383 상중하

어느 가게에서는 1부터 12까지의 자연수 중 서로 다른 자연수 3개를 적어 내는 응모권을 판매한다. 이 가게에서는 3개의 수를 발표하여 이 3개의 수를 모두 맞힌 사람에게는 110000원, 2개의 수를 맞힌 사람에게는 22000원, 1개의 수를 맞힌 사람에게는 5500원의 당첨금을 지급한다고 한다. 이때 이 가게가 손해를 보지 않으려면 응모권 1장을 최소 얼마에 팔아야 하는지 구하시오.

시험에 꼭 나오는 문제

0384

확률변수 X의 확률질량함수가

$$P(X=x)=\frac{k}{|x|+1} \ (x=-2, -1, 0, 1, 2)$$

일 때, 상수 k의 값을 구하시오.

0385

확률변수 X의 확률분포가 다음 표와 같을 때, $P(X^2=25)$를 구하시오. (단, a는 상수이다.)

X	-5	0	5	합계
$P(X=x)$	a	$\frac{a}{2}$	a^2	1

0386

1, 2, 3, 4, 5, 6의 숫자가 각각 하나씩 적힌 6장의 카드 중에서 임의로 2장의 카드를 동시에 뽑을 때, 뽑힌 카드에 적힌 두 수의 차를 확률변수 X라 하자. 이때 $P(X^2-6X+8<0)$은?

① $\frac{1}{5}$ ② $\frac{3}{10}$ ③ $\frac{2}{5}$

④ $\frac{1}{2}$ ⑤ $\frac{3}{5}$

0387 중요★

1학년 학생 6명과 2학년 학생 4명으로 구성된 수영 동아리에서 시합에 출전할 3명의 선수를 임의로 뽑으려고 한다. 뽑힌 학생 중 2학년 학생 수를 확률변수 X라 할 때, $P(X\geq 2)$를 구하시오.

0388 평가원 기출

이산확률변수 X의 확률분포를 표로 나타내면 다음과 같다.

X	0	1	a	합계
$P(X=x)$	$\frac{1}{10}$	$\frac{1}{2}$	$\frac{2}{5}$	1

$\sigma(X)=E(X)$일 때, $E(X^2)+E(X)$의 값은? (단, $a>1$)

① 29   ② 33   ③ 37

④ 41   ⑤ 45

0389

1, 1, 2, 3의 숫자가 각각 하나씩 적힌 4개의 공이 들어 있는 주머니에서 임의로 2개의 공을 동시에 꺼낼 때, 주머니에 남아 있는 공에 적힌 숫자의 합을 확률변수 X라 하자. 이때 $\sigma(X)$를 구하시오.

0390 수능 기출

4개의 동전을 동시에 던져서 앞면이 나오는 동전의 개수를 확률변수 X라 하고, 이산확률변수 Y를

$$Y=\begin{cases} X & (X가 \ 0 \ 또는 \ 1의 \ 값을 \ 가지는 \ 경우) \\ 2 & (X가 \ 2 \ 이상의 \ 값을 \ 가지는 \ 경우) \end{cases}$$

라 하자. $E(Y)$의 값은?

① $\frac{25}{16}$ ② $\frac{13}{8}$ ③ $\frac{27}{16}$

④ $\frac{7}{4}$ ⑤ $\frac{29}{16}$

0391

확률변수 X에 대하여 $E(2X+4)=12$, $V(2X)=36$일 때, $E(X^2)$을 구하시오.

0392

확률변수 X의 확률분포가 다음 표와 같을 때, 확률변수 $Y=-3X+7$에 대하여 $\sigma(Y)$를 구하시오.

X	-2	-1	0	합계
$\mathrm{P}(X=x)$	$\dfrac{4}{9}$	$\dfrac{4}{9}$	$\dfrac{1}{9}$	1

0393 중요★

이산확률변수 X의 확률질량함수가
$$\mathrm{P}(X=x)=\frac{ax+2}{10}\ (x=-1,\,0,\,1,\,2)$$
일 때, $\mathrm{V}(-5X+1)$을 구하시오. (단, a는 상수이다.)

0394

확률변수 X가 이항분포 $\mathrm{B}\left(10,\dfrac{1}{2}\right)$을 따를 때,
$\mathrm{P}(X\leq2)=\dfrac{q}{p}$이다. 이때 $p+q$의 값을 구하시오.

(단, p, q는 서로소인 자연수이다.)

0395

이항분포 $\mathrm{B}(n,\,p)$를 따르는 확률변수 X에 대하여
$\mathrm{E}(X)=6$, $\mathrm{E}(X^2)=40$일 때, n의 값은?

① 6 ② 12 ③ 18
④ 24 ⑤ 30

0396

빨간 공 2개와 파란 공 6개가 들어 있는 주머니에서 임의로 한 개의 공을 꺼내어 색을 확인하고 다시 넣는 시행을 n회 반복할 때, 빨간 공이 나오는 횟수를 확률변수 X라 하자.
$\mathrm{E}(X^2)=\dfrac{11}{2}$일 때, n의 값을 구하시오.

0397

한 개의 주사위를 180번 던져서 3의 눈이 나오는 횟수를 확률변수 X라 하자. 확률변수 $Y=2X-15$일 때,
$\mathrm{E}(Y)-\sigma(Y)$의 값은?

① 30 ② 35 ③ 40
④ 45 ⑤ 50

0398

두 개의 주사위를 동시에 던지는 시행을 160번 반복할 때, 두 눈의 수의 곱이 홀수인 횟수를 확률변수 X라 하자. $(X-a)^2$의 평균을 $f(a)$라 할 때, $f(a)$의 최솟값을 구하시오.

(단, a는 실수이다.)

0399

1등과 2등 당첨 제비를 뽑은 사람에게 상금을 주는 제비뽑기를 하려고 한다. 당첨 제비의 개수와 상금은 오른쪽 표와 같고, 제

등수	상금	개수
1등	10만 원	1
2등	1만 원	5

비 1개를 뽑아서 받을 수 있는 상금의 기댓값은 100원일 때, 전체 제비의 개수를 구하시오.

 **서술형 주관식**

0400

확률변수 X의 확률분포가 다음 표와 같다.

X	-1	0	1	2	합계
$\mathrm{P}(X=x)$	$\dfrac{5-a}{6}$	$\dfrac{1}{3}$	$\dfrac{a-2}{6}$	$\dfrac{1}{6}$	1

$\mathrm{P}(0 \leq X \leq 2) = \dfrac{5}{6}$일 때, $\mathrm{V}(aX+3)$을 구하시오.

(단, a는 상수이다.)

0401

어느 논술 동아리는 1학년 학생 5명, 2학년 학생 2명으로 구성되어 있다. 이 동아리 학생 중에서 논술 대회에 참가할 3명의 학생을 임의로 뽑을 때, 뽑힌 1학년 학생 수를 확률변수 X라 하자. 이때 $\mathrm{E}(7X-5)$를 구하시오.

0402

승률이 80 %인 어떤 프로 축구팀이 10경기를 치를 때, 승리하는 경기 수를 확률변수 X라 하자. $\mathrm{P}(X \leq 1) = \dfrac{k}{5^{10}}$일 때, 상수 k의 값을 구하시오.

0403

각 면에 1, 2, 3, 4의 숫자가 각각 하나씩 적힌 정사면체를 80번 던질 때, 바닥에 놓인 면에 적힌 수가 1인 횟수를 확률변수 X라 하자. 이때 X^2의 평균을 구하시오.

 **실력 Up**

0404 평가원 기출

두 이산확률변수 X, Y의 확률분포를 표로 나타내면 각각 다음과 같다.

X	1	3	5	7	9	합계
$\mathrm{P}(X=x)$	a	b	c	b	a	1

Y	1	3	5	7	9	합계
$\mathrm{P}(Y=y)$	$a+\dfrac{1}{20}$	b	$c-\dfrac{1}{10}$	b	$a+\dfrac{1}{20}$	1

$\mathrm{V}(X) = \dfrac{31}{5}$일 때, $10 \times \mathrm{V}(Y)$의 값을 구하시오.

0405

한 개의 주사위를 계속 던져서 나온 눈의 수의 합이 3 이상이 될 때까지 주사위를 던진 횟수를 확률변수 X라 하자. 이때 $\mathrm{E}(X)$를 구하시오.

0406

이항분포 $\mathrm{B}(n, p)$를 따르는 확률변수 X의 분산은 1이고
$$\mathrm{P}(X=n-1) = 4\mathrm{P}(X=n)$$
이 성립한다. 확률변수 X의 평균을 m, 표준편차를 σ라 할 때, $\mathrm{P}(|X-m| < \sigma)$를 구하시오.

05 확률분포 (2)

05 | 1 연속확률변수의 확률분포   유형 01, 02

$\alpha \leq X \leq \beta$에 속하는 모든 실수의 값을 가지는 연속확률변수 X에 대하여 $\alpha \leq x \leq \beta$에서 정의된 함수 $f(x)$가 다음 성질을 모두 만족시킬 때, 함수 $f(x)$를 확률변수 X의 **확률밀도함수**라 한다.

(1) $f(x) \geq 0$

(2) 함수 $y = f(x)$의 그래프와 x축 및 두 직선 $x = \alpha$, $x = \beta$로 둘러싸인 도형의 넓이가 1이다.

(3) $\mathrm{P}(a \leq X \leq b)$는 함수 $y = f(x)$의 그래프와 x축 및 두 직선 $x = a$, $x = b$로 둘러싸인 도형의 넓이와 같다. (단, $\alpha \leq a \leq b \leq \beta$)

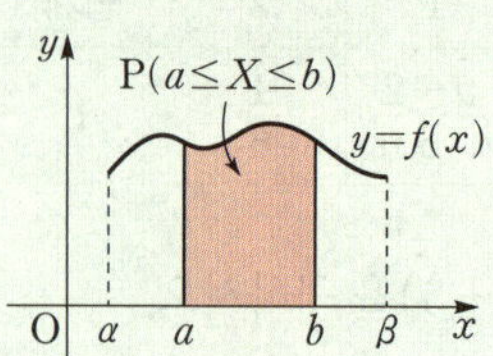

- 연속확률변수 X가 특정한 값 x를 가질 확률, 즉 $\mathrm{P}(X = x) = 0$이므로
$$\begin{aligned} \mathrm{P}(a \leq X \leq b) &= \mathrm{P}(a \leq X < b) \\ &= \mathrm{P}(a < X \leq b) \\ &= \mathrm{P}(a < X < b) \end{aligned}$$

05 | 2 정규분포   유형 03

1 정규분포: 실수 전체의 집합에서 정의된 연속확률변수 X의 확률밀도함수 $f(x)$가 두 상수 m, $\sigma \; (\sigma > 0)$에 대하여

$$f(x) = \frac{1}{\sqrt{2\pi}\,\sigma} e^{-\frac{(x-m)^2}{2\sigma^2}}$$

일 때, X의 확률분포를 **정규분포**라 한다.

이때 확률밀도함수 $f(x)$의 그래프는 오른쪽 그림과 같고, 이 곡선을 **정규분포곡선**이라 한다. 또 확률변수 X의 평균은 m이고 표준편차는 σ임이 알려져 있다.

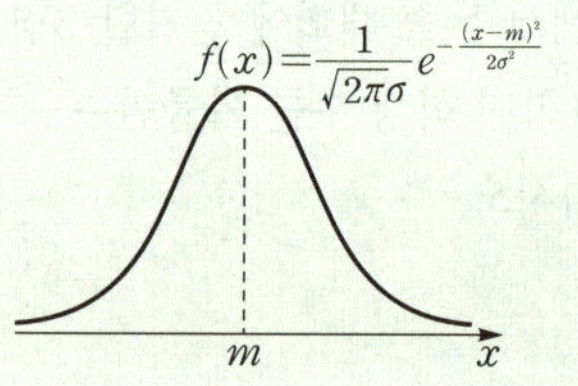

- e는 값이 $2.71828\cdots$인 무리수이다.

2 평균이 m, 표준편차가 σ인 정규분포를 기호로

$$\mathrm{N}(m, \; \sigma^2)$$

과 같이 나타내고, 연속확률변수 X는 정규분포 $\mathrm{N}(m, \; \sigma^2)$을 따른다고 한다.

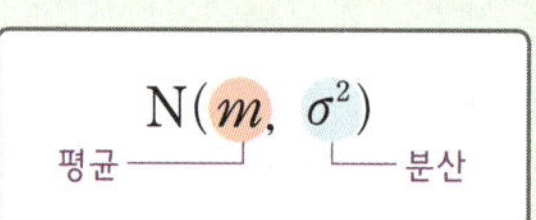

- $\mathrm{N}(m, \; \sigma^2)$의 N은 정규분포를 뜻하는 Normal distribution의 첫 글자이다.

05 | 3 정규분포곡선의 성질   유형 03, 04

정규분포 $\mathrm{N}(m, \; \sigma^2)$을 따르는 확률변수 X의 확률밀도함수의 그래프는 다음과 같은 성질을 갖는다.

(1) 직선 $x = m$에 대하여 대칭이고 x축이 점근선인 종 모양의 곡선이다.

(2) 곡선과 x축 사이의 넓이는 1이다.

(3) σ의 값이 일정할 때, m의 값이 달라지면 대칭축의 위치는 바뀌지만 모양은 변하지 않는다.

(4) m의 값이 일정할 때, σ의 값이 커지면 대칭축의 위치는 바뀌지 않지만 가운데 부분의 높이는 낮아지고 양옆으로 넓게 퍼진다.

- 정규분포 $\mathrm{N}(m, \; \sigma^2)$을 따르는 확률변수 X의 확률밀도함수의 그래프의 대칭축은 m의 값에 따라, 그래프의 모양은 σ의 값에 따라 정해진다.

- σ의 값이 작을수록, 즉 곡선의 높이가 높을수록 자료가 고르다고 할 수 있다.

참고 ▶ (3) σ의 값은 일정하고 $m_1 < m_2 < m_3$일 때   (4) m의 값은 일정하고 $\sigma_1 < \sigma_2 < \sigma_3$일 때

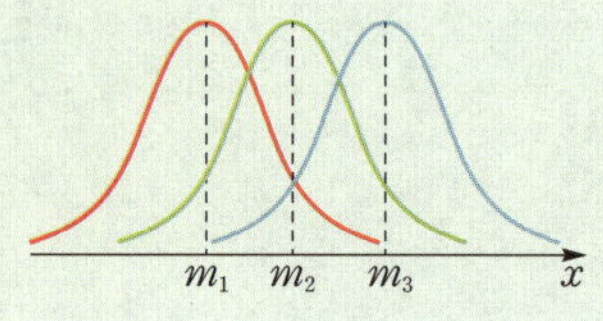

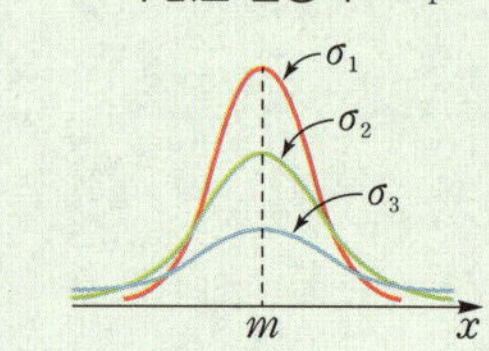

교과서 문제 정복하기

05 | 1 연속확률변수의 확률분포

0407 $0\le X\le1$에 속하는 모든 실수의 값을 갖는 확률변수 X의 확률밀도함수가 될 수 있는 것만을 **보기**에서 있는 대로 고르시오.

보기
ㄱ. $f(x)=1$
ㄴ. $f(x)=x$
ㄷ. $f(x)=x-\dfrac{1}{2}$
ㄹ. $f(x)=2-2x$

0408 연속확률변수 X의 확률밀도함수가
$$f(x)=\frac{1}{3}\ (0\le x\le3)$$
일 때, $\mathrm{P}(X\ge1)$을 구하시오.

0409 연속확률변수 X의 확률밀도함수가
$$f(x)=\frac{1}{8}x\ (0\le x\le4)$$
일 때, $\mathrm{P}(0\le X\le3)$을 구하시오.

0410 연속확률변수 X의 확률밀도함수가
$f(x)=k\ (-3\le x\le3)$일 때, 다음을 구하시오.

⑴ 상수 k의 값

⑵ $\mathrm{P}(X\ge2)$

0411 $0\le x\le2$에서 정의된 연속확률변수 X의 확률밀도함수 $f(x)$의 그래프가 오른쪽 그림과 같을 때, 다음을 구하시오.

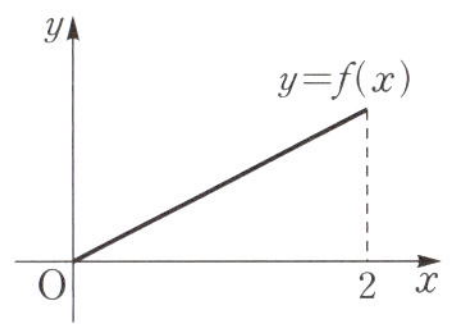

⑴ 함수 $f(x)$의 식

⑵ $\mathrm{P}(1\le X\le2)$

⑶ $\mathrm{P}\left(X\le\dfrac{3}{2}\right)$

05 | 2 정규분포

[0412 ~ 0413] 연속확률변수 X의 평균과 분산이 다음과 같을 때, X가 따르는 정규분포를 $\mathrm{N}(m,\ \sigma^2)$ 꼴로 나타내시오.

0412 $\mathrm{E}(X)=6,\ \mathrm{V}(X)=4$

0413 $\mathrm{E}(X)=8,\ \mathrm{V}(X)=9$

0414 확률변수 X가 정규분포 $\mathrm{N}(10,\ 3^2)$을 따를 때, 확률변수 $Y=2X-1$에 대하여 다음 물음에 답하시오.

⑴ $\mathrm{E}(Y),\ \sigma(Y)$를 구하시오.

⑵ 확률변수 Y가 따르는 정규분포를 기호로 나타내시오.

05 | 3 정규분포곡선의 성질

0415 정규분포 $\mathrm{N}(m,\ \sigma^2)$을 따르는 확률변수 X의 확률밀도함수 $f(x)$의 그래프에 대한 설명으로 옳은 것만을 **보기**에서 있는 대로 고르시오.

보기
ㄱ. $f(x)$의 그래프와 x축 사이의 넓이는 1이다.
ㄴ. 직선 $x=m$에 대하여 대칭이다.
ㄷ. $f(x)$는 $x=m$일 때 최댓값을 갖는다.
ㄹ. σ의 값이 작아질수록 양옆으로 넓게 퍼진다.

05 | 4 표준정규분포 유형 05~09, 12

평균이 0이고 분산이 1인 정규분포 $N(0, 1)$을 **표준정규분포**라 한다.

확률변수 Z가 표준정규분포 $N(0, 1)$을 따를 때, Z의 확률밀도함수는

$$f(z) = \frac{1}{\sqrt{2\pi}} e^{-\frac{z^2}{2}} \quad (z \text{는 모든 실수})$$

이고, 그 그래프는 오른쪽 그림과 같다.

이때 양수 a에 대하여 $P(0 \le Z \le a)$는 오른쪽 그림에서 색칠한 도

형의 넓이와 같고, 그 값은 이 책의 102쪽에 있는 표준정규분포표를 이용하여 구할 수 있다.

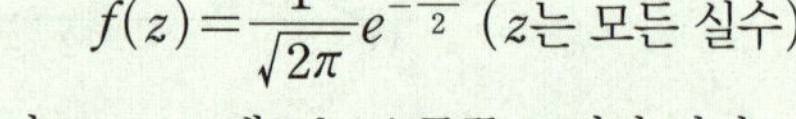

참고▶ 확률변수 Z가 표준정규분포를 따를 때, 다음이 성립한다. (단, $0 < a < b$)

① $P(Z \ge 0) = P(Z \le 0) = 0.5$

② $P(-a \le Z \le 0) = P(0 \le Z \le a)$

③ $P(a \le Z \le b) = P(0 \le Z \le b) - P(0 \le Z \le a)$

④ $P(Z \ge a) = P(Z \ge 0) - P(0 \le Z \le a) = 0.5 - P(0 \le Z \le a)$

⑤ $P(Z \le a) = P(Z \le 0) + P(0 \le Z \le a) = 0.5 + P(0 \le Z \le a)$

⑥ $P(-a \le Z \le b) = P(-a \le Z \le 0) + P(0 \le Z \le b) = P(0 \le Z \le a) + P(0 \le Z \le b)$

05 | 5 정규분포의 표준화 유형 05~09, 12

확률변수 X가 정규분포 $N(m, \sigma^2)$을 따를 때, 확률변수

$$Z = \frac{X - m}{\sigma}$$

은 표준정규분포 $N(0, 1)$을 따른다.

이와 같이 정규분포 $N(m, \sigma^2)$을 따르는 확률변수 X를 표준정규분포 $N(0, 1)$을 따르는 확률
변수 Z로 바꾸는 것을 **표준화**라 한다.

참고▶ 확률변수 X가 정규분포 $N(m, \sigma^2)$을 따르면 X를 표준화한 후

$$P(a \le X \le b) = P\left(\frac{a - m}{\sigma} \le Z \le \frac{b - m}{\sigma} \right)$$

임을 이용한다.

05 | 6 이항분포와 정규분포의 관계 유형 10, 11, 13

확률변수 X가 이항분포 $B(n, p)$를 따를 때, n이 충분히 크면 X는 근사적으로 정규분포
$N(np, npq)$를 따른다. (단, $q = 1 - p$)

참고▶ 확률변수 X가 이항분포 $B(n, p)$를 따를 때, n이 충분히 크면 확률변수 $Z = \dfrac{X - np}{\sqrt{npq}}$ 는 근사적으로 표준

정규분포 $N(0, 1)$을 따른다.

예 확률변수 X가 이항분포 $B\left(100, \dfrac{1}{10}\right)$을 따를 때

$$E(X) = 100 \times \frac{1}{10} = 10, \quad V(X) = 100 \times \frac{1}{10} \times \frac{9}{10} = 9$$

이때 100은 충분히 큰 수이므로 확률변수 X는 근사적으로 정규분포 $N(10, 3^2)$을 따른다.

따라서 $Z = \dfrac{X - 10}{3}$으로 놓으면 확률변수 Z는 표준정규분포 $N(0, 1)$을 따른다.

➕ 개념 플러스

● 표준정규분포를 따르는 확률변수 Z의 평균은 0이므로 확률밀도함수 $f(z)$의 그래프는 직선 $z = 0$에 대하여 대칭이다.

● n이 충분히 크다는 것은 일반적으로 $np \ge 5$이고 $nq \ge 5$일 때를 뜻한다.

교과서 문제 정복하기

05 | 4 표준정규분포

[0416~0421] 확률변수가 Z가 표준정규분포 $N(0, 1)$을 따를 때, 오른쪽 표준정규분포표를 이용하여 다음을 구하시오.

z	$P(0 \leq Z \leq z)$
0.5	0.1915
1.0	0.3413
1.5	0.4332
2.0	0.4772

0416 $P(0.5 \leq Z \leq 2)$

0417 $P(Z \geq 2)$

0418 $P(Z \leq 1)$

0419 $P(Z \leq -1.5)$

0420 $P(-0.5 \leq Z \leq 0.5)$

0421 $P(Z \geq -0.5)$

[0422~0425] 확률변수 Z가 표준정규분포 $N(0, 1)$을 따를 때, 오른쪽 표준정규분포표를 이용하여 상수 a의 값을 구하시오.

z	$P(0 \leq Z \leq z)$
0.5	0.1915
1.0	0.3413
1.5	0.4332
2.0	0.4772

0422 $P(Z \leq a) = 0.9772$

0423 $P(Z \geq a) = 0.3085$

0424 $P(-a \leq Z \leq a) = 0.8664$

0425 $P(-a \leq Z \leq 2a) = 0.8185$

05 | 5 정규분포의 표준화

[0426~0427] 확률변수 X가 다음과 같은 정규분포를 따를 때, X를 표준정규분포 $N(0, 1)$을 따르는 확률변수 Z로 표준화하시오.

0426 $N(5, 2^2)$ **0427** $N(30, 9)$

0428 확률변수 X가 정규분포 $N(8, 4^2)$을 따를 때, 다음 물음에 답하시오.

z	$P(0 \leq Z \leq z)$
1.0	0.3413
1.5	0.4332
2.0	0.4772

(1) X를 확률변수 Z로 표준화하시오.

(2) 위의 표준정규분포표를 이용하여 $P(4 \leq X \leq 14)$를 구하시오.

05 | 6 이항분포와 정규분포의 관계

[0429~0430] 확률변수 X가 다음과 같은 이항분포를 따를 때, X가 근사적으로 따르는 정규분포를 기호로 나타내시오.

0429 $B\left(48, \dfrac{1}{4}\right)$ **0430** $B\left(180, \dfrac{5}{6}\right)$

0431 확률변수 X가 이항분포 $B\left(162, \dfrac{1}{3}\right)$을 따를 때, 다음 물음에 답하시오.

z	$P(0 \leq Z \leq z)$
1.0	0.3413
2.0	0.4772
3.0	0.4987

(1) X를 확률변수 Z로 표준화하시오.

(2) 위의 표준정규분포표를 이용하여 $P(42 \leq X \leq 60)$을 구하시오.

▶ 개념원리 확률과 통계 146쪽

유형 01 확률밀도함수의 성질

연속확률변수 X의 확률밀도함수 $f(x)$ $(\alpha \leq x \leq \beta)$에 대하여
① $f(x) \geq 0$
② 함수 $y=f(x)$의 그래프와 x축 및 두 직선 $x=\alpha$, $x=\beta$로 둘러싸인 도형의 넓이는 1이다.

0432 대표문제

$0 \leq x \leq 2$에서 정의된 연속확률변수 X의 확률밀도함수 $f(x)$의 그래프가 오른쪽 그림과 같을 때, 상수 a의 값을 구하시오.

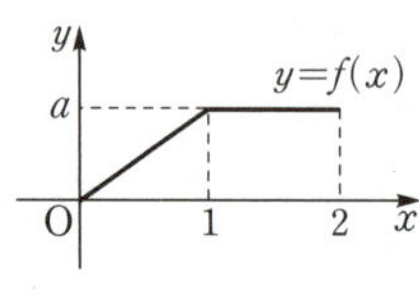

0433 상중하

다음 중 $-1 \leq x \leq 1$에서 정의된 연속확률변수 X의 확률밀도함수 $f(x)$의 그래프가 될 수 있는 것은?

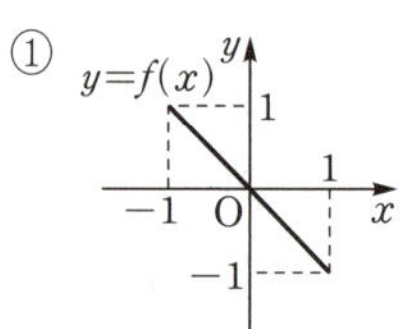
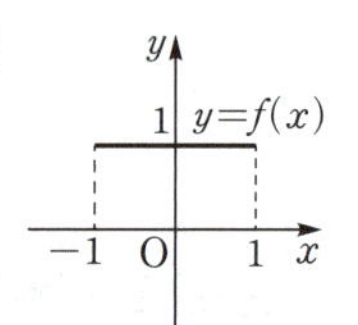
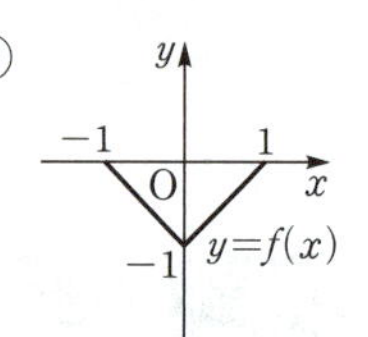
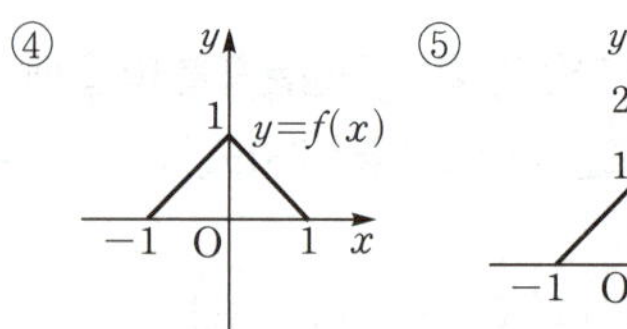

0434 상중하

연속확률변수 X의 확률밀도함수가
$$f(x)=\begin{cases} a(1-x) & (0 \leq x \leq 1) \\ a(x-1) & (1 \leq x \leq 4) \end{cases}$$
일 때, 상수 a의 값을 구하시오.

▶ 개념원리 확률과 통계 147쪽

유형 02 연속확률변수의 확률 구하기

연속확률변수 X의 확률밀도함수 $f(x)$에 대하여 $\mathrm{P}(a \leq X \leq b)$는 함수 $y=f(x)$의 그래프와 x축 및 두 직선 $x=a$, $x=b$로 둘러싸인 도형의 넓이와 같다.

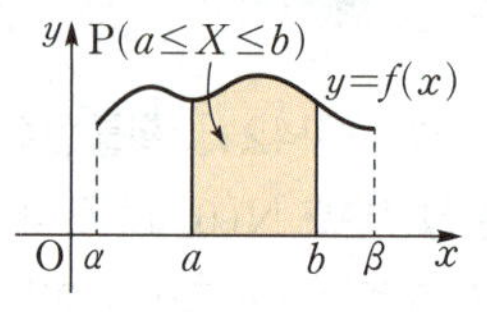

0435 대표문제

연속확률변수 X의 확률밀도함수가
$$f(x)=2k(x+1) \quad (-1 \leq x \leq 1)$$
일 때, $\mathrm{P}\left(-\dfrac{1}{2} \leq X \leq 1\right)$은? (단, k는 상수이다.)

① $\dfrac{2}{3}$ ② $\dfrac{3}{4}$ ③ $\dfrac{4}{5}$
④ $\dfrac{7}{8}$ ⑤ $\dfrac{15}{16}$

0436 상중하 서술형

연속확률변수 X의 확률밀도함수 $y=f(x)$ $(-2 \leq x \leq 2)$의 그래프가 오른쪽 그림과 같을 때, $\mathrm{P}(|X| \leq 1)$을 구하시오. (단, a는 상수이다.)

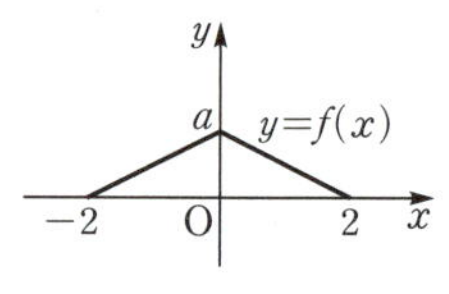

0437 상중하

어느 시외버스 터미널에서 A 도시로 향하는 시외버스의 도착 예정 시각과 실제 도착 시각의 차를 X분이라 할 때, 확률변수 X의 확률밀도함수 $f(x)$는
$$f(x)=\begin{cases} \dfrac{1}{20}x & (0 \leq x \leq 4) \\ \dfrac{1}{3}\left(1-\dfrac{1}{10}x\right) & (4 \leq x \leq 10) \end{cases}$$
이다. 이 시외버스의 도착 예정 시각과 실제 도착 시각의 차가 6분 이하일 확률을 구하시오.

▶ 개념원리 확률과 통계 153쪽

유형 |03 **정규분포곡선의 성질**

정규분포 $N(m, \sigma^2)$을 따르는 확률변수 X의 확률밀도함수의 그래프는 다음과 같은 성질을 갖는다.

① 직선 $x=m$에 대하여 대칭이고 x축이 점근선인 종 모양의 곡선이다.

② 곡선과 x축 사이의 넓이는 1이다.

③ m의 값이 달라지면 대칭축의 위치가 바뀐다.

④ σ의 값이 커지면 가운데 부분의 높이는 낮아지고 양옆으로 넓게 퍼진다.

0438 대표문제

정규분포를 따르는 확률변수 X_1, X_2의 확률밀도함수를 각각 $f(x)$, $g(x)$라 할 때, 두 함수 $y=f(x)$, $y=g(x)$의 그래프가 오른쪽 그림과 같다. 옳은 것만을 **보기**에서 있는 대로 고른 것은?

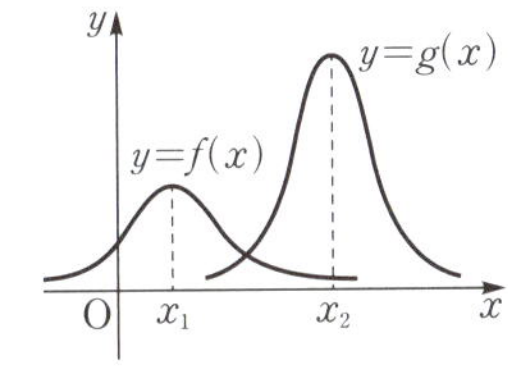

보기

ㄱ. $P(X_1 \geq x_1) < P(X_2 \leq x_2)$

ㄴ. $E(X_1) < E(X_2)$

ㄷ. $\sigma(X_1) < \sigma(X_2)$

ㄹ. $f(E(X_1)) < g(E(X_2))$

① ㄹ   ② ㄱ, ㄴ   ③ ㄴ, ㄹ

④ ㄱ, ㄴ, ㄹ   ⑤ ㄴ, ㄷ, ㄹ

0439 상중하

네 고등학교 A, B, C, D의 학생들의 수학 성적은 각각 정규분포를 따르고, 각 정규분포의 확률밀도함수의 그래프는 다음 그림과 같다. 이때 수학 성적의 평균이 가장 높은 학교와 표준편차가 가장 큰 학교를 차례대로 구하시오.

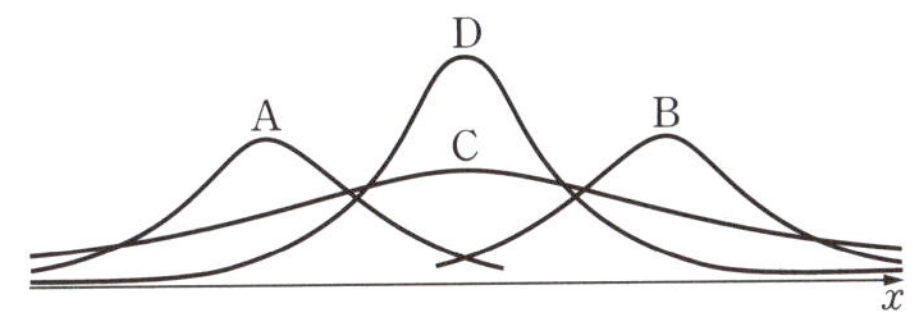

0440 상중하

확률변수 X가 정규분포 $N(m, \sigma^2)$을 따를 때, 항상 옳은 것만을 **보기**에서 있는 대로 고른 것은? (단, a는 상수이다.)

보기

ㄱ. $P(X \leq m) = P(X \geq m)$

ㄴ. $P(X \leq m+a) > 0.5$

ㄷ. $P(X \leq a) + P(X \geq a) = 1$

① ㄱ   ② ㄱ, ㄴ   ③ ㄱ, ㄷ

④ ㄴ, ㄷ   ⑤ ㄱ, ㄴ, ㄷ

0441 상중하

확률변수 X가 정규분포 $N(44, 5^2)$을 따를 때, $P(t-3 \leq X \leq t+2)$가 최대가 되도록 하는 실수 t의 값은?

① 44   ② $\dfrac{89}{2}$ ③ 45

④ $\dfrac{91}{2}$ ⑤ 46

0442 상중하

정규분포 $N(a, b^2)$을 따르는 확률변수 X가 다음 조건을 만족시킬 때, 상수 a, b에 대하여 $a+b$의 값을 구하시오.

(단, $b>0$)

(가) $P(X \leq -2) = P(X \geq 12)$

(나) $V\left(\dfrac{1}{2}X\right) = 1$

확률변수 X가 정규분포 $N(m, \sigma^2)$ $(\sigma>0)$을 따를 때
(1) $P(X \geq m) = P(X \leq m) = 0.5$
(2) $P(m-\sigma \leq X \leq m) = P(m \leq X \leq m+\sigma)$
(3) $P(X \leq m+\sigma) = 0.5 + P(m \leq X \leq m+\sigma)$

0443 대표문제

정규분포 $N(m, \sigma^2)$을 따르는
확률변수 X에 대하여
$P(m \leq X \leq x)$는 오른쪽 표와
같다. 확률변수 X가 정규분포
$N(20, 4^2)$을 따를 때, 오른쪽
표를 이용하여 $P(12 \leq X \leq 28)$을 구하시오.

x	$P(m \leq X \leq x)$
$m+\sigma$	0.3413
$m+1.5\sigma$	0.4332
$m+2\sigma$	0.4772

0444 상중하

정규분포 $N(m, \sigma^2)$을 따르는 확률변수 X에 대하여
$$P(m-\sigma \leq X \leq m+\sigma) = a,$$
$$P(m-2\sigma \leq X \leq m+2\sigma) = b$$
일 때, $P(m-\sigma \leq X \leq m+2\sigma)$를 a, b로 나타내면?

① $0.5-a$ 　　② $\dfrac{b-a}{2}$ 　　③ $b-a$

④ $\dfrac{a+b}{2}$ 　　⑤ $a+b$

0445 상중하

정규분포 $N(m, \sigma^2)$을 따르는
확률변수 X에 대하여
$P(m \leq X \leq x)$는 오른쪽 표와
같다. 확률변수 X가 정규분포
$N(48, 3^2)$을 따를 때, 오른쪽
표를 이용하여 $P(X \leq k) = 0.0013$을 만족시키는 상수 k의
값을 구하시오.

x	$P(m \leq X \leq x)$
$m+\sigma$	0.3413
$m+2\sigma$	0.4772
$m+3\sigma$	0.4987

확률변수 X가 정규분포 $N(m, \sigma^2)$을 따를 때, 확률변수
$$Z = \frac{X-m}{\sigma}$$
은 표준정규분포 $N(0, 1)$을 따른다.

0446 대표문제

확률변수 X, Y가 각각 정규분포 $N(10, 2^2)$, $N(20, 3^2)$을
따르고 $P(10 \leq X \leq 14) = P(20 \leq Y \leq k)$일 때, 상수 k의
값은?

① 22 　　② 24 　　③ 26
④ 28 　　⑤ 30

0447 상중하

확률변수 X가 정규분포 $N(17, \sigma^2)$을 따를 때, 확률변수
$Z = \dfrac{X-m}{6}$은 표준정규분포 $N(0, 1)$을 따른다. 이때
$m-\sigma$의 값을 구하시오. (단, $\sigma>0$)

0448 상중하 서술형

확률변수 X는 정규분포 $N(4, 1^2)$을 따르고, 확률변수 Y는
정규분포 $N(m, 2^2)$을 따를 때,
$$P(1 \leq X \leq 7) = 2P(m \leq Y \leq 2m+3)$$
을 만족시키는 상수 m의 값을 구하시오.

0449 상중하

확률변수 X는 평균이 a, 표준편차가 3인 정규분포를 따르고,
확률변수 Y는 평균이 $a+7$, 표준편차가 4인 정규분포를 따
른다. 실수 b에 대하여 $P(X \geq b) = P(Y \leq b)$일 때, $a-b$의
값을 구하시오.

▶ 개념원리 확률과 통계 154쪽

유형 06 정규분포의 표준화; 확률 구하기

정규분포 $N(m, \sigma^2)$을 따르는 확률변수 X를 $Z=\dfrac{X-m}{\sigma}$으로 표준화한 후 구하는 확률을 Z에 대한 확률로 나타낸다.

$$\Rightarrow P(a\le X\le b)=P\left(\dfrac{a-m}{\sigma}\le Z\le\dfrac{b-m}{\sigma}\right)$$

0450 대표문제

확률변수 X가 정규분포 $N(25, 8^2)$을 따를 때, 오른쪽 표준정규분포표를 이용하여 $P(|X-23|\le 10)$을 구한 것은?

z	$P(0\le Z\le z)$
0.5	0.1915
1.0	0.3413
1.5	0.4332
2.0	0.4772

① 0.5328　　② 0.6247
③ 0.7745　　④ 0.8185
⑤ 0.9104

0451 상중하

확률변수 X가 정규분포 $N(12, 6^2)$을 따를 때, 다음 중 옳은 것은? (단, $P(0\le Z\le 1)=0.3413$, $P(0\le Z\le 2)=0.4772$)

① $P(X\ge 12)=0.8413$
② $P(X\le 18)=0.5$
③ $P(0\le X\le 12)=0.3413$
④ $P(6\le X\le 18)=0.8185$
⑤ $P(18\le X\le 24)=0.1359$

0452 상중하

정규분포 $N(25, 10^2)$을 따르는 확률변수 X에 대하여 확률변수 Y가 $Y=2X+4$일 때, 오른쪽 표준정규분포표를 이용하여 $P(Y\le 94)$를 구하시오.

z	$P(0\le Z\le z)$
1.0	0.3413
1.5	0.4332
2.0	0.4772

▶ 개념원리 확률과 통계 155쪽

유형 07 정규분포의 표준화; 미지수의 값 구하기

정규분포 $N(m, \sigma^2)$을 따르는 확률변수 X에 대한 확률이 주어질 때, 미지수의 값은 다음과 같은 순서로 구한다.

(i) $Z=\dfrac{X-m}{\sigma}$으로 표준화한다.

(ii) 주어진 확률을 Z에 대한 확률로 나타낸 후 표준정규분포표를 이용할 수 있도록 식을 변형하여 미지수의 값을 구한다.

0453 대표문제

확률변수 X가 정규분포 $N(50, 5^2)$을 따를 때, 오른쪽 표준정규분포표를 이용하여 $P(40\le X\le a)=0.8185$를 만족시키는 상수 a의 값을 구하시오.

z	$P(0\le Z\le z)$
1.0	0.3413
2.0	0.4772
3.0	0.4987

0454 상중하

확률변수 X가 정규분포 $N(m, \sigma^2)$을 따를 때, 오른쪽 표준정규분포표를 이용하여 $P(|X-m|\le k\sigma)=0.9544$를 만족시키는 양수 k의 값을 구하시오.

z	$P(0\le Z\le z)$
1.0	0.3413
1.5	0.4332
2.0	0.4772

0455 상중하

확률변수 X가 정규분포 $N(m, 4)$를 따를 때, $P(X\ge 24)=0.3085$를 만족시키는 상수 m의 값을 구하시오. (단, $P(0\le Z\le 0.5)=0.1915$)

0456 상중하

확률변수 X가 정규분포 $N(20, 3^2)$을 따를 때, 오른쪽 표준정규분포표를 이용하여 $P(X\le k)=0.9332$를 만족시키는 상수 k의 값을 구하시오.

z	$P(0\le Z\le z)$
0.5	0.1915
1.0	0.3413
1.5	0.4332
2.0	0.4772

유형 | 08 정규분포의 활용; 확률 구하기

주어진 상황에서 정규분포를 따르는 확률변수 X를 먼저 정하고 이를 표준화하여 X가 특정 범위에 포함될 확률을 구한다.

0457 대표문제

어느 농장에서 생산된 사과 한 개의 무게는 평균이 250 g, 표준편차가 15 g인 정규분포를 따른다고 한다. 이 농장에서 생산된 사과 중 임의로 한 개를 택할 때, 오른쪽 표준정규분포표를 이용하여 이 사과의 무게가 220 g 이상 265 g 이하일 확률을 구한 것은?

z	$P(0 \leq Z \leq z)$
0.5	0.19
1.0	0.34
1.5	0.43
2.0	0.48

① 0.53　　　② 0.62　　　③ 0.77
④ 0.82　　　⑤ 0.91

0458 상중하

어느 공장에서 생산되는 막대 모양 과자의 길이는 평균이 13 cm, 표준편차가 2 cm인 정규분포를 따른다고 한다. 이 공장에서 생산된 막대 모양 과자 중 임의로 한 개를 택할 때, 이 과자의 길이가 15 cm 이상일 확률을 구하시오.

(단, $P(0 \leq Z \leq 1) = 0.3413$)

0459 상중하

어느 고등학교 2학년 학생들의 수학 점수는 평균이 57점, 표준편차가 8점인 정규분포를 따르고, 점수가 45점 이하인 학생들을 대상으로 보충 수업을 한다고 한다. 이 고등학교 2학년 학생 중 임의로 한 명을 택할 때, 위의 표준정규분포표를 이용하여 이 학생이 보충 수업을 받을 확률을 구한 것은?

z	$P(0 \leq Z \leq z)$
0.5	0.19
1.0	0.34
1.5	0.43

① 0.07　　　② 0.14　　　③ 0.16
④ 0.19　　　⑤ 0.31

0460 상중하 ◀서술형

어느 대학교 신입생 1000명의 키를 조사하였더니 평균이 165 cm, 표준편차가 5.5 cm인 정규분포를 따른다고 한다. 이 학교 신입생 중 키가 176 cm 이상인 학생 수를 구하시오.

(단, $P(0 \leq Z \leq 2) = 0.48$)

0461 상중하

지현이가 등교하는 데 걸리는 시간은 평균이 35분, 표준편차가 5분인 정규분포를 따른다고 한다. 학교 등교 시각은 8시 20분까지이고 집에서 출발한 시각이 7시 43분일 때, 지현이가 지각하지 않을 확률을 구하시오.

(단, $P(0 \leq Z \leq 0.4) = 0.1554$)

0462 상중하

어느 공장에서는 생산한 골프공의 무게를 검사하여 기준 무게와 1 g 이상 차이가 나면 불량품으로 판정한다. 골프공의 기준 무게는 46 g 이고, 이 공장에서 생산하는 골프공의 무게는 평균이 45.5 g, 표준편차가 0.5 g인 정규분포를 따른다고 한다. 이 공장에서 생산한 골프공 중 임의로 한 개를 택할 때, 위의 표준정규분포표를 이용하여 이 골프공이 불량품일 확률을 구한 것은?

z	$P(0 \leq Z \leq z)$
1.0	0.3413
2.0	0.4772
3.0	0.4987

① 0.1587　　　② 0.16　　　③ 0.1815
④ 0.1828　　　⑤ 0.3174

▶ 개념원리 확률과 통계 157쪽

유형 09 정규분포의 활용; 미지수의 값 구하기

정규분포를 따르는 확률변수 X에 대하여 상위 k % 안에 드는 X의 최솟값을 구할 때에는 최솟값을 a로 놓고 표준정규분포표를 이용하여 $P(X \geq a) = \dfrac{k}{100}$ 를 만족시키는 a의 값을 구한다.

0463 대표문제

모집 정원이 360명인 공무원 임용 시험에 4500명이 응시하였다. 응시자의 점수가 정규분포 $N(58, 10^2)$을 따른다고 할 때, 합격자의 최저 점수는? (단, $P(0 \leq Z \leq 1.4) = 0.42$)

① 70점   ② 72점   ③ 74점
④ 76점   ⑤ 78점

0464 상중하

어느 학교 학생들의 수학 성적은 평균이 80점, 표준편차가 10점인 정규분포를 따른다고 한다. 수학 성적이 상위 11 % 이내에 속하는 학생의 최저 점수를 오른쪽 표준정규분포표를 이용하여 구하시오.

z	$P(0 \leq Z \leq z)$
0.28	0.11
1.23	0.39
1.48	0.43

0465 상중하

어느 과수원에서 수확한 오렌지의 당도는 평균이 14 Brix, 표준편차가 2 Brix인 정규분포를 따른다고 한다. 이 과수원에서 2000개의 오렌지를 수확했을 때, 당도가 a Brix 이하인 오렌지가 320개이었다. 이때 위의 표준정규분포표를 이용하여 상수 a의 값을 구하시오.

z	$P(0 \leq Z \leq z)$
1.0	0.34
1.5	0.43
2.0	0.48
2.5	0.49

0466 상중하

어느 학교에서 영어 경시대회에 400명이 응시하였고, 이들의 점수는 평균이 87.4점, 표준편차가 2.5점인 정규분포를 따른다고 한다. 이 400명의 응시생 중 점수가 높은 학생부터 차례대로 5명을 뽑아 전국 영어 경시대회에 학교 대표로 내보내려고 한다. 이때 위의 표준정규분포표를 이용하여 학교 대표로 뽑힌 학생의 최저 점수를 구하시오.

z	$P(0 \leq Z \leq z)$
2.17	0.4850
2.24	0.4875
2.29	0.4890

0467 상중하

어떤 기계로 생산한 제품의 무게는 평균이 12.25 kg, 표준편차가 0.1 kg인 정규분포를 따른다고 한다. 이 기계로 생산한 제품 중 임의로 택한 한 개의 무게가 a kg 이하이면 기계에 문제가 있다고 판단하여 가동을 멈추고 조사에 들어간다고 한다. 이 기계의 가동을 멈추고 조사에 들어갈 확률이 0.0228일 때, 위의 표준정규분포표를 이용하여 상수 a의 값을 구한 것은?

z	$P(0 \leq Z \leq z)$
0.5	0.1915
1.0	0.3413
1.5	0.4332
2.0	0.4772

① 12   ② 12.05   ③ 12.1
④ 12.15   ⑤ 12.2

0468 상중하

어느 학교의 A 반, B 반 학생들의 몸무게를 조사하였더니 A 반은 평균이 57.3 kg, 표준편차가 7 kg인 정규분포를 따르고, B 반은 평균이 60.1 kg, 표준편차가 5 kg인 정규분포를 따른다고 한다. A 반과 B 반의 학생 수는 서로 같고, A 반 학생 중 몸무게가 65 kg 이상인 학생 수가 B 반 학생 중 몸무게가 k kg 이상인 학생 수의 $\dfrac{1}{2}$ 배이다. 이때 상수 k의 값을 구하시오.
(단, $P(0 \leq Z \leq 0.58) = 0.22$, $P(0 \leq Z \leq 1.1) = 0.36$)

유형 10 이항분포와 정규분포의 관계

확률변수 X가 이항분포 $B(n, p)$를 따를 때, n이 충분히 크면 X는 근사적으로 정규분포 $N(np, np(1-p))$를 따른다.

0469 대표문제

확률변수 X가 이항분포 $B\left(150, \dfrac{3}{5}\right)$을 따를 때, 오른쪽 표준정규분포표를 이용하여 $P(96 \leq X \leq 105)$를 구한 것은?

z	$P(0 \leq Z \leq z)$
1.0	0.3413
1.5	0.4332
2.0	0.4772
2.5	0.4938

① 0.044 ② 0.0919
③ 0.1525 ④ 0.7745
⑤ 0.8185

0470 상중하 서술형

확률변수 X가 이항분포 $B\left(225, \dfrac{4}{5}\right)$를 따를 때, X는 근사적으로 정규분포 $N(a, b)$를 따른다. 표준정규분포를 따르는 확률변수 Z에 대하여
$$P(168 \leq X \leq 180) = P(0 \leq Z \leq c)$$
일 때, $a+b+c$의 값을 구하시오. (단, a, b, c는 상수이다.)

0471 상중하

확률변수 X의 확률질량함수가
$$P(X=x) = {}_{180}C_x\left(\dfrac{5}{6}\right)^x\left(\dfrac{1}{6}\right)^{180-x} \quad (x=0, 1, 2, \cdots, 180)$$
일 때, $P(X \geq 160)$을 구하시오.
(단, $P(0 \leq Z \leq 2) = 0.4772$)

유형 11 이항분포와 정규분포의 관계의 활용 ; 확률 구하기

n번의 독립시행에서 사건 A가 a번 이상 b번 이하로 일어날 확률은 다음과 같은 순서로 구한다.
(ⅰ) 사건 A가 일어나는 횟수를 확률변수 X라 하고, X가 따르는 이항분포를 $B(n, p)$로 나타낸다.
(ⅱ) 확률변수 X가 근사적으로 정규분포 $N(np, np(1-p))$를 따름을 이용하여 X를 표준화한다.
(ⅲ) 표준정규분포표를 이용하여 $P(a \leq X \leq b)$를 구한다.

0472 대표문제

한 개의 주사위를 720번 던질 때, 1의 눈이 130번 이상 140번 이하로 나올 확률을 오른쪽 표준정규분포표를 이용하여 구한 것은?

z	$P(0 \leq Z \leq z)$
0.5	0.1915
1.0	0.3413
1.5	0.4332
2.0	0.4772

① 0.0919 ② 0.1359
③ 0.1498 ④ 0.2417
⑤ 0.2857

0473 상중하

흰 공 1개와 검은 공 3개가 들어 있는 주머니에서 한 개의 공을 꺼내어 색을 확인하고 다시 넣는 시행을 192번 반복할 때, 흰 공이 57번 이상 나올 확률을 오른쪽 표준정규분포표를 이용하여 구한 것은?

z	$P(0 \leq Z \leq z)$
1.0	0.3413
1.5	0.4332
2.0	0.4772

① 0.0228 ② 0.0668 ③ 0.1587
④ 0.8413 ⑤ 0.9332

0474 상중하

세 학생 A, B, C가 가위바위보를 72번 할 때, 비긴 횟수가 20번 이상 26번 이하일 확률을 오른쪽 표준정규분포표를 이용하여 구한 것은?

z	$P(0 \leq Z \leq z)$
0.5	0.1915
1.0	0.3413
1.5	0.4332
2.0	0.4772

① 0.5328　　② 0.6247

③ 0.7745　　④ 0.8185

⑤ 0.9104

0475 상중하 ◀서술형

어느 항공사의 탑승 예약 취소율이 20 %라 한다. 이 항공사에서 승객 정원이 340명인 비행기에 400명의 예약을 받았을 때, 오른쪽 표준정규분포표를 이용하여 탑승객이 정원을 초과하지 않을 확률을 구하시오. (단, 예약의 취소는 독립적이다.)

z	$P(0 \leq Z \leq z)$
1.0	0.3413
1.5	0.4332
2.0	0.4772
2.5	0.4938

0476 상중하

한 번의 시행에서 10점을 얻을 확률이 $\dfrac{1}{8}$, 1점을 잃을 확률이 $\dfrac{7}{8}$인 게임이 있다. 0점에서 시작하여 이 게임을 448번 독립적으로 시행하였을 때, 점수가 245점 이상일 확률을 구하시오. (단, $P(0 \leq Z \leq 1) = 0.3413$)

두 확률변수 X, Y가 각각 정규분포 $N(m_X, \sigma_X^2)$, $N(m_Y, \sigma_Y^2)$을 따를 때

$$Z_X = \frac{X - m_X}{\sigma_X},\ Z_Y = \frac{Y - m_Y}{\sigma_Y}$$

로 X, Y를 각각 표준화하여 확률을 비교한다.

0477 대표문제

현이네 반 전체 학생의 국어, 영어, 수학 성적의 평균, 표준편차와 현이의 성적은 다음 표와 같고, 각 과목의 성적은 정규분포를 따른다고 한다. 현이의 성적과 반 전체의 성적을 비교할 때, 세 과목 중 현이가 상대적으로 성적이 가장 좋은 과목을 구하시오.

(단위: 점)

구분 ＼ 과목	국어	영어	수학
평균	80	55	65
표준편차	6	15	8
현이의 성적	86	85	80

0478 상중하

어느 고등학교의 2학년 1반, 2반, 3반 학생들의 봉사 시간을 조사하였더니 세 반 학생들의 봉사 시간은 평균이 각각 40시간, 46시간, 39시간이고, 표준편차가 각각 3시간, 7시간, 4시간인 정규분포를 따른다고 한다. 1반 학생 A의 봉사 시간은 42시간, 2반 학생 B의 봉사 시간은 47시간, 3반 학생 C의 봉사 시간은 49시간일 때, A, B, C를 각각 자기 반에서 상대적으로 봉사 시간이 긴 학생부터 차례대로 나열한 것은?

① A, B, C　　② B, A, C　　③ B, C, A

④ C, A, B　　⑤ C, B, A

유형 JP 13 이항분포와 정규분포의 관계의 활용
; 미지수의 값 구하기

▶ 개념원리 확률과 통계 163쪽

확률변수 X가 이항분포 $B(n, p)$를 따를 때,
$P(X \geq a) = \alpha$ (a는 상수)를 만족시키는 a의 값은 다음과 같은
순서로 구한다.

(i) X가 근사적으로 정규분포 $N(np, np(1-p))$를 따름을 이
용하여 X를 표준화한다.

$$\Rightarrow Z = \frac{X - np}{\sqrt{np(1-p)}}$$

(ii) 표준정규분포표를 이용하여 $P(Z \geq k) = \alpha$를 만족시키는 k
의 값을 구한다.

(iii) $\dfrac{a - np}{\sqrt{np(1-p)}} = k$임을 이용하여 a의 값을 구한다.

0479 대표문제

어떤 학생이 오지선다형 문제 100
개에 임의로 답을 할 때, a개 이상
의 문제를 맞힐 확률이 0.02라 한
다. 오른쪽 표준정규분포표를 이용
하여 a의 값을 구한 것은?
(단, 각 문제의 정답은 하나씩이다.)

z	$P(0 \leq Z \leq z)$
1.0	0.34
1.5	0.43
2.0	0.48
2.5	0.49

① 24 ② 25 ③ 26
④ 27 ⑤ 28

0480 상중하

어느 공장에서 생산하는 제품 중
2 %는 불량품이라 한다. 이 공장
에서 생산한 제품 2500개 중 불량
품의 개수를 확률변수 X라 할 때,
$P(k \leq X \leq 57) = 0.6826$을 만족
시키는 상수 k의 값을 위의 표준정규분포표를 이용하여 구하시
오.

z	$P(0 \leq Z \leq z)$
1.0	0.3413
1.5	0.4332
2.0	0.4772

0481 상중하

어느 톨게이트를 지나는 차량 중
60 %가 하이패스를 이용한다고 한
다. 이 톨게이트를 지나는 차량
600대 중 하이패스를 이용하는 차
량의 수를 확률변수 X라 할 때,
$P(|X - 360| \geq a) = 0.14$를 만족
시키는 양수 a의 값을 위의 표준정규분포표를 이용하여 구한
것은?

z	$P(0 \leq Z \leq z)$
0.5	0.19
1.0	0.34
1.5	0.43
2.0	0.48

① 18 ② 19 ③ 20
④ 21 ⑤ 22

0482 상중하

주사위 한 개를 던져서 3의 배수의
눈이 나오면 4점을 얻고, 그 외의
눈이 나오면 2점을 잃는 게임이 있
다. 0점에서 시작하여 이 게임을
288번 한 후의 점수가 k점 이하일
확률이 0.31일 때, k의 값을 위의 표준정규분포표를 이용하여
구한 것은?

z	$P(0 \leq Z \leq z)$
0.5	0.19
1.0	0.34
1.5	0.43

① -48 ② -24 ③ -12
④ 12 ⑤ 24

0483

연속확률변수 X의 확률밀도함수가

$$f(x)=\begin{cases} kx & (0\le x\le 2) \\ \dfrac{k}{2}(6-x) & (2\le x\le 6) \end{cases}$$

일 때, 상수 k의 값을 구하시오.

0484

연속확률변수 X의 확률밀도함수가

$$f(x)=1-\frac{x}{2}\ (0\le x\le 2)$$

일 때, $\mathrm{P}(X\le k)=\dfrac{3}{4}$을 만족시키는 상수 k의 값은?

① $\dfrac{1}{2}$ ② $\dfrac{3}{4}$ ③ 1

④ $\dfrac{5}{4}$ ⑤ $\dfrac{3}{2}$

0485 중요★

연속확률변수 X의 확률밀도함수가

$$f(x)=k|x-1|\ (0\le x\le 3)$$

일 때, $\mathrm{P}\!\left(\dfrac{1}{2}\le X\le 2\right)$는? (단, k는 상수이다.)

① $\dfrac{1}{10}$ ② $\dfrac{1}{5}$ ③ $\dfrac{1}{4}$

④ $\dfrac{2}{5}$ ⑤ $\dfrac{1}{2}$

0486

오른쪽 표는 어느 반 학생들의 수학, 국어 성적의 평균과 표준편차를 나타낸 것이다. 두 과목의 성적이 모두 정규분포를 따른다고 할 때, 다음 중 두 과목의 성적의 확률밀도함수의 그래프로 알맞은 것은?

(단위: 점)

구분	수학	국어
평균	62	75
표준편차	8	12

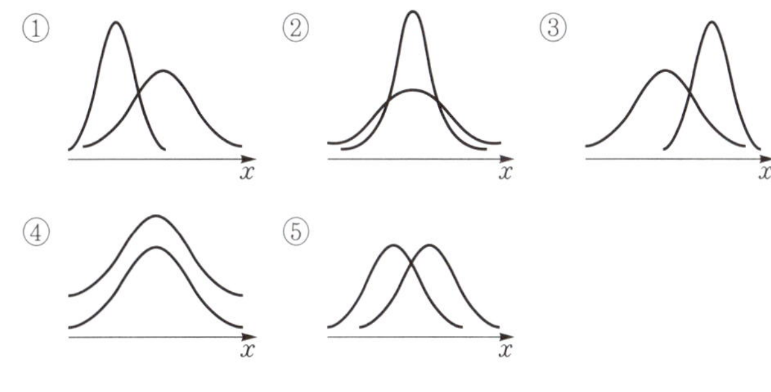

0487

확률변수 X가 평균이 50인 정규분포를 따를 때, 옳은 것만을 **보기**에서 있는 대로 고른 것은? (단, $a>0$)

보기

ㄱ. $\mathrm{P}(45\le X\le 60)>2\mathrm{P}(50\le X\le 55)$
ㄴ. $\mathrm{P}(45\le X\le 60)<\mathrm{P}(45+a\le X\le 60+a)$
ㄷ. $\mathrm{P}(45\le X\le 60)<\mathrm{P}(45-a\le X\le 60-a)$

① ㄱ ② ㄴ ③ ㄷ

④ ㄱ, ㄴ ⑤ ㄱ, ㄷ

0488

확률변수 X는 정규분포 $\mathrm{N}(8,\ 3^2)$을 따르고, 확률변수 Y는 정규분포 $\mathrm{N}(9,\ 4^2)$을 따른다. $\mathrm{P}(X\ge k)=\mathrm{P}(Y\ge k)$일 때, 상수 k의 값은?

① -5 ② -3 ③ 0

④ 3 ⑤ 5

0489

확률변수 X는 정규분포 $N(m, \sigma^2)$을 따르고 확률변수 Y는 정규분포 $N(40, 4^2)$을 따를 때,
$$P(m-4 \le X \le m+4) = P(32 \le Y \le 48)$$
이 성립한다. 이때 $V(2X+1)$을 구하시오.

0490 교육청 기출

확률변수 X는 정규분포 $N(m, 2^2)$, 확률변수 Y는 정규분포 $N(m, \sigma^2)$을 따른다. 상수 a에 대하여 두 확률변수 X, Y가 다음 조건을 만족시킨다.

> ㈎ $Y = 3X - a$
> ㈏ $P(X \le 4) = P(Y \ge a)$

$P(Y \ge 9)$의 값을 오른쪽 표준정규분포표를 이용하여 구한 것은?

z	$P(0 \le Z \le z)$
0.5	0.1915
1.0	0.3413
1.5	0.4332
2.0	0.4772

① 0.0228   ② 0.0668
③ 0.1587   ④ 0.2417
⑤ 0.3085

0491

확률변수 X가 정규분포 $N(50, 4^2)$을 따를 때, 오른쪽 표준정규분포표를 이용하여 $P(X \ge a) = 0.6915$를 만족시키는 상수 a의 값을 구하시오.

z	$P(0 \le Z \le z)$
0.5	0.1915
1.0	0.3413
1.5	0.4332
2.0	0.4772

0492 중요★

어느 제과점에서 만든 쿠키 한 개의 무게는 평균이 30 g, 표준편차가 2 g인 정규분포를 따른다고 한다. 이 제과점에서 만든 쿠키 중 임의로 한 개를 택할 때, 오른쪽 표준정규분포표를 이용하여 이 쿠키의 무게가 29 g 이상 32 g 이하일 확률을 구한 것은?

z	$P(0 \le Z \le z)$
0.5	0.1915
1.0	0.3413
1.5	0.4332
2.0	0.4772

① 0.3085   ② 0.5328   ③ 0.6247
④ 0.7745   ⑤ 0.9104

0493

정원이 n명인 어느 대학교 수학과의 신입생 모집에 600명이 지원하였고, 지원자의 성적은 평균이 389점, 표준편차가 12점인 정규분포를 따른다고 한다. 합격하기 위한 최저 점수가 407점일 때, 위의 표준정규분포표를 이용하여 자연수 n의 값을 구한 것은?

z	$P(0 \le Z \le z)$
1.5	0.43
2.0	0.48
2.5	0.49

① 36   ② 38   ③ 40
④ 42   ⑤ 44

0494 평가원 기출

어느 인스턴트 커피 제조 회사에서 생산하는 A 제품 1개의 중량은 평균이 9, 표준편차가 0.4인 정규분포를 따르고, B 제품 1개의 중량은 평균이 20, 표준편차가 1인 정규분포를 따른다고 한다. 이 회사에서 생산한 A 제품 중에서 임의로 선택한 1개의 중량이 8.9 이상 9.4 이하일 확률과 B 제품 중에서 임의로 선택한 1개의 중량이 19 이상 k 이하일 확률이 서로 같다. 상수 k의 값은? (단, 중량의 단위는 g이다.)

① 19.5   ② 19.75   ③ 20
④ 20.25   ⑤ 20.5

0495

어느 마라톤 대회 참가자들의 기록은 평균이 160분, 표준편차가 20분인 정규분포를 따른다고 한다. 이때 마라톤 기록이 몇 분 이하이면 상위 20 % 이내에 드는지 구하시오.

(단, $P(0 \le Z \le 0.84) = 0.3$)

0496

확률변수 X가 이항분포 $B\left(n, \dfrac{1}{2}\right)$을 따르고 $V(X)=9$일 때, 오른쪽 표준정규분포표를 이용하여 $P(X \le 24)$를 구하면?

z	$P(0 \le Z \le z)$
1.0	0.3413
1.5	0.4332
2.0	0.4772

① 0.0228   ② 0.1587

③ 0.8413   ④ 0.9332

⑤ 0.9772

0497 중요★

어떤 학생이 ○ 또는 ×로 답하는 256문제에 임의로 답을 할 때, 120문제 이상 맞힐 확률을 오른쪽 표준정규분포표를 이용하여 구한 것은?

z	$P(0 \le Z \le z)$
0.5	0.1915
1.0	0.3413
1.5	0.4332

① 0.6247   ② 0.6915   ③ 0.7745

④ 0.8413   ⑤ 0.9332

0498

한 개의 주사위를 던져서 5 이상의 눈이 나오면 상금으로 1000원을 받고, 4 이하의 눈이 나오면 벌금으로 300원을 내는 게임이 있다. 이 게임을 162번 했을 때, 상금에서 벌금을 뺀 금액이 25500원 이상일 확률을 위의 표준정규분포표를 이용하여 구하시오.

z	$P(0 \le Z \le z)$
0.5	0.1915
1.0	0.3413
1.5	0.4332
2.0	0.4772

0499

확률변수 X, Y, W가 각각 정규분포 $N(42, 4^2)$, $N(37, 5^2)$, $N(40, 2^2)$을 따를 때,
$$a=P(X \ge 45),\ b=P(Y \ge 42),\ c=P(W \le 39)$$
라 하자. 세 수 a, b, c의 대소 관계는?

① $a<b<c$ ② $a=b<c$ ③ $b<a<c$

④ $c<a<b$ ⑤ $c<a=b$

0500

세 번 중 한 번의 비율로 스트라이크를 던지는 어떤 야구 선수가 공을 1458번 던질 때, 스트라이크의 개수가 a 이상일 확률은 0.0668이다. 이때 상수 a의 값은?

(단, $P(0 \le Z \le 1.5)=0.4332$)

① 504   ② 510   ③ 513

④ 520   ⑤ 525

 시험에 꼭 나오는 문제

 **서술형 주관식**

0501

연속확률변수 X의 확률밀도함수가
$$f(x)=kx \ (0\leq x\leq 4)$$
일 때, t에 대한 이차방정식 $t^2+2Xt+1=0$이 실근을 가질 확률을 구하시오. (단, k는 상수이다.)

0502

정규분포 $N(4, 3^2)$을 따르는 확률변수 X와 정규분포 $N(m, \sigma^2)$을 따르는 확률변수 Y가 다음 조건을 만족시킬 때, 실수 k의 값의 범위를 구하시오.

> (가) $E(2Y-1)=9$, $\sigma(2Y-1)=2$
> (나) $P(X\leq k)>P(Y\geq 4)$

0503 중요★

확률변수 X가 정규분포 $N(100, 20^2)$을 따를 때, 오른쪽 표준정규분포표를 이용하여 $P(60\leq X\leq a)=0.9759$를 만족시키는 상수 a의 값을 구하시오.

z	$P(0\leq Z\leq z)$
1.0	0.3413
2.0	0.4772
3.0	0.4987

0504

2개의 동전을 동시에 던지는 시행을 192번 반복할 때, 2개 모두 앞면이 나오는 횟수가 54 이상 60 이하일 확률을 오른쪽 표준정규분포표를 이용하여 구하시오.

z	$P(0\leq Z\leq z)$
1.0	0.3413
1.5	0.4332
2.0	0.4772

 **실력up**

0505 교육청 기출

정규분포를 따르는 두 확률변수 X, Y의 확률밀도함수는 각각 $f(x)$, $g(x)$이다.
$V(X)=V(Y)$이고, 양수 a에 대하여
$$f(a)=f(3a)=g(2a),$$
$$P(Y\leq 2a)=0.6915$$
일 때, $P(0\leq X\leq 3a)$의 값을 오른쪽 표준정규분포표를 이용하여 구한 것은?

z	$P(0\leq Z\leq z)$
0.5	0.1915
1.0	0.3413
1.5	0.4332
2.0	0.4772

① 0.5328 ② 0.6247 ③ 0.6687
④ 0.7745 ⑤ 0.8185

0506

오른쪽 그림은 각각 정규분포 $N(32, 4^2)$, $N(m, \sigma^2)$을 따르는 확률변수 X, Y의 확률밀도함수 $f(x)$, $g(x)$의 그래프를 나타낸 것이고, $Y=2X-24$가

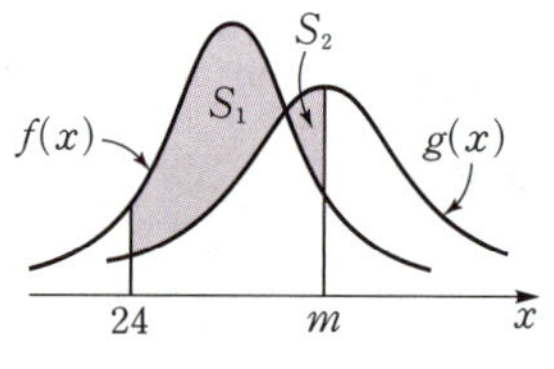

성립한다. 두 곡선과 직선 $x=24$로 둘러싸인 도형의 넓이를 S_1, 두 곡선과 직선 $x=m$으로 둘러싸인 도형의 넓이를 S_2라 할 때, S_1-S_2의 값을 구하시오.
$$(단, P(0\leq Z\leq 2)=0.4772)$$

0507

어느 공장에서 생산하는 음료 한 병의 양은 평균이 250 mL, 표준편차가 5 mL인 정규분포를 따르고, 생산된 음료를 검사하여 한 병의 양이 245 mL 이하이면 불량품으로 판정한다고 한다. 이 공장에서 생산된 525병의 음료 중 불량품이 63병 이상일 확률을 구하시오.
$$(단, P(0\leq Z\leq 1)=0.34, P(0\leq Z\leq 2.5)=0.49)$$

공감
한스푼

잘될거야
반드시 좋은날이
꼭 올거라고
너의 열정과
너의 모든 노력들
절대로 헛되이
잊혀지지 않아

06 통계적 추정

06 | 1 모집단과 표본

1 통계 조사
  (1) **전수조사**: 통계 조사에서 조사의 대상이 되는 집단 전체를 조사하는 것
  (2) **표본조사**: 조사의 대상이 되는 집단 전체에서 일부분을 뽑아서 조사하는 것

2 모집단: 통계 조사에서 조사의 대상이 되는 집단 전체를 **모집단**이라 한다.

3 표본: 조사하기 위하여 뽑은 모집단의 일부분을 **표본**이라 하고, 표본에 포함된 자료의 개수를 **표본의 크기**라 한다.

4 임의추출: 모집단에 속하는 각 대상이 같은 확률로 추출되도록 표본을 추출하는 방법
  (1) **복원추출**: 한 개의 자료를 뽑은 후 되돌려 놓고 다시 뽑는 방법
  (2) **비복원추출**: 한 개의 자료를 뽑은 후 되돌려 놓지 않고 다시 뽑는 방법

- 모집단에서 표본을 뽑는 것을 **추출**이라 한다.

- 특별한 언급이 없으면 임의추출은 복원추출로 생각한다.

06 | 2 모평균과 표본평균

1 어느 모집단에서 조사하고자 하는 특성을 나타내는 확률변수를 X라 할 때, X의 평균, 분산, 표준편차를 각각 **모평균**, **모분산**, **모표준편차**라 하고, 이것을 각각 기호로 m, σ^2, σ와 같이 나타낸다.

2 모집단에서 임의추출한 크기가 n인 표본을 X_1, X_2, X_3, $\cdots$, X_n이라 할 때, 이들의 평균, 분산, 표준편차를 각각 **표본평균**, **표본분산**, **표본표준편차**라 하고, 이것을 각각 기호로 $\overline{X}$, S^2, S와 같이 나타낸다. 이때 $\overline{X}$, S^2, S는 다음과 같이 구한다.

  (1) **표본평균**: $\overline{X} = \dfrac{1}{n}(X_1 + X_2 + X_3 + \cdots + X_n)$

  (2) **표본분산**: $S^2 = \dfrac{1}{n-1}\{(X_1 - \overline{X})^2 + (X_2 - \overline{X})^2 + (X_3 - \overline{X})^2 + \cdots + (X_n - \overline{X})^2\}$

  (3) **표본표준편차**: $S = \sqrt{S^2}$

- 표본분산을 정의할 때, 편차의 제곱의 합을 $n-1$로 나누는 것은 S^2의 기댓값이 σ^2이 되도록 하기 위한 것이다.

06 | 3 표본평균의 분포

유형 01~05

모평균이 m, 모표준편차가 σ인 모집단에서 크기가 n인 표본을 임의추출할 때, 표본평균 $\overline{X}$에 대하여 다음이 성립한다.

  (1) $\mathrm{E}(\overline{X}) = m$, $\mathrm{V}(\overline{X}) = \dfrac{\sigma^2}{n}$, $\sigma(\overline{X}) = \dfrac{\sigma}{\sqrt{n}}$

  (2) 모집단이 정규분포 $\mathrm{N}(m, \sigma^2)$을 따르면 표본평균 $\overline{X}$는 정규분포 $\mathrm{N}\!\left(m, \dfrac{\sigma^2}{n}\right)$을 따른다.

  (3) 모집단이 정규분포를 따르지 않아도 표본의 크기 n이 충분히 크면 표본평균 $\overline{X}$는 근사적으로 정규분포 $\mathrm{N}\!\left(m, \dfrac{\sigma^2}{n}\right)$을 따른다.

- 모평균 m은 상수이지만 표본평균 $\overline{X}$는 추출한 표본에 따라 여러 가지 값을 가질 수 있는 확률변수이다.

- 표본의 크기 n이 충분히 크다는 것은 $n \geq 30$일 때를 뜻한다.

교과서 문제 정복하기

06 | 1 모집단과 표본

0508 표본조사가 적합한 것만을 **보기**에서 있는 대로 고르시오.

> **보기**
> ㄱ. 국내에서 생산되는 자동차 배터리의 수명
> ㄴ. 어느 지역에서 생산되는 사과의 당도
> ㄷ. 어느 학급의 중간고사 수학 점수

0509 1, 2, 3, 4의 숫자가 각각 하나씩 적힌 4개의 공이 들어 있는 상자에서 2개의 공을 다음과 같이 임의추출할 때, 그 경우의 수를 구하시오.

(1) 한 개씩 복원추출

(2) 한 개씩 비복원추출

06 | 2 모평균과 표본평균

0510 1, 2, 3의 숫자가 각각 하나씩 적힌 3장의 카드가 들어 있는 주머니에서 2장의 카드를 복원추출할 때, 카드에 적힌 숫자의 표본평균을 $\overline{X}$라 하자. 다음 물음에 답하시오.

(1) 다음 표를 완성하시오.

$\overline{X}$	1	$\dfrac{3}{2}$	2	$\dfrac{5}{2}$	3	합계
$\mathrm{P}(\overline{X}=\overline{x})$	$\dfrac{1}{9}$		$\dfrac{1}{3}$			1

(2) 표본평균 $\overline{X}$의 평균, 분산, 표준편차를 구하시오.

06 | 3 표본평균의 분포

0511 모평균이 30, 모분산이 81인 모집단에서 크기가 9인 표본을 임의추출할 때, 표본평균 $\overline{X}$에 대하여 다음을 구하시오.

(1) $\mathrm{E}(\overline{X})$ (2) $\mathrm{V}(\overline{X})$ (3) $\sigma(\overline{X})$

0512 정규분포 $\mathrm{N}(60,\ 8^2)$을 따르는 모집단에서 크기가 16인 표본을 임의추출할 때, 표본평균 $\overline{X}$에 대하여 다음을 구하시오.

(1) $\mathrm{E}(\overline{X})$ (2) $\mathrm{V}(\overline{X})$ (3) $\sigma(\overline{X})$

0513 모집단의 확률변수 X의 확률분포가 아래와 같다.

X	-1	0	1	합계
$\mathrm{P}(X=x)$	$\dfrac{1}{4}$	$\dfrac{1}{2}$	$\dfrac{1}{4}$	1

모집단에서 크기가 3인 표본을 임의추출하여 구한 표본평균을 $\overline{X}$라 할 때, 다음을 구하시오.

(1) $\mathrm{E}(X),\ \mathrm{V}(X),\ \sigma(X)$

(2) $\mathrm{E}(\overline{X}),\ \mathrm{V}(\overline{X}),\ \sigma(\overline{X})$

0514 정규분포 $\mathrm{N}(300,\ 10^2)$을 따르는 모집단에서 크기가 25인 표본을 임의추출할 때, 표본평균 $\overline{X}$에 대하여 다음 물음에 답하시오.

(1) $\overline{X}$의 평균과 분산을 구하시오.

(2) $\overline{X}$가 따르는 정규분포를 기호로 나타내시오.

(3) $\overline{X}$를 확률변수 Z로 표준화하시오.

(4) $\mathrm{P}(\overline{X}\geq 302)$를 구하시오. (단, $\mathrm{P}(0\leq Z\leq 1)=0.3413$)

0515 정규분포 $\mathrm{N}(600,\ 24^2)$을 따르는 모집단에서 임의추출한 크기가 36인 표본의 표본평균을 $\overline{X}$라 할 때, 오른쪽 표준정규분포표를 이용하여 다음을 구하시오.

z	$\mathrm{P}(0\leq Z\leq z)$
1.0	0.3413
1.5	0.4332
2.0	0.4772
2.5	0.4938

(1) $\mathrm{P}(\overline{X}\leq 592)$

(2) $\mathrm{P}(590\leq \overline{X}\leq 606)$

06 | 4 모비율과 표본비율

(1) **모비율**: 모집단에서 어떤 특정 성질을 갖는 사건의 비율을 그 사건에 대한 <u>모비율</u>이라 하고, 기호로 p와 같이 나타낸다.

(2) **표본비율**

① 모집단에서 임의추출한 표본 중 어떤 특정 성질을 갖는 사건의 비율을 그 사건에 대한 <u>표본비율</u>이라 하고, 기호로 $\hat{p}$과 같이 나타낸다.

② 크기가 n인 표본에서 어떤 특정 성질을 갖는 사건이 일어나는 횟수를 확률변수 X라 하면 그 사건에 대한 표본비율 $\hat{p}$은

$$\hat{p} = \frac{X}{n}$$

● $\hat{p}$은 'p hat (피햇)'이라 읽는다.

06 | 5 표본비율의 분포 〔유형 06〕

모비율이 p인 모집단에서 크기가 n인 표본을 임의추출할 때, 표본비율 $\hat{p}$에 대하여 다음이 성립한다. (단, $q = 1 - p$)

(1) $\mathrm{E}(\hat{p}) = p$, $\mathrm{V}(\hat{p}) = \dfrac{pq}{n}$, $\sigma(\hat{p}) = \sqrt{\dfrac{pq}{n}}$

(2) 표본의 크기 n이 충분히 클 때, 표본비율 $\hat{p}$은 근사적으로 정규분포 $\mathrm{N}\!\left(p,\ \dfrac{pq}{n}\right)$를 따르고, 확률변수 $Z = \dfrac{\hat{p} - p}{\sqrt{\dfrac{pq}{n}}}$는 근사적으로 표준정규분포 $\mathrm{N}(0,\ 1)$을 따른다.

● 표본의 크기 n이 충분히 크다는 것은 $np \geq 5$, $nq \geq 5$일 때를 뜻한다.

〔예〕 모비율이 0.5인 모집단에서 크기가 100인 표본을 임의추출할 때, 표본비율 $\hat{p}$에 대하여

$$\mathrm{E}(\hat{p}) = 0.5,\ \mathrm{V}(\hat{p}) = \frac{0.5 \times (1 - 0.5)}{100} = 0.0025,\ \sigma(\hat{p}) = \sqrt{\frac{0.5 \times (1 - 0.5)}{100}} = 0.05$$

06 | 6 모평균과 모비율의 추정 〔유형 07~14〕

1 <u>추정</u>: 표본에서 얻은 정보를 이용하여 모집단의 특성을 나타내는 값을 추측하는 것

2 모평균에 대한 신뢰구간: 정규분포 $\mathrm{N}(m,\ \sigma^2)$을 따르는 모집단에서 크기가 n인 표본을 임의추출하여 구한 표본평균 $\overline{X}$의 값이 $\overline{x}$일 때, <u>신뢰도</u>에 따른 모평균 m에 대한 <u>신뢰구간</u>은 다음과 같다.

(1) 신뢰도 95 %의 신뢰구간: $\overline{x} - 1.96\dfrac{\sigma}{\sqrt{n}} \leq m \leq \overline{x} + 1.96\dfrac{\sigma}{\sqrt{n}}$

(2) 신뢰도 99 %의 신뢰구간: $\overline{x} - 2.58\dfrac{\sigma}{\sqrt{n}} \leq m \leq \overline{x} + 2.58\dfrac{\sigma}{\sqrt{n}}$

〔참고〕 모평균 m에 대한 신뢰구간이 $a \leq m \leq b$일 때, $b - a$를 신뢰구간의 길이라 한다.

● 신뢰도 95 %의 신뢰구간이란 표본이 달라짐에 따라 얻는 신뢰구간 중에서 약 95 %는 모평균 m을 포함한다는 뜻이다.

● 표본의 크기 n이 충분히 크면 모표준편차 σ 대신에 표본표준편차의 값 s를 사용해도 된다.

3 모비율에 대한 신뢰구간: 모집단에서 임의추출한 크기가 n인 표본의 표본비율이 $\hat{p}$일 때, n이 충분히 크면 신뢰도에 따른 모비율 p에 대한 신뢰구간은 다음과 같다. (단, $\hat{q} = 1 - \hat{p}$)

(1) 신뢰도 95 %의 신뢰구간: $\hat{p} - 1.96\sqrt{\dfrac{\hat{p}\hat{q}}{n}} \leq p \leq \hat{p} + 1.96\sqrt{\dfrac{\hat{p}\hat{q}}{n}}$

(2) 신뢰도 99 %의 신뢰구간: $\hat{p} - 2.58\sqrt{\dfrac{\hat{p}\hat{q}}{n}} \leq p \leq \hat{p} + 2.58\sqrt{\dfrac{\hat{p}\hat{q}}{n}}$

교과서 문제 정복하기

06|4 모비율과 표본비율

0516 어느 공장에서 생산한 건전지 중 500개를 임의추출하여 조사한 결과 불량품이 4개였다. 표본의 불량률 $\hat{p}$을 구하시오.

0517 어느 고등학교의 전체 학생 800명 중 생일이 10월인 학생은 60명이다. 이 학교 학생 중 80명을 임의추출하여 조사한 결과 생일이 10월인 학생이 8명일 때, 생일이 10월인 학생의 모비율 p와 표본비율 $\hat{p}$을 구하시오.

06|5 표본비율의 분포

[0518 ~ 0519] 모비율이 0.8인 모집단에서 크기가 다음과 같은 표본을 임의추출하여 구한 표본비율을 $\hat{p}$이라 할 때, $\hat{p}$의 평균과 표준편차를 구하시오.

0518 크기가 100인 표본

0519 크기가 2500인 표본

0520 어느 공장에서 생산하는 제품의 불량률은 10 %이다. 이 공장에서 생산한 제품 중 100개를 임의추출할 때, 표본의 불량률 $\hat{p}$의 평균, 분산, 표준편차를 각각 구하시오.

0521 어느 고등학교에서는 전체 학생의 20 %가 걸어서 통학을 한다고 한다. 이 고등학교의 학생 중에서 400명을 임의추출할 때, 걸어서 통학을 하는 학생의 비율 $\hat{p}$이 근사적으로 따르는 정규분포를 기호로 나타내시오.

06|6 모평균과 모비율의 추정

0522 다음은 정규분포 $N(m, \sigma^2)$을 따르는 모집단의 모평균 m을 신뢰도 95 %로 추정한 신뢰구간을 구하는 과정이다. ㈎, ㈏, ㈐에 알맞은 것을 구하시오.

> 정규분포 $N(m, \sigma^2)$을 따르는 모집단에서 크기가 n인 표본을 임의추출하면 표본평균 $\overline{X}$는 정규분포 ㈎ 을 따르므로 $Z =$ ㈏ 으로 놓으면 확률변수 Z는 표준정규분포 $N(0, 1)$을 따른다.
> 이때 $P(-1.96 \leq Z \leq 1.96) = 0.95$이므로
> $$P(-1.96 \leq ㈏ \leq 1.96) = 0.95$$
> 이 식을 정리하면 $P(\overline{X} - ㈐ \leq m \leq \overline{X} + ㈐) = 0.95$
> 이므로 표본평균의 값을 $\overline{x}$라 하면 구하는 신뢰구간은
> $$\overline{x} - ㈐ \leq m \leq \overline{x} + ㈐$$

0523 정규분포 $N(m, 6^2)$을 따르는 모집단에서 크기가 100인 표본을 임의추출하였더니 표본평균이 60이었다. 다음 신뢰도로 추정한 모평균 m에 대한 신뢰구간을 구하시오.
$$(단, P(|Z| \leq 1.96) = 0.95, P(|Z| \leq 2.58) = 0.99)$$

(1) 신뢰도 95 % 　　　　 (2) 신뢰도 99 %

0524 정규분포를 따르는 어느 모집단에서 크기가 400인 표본을 임의추출하였더니 표본평균이 100, 표본표준편차가 10이었다. 다음 신뢰도로 추정한 모평균 m에 대한 신뢰구간을 구하시오.
$$(단, P(|Z| \leq 1.96) = 0.95, P(|Z| \leq 2.58) = 0.99)$$

(1) 신뢰도 95 % 　　　　 (2) 신뢰도 99 %

0525 어느 모집단에서 크기가 1600인 표본을 임의추출하여 조사하였더니 표본비율이 0.36이었을 때, 다음 신뢰도로 추정한 모비율 p에 대한 신뢰구간을 구하시오.
$$(단, P(|Z| \leq 1.96) = 0.95, P(|Z| \leq 2.58) = 0.99)$$

(1) 신뢰도 95 % 　　　　 (2) 신뢰도 99 %

유형 01 표본평균의 평균, 분산, 표준편차 ; 모집단의 확률분포가 주어진 경우

모평균이 m, 모분산이 σ^2인 모집단에서 크기가 n인 표본을 임의추출할 때, 표본평균 $\overline{X}$에 대하여

$$\mathrm{E}(\overline{X})=m,\ \mathrm{V}(\overline{X})=\frac{\sigma^2}{n},\ \sigma(\overline{X})=\frac{\sigma}{\sqrt{n}}$$

0526 대표문제

모집단의 확률변수 X의 확률분포가 다음 표와 같다. 이 모집단에서 크기가 11인 표본을 임의추출할 때, 표본평균 $\overline{X}$에 대하여 $\mathrm{E}(\overline{X})+\mathrm{V}(\overline{X})$의 값을 구하시오.

X	-1	0	1	합계
$\mathrm{P}(X=x)$	$\dfrac{1}{4}$	$\dfrac{1}{4}$	a	1

0527 상중하

정규분포 $\mathrm{N}(20,\ 10^2)$을 따르는 모집단에서 크기가 25인 표본을 임의추출할 때, 표본평균 $\overline{X}$에 대하여 $\mathrm{E}(\overline{X}^2)$을 구하시오.

0528 상중하

모집단의 확률변수 X의 확률질량함수가

$$\mathrm{P}(X=x)=\frac{1}{6}(x+1)\ (x=0,\ 1,\ 2)$$

이다. 이 모집단에서 크기가 4인 표본을 임의추출할 때, 표본평균 $\overline{X}$에 대하여 $\sigma(6\overline{X})$를 구하시오.

유형 02 표본평균의 평균, 분산, 표준편차 ; 모집단이 주어진 경우

모집단이 주어질 때, 표본평균 $\overline{X}$의 평균, 분산, 표준편차는 다음과 같은 순서로 구한다.
(ⅰ) 모집단의 확률분포를 표로 나타낸다.
(ⅱ) 모평균 m과 모분산 σ^2을 구한다.
(ⅲ) 표본평균 $\overline{X}$의 평균, 분산, 표준편차를 구한다.

0529 대표문제

1, 1, 1, 1, 2, 6의 숫자가 각각 하나씩 적힌 6장의 카드가 들어 있는 상자에서 2장의 카드를 임의추출할 때, 카드에 적힌 숫자의 표본평균을 $\overline{X}$라 하자. 이때 $\mathrm{V}(\overline{X})$를 구하시오.

0530 상중하

주머니 속에 1, 2, 3, 4의 숫자가 각각 하나씩 적힌 구슬이 각각 3개씩 들어 있다. 이 주머니에서 3개의 구슬을 임의추출할 때, 구슬에 적힌 숫자의 표본평균을 $\overline{X}$라 하자. 이때 $\mathrm{E}(2\overline{X}-3)+\mathrm{V}(6\overline{X})$의 값은?

① 11 ② 13 ③ 15
④ 17 ⑤ 19

0531 상중하 서술형

0, 1, 2, 3의 숫자가 각각 하나씩 적힌 공이 50개, 50개, 50개, 100개씩 들어 있는 상자에서 크기가 n인 표본을 임의추출할 때, 공에 적힌 숫자의 표본평균 $\overline{X}$의 분산이 $\dfrac{1}{50}$이다. 이때 n의 값을 구하시오.

유형 | 03 표본평균의 확률

▶ 개념원리 확률과 통계 172쪽

정규분포 $N(m, \sigma^2)$을 따르는 모집단에서 크기가 n인 표본을 임의추출할 때, 표본평균 $\overline{X}$의 확률은 다음과 같은 순서로 구한다.

(i) 표본평균 $\overline{X}$가 따르는 정규분포 $N\left(m, \dfrac{\sigma^2}{n}\right)$을 구한다.

(ii) $Z = \dfrac{\overline{X}-m}{\dfrac{\sigma}{\sqrt{n}}}$ 으로 표준화하여 확률을 구한다.

0532 대표문제

어느 회사의 직원들이 통근하는 데 걸리는 시간은 평균이 50분, 표준편차가 10분인 정규분포를 따른다고 한다. 이 회사 직원 중에서 25명을 임의추출하여 조사할 때, 통근하는 데 걸리는 시간의 평균이 45분 이하일 확률을 위의 표준정규분포표를 이용하여 구하시오.

z	$P(0 \leq Z \leq z)$
1.0	0.3413
1.5	0.4332
2.0	0.4772
2.5	0.4938

0533 상중하

정규분포 $N(60, 10^2)$을 따르는 모집단에서 크기가 16인 표본을 임의추출할 때, 표본평균 $\overline{X}$에 대하여 $P(55 \leq \overline{X} \leq 65)$를 오른쪽 표준정규분포표를 이용하여 구하시오.

z	$P(0 \leq Z \leq z)$
1.0	0.3413
1.5	0.4332
2.0	0.4772

0534 상중하

어느 고등학교 2학년 학생들의 모의고사 수학 성적은 평균이 52점, 표준편차가 18점인 정규분포를 따른다고 한다. 이 고등학교 2학년 학생 중에서 81명을 임의추출할 때, 모의고사 수학 성적의 평균이 47점 이상 50점 이하일 확률을 위의 표준정규분포표를 이용하여 구하시오.

z	$P(0 \leq Z \leq z)$
1.0	0.3413
1.5	0.4332
2.0	0.4772
2.5	0.4938

0535 상중하

A 공장에서 생산하는 공 한 개의 무게는 평균이 300 g, 표준편차가 24 g인 정규분포를 따른다고 한다. 이 공장에서 생산한 공 중에서 64개를 임의추출할 때, 공의 무게의 평균이 294 g 이상일 확률을 오른쪽 표준정규분포표를 이용하여 구한 것은?

z	$P(0 \leq Z \leq z)$
0.5	0.1915
1.0	0.3413
1.5	0.4332
2.0	0.4772

① 0.6915　　② 0.8413　　③ 0.8664

④ 0.9332　　⑤ 0.9772

0536 상중하

정규분포 $N(m, 20^2)$을 따르는 모집단에서 크기가 25인 표본을 임의추출할 때, 표본평균 $\overline{X}$에 대하여 $P(|\overline{X}-m| \geq 6)$을 오른쪽 표준정규분포표를 이용하여 구하시오.

z	$P(0 \leq Z \leq z)$
1.0	0.3413
1.5	0.4332
2.0	0.4772
2.5	0.4938

0537 상중하

어느 공장에서 생산하는 비누 한 개의 무게는 평균이 100 g, 표준편차가 8 g인 정규분포를 따른다고 한다. 이 비누를 4개씩 한 세트로 판매한다고 할 때, 비누 4개의 무게가 392 g 이상 416 g 이하이면 정품으로 판정한다고 한다. 5000개의 세트 중 정품으로 판정될 세트의 평균 개수를 위의 표준정규분포표를 이용하여 구하시오.

z	$P(0 \leq Z \leq z)$
0.5	0.1915
1.0	0.3413
1.5	0.4332
2.0	0.4772

유형 | 04 표본평균의 확률; 표본의 크기 구하기

표본평균 $\overline{X}$가 정규분포 $N\left(m, \dfrac{\sigma^2}{n}\right)$을 따를 때, $Z=\dfrac{\overline{X}-m}{\dfrac{\sigma}{\sqrt{n}}}$

으로 놓고 주어진 식에 대입하여 표본의 크기를 구한다.

0538 대표문제

정규분포 $N(10, 2^2)$을 따르는 모집단에서 크기가 n인 표본을 임의추출할 때, 표본평균 $\overline{X}$에 대하여 $P(\overline{X} \geq 11)=0.1587$을 만족시키는 n의 값을 오른쪽 표준정규분포표를 이용하여 구하시오.

z	$P(0 \leq Z \leq z)$
0.5	0.1915
1.0	0.3413
1.5	0.4332
2.0	0.4772

0539 상중하 서술형

정규분포 $N(80, 16^2)$을 따르는 모집단에서 크기가 n인 표본을 임의추출할 때, 표본평균 $\overline{X}$에 대하여 $P\left(\overline{X} \leq \dfrac{648}{\sqrt{n}}\right)=0.6915$를 만족시키는 n의 값을 오른쪽 표준정규분포표를 이용하여 구하시오.

z	$P(0 \leq Z \leq z)$
0.5	0.1915
1.0	0.3413
1.5	0.4332
2.0	0.4772

0540 상중하

어느 회사에서 판매하는 음료수 한 병의 용량은 평균이 120 mL, 표준편차가 5 mL인 정규분포를 따른나고 한다. 이 회사에서 판매하는 음료수 중 임의추출한 n병의 용량의 평균을 $\overline{X}$ mL라 할 때, $P(119 \leq \overline{X} \leq 121) \geq 0.9$를 만족시키는 n의 최솟값을 위의 표준정규분포표를 이용하여 구하시오.

z	$P(0 \leq Z \leq z)$
1.4	0.42
1.5	0.43
1.6	0.45
1.7	0.46

유형 | 05 표본평균의 확률; 미지수의 값 구하기

표본평균 $\overline{X}$가 정규분포 $N\left(m, \dfrac{\sigma^2}{n}\right)$을 따를 때, $Z=\dfrac{\overline{X}-m}{\dfrac{\sigma}{\sqrt{n}}}$

으로 놓고 주어진 식에 대입하여 미지수의 값을 구한다.

0541 대표문제

어느 고등학교 학생들의 1일 스마트폰 사용 시간은 평균이 60분, 표준편차가 15분인 정규분포를 따른다고 한다. 이 고등학교 학생 중에서 임의추출한 100명의 1일 스마트폰 사용 시간의 평균을 $\overline{X}$분이라 할 때, $P(\overline{X} \leq k)=0.0013$을 만족시키는 상수 k의 값을 위의 표준정규분포표를 이용하여 구하시오.

z	$P(0 \leq Z \leq z)$
1.0	0.3413
2.0	0.4772
3.0	0.4987

0542 상중하

정규분포 $N(250, 14^2)$을 따르는 모집단에서 크기가 49인 표본을 임의추출할 때, 표본평균 $\overline{X}$에 대하여 $P(\overline{X} \geq k) \leq 0.0062$를 만족시키는 실수 k의 최솟값을 오른쪽 표준정규분포표를 이용하여 구하시오.

z	$P(0 \leq Z \leq z)$
1.0	0.3413
1.5	0.4332
2.0	0.4772
2.5	0.4938

0543 상중하

정규분포 $N(m, \sigma^2)$을 따르는 모집단에서 크기가 16인 표본을 임의추출하여 구한 표본평균을 $\overline{X}$, 정규분포 $N\left(\dfrac{m}{2}, \sigma^2\right)$을 따르는 모집단에서 크기가 16인 표본을 임의추출하여 구한 표본평균을 $\overline{Y}$라 할 때,

$$P(\overline{X} \leq 21)=P(\overline{Y} \geq 21),$$
$$P(\overline{X} \geq m-\sigma)=P(\overline{Y} \leq 25)$$

이다. 이때 $m+\sigma$의 값을 구하시오. (단, $\sigma > 0$)

▶ 개념원리 확률과 통계 176쪽

유형 06 표본비율의 분포

모비율이 p이고 표본의 크기 n이 충분히 클 때, 표본비율 $\hat{p}$은 근사적으로 정규분포 $\mathrm{N}\left(p,\ \dfrac{pq}{n}\right)$를 따른다. (단, $q=1-p$)

$\Rightarrow Z=\dfrac{\hat{p}-p}{\sqrt{\dfrac{pq}{n}}}$ 는 근사적으로 표준정규분포 $\mathrm{N}(0,\ 1)$을 따른다.

0544 대표문제

어느 공장에서 생산하는 휴대폰은 공정 과정에서 2 %의 불량품이 발생한다고 한다. 이 공장에서 생산한 휴대폰 중 400개를 임의추출하여 조사할 때, 불량품의 비율이 2.7 % 이하일 확률을 구하시오. (단, $\mathrm{P}(0\leq Z\leq1)=0.3413$)

0545 상중하

어느 헌혈의 집에서 헌혈한 사람들 중 혈액형이 B형인 사람의 비율은 30 %라 한다. 이 헌혈의 집에서 헌혈한 사람 중 2100명을 임의추출할 때, 혈액형이 B형인 사람이 588명

z	$\mathrm{P}(0\leq Z\leq z)$
1.0	0.3413
1.5	0.4332
2.0	0.4772

이상일 확률을 위의 표준정규분포표를 이용하여 구한 것은?

① 0.6826 ② 0.8413 ③ 0.9104
④ 0.9332 ⑤ 0.9772

0546 상중하

어느 지하철 승객의 20 %가 버스로 환승을 한다고 한다. 이 지하철의 승객 중에서 100명을 임의추출할 때, 버스로 환승하는 승객이 20명 이상 30명 이하일 확률을 오른쪽 표준정규분포표를 이용하여 구하시오.

z	$\mathrm{P}(0\leq Z\leq z)$
1.5	0.4332
2.0	0.4772
2.5	0.4938

▶ 개념원리 확률과 통계 182쪽

유형 07 모평균의 추정

정규분포 $\mathrm{N}(m,\ \sigma^2)$을 따르는 모집단에서 크기가 n인 표본을 임의추출하여 구한 표본평균 $\overline{X}$의 값이 $\overline{x}$일 때, 모평균 m에 대한 신뢰구간은 다음과 같다.

(1) 신뢰도 95 % $\Rightarrow \overline{x}-1.96\dfrac{\sigma}{\sqrt{n}}\leq m\leq \overline{x}+1.96\dfrac{\sigma}{\sqrt{n}}$

(2) 신뢰도 99 % $\Rightarrow \overline{x}-2.58\dfrac{\sigma}{\sqrt{n}}\leq m\leq \overline{x}+2.58\dfrac{\sigma}{\sqrt{n}}$

0547 대표문제

어느 회사에서 생산하는 부품의 수명은 표준편차가 5시간인 정규분포를 따른다고 한다. 이 회사에서 생산한 부품 중 임의추출한 100개의 평균 수명이 120시간이었을 때, 이 회사에서 생산한 부품의 평균 수명 m시간에 대한 신뢰도 95 %의 신뢰구간을 구하시오. (단, $\mathrm{P}(|Z|\leq1.96)=0.95$)

0548 상중하

어느 고등학교 여학생들의 오래 매달리기 기록은 평균이 m초, 표준편차가 10초인 정규분포를 따른다고 한다. 이 학교 여학생들 중에서 임의추출한 400명의 오래 매달리기 기록의 평균이 20초이었을 때, 이 학교 여학생들의 오래 매달리기 기록의 평균 m초에 대한 신뢰도 99 %의 신뢰구간은?

(단, $\mathrm{P}(|Z|\leq2.58)=0.99$)

① $18.71\leq m\leq21.29$ ② $18.69\leq m\leq21.31$
③ $18.67\leq m\leq21.33$ ④ $18.65\leq m\leq21.35$
⑤ $18.63\leq m\leq21.37$

0549 상중하

어느 공장에서 생산하는 과자 한 봉지의 무게는 정규분포를 따른다고 한다. 이 공장에서 생산한 과자 중 100봉지를 임의추출하여 그 무게를 조사하였더니 평균이 245 g, 표준편차가 20 g이었다. 이 공장에서 생산하는 과자 한 봉지의 평균 무게 m g을 신뢰도 95 %로 추정한 신뢰구간에 속하는 자연수의 개수를 구하시오. (단, $\mathrm{P}(|Z|\leq1.96)=0.95$)

유형 08 모평균의 추정; 미지수의 값 구하기

정규분포 $N(m, \sigma^2)$을 따르는 모집단에서 크기가 n인 표본을 임의추출하여 구한 표본평균의 값이 $\overline{x}$일 때, 신뢰도 α %로 추정한 모평균 m에 대한 신뢰구간이 $a \leq m \leq b$이면

$$a = \overline{x} - k\frac{\sigma}{\sqrt{n}}, \; b = \overline{x} + k\frac{\sigma}{\sqrt{n}} \left(\text{단, } P(|Z| \leq k) = \frac{\alpha}{100} \right)$$

0550 대표문제

A 회사에서 생산하는 자동차의 연료 1 L당 주행 거리인 연비는 정규분포를 따른다고 한다. A 회사에서 생산한 자동차 중 225대를 임의추출하여 연비를 조사하였더니 평균이 $\overline{x}$ km/L, 표준편차가 3 km/L이었다. A 회사에서 생산하는 자동차의 평균 연비 m km/L에 대한 신뢰도 99 %의 신뢰구간이 $9.4 \leq m \leq a$일 때, $\overline{x} + a$의 값은? (단, $P(|Z| \leq 3) = 0.99$)

① 20　　　　② 20.6　　　　③ 21.2
④ 21.8　　　　⑤ 22.4

0551 상중하

어느 고객센터의 직원 한 명당 하루 동안 받는 문의 전화 수는 표준편차가 15통인 정규분포를 따른다고 한다. 이 고객센터의 직원 중에서 n명을 임의추출하여 하루 동안 받는 문의 전화 수를 조사하였더니 평균이 140통이었다. 이 고객센터 직원이 하루 동안 받는 문의 전화 수의 평균 m통을 신뢰도 95 %로 추정한 신뢰구간이 $137 \leq m \leq 143$일 때, n의 값은?

(단, $P(|Z| \leq 2) = 0.95$)

① 81　　　　② 100　　　　③ 121
④ 144　　　　⑤ 169

0552 상중하

어느 제과점에서 만드는 쿠키 한 개의 무게는 표준편차가 5 g인 정규분포를 따른다고 한다. 이 제과점에서 만든 쿠키 중 n개를 임의추출하여 그 무게를 조사하였더니 평균이 $\overline{x}$ g이었다. 이 제과점에서 만드는 쿠키의 평균 무게 m g을 신뢰도 99 %로 추정한 신뢰구간이 $27.85 \leq m \leq 32.15$일 때, $\overline{x} + n$의 값은? (단, $P(|Z| \leq 2.58) = 0.99$)

① 66　　　　② 68　　　　③ 70
④ 72　　　　⑤ 74

0553 상중하 서술형

정규분포 $N(m, \sigma^2)$을 따르는 모집단에서 크기가 n인 표본을 임의추출하여 추정한 모평균 m에 대한 신뢰도 95 %의 신뢰구간이 $138.24 \leq m \leq 161.76$이다. 이때 같은 표본을 이용하여 추정한 모평균 m에 대한 신뢰도 99 %의 신뢰구간에 속하는 정수의 최솟값을 구하시오.

(단, $P(|Z| \leq 1.96) = 0.95$, $P(|Z| \leq 2.58) = 0.99$)

0554 상중하

어느 고등학교 학생들의 영어 점수는 표준편차가 20점인 정규분포를 따른다고 한다. 이 고등학교 학생 중에서 임의추출한 25명의 영어 점수의 평균이 66점이었을 때, 이 고등학교 학생들의 영어 점수의 평균 m점을 신뢰도 α %로 추정한 신뢰구간이 $58.48 \leq m \leq 73.52$이다. 이때 α의 값을 위의 표준정규분포표를 이용하여 구하시오.

z	$P(0 \leq Z \leq z)$
1.81	0.46
1.88	0.47
2.05	0.48
2.33	0.49

▶ **개념원리** 확률과 통계 183쪽

유형 **09** 모평균에 대한 신뢰구간의 길이

모표준편차가 σ인 모집단에서 크기가 n인 표본을 임의추출하여 신뢰도 α %로 추정한 모평균 m에 대한 신뢰구간의 길이

$$\Rightarrow 2k\frac{\sigma}{\sqrt{n}} \left(\text{단, } \mathrm{P}(|Z| \leq k) = \frac{\alpha}{100}\right)$$

0555 대표문제

어느 과수원에서 수확한 귤 한 개의 무게는 표준편차가 5 g인 정규분포를 따른다고 한다. 이 과수원에서 수확한 귤 중 100개를 임의추출하여 귤 한 개의 무게의 평균 m g을 신뢰도 95 %로 추정한 신뢰구간의 길이를 구하시오.

(단, $\mathrm{P}(0 \leq Z \leq 1.96) = 0.475$)

0556 상중하

어느 고등학교 남학생들의 키는 평균이 m cm인 정규분포를 따른다고 한다. 이 학교 남학생 중 임의추출한 121명의 키의 표준편차가 11 cm이었다고 할 때, 이 학교 남학생들의 평균 키 m cm를 신뢰도 95 %로 추정한 신뢰구간을 $a \leq m \leq b$, 신뢰도 99 %로 추정한 신뢰구간을 $c \leq m \leq d$라 하자. 이때 $|(d-c)-(b-a)|$의 값은?

(단, $\mathrm{P}(|Z| \leq 1.96) = 0.95$, $\mathrm{P}(|Z| \leq 2.58) = 0.99$)

① 0.31 ② 0.62 ③ 0.93
④ 1.24 ⑤ 2.48

0557 상중하

정규분포 $\mathrm{N}(m, \sigma^2)$을 따르는 모집단에서 크기가 100인 표본을 임의추출하여 신뢰도 95 %로 추정한 모평균 m에 대한 신뢰구간의 길이를 l이라 하자. 이 모집단에서 크기가 400인 표본을 임의추출하여 신뢰도 95 %로 추정한 모평균 m에 대한 신뢰구간의 길이를 l에 대한 식으로 나타내면?

(단, $\mathrm{P}(|Z| \leq 1.96) = 0.95$)

① $\dfrac{1}{4}l$ ② $\dfrac{1}{2}l$ ③ l
④ $2l$ ⑤ $4l$

▶ **개념원리** 확률과 통계 183쪽

유형 **10** 모평균에 대한 신뢰구간의 길이 ; 미지수의 값 구하기

신뢰구간의 길이를 미지수를 포함한 식으로 나타낸 후 주어진 식에 대입한다.

0558 대표문제

정규분포 $\mathrm{N}(m, 3^2)$을 따르는 모집단에서 크기가 n인 표본을 임의추출하여 구한 모평균 m에 대한 신뢰도 99 %의 신뢰구간이 $a \leq m \leq b$일 때, $b-a \leq 2$가 되도록 하는 n의 최솟값을 구하시오. (단, $\mathrm{P}(|Z| \leq 3) = 0.99$)

0559 상중하 ◀서술형

정규분포 $\mathrm{N}(m, \sigma^2)$을 따르는 모집단에서 크기가 64인 표본을 임의추출하여 신뢰도 α %로 추정한 모평균 m에 대한 신뢰구간의 길이를 l이라 하고, 크기가 n인 표본을 임의추출하여 같은 신뢰도로 추정한 모평균 m에 대한 신뢰구간의 길이를 l'이라 하자. $l' = 2l$이 성립하도록 하는 n의 값을 구하시오.

0560 상중하

정규분포 $\mathrm{N}(m, 2^2)$을 따르는 모집단에서 크기가 36인 표본을 임의추출하여 모평균 m을 신뢰도 96 %, α %로 추정한 신뢰구간이 각각 $a \leq m \leq b$, $c \leq m \leq d$이다. $d-c = \dfrac{1}{2}(b-a)$일 때, α의 값을 위의 표준정규분포표를 이용하여 구하시오.

z	$\mathrm{P}(0 \leq Z \leq z)$
0.5	0.19
1.0	0.34
1.5	0.43
2.0	0.48

유형 | 11   모평균과 표본평균의 차

표본의 크기가 n일 때, 모평균 m과 표본평균의 값 $\overline{x}$의 차

(1) 신뢰도 95 % ➡ $|m-\overline{x}| \leq 1.96 \dfrac{\sigma}{\sqrt{n}}$

(2) 신뢰도 99 % ➡ $|m-\overline{x}| \leq 2.58 \dfrac{\sigma}{\sqrt{n}}$

0561 대표문제

정규분포 $N(m, 10^2)$을 따르는 모집단에서 크기가 n인 표본을 임의추출하여 모평균 m을 신뢰도 95 %로 추정할 때, 표본평균의 값 $\overline{x}$에 대하여 $|m-\overline{x}| \leq 2$가 되도록 하는 n의 최솟값은? (단, $P(|Z| \leq 1.96)=0.95$)

① 84 　　　　② 86 　　　　③ 90

④ 95 　　　　⑤ 97

0562 상중하

어느 고등학교 2학년 학생들의 키는 정규분포 $N(m, 15^2)$을 따른다고 한다. 이 고등학교 2학년 학생들의 평균 키 m cm를 신뢰도 99 %로 추정할 때, 모평균과 표본평균의 차가 3 cm 이하가 되기 위한 표본의 크기의 최솟값을 구하시오.

(단, $P(|Z| \leq 3)=0.99$)

0563 상중하

정규분포를 따르는 모집단에서 크기가 n인 표본을 임의추출하여 모평균을 신뢰도 95 %로 추정할 때, 모평균과 표본평균의 차가 모표준편차의 $\dfrac{1}{5}$ 이하가 되도록 하는 n의 최솟값을 구하시오. (단, $P(|Z| \leq 2)=0.95$)

유형 | 12   모비율의 추정

모집단에서 크기가 n인 표본을 임의추출하여 구한 표본비율이 $\hat{p}$일 때, 모비율 p에 대한 신뢰구간은 다음과 같다.

(1) 신뢰도 95 %

➡ $\hat{p}-1.96\sqrt{\dfrac{\hat{p}(1-\hat{p})}{n}} \leq p \leq \hat{p}+1.96\sqrt{\dfrac{\hat{p}(1-\hat{p})}{n}}$

(2) 신뢰도 99 %

➡ $\hat{p}-2.58\sqrt{\dfrac{\hat{p}(1-\hat{p})}{n}} \leq p \leq \hat{p}+2.58\sqrt{\dfrac{\hat{p}(1-\hat{p})}{n}}$

0564 대표문제

새로운 B형 간염 치료제가 개발되어 그 약효를 분석하려고 한다. 임의추출된 400명의 B형 간염 환자를 대상으로 임상 실험을 한 결과 320명이 치료되었을 때, 이 간염 치료제의 치료율 p에 대한 신뢰도 99 %의 신뢰구간을 구하시오.

(단, $P(|Z| \leq 2.58)=0.99$)

0565 상중하

어느 지역의 주민 중에서 100명을 임의추출하여 조사한 결과 $\dfrac{1}{5}$의 비율로 '김 씨'인 것으로 나타났다. 전체 주민 중 '김 씨'의 비율 p를 신뢰도 95 %로 추정한 신뢰구간을 구하시오.

(단, $P(|Z| \leq 2)=0.95$)

0566 상중하

어느 자동차 회사에서 A 자동차의 인지도를 알아보기 위하여 성인 $n\,(n \geq 20)$명을 임의추출하여 설문 조사를 하였더니 그 중 25 %가 A 자동차를 알고 있다고 응답하였다. A 자동차의 인지도 p를 신뢰도 95 %로 추정한 신뢰구간이 $0.201 \leq p \leq 0.299$일 때, n의 값은?

(단, $P(|Z| \leq 1.96)=0.95$)

① 100 　　　　② 200 　　　　③ 300

④ 400 　　　　⑤ 500

▶ 개념원리 확률과 통계 187쪽

유형 13 모비율에 대한 신뢰구간의 길이

모집단에서 크기가 n인 표본을 임의추출하여 구한 표본비율이 $\hat{p}$ 일 때, 신뢰도 $\alpha\,\%$로 추정한 모비율 p에 대한 신뢰구간의 길이

$$\Rightarrow 2k\sqrt{\frac{\hat{p}(1-\hat{p})}{n}} \left(\text{단, } \mathrm{P}(|Z|\leq k)=\frac{\alpha}{100}\right)$$

0567 대표문제

어느 공장에서 생산한 전구 중 $n\,(n\geq 50)$개를 임의추출하여 조사하였더니 그중 $10\,\%$가 불량품이었다. 전체 전구의 불량률을 신뢰도 $95\,\%$로 추정한 신뢰구간의 길이가 0.05 이하일 때, n의 최솟값을 구하시오. (단, $\mathrm{P}(|Z|\leq 2)=0.95$)

0568 상중하

어느 도시에서 공장을 유치하기 위하여 900명의 주민을 임의추출하여 여론 조사를 하였더니 $64\,\%$가 찬성하였다. 공장 유치에 대한 전체 주민의 찬성률을 신뢰도 $99\,\%$로 추정한 신뢰구간의 길이를 구하시오. (단, $\mathrm{P}(0\leq Z\leq 2.6)=0.495$)

0569 상중하

어느 인터넷 쇼핑몰에서 판매하는 상품 중 $n\,(n\geq 32)$개를 임의추출하여 검사한 결과 불량률이 $16\,\%$이었다. 신뢰도 $99\,\%$로 추정한 모비율과 표본비율의 차가 0.03 이하일 때, n의 최솟값을 구하시오. (단, $\mathrm{P}(|Z|\leq 3)=0.99$)

0570 상중하

모집단에서 표본을 임의추출하여 모비율을 추정할 때, 표본의 크기가 36이고 신뢰도가 $99\,\%$일 때의 신뢰구간의 길이를 l, 표본의 크기가 n이고 신뢰도가 $95\,\%$일 때의 신뢰구간의 길이를 l'이라 하자. 이때 $l=3l'$이 성립하기 위한 n의 값은? (단, 두 표본의 표본비율은 같고, $\mathrm{P}(0\leq Z\leq 2)=0.475$, $\mathrm{P}(0\leq Z\leq 3)=0.495$이다.)

① 100 ② 121 ③ 144
④ 169 ⑤ 196

유형 UP 14 표본의 크기, 신뢰도, 신뢰구간의 관계

모표준편차가 σ인 모집단에서 크기가 n인 표본을 임의추출하여 신뢰도 $\alpha\,\%$로 추정한 모평균 m에 대한 신뢰구간이 $a\leq m\leq b$ 일 때

$$b-a=2k\frac{\sigma}{\sqrt{n}} \left(\text{단, } \mathrm{P}(|Z|\leq k)=\frac{\alpha}{100}\right)$$

(1) 표본의 크기가 일정할 때, 신뢰도가 높아지면 $b-a$의 값은 커진다.

(2) 신뢰도가 일정할 때, 표본의 크기가 커지면 $b-a$의 값은 작아진다.

0571 대표문제

정규분포 $\mathrm{N}(m,\ \sigma^2)$을 따르는 모집단에서 크기가 n인 표본을 임의추출하여 모평균 m을 신뢰도 $\alpha\,\%$로 추정한 신뢰구간이 $a\leq m\leq b$일 때, 옳은 것만을 **보기**에서 있는 대로 고른 것은?

보기

ㄱ. α의 값이 커지면 $b-a$의 값이 커진다.

ㄴ. 표본평균의 값이 커지면 $b-a$의 값이 작아진다.

ㄷ. n의 값이 커지면 $b-a$의 값이 커진다.

① ㄱ   ② ㄴ   ③ ㄷ
④ ㄱ, ㄴ   ⑤ ㄱ, ㄷ

0572 상중하

정규분포를 따르는 모집단에서 표본을 임의추출하여 모평균 m을 신뢰도 $\alpha\,\%$로 추정한 신뢰구간에 대하여 옳은 것만을 **보기**에서 있는 대로 고르시오.

보기

ㄱ. 신뢰도가 일정할 때, 표본의 크기가 100배가 되면 신뢰구간의 길이는 $\dfrac{1}{10}$배가 된다.

ㄴ. 표본의 크기가 일정할 때, 신뢰도가 높아지면 신뢰구간의 길이는 짧아진다.

ㄷ. 표본이 동일할 때, 신뢰도 $\alpha\,\%$의 신뢰구간은 신뢰도 $\dfrac{\alpha}{2}\,\%$의 신뢰구간을 포함한다.

0573

모표준편차가 60인 모집단에서 크기가 n인 표본을 임의추출할 때, 표본평균 $\overline{X}$의 분산이 10 이하가 되도록 하는 n의 최솟값을 구하시오.

0574

모집단의 확률변수 X가 이항분포 $B\left(100, \dfrac{1}{5}\right)$을 따른다. 이 모집단에서 크기가 4인 표본을 복원추출하여 구한 표본평균을 $\overline{X}$라 할 때, $E(2\overline{X}-3)+\sigma(2\overline{X}-3)$의 값은?

① 39　　　　② 41　　　　③ 43
④ 45　　　　⑤ 47

0575

정규분포 $N(m,\ \sigma^2)$을 따르는 모집단에서 크기가 각각 100, 225, 400인 표본을 임의추출하고, 그 표본평균을 각각 $\overline{X_1}$, $\overline{X_2}$, $\overline{X_3}$라 할 때, 옳은 것만을 **보기**에서 있는 대로 고른 것은?

> **보기**
> ㄱ. $\overline{X_1}=\overline{X_2}=\overline{X_3}$
> ㄴ. $E(\overline{X_1})=E(\overline{X_2})=E(\overline{X_3})$
> ㄷ. $\sigma(\overline{X_1})>\sigma(\overline{X_2})>\sigma(\overline{X_3})$

① ㄱ　　　　② ㄴ　　　　③ ㄷ
④ ㄱ, ㄷ　　　⑤ ㄴ, ㄷ

0576

모집단의 확률변수 X의 확률분포가 다음 표와 같다. 이 모집단에서 크기가 2인 표본을 임의추출할 때, 표본평균 $\overline{X}$에 대하여 $E(\overline{X})V(\overline{X})$의 값은?

X	-1	0	1	2	합계
$P(X=x)$	$\dfrac{1}{8}$	$\dfrac{1}{2}$	$\dfrac{1}{8}$	$\dfrac{1}{4}$	1

① $\dfrac{1}{4}$　　　　② $\dfrac{1}{2}$　　　　③ 1
④ 2　　　　⑤ 4

0577

주머니 속에 1, 2, 3의 숫자가 각각 하나씩 적힌 카드가 1장, 4장, 1장씩 들어 있다. 이 주머니에서 카드 4장을 임의추출할 때, 카드에 적힌 숫자의 표본평균을 $\overline{X}$라 하자. $E(\overline{X}^2)=\dfrac{q}{p}$ 일 때, $p+q$의 값을 구하시오.

(단, p, q는 서로소인 자연수이다.)

0578 중요★

어느 학교 학생들이 일주일 동안 운동하는 시간은 평균이 40분, 표준편차가 9분인 정규분포를 따른다고 한다. 이 학교 학생 중 임의추출한 36명이 일주일 동안 운동하는 시간의 평균이 37분 이상 43분 이하일 확률을 위의 표준정규분포표를 이용하여 구하시오.

z	$P(0\le Z\le z)$
1.0	0.3413
1.5	0.4332
2.0	0.4772
2.5	0.4938

0579

어느 초콜릿 공장에서 만드는 초콜 릿 한 개의 무게는 평균이 $10\,g$, 표 준편차가 $2\,g$인 정규분포를 따른다 고 한다. 이 초콜릿 공장에서는 초 콜릿 25개씩을 한 상자에 담아서 판매한다고 할 때, 25개의 초콜릿 을 담은 상자의 무게가 $240\,g$ 이하일 확률을 위의 표준정규분 포표를 이용하여 구한 것은? (단, 상자의 무게는 무시한다.)

z	$P(0 \le Z \le z)$
0.6	0.2257
0.8	0.2881
1.0	0.3413
1.2	0.3849

① 0.1151 ② 0.1587 ③ 0.2119

④ 0.2257 ⑤ 0.2743

0580

평균이 40, 표준편차가 4인 정규분 포를 따르는 모집단에서 크기가 n 인 표본을 임의추출할 때, 표본평균 $\overline{X}$에 대하여 $P(\overline{X} \ge 42) = 0.0228$ 이다. 이때 오른쪽 표준정규분포표 를 이용하여 n의 값을 구하시오.

z	$P(0 \le Z \le z)$
0.5	0.1915
1.0	0.3413
1.5	0.4332
2.0	0.4772

0581

어느 회사에서 생산하는 무선 이어 폰의 사용 시간은 평균이 6시간, 표 준편차가 20분인 정규분포를 따른 다고 한다. 이 회사에서 생산한 무 선 이어폰 중 2500개를 임의추출 하여 조사했을 때, 사용 시간의 평 균이 k분 이하이면 생산 공정에 문제가 있다고 판단한다. 생 산 공정에 문제가 있다고 판단할 확률이 0.0062일 때, 상수 k 의 값을 위의 표준정규분포표를 이용하여 구하시오.

z	$P(0 \le Z \le z)$
1.0	0.3413
1.5	0.4332
2.0	0.4772
2.5	0.4938

0582

어느 고등학교의 전체 학생의 80 %가 컴퓨터 자격증 A를 가 지고 있다. 이 학교의 학생 중에서 1600명을 임의추출할 때, 컴퓨터 자격증 A를 가진 학생의 비율이 78 % 이상일 확률을 구하시오. (단, $P(0 \le Z \le 2) = 0.4772$)

0583 중요★

어느 공장에서 제조하는 손 소독제 한 병의 용량은 정규분포 를 따른다고 한다. 이 공장에서 제조한 손 소독제 중 64병을 임의추출하여 그 용량을 조사하였더니 평균이 365 mL, 표준 편차가 24 mL이었다. 이 공장에서 제조하는 손 소독제 한 병 의 평균 용량 m mL에 대한 신뢰도 95 %의 신뢰구간에 속하 는 자연수의 개수를 구하시오. (단, $P(|Z| \le 1.96) = 0.95$)

0584 교육청 기출

어느 지역에서 수확하는 양파의 무게는 평균이 m, 표준편차 가 16인 정규분포를 따른다고 한다. 이 지역에서 수확한 양파 64개를 임의추출하여 얻은 양파의 무게의 표본평균이 $\overline{x}$일 때, 모평균 m에 대한 신뢰도 95 %의 신뢰구간이 $240.12 \le m \le a$이다. $\overline{x}+a$의 값은? (단, 무게의 단위는 g이 고, Z가 표준정규분포를 따르는 확률변수일 때, $P(|Z| \le 1.96) = 0.95$로 계산한다.)

① 486 ② 489 ③ 492

④ 495 ⑤ 498

0585

어느 지역 사람들의 월 모바일 데이터 사용량은 평균이 m MB, 표준편차가 700 MB인 정규분포를 따른다고 한다. 이 지역 사람 중 n명을 임의추출하여 월 모바일 데이터 사용량을 조사하였더니 평균이 4860 MB이었다. 이를 이용하여 모평균 m MB를 신뢰도 99 %로 추정한 신뢰구간이 $4710 \le m \le 5010$일 때, n의 값을 구하시오. (단, $P(|Z| \le 3) = 0.99$)

0586 중요★

A 회사에서 만드는 청소기의 작동 시간은 평균이 m분, 표준편차가 10분인 정규분포를 따른다고 한다. A 회사에서 만든 청소기 중 100개를 임의추출하여 모평균 m을 신뢰도 95 %로 추정한 신뢰구간은 $a \le m \le b$이고, n개를 임의추출하여 모평균 m을 신뢰도 99 %로 추정한 신뢰구간은 $c \le m \le d$이다. 이때 $b - a \ge d - c$가 되도록 하는 n의 최솟값을 구하시오. (단, $P(|Z| \le 2) = 0.95$, $P(|Z| \le 2.6) = 0.99$)

0587

어느 선거에 앞서 유권자 600명을 임의추출하여 조사한 결과, 240명의 유권자가 A 후보를 지지하였다. 전체 유권자의 A 후보의 지지율 p에 대한 신뢰도 95 %의 신뢰구간은?

(단, $P(|Z| \le 1.96) = 0.95$)

① $0.3604 \le p \le 0.4396$ ② $0.3608 \le p \le 0.4392$

③ $0.3612 \le p \le 0.4388$ ④ $0.3616 \le p \le 0.4384$

⑤ $0.3620 \le p \le 0.4380$

0588

우리나라 직장인 중에서 600명을 임의추출하여 텀블러 사용 여부를 조사한 후 전체 직장인의 텀블러 사용 비율 p를 신뢰도 99 %로 추정하였더니 신뢰구간이 $0.5484 \le p \le 0.6516$이었다. 임의추출한 600명 중 텀블러를 사용한다고 답한 직장인의 수를 구하시오.

0589

어느 시에서 축제 개최를 위하여 여론 조사를 실시하였더니 찬성률이 90 %이었다. 신뢰도 95 %로 추정한 모비율과 표본비율의 차가 0.01 이하가 되도록 하려면 표본이 몇 명 이상이어야 하는지 구하시오.

(단, 표본은 50명 이상이고, $P(0 \le Z \le 2) = 0.475$이다.)

0590 중요★

정규분포 $N(m, \sigma^2)$을 따르는 모집단에서 크기가 n인 표본을 임의추출하여 모평균 m을 신뢰도 α %로 추정할 때, 다음 중 신뢰구간의 길이가 가장 긴 것은?

① $n = 100$, $\alpha = 95$ ② $n = 100$, $\alpha = 99$

③ $n = 256$, $\alpha = 95$ ④ $n = 400$, $\alpha = 99$

⑤ $n = 400$, $\alpha = 95$

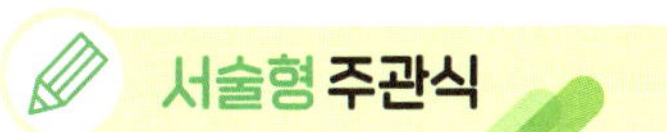

0591

모집단의 확률변수 X의 확률분포가 다음 표와 같다.

X	-8	0	8	합계
$P(X=x)$	$\dfrac{1}{4}$	a	b	1

이 모집단에서 크기가 4인 표본을 임의추출할 때, 표본평균 $\overline{X}$에 대하여 $V(\overline{X})=11$이다. 이때 상수 a, b에 대하여 ab의 값을 구하시오.

0592

어느 회사에서 생산하는 요구르트 한 병의 용량은 평균이 m mL, 표준편차가 5 mL인 정규분포를 따른다고 한다. 이 회사에서 생산한 요구르트 중 임의추출한 225병의 용량의 평균이 198 mL 이상일 확률이 0.9987일 때, m의 값을 위의 표준정규분포표를 이용하여 구하시오.

z	$P(0 \le Z \le z)$
1.5	0.4332
2.0	0.4772
2.5	0.4938
3.0	0.4987

0593

고등학교 1학년 학생 중에서 $n\,(n \ge 25)$명을 임의추출하여 수학 선택 과목에 대한 선호도를 조사하였더니 확률과 통계를 선호하는 학생이 80 %이었다. 전체 고등학생 1학년 학생 중에서 확률과 통계를 선호하는 학생의 비율을 신뢰도 99 %로 추정한 신뢰구간의 길이가 0.1일 때, n의 값을 구하시오.

(단, $P(|Z| \le 3)=0.99$)

0594

어느 해의 A 고등학교 졸업생의 대학 진학률은 70 %라 한다. 그 해 A 고등학교 졸업생 중에서 임의추출한 $n\,(n \ge 17)$명의 대학 진학률을 $\hat{p}$이라 할 때, $P(\hat{p} \le 0.8)=0.8413$을 만족시키는 자연수 n의 값을 구하시오.

(단, $P(0 \le Z \le 1)=0.3413$)

0595 수능 기출

어느 자동차 회사에서 생산하는 전기 자동차의 1회 충전 주행 거리는 평균이 m이고 표준편차가 σ인 정규분포를 따른다고 한다. 이 자동차 회사에서 생산한 전기 자동차 100대를 임의추출하여 얻은 1회 충전 주행 거리의 표본평균이 $\overline{x_1}$일 때, 모평균 m에 대한 신뢰도 95 %의 신뢰구간이 $a \le m \le b$이다. 이 자동차 회사에서 생산한 전기 자동차 400대를 임의추출하여 얻은 1회 주행 거리의 표본평균이 $\overline{x_2}$일 때, 모평균 m에 대한 신뢰도 99 %의 신뢰구간이 $c \le m \le d$이다. $\overline{x_1}-\overline{x_2}=1.34$이고, $a=c$일 때, $b-a$의 값은? (단, 주행 거리의 단위는 km이고, Z가 표준정규분포를 따르는 확률변수일 때 $P(|Z| \le 1.96)=0.95$, $P(|Z| \le 2.58)=0.99$로 계산한다.)

① 5.88 ② 7.84 ③ 9.80
④ 11.76 ⑤ 13.72

0596

정규분포 $N(m, \sigma^2)$을 따르는 모집단에서 임의추출한 크기가 25인 표본과 크기가 100인 표본의 표본평균을 각각 $\overline{X_A}$, $\overline{X_B}$라 하자. $\overline{X_A}$와 $\overline{X_B}$의 분포를 이용하여 모평균 m을 신뢰도 95 %로 추정한 신뢰구간이 각각 $a \le m \le b$, $c \le m \le d$일 때, 옳은 것만을 보기에서 있는 대로 고르시오.

보기

ㄱ. $V(\overline{X_A}) > V(\overline{X_B})$
ㄴ. $P(\overline{X_A} \le m+5) < P(\overline{X_B} \le m+5)$
ㄷ. $b-a < d-c$

표준정규분포표

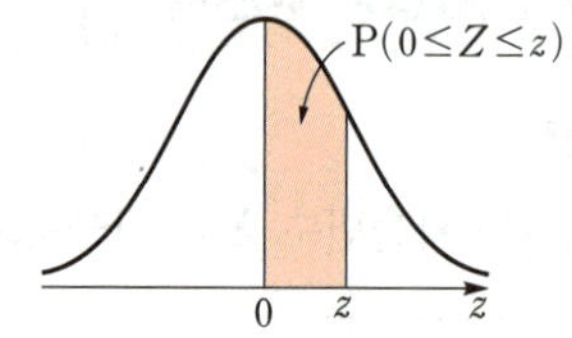

z	0.00	0.01	0.02	0.03	0.04	0.05	0.06	0.07	0.08	0.09
0.0	.0000	.0040	.0080	.0120	.0160	.0199	.0239	.0279	.0319	.0359
0.1	.0398	.0438	.0478	.0517	.0557	.0596	.0636	.0675	.0714	.0753
0.2	.0793	.0832	.0871	.0910	.0948	.0987	.1026	.1064	.1103	.1141
0.3	.1179	.1217	.1255	.1293	.1331	.1368	.1406	.1443	.1480	.1517
0.4	.1554	.1591	.1628	.1664	.1700	.1736	.1772	.1808	.1844	.1879
0.5	.1915	.1950	.1985	.2019	.2054	.2088	.2123	.2157	.2190	.2224
0.6	.2257	.2291	.2324	.2357	.2389	.2422	.2454	.2486	.2517	.2549
0.7	.2580	.2611	.2642	.2673	.2704	.2734	.2764	.2794	.2823	.2852
0.8	.2881	.2910	.2939	.2967	.2995	.3023	.3051	.3078	.3106	.3133
0.9	.3159	.3186	.3212	.3238	.3264	.3289	.3315	.3340	.3365	.3389
1.0	.3413	.3438	.3461	.3485	.3508	.3531	.3554	.3577	.3599	.3621
1.1	.3643	.3665	.3686	.3708	.3729	.3749	.3770	.3790	.3810	.3830
1.2	.3849	.3869	.3888	.3907	.3925	.3944	.3962	.3980	.3997	.4015
1.3	.4032	.4049	.4066	.4082	.4099	.4115	.4131	.4147	.4162	.4177
1.4	.4192	.4207	.4222	.4236	.4251	.4265	.4279	.4292	.4306	.4319
1.5	.4332	.4345	.4357	.4370	.4382	.4394	.4406	.4418	.4429	.4441
1.6	.4452	.4463	.4474	.4484	.4495	.4505	.4515	.4525	.4535	.4545
1.7	.4554	.4564	.4573	.4582	.4591	.4599	.4608	.4616	.4625	.4633
1.8	.4641	.4649	.4656	.4664	.4671	.4678	.4686	.4693	.4699	.4706
1.9	.4713	.4719	.4726	.4732	.4738	.4744	.4750	.4756	.4761	.4767
2.0	.4772	.4778	.4783	.4788	.4793	.4798	.4803	.4808	.4812	.4817
2.1	.4821	.4826	.4830	.4834	.4838	.4842	.4846	.4850	.4854	.4857
2.2	.4861	.4864	.4868	.4871	.4875	.4878	.4881	.4884	.4887	.4890
2.3	.4893	.4896	.4898	.4901	.4904	.4906	.4909	.4911	.4913	.4916
2.4	.4918	.4920	.4922	.4925	.4927	.4929	.4931	.4932	.4934	.4936
2.5	.4938	.4940	.4941	.4943	.4945	.4946	.4948	.4949	.4951	.4952
2.6	.4953	.4955	.4956	.4957	.4959	.4960	.4961	.4962	.4963	.4964
2.7	.4965	.4966	.4967	.4968	.4969	.4970	.4971	.4972	.4973	.4974
2.8	.4974	.4975	.4976	.4977	.4977	.4978	.4979	.4979	.4980	.4981
2.9	.4981	.4982	.4982	.4983	.4984	.4984	.4985	.4985	.4986	.4986
3.0	.4987	.4987	.4987	.4988	.4988	.4989	.4989	.4989	.4990	.4990
3.1	.4990	.4991	.4991	.4991	.4992	.4992	.4992	.4992	.4993	.4993
3.2	.4993	.4993	.4994	.4994	.4994	.4994	.4994	.4995	.4995	.4995
3.3	.4995	.4995	.4995	.4996	.4996	.4996	.4996	.4996	.4996	.4997

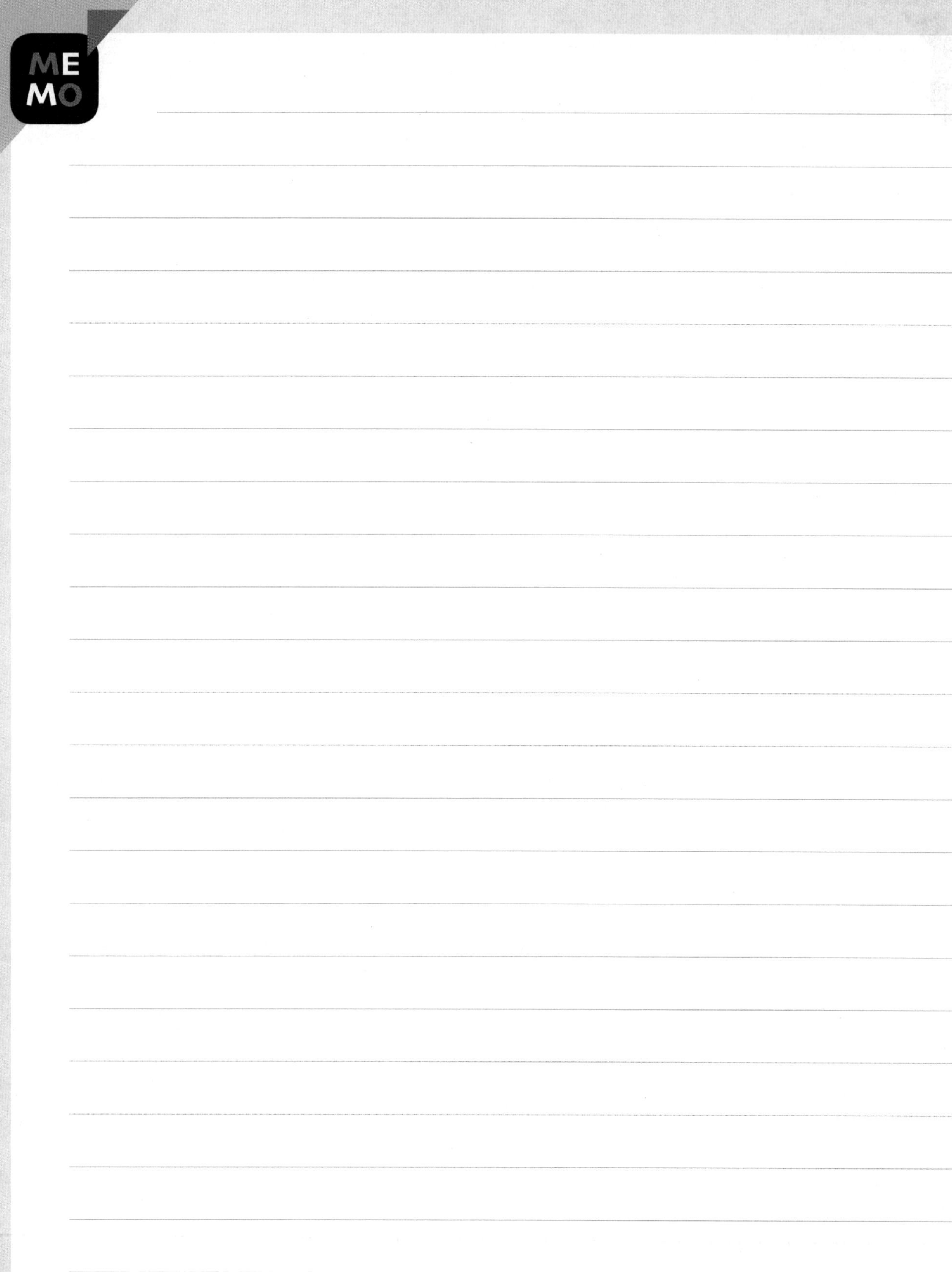

"현장 친화적인 교재를 만들기 위해 전국의 열정 가득한 선생님들의 의견을 적극 반영하였습니다."

강원

김서인 세모가꿈꾸는수학당학원
노명희 탑클래스
박면순 순수학교습소
박준규 홍인학원
원혜경 최상위수학마루슬기로운 영어생활학원
이상록 입시전문유승학원

경기

김기영 이화수학플러스학원
김도완 프라매쓰 수학학원
김도훈 양서고등학교
김민정 은여울교실
김상윤 막강한 수학학원
김서림 엠베스트SE갈매학원
김영아 브레인캐슬 사고력학원
김영준 청솔교육
김용삼 백영고등학교
김은지 탑브레인 수학과학학원
김종대 김앤문연세학원
김지현 GMT수학과학학원
김태익 설봉중학교
김태환 제이스터디 수학교습소
김혜정 수학을 말하다
두보경 성문고등학교
류지애 류지애수학학원
류진성 마테마티카 수학학원
문태현 한올학원
박미영 루멘수학교습소
박민선 성남최상위 수학학원
박상욱 양명고등학교
박선민 수원고등학교
박세환 부천 류수학학원
박수현 씨앗학원
박수현 리더가되는수학교습소
박용성 진접최강학원
박재연 아이셀프 수학교습소
박재현 렛츠학원
박중혁 미라클왕수학학원
박진규 M&S Academy
성진석 마스터수학학원
손귀순 남다른수학학원
손윤미 생각하는 아이들 학원
신현아 양명고등학교
심현아 수리인수학학원
엄보용 경안고등학교
유환 도당비젼스터디
윤재원 양명고등학교
이나래 토리103수학학원
이수연 매향여자정보고등학교
이영현 찐사고력학원
이윤정 브레인수학학원
이진수 안양고등학교
이태현 류지애수학학원
임태은 김상희 수학학원
임호직 열정 수학학원
전원중 큐이디학원
정수연 the오름수학
정윤상 제이에스학원
조기민 일산동고등학교
조정기 김포페이스메이커학원
주효은 성남최상위수학학원

경상

천기분 이지(EZ)수학
최영성 에이블수학영어학원
한수민 SM수학학원
한지희 이음수학
홍흥선 잠원중학교
황정민 하이수학학원

강성민 진주대아고등학교
강혜연 BK영수전문학원
김보배 참수학교습소
김양준 이룸학원
김영석 진주동명고등학교
김형도 진주제일여자고등학교
남영준 아르베수학전문학원
백은애 매쓰플랜수학학원 양산물금지점
송민수 창원남고등학교
신용묵 유신수학전문학원
우하람 하람수학교습소
이준현 진샘제이에스학원
장초향 이룸수학교습소
정은미 수학의봄학원
정진희 위드멘토 수학학원
최병헌 프라임수학전문학원

광주

김대균 김대균수학학원
박서정 더강한수학전문학원
오성진 오성진선생의 수학스케치학원
오재은 바이블수학교습소
정은정 이화수학교습소
최희철 Speedmath학원

대구

김동현 달콤 수학학원
김미경 민쌤 수학교습소
김봉수 범어신사고학원
박주영 에픽수학
배세혁 수클래스학원
이동우 더프라임수학학원
이수현 하이매쓰수학교습소
최진혁 시원수학교습소

대전

강옥선 한밭고등학교
김영상 루틴아카데미학원
정서인 안녕, 수학
홍진국 저스트 수학

부산

김민규 다비드수학학원
김성완 드림에듀학원
모상철 수학에반하다수학학원
박경옥 좋은문화학원
박정호 웰수학
서지원 코어영수학전문학원
윤종성 경혜여자고등학교
이재관 황소 수학전문학원
임종화 필 수학전문학원
정지원 감각수학
조태환 HU수학학원
주유미 M2수학

서울

차용화 리바이브 수학전문학원
채송화 채송화 수학
허윤정 올림수학전문학원

강성철 목동일타수학학원
고수현 강북세일학원
권대중 PGA NEO H
김경희 TYP 수학학원
김미란 퍼펙트 수학
김수환 CSM 17
김여옥 매쓰홀릭학원
김재남 문영여자고등학교
김진규 서울바움수학(역삼럭키)
남정민 강동중학교
박경보 최고수챌린지에듀학원
박다슬 매쓰필드 수학교습소
박병민 CSM 17
박태원 솔루션수학
배재형 배재형수학
백승정 CSM 17
변만섭 빼어날수학원
소병호 세일교육
손아름 에스온수리영재아카데미
송우성 에듀서강고등부
연홍자 강북세일학원
윤기원 용문고등학교
윤상문 청어람수학원
윤세현 두드림에듀
이건우 송파이지엠수학학원
이무성 백인백색수학학원
이상일 수학불패학원
이세미 이쌤수학교습소
이승현 신도림케이투학원
이재서 최상위수학학원
이혜림 다오른수학
정수정 대치수학클리닉
정연화 풀우리수학교습소
최윤정 최쌤수학

세종

김수경 김수경 수학교실
김우진 정진수학학원
이후랑 새으뜸수학교습소
전알찬 알매쓰 수학학원
최시안 데카르트 수학학원

울산

김대순 더셀럽학원
김봉조 퍼스트클래스 수학영어전문학원
김정수 필로매쓰학원
박동민 동지수학과학전문학원
박성애 알수록수학교습소
이아영 아이비수학학원
이재광 이재광수학전문학원
이재문 포스텍수학전문학원
정나영 하이레벨정쌤수학학원
정인규 옥동명인학원

인천

권기우 하늘스터디수학학원
권혁동 매쓰뷰학원
김기주 이명학원

김남희 올심수학학원
김민성 민성학원
김유미 꼼꼼수학교습소
김정원 이명학원
김현순 이명학원
박미현 강한수학
박소이 다빈치창의수학교습소
박승국 이명학원
박주원 이명학원
서명철 남동솔로몬2관학원
서해나 이명학원
오성민 코다연세수학
왕재훈 청라현수학학원
윤경원 서울대대치수학
윤여태 호크마수학전문학원
이명신 이명학원
이성희 과수원학원
이정홍 이명학원
이창성 틀세움수학
이현희 애프터스쿨학원
정청용 고대수학원
조성환 수플러스수학교습소
차승민 황제수학학원
최낙현 이명학원
허갑재 허갑재 수학학원
황면식 늘품과학수학학원

전라

강대웅 오송길벗학원
강민정 유일여자고등학교
강선희 태강수학영어학원
강원택 탑시드영수학원
김진실 전주고등학교
나일강 전주고등학교
박경문 전주해성중학교
박상준 전주근영여자고등학교
백행선 멘토스쿨학원
심은정 전주고등학교
안정은 최상위영재학원
양예슬 전라고등학교
진의섭 제이투엠학원
진인섭 호남제일고등학교

충청

김경희 점프업수학
김미경 시티자이수학
김서한 운호고등학교
김성완 상당고등학교
김현태 운호고등학교
김희범 세광고등학교
안승현 중앙학원(충북혁신)
옥정화 당진수학나무
우명제 필즈수학학원
윤석봉 세광고등학교
이선영 운호고등학교
이아람 퍼펙트브레인학원
이은빈 주성고등학교
이혜진 주성고등학교
임은아 청주일신여자고등학교
홍순동 홍수학영어학원

함께 만드는 개념원리

개념원리는

선생님이 **가르치기** 쉽고

학생이 **배우기** 쉬운

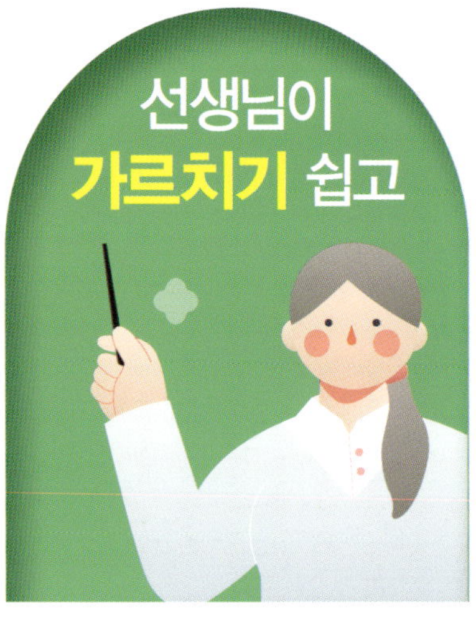

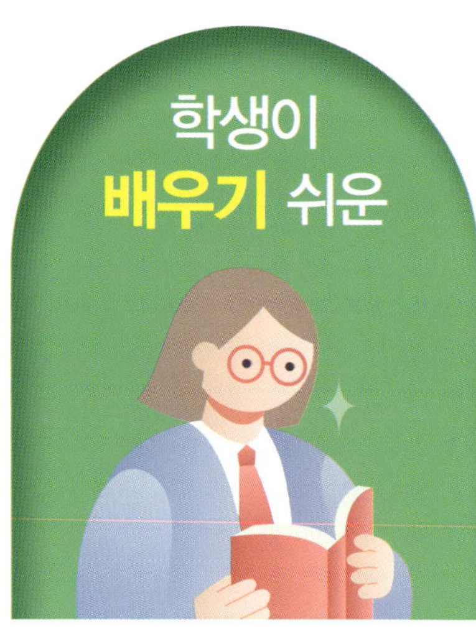

교육 콘텐츠를 만듭니다.

전국 **360명** 선생님이 교재 개발 참여

총 **2,540명** 학생의 실사용 의견 청취

(2017년도~2023년도 교재 VOC 누적)

NEW

2022 개정 도서

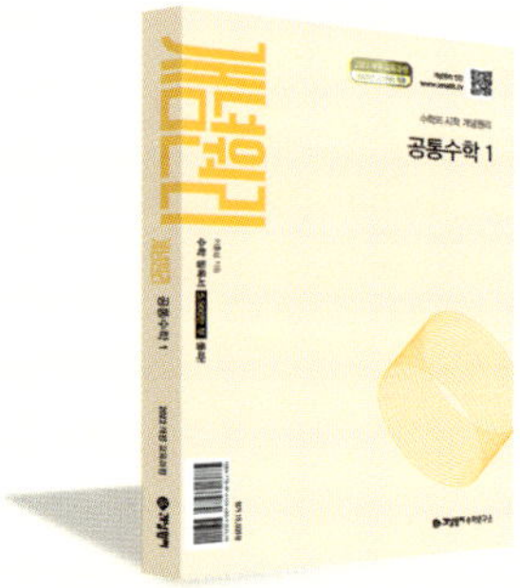

5,500 만

누적 5천5백만의
인정을 받은 **신뢰성**
(2003년도~2022년도
매출 수량 누적)

1/2

학생 2명 중 1명이
선택하는 **대중성**
(고등학생 수 대비
개념원리 판매기준)

10

10차례 검토
과정을 마친 **정확성**

SINCE 1991

30년 이상
축적된 **전문성**

2022 개정 교재는 학습자의 학습 편의성을 강화했습니다.
학습 과정에서 필요한 각종 학습자료를 추가해 더욱더 완전한 학습을 지원합니다.

2015 개정
- 교재 학습으로 학습종료

- 서비스를 통해 교재의 완전 학습 및 지속적인 학습 성장 지원

2015 개정
- 개념원리 주요 문항만 무료 해설 강의 제공
  (RPM 미제공)

2022 개정 — 무료 해설 강의 확대

- QR 1개당 1년 평균 **3,900명** 이상 인입 (2015 개정 개념원리 수학(상) p.34 기준)
- 완전한 학습을 위해 RPM **전 문항 무료 해설 강의** 제공

학생 모두가 수학을 쉽게 배울 수 있는 환경이 조성될 때까지
개념원리의 노력은 계속됩니다.

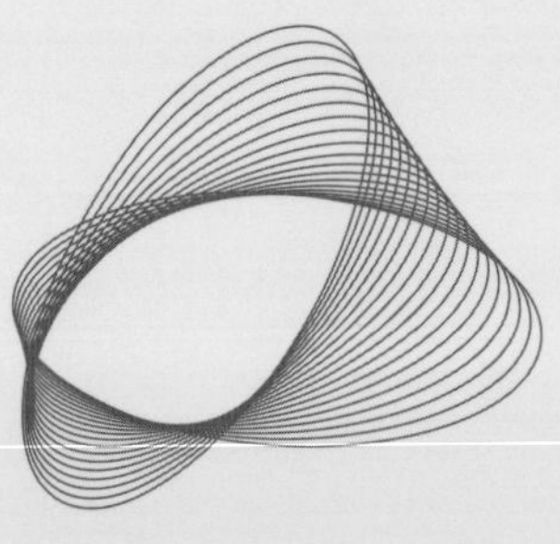

개념원리 RPM 확률과 통계

RPM

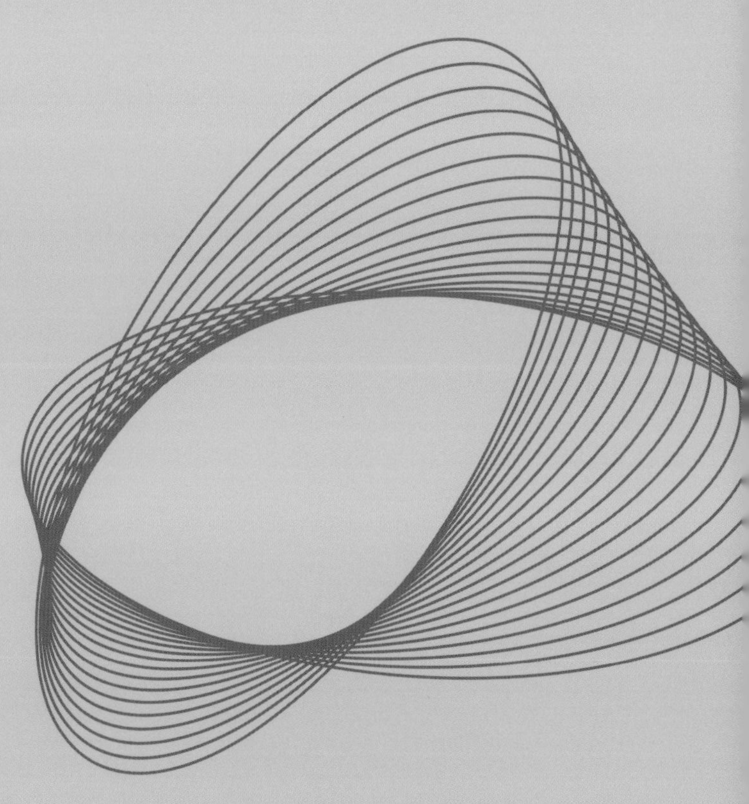

확률과 통계

정답 및 풀이

개념원리 수학연구소

개념원리 RPM 확률과 통계

정답 및 풀이

 **친절한 풀이** — 정확하고 이해하기 쉬운 친절한 풀이 제시

 **다른 풀이** — 수학적 사고력을 키우는 다양한 해결 방법 제시

 **RPM 비법노트** — 문제 해결 TIP과 중요개념 & 보충설명 제공

 **해결 전략** — 문제 해결의 실마리 제시

교재 만족도 조사

이 교재는 학생 2,540명과 선생님 360명의
의견을 반영하여 만든 교재입니다.

개념원리는 개념원리, RPM을 공부하는
여러분의 목소리에 항상 귀 기울이겠습니다.

여러분의 소중한 의견을 전해 주세요.
단 5분이면 충분해요!
매월 초 10명을 추첨하여 문화상품권
1만 원권을 선물로 드립니다.

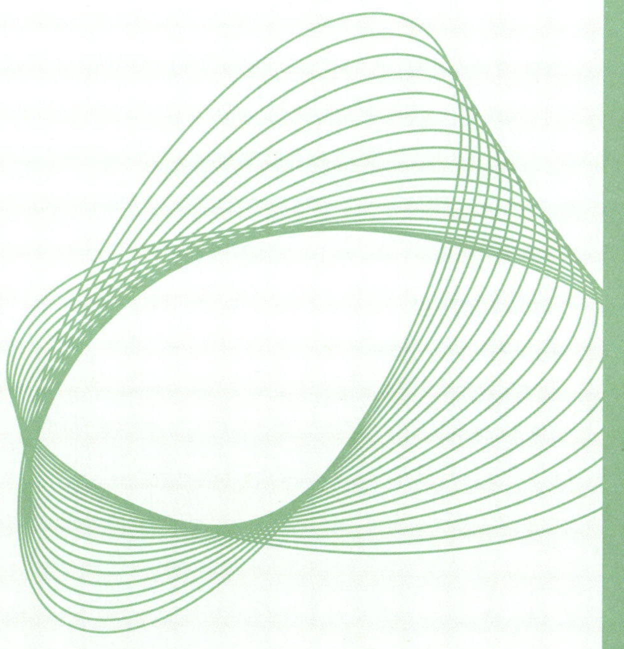

01 순열과 조합

본책 007쪽, 009쪽

0001 $_6\Pi_1=6^1=6$ 답 **6**

0002 $_2\Pi_3=2^3=8$ 답 **8**

0003 $_4\Pi_2=4^2=16$ 답 **16**

0004 $_3\Pi_5=3^5=243$ 답 **243**

0005 $_n\Pi_3=125$에서 $n^3=125=5^3$
$\therefore n=5$ 답 **5**

0006 $_2\Pi_r=128$에서 $2^r=128=2^7$
$\therefore r=7$ 답 **7**

0007 1, 2, 3, 4의 4개에서 3개를 택하는 중복순열의 수와 같으므로
$_4\Pi_3=4^3=64$ 답 **64**

0008 $\bigcirc$, $\times$의 2개에서 4개를 택하는 중복순열의 수와 같으므로
$_2\Pi_4=2^4=16$ 답 **16**

0009 6개의 문자 중 B가 2개, C가 3개 있으므로 구하는 경우의 수는
$$\frac{6!}{2!\times3!}=60$$
답 **60**

0010 5개의 숫자 중 1이 2개, 3이 2개 있으므로 구하는 자연수의 개수는
$$\frac{5!}{2!\times2!}=30$$
답 **30**

0011 답 ⑺ **6** ⑷ **3** ⑸ **9** ⑹ **84**

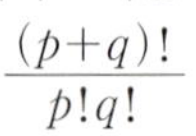

최단 거리로 가는 경우의 수

오른쪽 그림과 같은 도로망에서 A 지점에서 출발하여 B 지점까지 최단 거리로 가는 경우의 수는
$$\frac{(p+q)!}{p!q!}$$

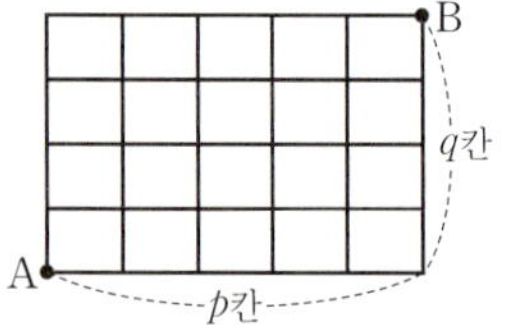

0012 $_2H_4=_{2+4-1}C_4=_5C_4=_5C_1=5$ 답 **5**

0013 $_3H_5=_{3+5-1}C_5=_7C_5=_7C_2=21$ 답 **21**

0014 $_4H_4=_{4+4-1}C_4=_7C_4=_7C_3=35$ 답 **35**

0015 $_5H_0=_{5+0-1}C_0=_4C_0=1$ 답 **1**

0016 $_7H_3=_9C_3$이므로 $n=9$ 답 **9**

0017 $_5H_r=_{r+4}C_r=_{r+4}C_4$이므로
$r+4=9$ $\therefore r=5$ 답 **5**

0018 $_4H_2=_5C_2=10$ 답 **10**

0019 서로 다른 3개에서 5개를 택하는 중복조합의 수와 같으므로
$$_3H_5=_7C_5=_7C_2=21$$
답 **21**

0020 $(x+y)^4$
$=_4C_0x^4+_4C_1x^3y+_4C_2x^2y^2+_4C_3xy^3+_4C_4y^4$
$=x^4+4x^3y+6x^2y^2+4xy^3+y^4$
답 $x^4+4x^3y+6x^2y^2+4xy^3+y^4$

0021 $(x-2)^5$
$=_5C_0x^5+_5C_1x^4(-2)+_5C_2x^3(-2)^2+_5C_3x^2(-2)^3$
$\quad+_5C_4x(-2)^4+_5C_5(-2)^5$
$=x^5-10x^4+40x^3-80x^2+80x-32$
답 $x^5-10x^4+40x^3-80x^2+80x-32$

0022 $(3a+2b)^4$
$=_4C_0(3a)^4+_4C_1(3a)^3(2b)+_4C_2(3a)^2(2b)^2$
$\quad+_4C_3(3a)(2b)^3+_4C_4(2b)^4$
$=81a^4+216a^3b+216a^2b^2+96ab^3+16b^4$
답 $81a^4+216a^3b+216a^2b^2+96ab^3+16b^4$

0023 $\left(a-\dfrac{2}{a}\right)^3$
$=_3C_0a^3+_3C_1a^2\left(-\dfrac{2}{a}\right)+_3C_2a\left(-\dfrac{2}{a}\right)^2+_3C_3\left(-\dfrac{2}{a}\right)^3$
$=a^3-6a+\dfrac{12}{a}-\dfrac{8}{a^3}$
답 $a^3-6a+\dfrac{12}{a}-\dfrac{8}{a^3}$

0024 $(x+y)^7$의 전개식의 일반항은
$$_7C_rx^{7-r}y^r$$
⑴ x^4y^3항은 $r=3$인 경우이므로 x^4y^3의 계수는
$$_7C_3=35$$
⑵ x^5y^2항은 $r=2$인 경우이므로 x^5y^2의 계수는
$$_7C_2=21$$
⑶ y^7항은 $r=7$인 경우이므로 y^7의 계수는
$$_7C_7=1$$
답 ⑴ **35** ⑵ **21** ⑶ **1**

01
순열과 조합

0025 $(x+2)^4$의 전개식의 일반항은
$$_4\mathrm{C}_r x^{4-r}2^r={}_4\mathrm{C}_r\times 2^r x^{4-r}$$
x^3항은 $4-r=3$인 경우이므로　$r=1$
따라서 x^3의 계수는　$_4\mathrm{C}_1\times 2=8$　　　답 **8**

0026 $(a-3)^5$의 전개식의 일반항은
$$_5\mathrm{C}_r a^{5-r}(-3)^r={}_5\mathrm{C}_r(-3)^r a^{5-r}$$
a^2항은 $5-r=2$인 경우이므로　$r=3$
따라서 a^2의 계수는　$_5\mathrm{C}_3(-3)^3=-270$　　답 **-270**

0027 $(2x-y)^5$의 전개식의 일반항은
$$_5\mathrm{C}_r(2x)^{5-r}(-y)^r={}_5\mathrm{C}_r\times 2^{5-r}(-1)^r x^{5-r}y^r$$
x^3y^2항은 $r=2$인 경우이므로 x^3y^2의 계수는
$$_5\mathrm{C}_2\times 2^3\times(-1)^2=80$$
답 **80**

0028 $\left(a-\dfrac{1}{a}\right)^6$의 전개식의 일반항은
$$_6\mathrm{C}_r a^{6-r}\left(-\dfrac{1}{a}\right)^r={}_6\mathrm{C}_r(-1)^r\dfrac{a^{6-r}}{a^r}$$
상수항은 $6-r=r$인 경우이므로　$r=3$
따라서 상수항은　$_6\mathrm{C}_3(-1)^3=-20$　　답 **-20**

📝 RPM 비법 노트

자연수 m, n, r에 대하여
① $\dfrac{x^n}{x^m}=x^r$이면　$n-m=r$
② $\dfrac{x^n}{x^m}=1$이면　$m=n$
③ $\dfrac{x^n}{x^m}=\dfrac{1}{x^r}$이면　$m-n=r$

0029
```
                1
              1   1
            1   2   1
          1   3  [3]  1
        1  [4] [6]  4   1
      1  [5] [10] 10  [5]  1
    1  [6] [15] [20] 15   6   1
```
(1) $(a+b)^5=a^5+5a^4b+10a^3b^2+10a^2b^3+5ab^4+b^5$
(2) $(a+2b)^6=a^6+6a^5(2b)+15a^4(2b)^2+20a^3(2b)^3$
$$+15a^2(2b)^4+6a(2b)^5+(2b)^6$$
$$=a^6+12a^5b+60a^4b^2+160a^3b^3+240a^2b^4$$
$$+192ab^5+64b^6$$
답 **풀이 참조**

0030 $_3\mathrm{C}_0+{}_3\mathrm{C}_1+{}_4\mathrm{C}_2+{}_5\mathrm{C}_3$
$={}_4\mathrm{C}_1+{}_4\mathrm{C}_2+{}_5\mathrm{C}_3$　← $_3\mathrm{C}_0+{}_3\mathrm{C}_1={}_4\mathrm{C}_1$
$={}_5\mathrm{C}_2+{}_5\mathrm{C}_3$　　← $_4\mathrm{C}_1+{}_4\mathrm{C}_2={}_5\mathrm{C}_2$
$={}_6\mathrm{C}_3$
$\therefore n=6$　　　答 **6**

0031 $_4\mathrm{C}_2+{}_4\mathrm{C}_1+{}_5\mathrm{C}_1+{}_6\mathrm{C}_1$
$={}_5\mathrm{C}_2+{}_5\mathrm{C}_1+{}_6\mathrm{C}_1$　← $_4\mathrm{C}_2+{}_4\mathrm{C}_1={}_5\mathrm{C}_2$
$={}_6\mathrm{C}_2+{}_6\mathrm{C}_1$　　← $_5\mathrm{C}_2+{}_5\mathrm{C}_1={}_6\mathrm{C}_2$
$={}_7\mathrm{C}_2$
$\therefore n=7$　　　답 **7**

0032 $_8\mathrm{C}_0+{}_8\mathrm{C}_1+{}_8\mathrm{C}_2+\cdots+{}_8\mathrm{C}_8=2^8=256$　　답 **256**

0033 $_9\mathrm{C}_0-{}_9\mathrm{C}_1+{}_9\mathrm{C}_2-{}_9\mathrm{C}_3+\cdots-{}_9\mathrm{C}_9=0$　　답 **0**

0034 $_{10}\mathrm{C}_0+{}_{10}\mathrm{C}_2+{}_{10}\mathrm{C}_4+{}_{10}\mathrm{C}_6+{}_{10}\mathrm{C}_8+{}_{10}\mathrm{C}_{10}$
$=2^{10-1}=2^9=512$　　답 **512**

0035 $_7\mathrm{C}_1+{}_7\mathrm{C}_3+{}_7\mathrm{C}_5+{}_7\mathrm{C}_7=2^{7-1}=2^6=64$　　답 **64**

🔖 유형 익히기

0036 A와 B가 같은 부에 지원하려면 A와 B를 한 사람으로 생각하여 4명의 학생이 축구부, 야구부, 육상부 중 한 곳에 지원하면 된다.
따라서 구하는 경우의 수는 서로 다른 3개에서 4개를 택하는 중복순열의 수와 같으므로
$$_3\Pi_4=3^4=81$$
답 **③**

0037 구하는 경우의 수는 팥빙수와 딸기빙수 중에서 4개를 택하는 중복순열의 수와 같으므로
$$_2\Pi_4=2^4=16$$
답 **16**

0038 기호 3개를 사용하여 만들 수 있는 신호의 개수는
$$_2\Pi_3=2^3=8$$
기호 4개를 사용하여 만들 수 있는 신호의 개수는
$$_2\Pi_4=2^4=16$$
기호 5개를 사용하여 만들 수 있는 신호의 개수는
$$_2\Pi_5=2^5=32$$
따라서 구하는 신호의 개수는
$$8+16+32=56$$
답 **56**

0039 서로 다른 구슬 5개를 세 상자 A, B, C에 나누어 담는 경우의 수는
$$_3\Pi_5=3^5=243$$
이때 구슬을 한 상자에만 담는 경우의 수는　3
구슬을 두 상자에만 나누어 담는 경우의 수는
$$_3\mathrm{C}_2\times({}_2\Pi_5-2)=3\times(2^5-2)=90$$
└─ 구슬을 한 상자에만 담는 경우의 수
따라서 구하는 경우의 수는
$$243-(3+90)=150$$
답 **①**

0040 만의 자리에 올 수 있는 숫자는
$$1, 2, 3, 4의 4개$$

천의 자리, 백의 자리, 십의 자리의 숫자를 택하는 경우의 수는
0, 1, 2, 3, 4의 5개에서 3개를 택하는 중복순열의 수와 같으므로
$$_5\Pi_3=5^3=125$$
일의 자리에 올 수 있는 숫자는 0, 2, 4의 3개
따라서 구하는 자연수의 개수는
$$4\times125\times3=1500$$
답 1500

0041 (i) 한 자리 자연수의 개수는 4
(ii) 두 자리 자연수의 개수는 $_4\Pi_2=4^2=16$
(iii) 세 자리 자연수의 개수는 $_4\Pi_3=4^3=64$
이상에서 구하는 자연수의 개수는
$$4+16+64=84$$
답 84

0042 숫자 1, 2, 3 중에서 중복을 허용하여 4개를 택해 만들
수 있는 네 자리 자연수의 개수는
$$_3\Pi_4=3^4=81$$
1을 제외한 나머지 숫자 2, 3 중에서 중복을 허용하여 4개를 택
해 만들 수 있는 네 자리 자연수의 개수는
$$_2\Pi_4=2^4=16$$
따라서 구하는 자연수의 개수는
$$81-16=65$$
답 65

0043 (i) 한 자리 자연수의 개수는 5
(ii) 두 자리 자연수의 개수는 $5\times_6\Pi_1=5\times6=30$
(iii) 세 자리 자연수의 개수는 $5\times_6\Pi_2=5\times6^2=180$
(iv) 1□□□ 꼴의 네 자리 자연수의 개수는
$$_6\Pi_3=6^3=216$$
이상에서 2000보다 작은 자연수의 개수는
$$5+30+180+216=431$$
이므로 2000은 432번째 수이다.
답 ③

0044 X에서 Y로의 함수의 개수는 Y의 원소 a, b, c, d, e의
5개에서 3개를 택하는 중복순열의 수와 같으므로
$$m=_5\Pi_3=5^3=125$$
X에서 Y로의 일대일함수의 개수는 Y의 원소 a, b, c, d, e의 5
개에서 3개를 택하는 순열의 수와 같으므로
$$n=_5P_3=60$$
$$\therefore m+n=185$$
답 ②

0045 X에서 Y로의 함수의 개수는 Y의 원소 1, 2, 3, 4, 5, 6
의 6개에서 4개를 택하는 중복순열의 수와 같으므로
$$_6\Pi_4=6^4=1296$$
X에서 Y로의 함수 중 $f(3)=3$인 함수의 개수는 Y의 원소 1,
2, 3, 4, 5, 6의 6개에서 3개를 택하는 중복순열의 수와 같으므로
$$_6\Pi_3=6^3=216$$
따라서 구하는 함수의 개수는
$$1296-216=1080$$
답 1080

 $f(3)\ne3$이므로 $f(3)$의 값이 될 수 있는 수는
 1, 2, 4, 5, 6의 5개
$f(1), f(2), f(4)$의 값을 정하는 경우의 수는 Y의 원소 1, 2,
3, 4, 5, 6의 6개에서 3개를 택하는 중복순열의 수와 같으므로
$$_6\Pi_3=6^3=216$$
따라서 구하는 함수의 개수는 $5\times216=1080$

0046 $f(1)=f(4)>3$이므로
$$f(1)=f(4)=4 \text{ 또는 } f(1)=f(4)=5$$
이때 $f(2), f(3), f(5)$의 값을 정하는 경우의 수는 공역 X의
원소 1, 2, 3, 4, 5의 5개에서 3개를 택하는 중복순열의 수와 같
으므로 $_5\Pi_3=5^3=125$
따라서 구하는 함수의 개수는
$$2\times125=250$$
답 250

0047 $f(1)=1$인 함수의 개수는 Y의 원소 1, 2, 3, 4, 5의 5
개에서 3개를 택하는 중복순열의 수와 같으므로
$$_5\Pi_3=5^3=125$$
같은 방법으로 하면 $f(2)=2$인 함수의 개수는
$$_5\Pi_3=5^3=125$$
$f(1)=1$이고 $f(2)=2$인 함수의 개수는 Y의 원소 1, 2, 3, 4, 5
의 5개에서 2개를 택하는 중복순열의 수와 같으므로
$$_5\Pi_2=5^2=25$$
따라서 구하는 함수의 개수는
$$125+125-25=225$$
답 225

0048 양 끝에 l을 나열하고 중간에 나머지 7개의 문자 c, h, a,
e, n, g, e를 일렬로 나열하면 되므로 구하는 경우의 수는
$$\frac{7!}{2!}=2520$$
답 ②

0049 모음 a, i, e를 한 문자 A로 생각하여 7개의 문자 A, h,
p, p, n, s, s를 일렬로 나열하는 경우의 수는
$$\frac{7!}{2!\times2!}=1260$$
모음끼리 자리를 바꾸는 경우의 수는 $3!=6$
따라서 구하는 경우의 수는
$$1260\times6=7560$$
답 7560

0050 2개의 t를 제외한 나머지 6개의 문자 i, n, e, r, n, e를
일렬로 나열하는 경우의 수는
$$\frac{6!}{2!\times2!}=180$$
6개의 문자 사이사이와 양 끝의 7개의 자리에서 2개를 택하여 t를
하나씩 나열하는 경우의 수는
$$_7C_2=21$$
따라서 구하는 경우의 수는
$$180\times21=3780$$
답 ④

다른 풀이 internet의 8개의 문자를 일렬로 나열하는 경우의 수는

$$\frac{8!}{2!\times2!\times2!}=5040$$

2개의 t를 한 문자 A로 생각하여 7개의 문자 A, i, n, e, r, n, e를 일렬로 나열하는 경우의 수는

$$\frac{7!}{2!\times2!}=1260$$

따라서 구하는 경우의 수는 $5040-1260=3780$

0051 7개의 문자 a, b, b, c, c, c, d를 일렬로 나열하는 경우의 수는 $\dfrac{7!}{2!\times3!}=420$ ··· **1단계**

(i) 양 끝에 b를 나열하는 경우

양 끝에 b를 나열하고 중간에 나머지 5개의 문자 a, c, c, c, d를 일렬로 나열하는 경우의 수는

$$\frac{5!}{3!}=20$$

··· **2단계**

(ii) 양 끝에 c를 나열하는 경우

양 끝에 c를 나열하고 중간에 나머지 5개의 문자 a, b, b, c, d를 일렬로 나열하는 경우의 수는

$$\frac{5!}{2!}=60$$

··· **3단계**

(i), (ii)에서 양 끝에 서로 같은 문자를 나열하는 경우의 수는

$20+60=80$

따라서 구하는 경우의 수는

$420-80=340$

··· **4단계**

답 340

채점 요소	비율
1단계 7개의 문자를 일렬로 나열하는 경우의 수 구하기	20 %
2단계 양 끝에 b를 나열하는 경우의 수 구하기	30 %
3단계 양 끝에 c를 나열하는 경우의 수 구하기	30 %
4단계 양 끝에 서로 다른 문자를 나열하는 경우의 수 구하기	20 %

0052 0, 1, 1, 2, 2, 2를 일렬로 나열하는 경우의 수는

$$\frac{6!}{2!\times3!}=60$$

맨 앞자리에 0이 오는 경우의 수는 1, 1, 2, 2, 2를 일렬로 나열하는 경우의 수와 같으므로

$$\frac{5!}{2!\times3!}=10$$

따라서 구하는 자연수의 개수는

$60-10=50$

답 ④

다른 풀이 (i) 맨 앞자리의 숫자가 1인 자연수의 개수는

$$\frac{5!}{3!}=20 \leftarrow 0, 1, 2, 2, 2를 일렬로 나열하는 경우의 수$$

(ii) 맨 앞자리의 숫자가 2인 자연수의 개수는

$$\frac{5!}{2!\times2!}=30 \leftarrow 0, 1, 1, 2, 2를 일렬로 나열하는 경우의 수$$

(i), (ii)에서 구하는 자연수의 개수는 $20+30=50$

0053 5개의 숫자 1, 2, 2, 3, 3 중에서 4개를 택하는 경우는

1, 2, 2, 3 또는 1, 2, 3, 3 또는 2, 2, 3, 3

(i) 1, 2, 2, 3을 일렬로 나열하는 경우의 수는

$$\frac{4!}{2!}=12$$

(ii) 1, 2, 3, 3을 일렬로 나열하는 경우의 수는

$$\frac{4!}{2!}=12$$

(iii) 2, 2, 3, 3을 일렬로 나열하는 경우의 수는

$$\frac{4!}{2!\times2!}=6$$

이상에서 구하는 자연수의 개수는

$12+12+6=30$

답 30

0054 300000보다 크려면 맨 앞자리의 숫자가 4 또는 5이어야 한다.

(i) 맨 앞자리의 숫자가 4인 자연수의 개수는 1, 2, 2, 5, 5를 일렬로 나열하는 경우의 수와 같으므로

$$\frac{5!}{2!\times2!}=30$$

(ii) 맨 앞자리의 숫자가 5인 자연수의 개수는 1, 2, 2, 4, 5를 일렬로 나열하는 경우의 수와 같으므로

$$\frac{5!}{2!}=60$$

(i), (ii)에서 구하는 자연수의 개수는

$30+60=90$

답 ③

0055 홀수이려면 일의 자리의 숫자가 1 또는 3이어야 한다.

(i) 일의 자리의 숫자가 1인 경우

0, 1, 2, 2, 3을 일렬로 나열하는 경우의 수는

$$\frac{5!}{2!}=60$$

맨 앞자리에 0이 오는 경우의 수는 1, 2, 2, 3을 일렬로 나열하는 경우의 수와 같으므로

$$\frac{4!}{2!}=12$$

따라서 일의 자리의 숫자가 1인 홀수의 개수는

$60-12=48$

(ii) 일의 자리의 숫자가 3인 경우

0, 1, 1, 2, 2를 일렬로 나열하는 경우의 수는

$$\frac{5!}{2!\times2!}=30$$

맨 앞자리에 0이 오는 경우의 수는 1, 1, 2, 2를 일렬로 나열하는 경우의 수와 같으므로

$$\frac{4!}{2!\times2!}=6$$

따라서 일의 자리의 숫자가 3인 홀수의 개수는

$30-6=24$

(i), (ii)에서 구하는 홀수의 개수는

$48+24=72$

답 72

0056 a, e의 순서가 정해져 있으므로 a, e를 모두 A로 생각하여 A, b, c, d, A, f를 일렬로 나열한 후 첫 번째 A를 a로, 두 번째 A를 e로 바꾸면 된다.

따라서 구하는 경우의 수는

$$\frac{6!}{2!}=360$$

답 ①

0057 t, m을 모두 A로 생각하여 A, o, A, o, r, r, o, w를 일렬로 나열한 후 첫 번째 A를 t로, 두 번째 A를 m으로 바꾸면 된다.

따라서 구하는 경우의 수는

$$\frac{8!}{2!\times3!\times2!}=1680$$

답 1680

0058 2, 3, 4를 모두 A로 생각하여 1, 1, 1, A, A, A, 5를 일렬로 나열한 후 첫 번째 A를 2로, 두 번째 A를 3으로, 세 번째 A를 4로 바꾸거나 첫 번째 A를 4로, 두 번째 A를 3으로, 세 번째 A를 2로 바꾸면 된다.

따라서 구하는 경우의 수는

$$\frac{7!}{3!\times3!}\times2=280$$

답 280

0059 c, p를 모두 A로, i, r를 모두 B로 생각하여 A, o, m, A, B, o, m, B, s, e를 일렬로 나열한 후 첫 번째 A를 c로, 두 번째 A를 p로 바꾸고 첫 번째 B를 i로, 두 번째 B를 r로 바꾸면 된다.

따라서 주어진 조건을 만족시키도록 나열하는 경우의 수는

$$\frac{10!}{2!\times2!\times2!\times2!}=\frac{1}{16}\times10!$$

$$\therefore k=\frac{1}{16}$$

답 ③

0060 (i) A 지점에서 P 지점까지 최단 거리로 가는 경우의 수는

$$\frac{5!}{3!\times2!}=10$$

(ii) P 지점에서 B 지점까지 최단 거리로 가는 경우의 수는

$$\frac{3!}{2!}=3$$

(i), (ii)에서 구하는 경우의 수는

$$10\times3=30$$

답 30

0061 (i) A 지점에서 P 지점까지 최단 거리로 가는 경우의 수는

$$\frac{6!}{4!\times2!}=15$$

(ii) P 지점에서 Q 지점까지 최단 거리로 가는 경우의 수는 1

(iii) Q 지점에서 B 지점까지 최단 거리로 가는 경우의 수는

$$\frac{4!}{2!\times2!}=6$$

이상에서 구하는 경우의 수는

$$15\times1\times6=90$$

답 90

0062 (i) A 지점에서 P 지점까지 최단 거리로 가는 경우의 수는

$$\frac{3!}{2!}=3$$

··· 1단계

(ii) P 지점에서 B 지점까지 최단 거리로 가는 경우의 수는

$$\frac{7!}{4!\times3!}=35$$

이때 P 지점에서 Q 지점을 지나 B 지점까지 최단 거리로 가는 경우의 수는

$$\frac{3!}{2!}\times\frac{4!}{2!\times2!}=18$$

따라서 P 지점에서 Q 지점을 지나지 않고 B 지점까지 최단 거리로 가는 경우의 수는

$$35-18=17$$

··· 2단계

(i), (ii)에서 구하는 경우의 수는

$$3\times17=51$$

··· 3단계

답 51

채점 요소	비율
1단계 A 지점에서 P 지점까지 최단 거리로 가는 경우의 수 구하기	30 %
2단계 P 지점에서 Q 지점을 지나지 않고 B 지점까지 최단 거리로 가는 경우의 수 구하기	50 %
3단계 조건을 만족시키는 경우의 수 구하기	20 %

0063 가로로 한 칸 이동하는 것을 a, 세로로 한 칸 이동하는 것을 b, 아래로 한 칸 이동하는 것을 c라 하면 꼭짓점 A에서 꼭짓점 B까지 최단 거리로 가는 경우의 수는 a, a, a, b, c, c를 일렬로 나열하는 경우의 수와 같으므로

$$\frac{6!}{3!\times2!}=60$$

답 60

0064 먼저 4명의 학생에게 볼펜을 1자루씩 나누어 주고 남은 볼펜 6자루를 4명의 학생에게 나누어 주면 된다.

따라서 구하는 경우의 수는 서로 다른 4개에서 6개를 택하는 중복조합의 수와 같으므로

$$_4H_6={_9C_6}={_9C_3}=84$$

답 84

0065 구하는 경우의 수는 서로 다른 5개에서 10개를 택하는 중복조합의 수와 같으므로

$$_5H_{10}={_{14}C_{10}}={_{14}C_4}=1001$$

답 1001

0066 $(a+b+c)^8$을 전개할 때 생기는 서로 다른 항의 개수는 서로 다른 3개에서 8개를 택하는 중복조합의 수와 같으므로

$$_3H_8={_{10}C_8}={_{10}C_2}=45$$

답 45

0067 먼저 접시 A에 초콜릿을 2개, 접시 B에 초콜릿을 3개 담고 남은 초콜릿 5개를 네 개의 접시 A, B, C, D에 나누어 담으면 된다.

따라서 구하는 경우의 수는 네 개의 접시 A, B, C, D 중에서 5개를 택하는 중복조합의 수와 같으므로

$$_4H_5={_8C_5}={_8C_3}=56$$

답 ④

0068 (i) 음이 아닌 정수인 해의 개수

x, y, z의 3개에서 10개를 택하는 중복조합의 수와 같으므로

$$a={}_3H_{10}={}_{12}C_{10}={}_{12}C_2=66$$

(ii) 자연수인 해의 개수

$x=x'+1$, $y=y'+1$, $z=z'+1$로 놓으면 x', y', z'은 음이 아닌 정수이고, $x+y+z=10$에서

$$(x'+1)+(y'+1)+(z'+1)=10$$
$$\therefore\ x'+y'+z'=7$$

따라서 방정식 $x+y+z=10$의 자연수인 해의 개수는 방정식 $x'+y'+z'=7$의 음이 아닌 정수인 해의 개수와 같으므로

$$b={}_3H_7={}_9C_7={}_9C_2=36$$

(i), (ii)에서 $a+b=102$ **답** ②

0069 x, y, z가 음이 아닌 정수이므로

$x+y+z=0$ 또는 $x+y+z=1$ 또는 $x+y+z=2$ 또는 $x+y+z=3$ 또는 $x+y+z=4$

(i) $x+y+z=0$일 때, 순서쌍 (x, y, z)의 개수는

$${}_3H_0={}_2C_0=1$$

(ii) $x+y+z=1$일 때, 순서쌍 (x, y, z)의 개수는

$${}_3H_1={}_3C_1=3$$

(iii) $x+y+z=2$일 때, 순서쌍 (x, y, z)의 개수는

$${}_3H_2={}_4C_2=6$$

(iv) $x+y+z=3$일 때, 순서쌍 (x, y, z)의 개수는

$${}_3H_3={}_5C_3={}_5C_2=10$$

(v) $x+y+z=4$일 때, 순서쌍 (x, y, z)의 개수는

$${}_3H_4={}_6C_4={}_6C_2=15$$

이상에서 구하는 순서쌍 (x, y, z)의 개수는

$$1+3+6+10+15=35$$ **답** ④

0070 x, y, z가 각각 $x\geq2$, $y\geq2$, $z\geq1$인 정수이므로

$$x=x'+2,\ y=y'+2,\ z=z'+1$$

로 놓으면 x', y', z'은 음이 아닌 정수이고, $x+y+z=11$에서

$$(x'+2)+(y'+2)+(z'+1)=11$$
$$\therefore\ x'+y'+z'=6$$

따라서 구하는 해의 개수는 방정식 $x'+y'+z'=6$의 음이 아닌 정수인 해의 개수와 같으므로

$${}_3H_6={}_8C_6={}_8C_2=28$$ **답** 28

0071 (i) $a=0$일 때

$b+c+d=9$이므로 이 방정식을 만족시키는 순서쌍 (b, c, d)의 개수는

$${}_3H_9={}_{11}C_9={}_{11}C_2=55$$

(ii) $a=1$일 때

$b+c+d=8$이므로 이 방정식을 만족시키는 순서쌍 (b, c, d)의 개수는

$${}_3H_8={}_{10}C_8={}_{10}C_2=45$$

(iii) $a=2$일 때

$b+c+d=5$이므로 이 방정식을 만족시키는 순서쌍 (b, c, d)의 개수는

$${}_3H_5={}_7C_5={}_7C_2=21$$

(iv) $a=3$일 때

$b+c+d=0$이므로 이 방정식을 만족시키는 순서쌍 (b, c, d)의 개수는

$${}_3H_0={}_2C_0=1$$

(v) $a\geq4$일 때

$b+c+d\leq-7$이므로 이를 만족시키는 음이 아닌 정수 b, c, d는 존재하지 않는다.

이상에서 구하는 순서쌍 (a, b, c, d)의 개수는

$$55+45+21+1=122$$ **답** 122

0072 주어진 조건에서 $f(1)\geq f(2)\geq f(3)\geq f(4)$

따라서 Y의 원소 3, 4, 5, 6, 7, 8의 6개에서 중복을 허용하여 4개를 택해 크거나 같은 수부터 순서대로 X의 원소 1, 2, 3, 4에 대응시키면 된다.

즉 구하는 함수의 개수는 서로 다른 6개에서 4개를 택하는 중복조합의 수와 같으므로

$${}_6H_4={}_9C_4=126$$ **답** 126

0073 조건 ㈎, ㈏에서 $f(1)\leq3\leq f(3)\leq f(4)$

$f(1)\leq3$이므로 $f(1)$의 값이 될 수 있는 Y의 원소는

1, 2, 3의 3개

$3\leq f(3)\leq f(4)$이므로 Y의 원소 3, 4, 5, 6의 4개에서 중복을 허용하여 2개를 택해 작거나 같은 수부터 순서대로 X의 원소 3, 4에 대응시키면 된다.

즉 $f(3)$, $f(4)$의 값을 정하는 경우의 수는 서로 다른 4개에서 2개를 택하는 중복조합의 수와 같으므로

$${}_4H_2={}_5C_2=10$$

이때 $f(5)$의 값이 될 수 있는 Y의 원소는

1, 2, 3, 4, 5, 6의 6개

따라서 구하는 함수의 개수는

$$3\times10\times6=180$$ **답** ②

0074 조건 ㈎에 의하여 $f(1)$, $f(2)$, $f(3)$의 값이 될 수 있는 공역 X의 원소는 각각 3, 4, 5의 3개이다.

따라서 $f(1)$, $f(2)$, $f(3)$의 값을 정하는 경우의 수는 서로 다른 3개에서 3개를 택하는 중복순열의 수와 같으므로

$${}_3\Pi_3=3^3=27$$

한편 조건 ㈏에 의하여 공역 X의 원소 1, 2, 3, 4, 5의 5개에서 중복을 허용하여 2개를 택해 작거나 같은 수부터 순서대로 정의역 X의 원소 4, 5에 대응시키면 된다.

즉 $f(4)$, $f(5)$의 값을 정하는 경우의 수는 서로 다른 5개에서 2개를 택하는 중복조합의 수와 같으므로

$${}_5H_2={}_6C_2=15$$

따라서 구하는 함수의 개수는
$$27 \times 15 = 405$$
답 **405**

0075 $(2+ax)^5$의 전개식의 일반항은
$${}_5C_r \times 2^{5-r}(ax)^r = {}_5C_r \times 2^{5-r}a^r x^r$$
x^2항은 $r=2$인 경우이므로 x^2의 계수는
$${}_5C_2 \times 2^3 a^2 = 80a^2$$
따라서 $80a^2 = 2000$이므로 $\quad a^2 = 25$
$$\therefore a = 5 \ (\because a > 0)$$
답 ②

0076 $\left(x+\dfrac{2}{x}\right)^6$의 전개식의 일반항은
$${}_6C_r x^{6-r}\left(\dfrac{2}{x}\right)^r = {}_6C_r \times 2^r \times \dfrac{x^{6-r}}{x^r} \qquad \cdots \text{1단계}$$

(i) 상수항은 $6-r=r$인 경우이므로 $\quad r=3$
　　따라서 상수항은
$$a = {}_6C_3 \times 2^3 = 160 \qquad \cdots \text{2단계}$$
(ii) x^2항은 $(6-r)-r=2$인 경우이므로 $\quad r=2$
　　따라서 x^2의 계수는
$$b = {}_6C_2 \times 2^2 = 60 \qquad \cdots \text{3단계}$$
(i), (ii)에서 $\quad a+b=220 \qquad \cdots \text{4단계}$
답 **220**

채점 요소		비율
1단계	전개식의 일반항 구하기	30 %
2단계	a의 값 구하기	30 %
3단계	b의 값 구하기	30 %
4단계	$a+b$의 값 구하기	10 %

0077 $\left(x^2+\dfrac{1}{x^3}\right)^n$의 전개식의 일반항은
$${}_nC_r(x^2)^{n-r}\left(\dfrac{1}{x^3}\right)^r = {}_nC_r \dfrac{x^{2n-2r}}{x^{3r}}$$
상수항은 $2n-2r=3r$인 경우이므로 $\quad r=\dfrac{2}{5}n$
이를 만족시키는 자연수 r가 존재하려면 n은 5의 양의 배수이어야 하므로 자연수 n의 최솟값은 5이다.
답 ②

0078 $(\sqrt{6}+x)^6$의 전개식의 일반항은
$${}_6C_r(\sqrt{6})^{6-r}x^r$$
이때 계수 ${}_6C_r(\sqrt{6})^{6-r}$이 정수이려면 $6-r$가 0 또는 짝수이어야 하므로
$$r=0 \ \text{또는} \ r=2 \ \text{또는} \ r=4 \ \text{또는} \ r=6$$
따라서 구하는 계수의 합은
$${}_6C_0(\sqrt{6})^6 + {}_6C_2(\sqrt{6})^4 + {}_6C_4(\sqrt{6})^2 + {}_6C_6$$
$$= 216 + 540 + 90 + 1 = 847$$
답 ①

0079 $\left(x+\dfrac{1}{x}\right)^4$의 전개식의 일반항은
$${}_4C_r x^{4-r}\left(\dfrac{1}{x}\right)^r = {}_4C_r \dfrac{x^{4-r}}{x^r} \qquad \cdots\cdots \ ㉠$$

이때 $(x+2)\left(x+\dfrac{1}{x}\right)^4 = x\left(x+\dfrac{1}{x}\right)^4 + 2\left(x+\dfrac{1}{x}\right)^4$이므로 x^2항은
$$x \times (㉠의 \ x항), \ 2 \times (㉠의 \ x^2항)$$
일 때 나타난다.
(i) ㉠에서 x항은 $(4-r)-r=1$인 경우이므로
$$r=\dfrac{3}{2}$$
　　그런데 r는 정수이므로 ㉠에서 x항은 존재하지 않는다.
(ii) ㉠에서 x^2항은 $(4-r)-r=2$, 즉 $r=1$인 경우이므로
$${}_4C_1 x^2 = 4x^2$$
(i), (ii)에서 구하는 x^2의 계수는
$$2 \times 4 = 8$$
답 ③

0080 $(x^2+2)^7$의 전개식의 일반항은
$${}_7C_r(x^2)^{7-r}2^r = {}_7C_r \times 2^r x^{14-2r} \qquad \cdots\cdots \ ㉠$$
이때 $(2x^2-x)(x^2+2)^7 = 2x^2(x^2+2)^7 - x(x^2+2)^7$이므로 x^4항은
$$2x^2 \times (㉠의 \ x^2항), \ -x \times (㉠의 \ x^3항)$$
일 때 나타난다.
(i) ㉠에서 x^2항은 $14-2r=2$, 즉 $r=6$인 경우이므로
$${}_7C_6 \times 2^6 x^2 = 448x^2$$
(ii) ㉠에서 x^3항은 $14-2r=3$인 경우이므로 $\quad r=\dfrac{11}{2}$
　　그런데 r는 정수이므로 ㉠에서 x^3항은 존재하지 않는다.
(i), (ii)에서 구하는 x^4의 계수는
$$2 \times 448 = 896$$
답 ②

0081 $(3x+2)^5$의 전개식의 일반항은
$${}_5C_r(3x)^{5-r}2^r = {}_5C_r \times 2^r 3^{5-r} x^{5-r} \qquad \cdots\cdots \ ㉠$$
이때 $(ax^3-3x)(3x+2)^5 = ax^3(3x+2)^5 - 3x(3x+2)^5$이므로 x^5항은
$$ax^3 \times (㉠의 \ x^2항), \ -3x \times (㉠의 \ x^4항)$$
일 때 나타난다.
(i) ㉠에서 x^2항은 $5-r=2$, 즉 $r=3$인 경우이므로
$${}_5C_3 \times 2^3 \times 3^2 x^2 = 720x^2$$
(ii) ㉠에서 x^4항은 $5-r=4$, 즉 $r=1$인 경우이므로
$${}_5C_1 \times 2^1 \times 3^4 x^4 = 810x^4$$
(i), (ii)에서 x^5의 계수는
$$a \times 720 + (-3) \times 810 = 720a - 2430$$
즉 $720a - 2430 = 1170$이므로
$$720a = 3600 \qquad \therefore a = 5$$
답 ④

0082 $\left(x+\dfrac{1}{x}\right)^6$의 전개식의 일반항은
$${}_6C_r x^{6-r}\left(\dfrac{1}{x}\right)^r = {}_6C_r \dfrac{x^{6-r}}{x^r} \qquad \cdots\cdots \ ㉠$$
이때
$$(x^2+x+1)\left(x+\dfrac{1}{x}\right)^6 = x^2\left(x+\dfrac{1}{x}\right)^6 + x\left(x+\dfrac{1}{x}\right)^6 + \left(x+\dfrac{1}{x}\right)^6$$
이므로 상수항은

0068 (i) 음이 아닌 정수인 해의 개수

x, y, z의 3개에서 10개를 택하는 중복조합의 수와 같으므로

$$a = {}_3H_{10} = {}_{12}C_{10} = {}_{12}C_2 = 66$$

(ii) 자연수인 해의 개수

$x = x' + 1$, $y = y' + 1$, $z = z' + 1$로 놓으면 x', y', z'은 음이 아닌 정수이고, $x + y + z = 10$에서

$$(x' + 1) + (y' + 1) + (z' + 1) = 10$$

$$\therefore x' + y' + z' = 7$$

따라서 방정식 $x + y + z = 10$의 자연수인 해의 개수는 방정식 $x' + y' + z' = 7$의 음이 아닌 정수인 해의 개수와 같으므로

$$b = {}_3H_7 = {}_9C_7 = {}_9C_2 = 36$$

(i), (ii)에서 $a + b = 102$ **답** ②

0069 x, y, z가 음이 아닌 정수이므로

$$x+y+z=0 \text{ 또는 } x+y+z=1 \text{ 또는 } x+y+z=2$$
$$\text{또는 } x+y+z=3 \text{ 또는 } x+y+z=4$$

(i) $x+y+z=0$일 때, 순서쌍 (x, y, z)의 개수는

$${}_3H_0 = {}_2C_0 = 1$$

(ii) $x+y+z=1$일 때, 순서쌍 (x, y, z)의 개수는

$${}_3H_1 = {}_3C_1 = 3$$

(iii) $x+y+z=2$일 때, 순서쌍 (x, y, z)의 개수는

$${}_3H_2 = {}_4C_2 = 6$$

(iv) $x+y+z=3$일 때, 순서쌍 (x, y, z)의 개수는

$${}_3H_3 = {}_5C_3 = {}_5C_2 = 10$$

(v) $x+y+z=4$일 때, 순서쌍 (x, y, z)의 개수는

$${}_3H_4 = {}_6C_4 = {}_6C_2 = 15$$

이상에서 구하는 순서쌍 (x, y, z)의 개수는

$$1 + 3 + 6 + 10 + 15 = 35$$ **답** ④

0070 x, y, z가 각각 $x \geq 2$, $y \geq 2$, $z \geq 1$인 정수이므로

$$x = x' + 2, \ y = y' + 2, \ z = z' + 1$$

로 놓으면 x', y', z'은 음이 아닌 정수이고, $x + y + z = 11$에서

$$(x' + 2) + (y' + 2) + (z' + 1) = 11$$

$$\therefore x' + y' + z' = 6$$

따라서 구하는 해의 개수는 방정식 $x' + y' + z' = 6$의 음이 아닌 정수인 해의 개수와 같으므로

$${}_3H_6 = {}_8C_6 = {}_8C_2 = 28$$ **답** 28

0071 (i) $a = 0$일 때

$b + c + d = 9$이므로 이 방정식을 만족시키는 순서쌍 (b, c, d)의 개수는

$${}_3H_9 = {}_{11}C_9 = {}_{11}C_2 = 55$$

(ii) $a = 1$일 때

$b + c + d = 8$이므로 이 방정식을 만족시키는 순서쌍 (b, c, d)의 개수는

$${}_3H_8 = {}_{10}C_8 = {}_{10}C_2 = 45$$

(iii) $a = 2$일 때

$b + c + d = 5$이므로 이 방정식을 만족시키는 순서쌍 (b, c, d)의 개수는

$${}_3H_5 = {}_7C_5 = {}_7C_2 = 21$$

(iv) $a = 3$일 때

$b + c + d = 0$이므로 이 방정식을 만족시키는 순서쌍 (b, c, d)의 개수는

$${}_3H_0 = {}_2C_0 = 1$$

(v) $a \geq 4$일 때

$b + c + d \leq -7$이므로 이를 만족시키는 음이 아닌 정수 b, c, d는 존재하지 않는다.

이상에서 구하는 순서쌍 (a, b, c, d)의 개수는

$$55 + 45 + 21 + 1 = 122$$ **답** 122

0072 주어진 조건에서 $f(1) \geq f(2) \geq f(3) \geq f(4)$

따라서 Y의 원소 3, 4, 5, 6, 7, 8의 6개에서 중복을 허용하여 4개를 택해 크거나 같은 수부터 순서대로 X의 원소 1, 2, 3, 4에 대응시키면 된다.

즉 구하는 함수의 개수는 서로 다른 6개에서 4개를 택하는 중복조합의 수와 같으므로

$${}_6H_4 = {}_9C_4 = 126$$ **답** 126

0073 조건 ㈎, ㈐에서 $f(1) \leq 3 \leq f(3) \leq f(4)$

$f(1) \leq 3$이므로 $f(1)$의 값이 될 수 있는 Y의 원소는

1, 2, 3의 3개

$3 \leq f(3) \leq f(4)$이므로 Y의 원소 3, 4, 5, 6의 4개에서 중복을 허용하여 2개를 택해 작거나 같은 수부터 순서대로 X의 원소 3, 4에 대응시키면 된다.

즉 $f(3)$, $f(4)$의 값을 정하는 경우의 수는 서로 다른 4개에서 2개를 택하는 중복조합의 수와 같으므로

$${}_4H_2 = {}_5C_2 = 10$$

이때 $f(5)$의 값이 될 수 있는 Y의 원소는

1, 2, 3, 4, 5, 6의 6개

따라서 구하는 함수의 개수는

$$3 \times 10 \times 6 = 180$$ **답** ②

0074 조건 ㈎에 의하여 $f(1)$, $f(2)$, $f(3)$의 값이 될 수 있는 공역 X의 원소는 각각 3, 4, 5의 3개이다.

따라서 $f(1)$, $f(2)$, $f(3)$의 값을 정하는 경우의 수는 서로 다른 3개에서 3개를 택하는 중복순열의 수와 같으므로

$${}_3\Pi_3 = 3^3 = 27$$

한편 조건 ㈐에 의하여 공역 X의 원소 1, 2, 3, 4, 5의 5개에서 중복을 허용하여 2개를 택해 작거나 같은 수부터 순서대로 정의역 X의 원소 4, 5에 대응시키면 된다.

즉 $f(4)$, $f(5)$의 값을 정하는 경우의 수는 서로 다른 5개에서 2개를 택하는 중복조합의 수와 같으므로

$${}_5H_2 = {}_6C_2 = 15$$

따라서 구하는 함수의 개수는
$$27 \times 15 = 405$$
답 **405**

0075 $(2+ax)^5$의 전개식의 일반항은
$${}_5C_r \times 2^{5-r}(ax)^r = {}_5C_r \times 2^{5-r}a^r x^r$$
x^2항은 $r=2$인 경우이므로 x^2의 계수는
$${}_5C_2 \times 2^3 a^2 = 80a^2$$
따라서 $80a^2 = 2000$이므로 $\quad a^2 = 25$
$$\therefore a = 5 \ (\because a > 0)$$
답 ②

0076 $\left(x + \dfrac{2}{x}\right)^6$의 전개식의 일반항은
$${}_6C_r \, x^{6-r}\left(\dfrac{2}{x}\right)^r = {}_6C_r \times 2^r \times \dfrac{x^{6-r}}{x^r} \qquad \cdots \ \boxed{1단계}$$
(i) 상수항은 $6-r=r$인 경우이므로 $\quad r=3$
　　따라서 상수항은
$$a = {}_6C_3 \times 2^3 = 160 \qquad \cdots \ \boxed{2단계}$$
(ii) x^2항은 $(6-r)-r=2$인 경우이므로 $\quad r=2$
　　따라서 x^2의 계수는
$$b = {}_6C_2 \times 2^2 = 60 \qquad \cdots \ \boxed{3단계}$$
(i), (ii)에서 $\quad a+b = 220 \qquad \cdots \ \boxed{4단계}$
답 **220**

	채점 요소	비율
1단계	전개식의 일반항 구하기	30 %
2단계	a의 값 구하기	30 %
3단계	b의 값 구하기	30 %
4단계	$a+b$의 값 구하기	10 %

0077 $\left(x^2 + \dfrac{1}{x^3}\right)^n$의 전개식의 일반항은
$${}_nC_r (x^2)^{n-r}\left(\dfrac{1}{x^3}\right)^r = {}_nC_r \, \dfrac{x^{2n-2r}}{x^{3r}}$$
상수항은 $2n-2r=3r$인 경우이므로 $\quad r = \dfrac{2}{5}n$
이를 만족시키는 자연수 r가 존재하려면 n은 5의 양의 배수이어야 하므로 자연수 n의 최솟값은 5이다.
답 ②

0078 $(\sqrt{6} + x)^6$의 전개식의 일반항은
$${}_6C_r (\sqrt{6})^{6-r} x^r$$
이때 계수 ${}_6C_r (\sqrt{6})^{6-r}$이 정수이려면 $6-r$가 0 또는 짝수이어야 하므로
$$r=0 \ \text{또는} \ r=2 \ \text{또는} \ r=4 \ \text{또는} \ r=6$$
따라서 구하는 계수의 합은
$${}_6C_0 (\sqrt{6})^6 + {}_6C_2 (\sqrt{6})^4 + {}_6C_4 (\sqrt{6})^2 + {}_6C_6$$
$$= 216 + 540 + 90 + 1 = 847$$
답 ①

0079 $\left(x + \dfrac{1}{x}\right)^4$의 전개식의 일반항은
$${}_4C_r \, x^{4-r}\left(\dfrac{1}{x}\right)^r = {}_4C_r \, \dfrac{x^{4-r}}{x^r} \qquad \cdots\cdots \ ㉠$$

이때 $(x+2)\left(x+\dfrac{1}{x}\right)^4 = x\left(x+\dfrac{1}{x}\right)^4 + 2\left(x+\dfrac{1}{x}\right)^4$이므로 x^2항은
$$x \times (㉠의 \ x항), \ 2 \times (㉠의 \ x^2항)$$
일 때 나타난다.
(i) ㉠에서 x항은 $(4-r)-r=1$인 경우이므로
$$r = \dfrac{3}{2}$$
　　그런데 r는 정수이므로 ㉠에서 x항은 존재하지 않는다.
(ii) ㉠에서 x^2항은 $(4-r)-r=2$, 즉 $r=1$인 경우이므로
$${}_4C_1 x^2 = 4x^2$$
(i), (ii)에서 구하는 x^2의 계수는
$$2 \times 4 = 8$$
답 ③

0080 $(x^2+2)^7$의 전개식의 일반항은
$${}_7C_r (x^2)^{7-r} 2^r = {}_7C_r \times 2^r x^{14-2r} \qquad \cdots\cdots \ ㉠$$
이때 $(2x^2-x)(x^2+2)^7 = 2x^2(x^2+2)^7 - x(x^2+2)^7$이므로 x^4항은
$$2x^2 \times (㉠의 \ x^2항), \ -x \times (㉠의 \ x^3항)$$
일 때 나타난다.
(i) ㉠에서 x^2항은 $14-2r=2$, 즉 $r=6$인 경우이므로
$${}_7C_6 \times 2^6 x^2 = 448x^2$$
(ii) ㉠에서 x^3항은 $14-2r=3$인 경우이므로 $\quad r = \dfrac{11}{2}$
　　그런데 r는 정수이므로 ㉠에서 x^3항은 존재하지 않는다.
(i), (ii)에서 구하는 x^4의 계수는
$$2 \times 448 = 896$$
답 ②

0081 $(3x+2)^5$의 전개식의 일반항은
$${}_5C_r (3x)^{5-r} 2^r = {}_5C_r \times 2^r 3^{5-r} x^{5-r} \qquad \cdots\cdots \ ㉠$$
이때 $(ax^3-3x)(3x+2)^5 = ax^3(3x+2)^5 - 3x(3x+2)^5$이므로 x^5항은
$$ax^3 \times (㉠의 \ x^2항), \ -3x \times (㉠의 \ x^4항)$$
일 때 나타난다.
(i) ㉠에서 x^2항은 $5-r=2$, 즉 $r=3$인 경우이므로
$${}_5C_3 \times 2^3 \times 3^2 x^2 = 720x^2$$
(ii) ㉠에서 x^4항은 $5-r=4$, 즉 $r=1$인 경우이므로
$${}_5C_1 \times 2^1 \times 3^4 x^4 = 810x^4$$
(i), (ii)에서 x^5의 계수는
$$a \times 720 + (-3) \times 810 = 720a - 2430$$
즉 $720a - 2430 = 1170$이므로
$$720a = 3600 \qquad \therefore a = 5$$
답 ④

0082 $\left(x + \dfrac{1}{x}\right)^6$의 전개식의 일반항은
$${}_6C_r \, x^{6-r}\left(\dfrac{1}{x}\right)^r = {}_6C_r \, \dfrac{x^{6-r}}{x^r} \qquad \cdots\cdots \ ㉠$$
이때
$$(x^2+x+1)\left(x+\dfrac{1}{x}\right)^6 = x^2\left(x+\dfrac{1}{x}\right)^6 + x\left(x+\dfrac{1}{x}\right)^6 + \left(x+\dfrac{1}{x}\right)^6$$
이므로 상수항은

$$x^2 \times \left(\text{㉠의 } \frac{1}{x^2}\text{항}\right),\ x \times \left(\text{㉠의 } \frac{1}{x}\text{항}\right),\ (\text{㉠의 상수항})$$

일 때 나타난다.

(i) ㉠에서 $\frac{1}{x^2}$항은 $r-(6-r)=2$, 즉 $r=4$인 경우이므로

$$\frac{_6C_4}{x^2}=\frac{15}{x^2}$$

(ii) ㉠에서 $\frac{1}{x}$항은 $r-(6-r)=1$인 경우이므로 $\quad r=\dfrac{7}{2}$

그런데 r는 정수이므로 ㉠에서 $\frac{1}{x}$항은 존재하지 않는다.

(iii) ㉠에서 상수항은 $6-r=r$, 즉 $r=3$인 경우이므로

$$_6C_3=20$$

이상에서 구하는 상수항은

$$15+20=35$$

답 **35**

0083 $(x-2)^3$의 전개식의 일반항은

$$_3C_r x^{3-r}(-2)^r={}_3C_r(-2)^r x^{3-r} \ (\text{단},\ 0\le r\le 3)$$

$(2x+1)^5$의 전개식의 일반항은

$$_5C_s(2x)^{5-s}={}_5C_s \times 2^{5-s} x^{5-s} \ (\text{단},\ 0\le s\le 5)$$

따라서 $(x-2)^3(2x+1)^5$의 전개식의 일반항은

$$_3C_r \times {}_5C_s(-2)^r 2^{5-s} x^{8-r-s}$$

이때 x^2항은 $8-r-s=2$, 즉 $r+s=6$인 경우이므로

$$r=1,\ s=5 \text{ 또는 } r=2,\ s=4 \text{ 또는 } r=3,\ s=3$$

(i) $r=1,\ s=5$일 때

$$_3C_1 \times {}_5C_5 \times (-2)^1 \times 2^0=-6$$

(ii) $r=2,\ s=4$일 때

$$_3C_2 \times {}_5C_4 \times (-2)^2 \times 2^1=120$$

(iii) $r=3,\ s=3$일 때

$$_3C_3 \times {}_5C_3 \times (-2)^3 \times 2^2=-320$$

이상에서 x^2의 계수는

$$-6+120+(-320)=-206$$

답 ①

0084 $(x-3)^5$의 전개식의 일반항은

$$_5C_r x^{5-r}(-3)^r={}_5C_r(-3)^r x^{5-r} \ (\text{단},\ 0\le r\le 5)$$

$(x+a)^4$의 전개식의 일반항은

$$_4C_s x^{4-s}a^s={}_4C_s a^s x^{4-s} \ (\text{단},\ 0\le s\le 4)$$

따라서 $(x-3)^5(x+a)^4$의 전개식의 일반항은

$$_5C_r \times {}_4C_s(-3)^r a^s x^{9-r-s}$$

이때 x^8항은 $9-r-s=8$, 즉 $r+s=1$인 경우이므로

$$r=0,\ s=1 \text{ 또는 } r=1,\ s=0$$

(i) $r=0,\ s=1$일 때

$$_5C_0 \times {}_4C_1 \times (-3)^0 \times a^1=4a$$

(ii) $r=1,\ s=0$일 때

$$_5C_1 \times {}_4C_0 \times (-3)^1 \times a^0=-15$$

(i), (ii)에서 x^8의 계수는

$$4a-15$$

즉 $4a-15=1$이므로 $\quad a=4$

답 ④

0085 $(x-1)^3$의 전개식의 일반항은

$$_3C_r x^{3-r}(-1)^r={}_3C_r(-1)^r x^{3-r} \ (\text{단},\ 0\le r\le 3)$$

$\left(x+\dfrac{3}{x}\right)^5$의 전개식의 일반항은

$$_5C_s x^{5-s}\left(\frac{3}{x}\right)^s={}_5C_s \times 3^s \times \frac{x^{5-s}}{x^s} \ (\text{단},\ 0\le s\le 5)$$

따라서 $(x-1)^3\left(x+\dfrac{3}{x}\right)^5$의 전개식의 일반항은

$$_3C_r \times {}_5C_s(-1)^r 3^s \times \frac{x^{8-r-s}}{x^s}$$

이때 x^6항은 $(8-r-s)-s=6$, 즉 $r+2s=2$인 경우이므로

$$r=0,\ s=1 \text{ 또는 } r=2,\ s=0$$

(i) $r=0,\ s=1$일 때

$$_3C_0 \times {}_5C_1 \times (-1)^0 \times 3^1=15$$

(ii) $r=2,\ s=0$일 때

$$_3C_2 \times {}_5C_0 \times (-1)^2 \times 3^0=3$$

(i), (ii)에서 x^6의 계수는

$$15+3=18$$

답 **18**

0086 $_1C_0={}_2C_0$이므로

$$\begin{aligned}
&{}_1C_0+{}_2C_1+{}_3C_2+{}_4C_3+{}_5C_4+{}_6C_5\\
&={}_2C_0+{}_2C_1+{}_3C_2+{}_4C_3+{}_5C_4+{}_6C_5\\
&={}_3C_1+{}_3C_2+{}_4C_3+{}_5C_4+{}_6C_5\\
&={}_4C_2+{}_4C_3+{}_5C_4+{}_6C_5\\
&={}_5C_3+{}_5C_4+{}_6C_5\\
&={}_6C_4+{}_6C_5\\
&={}_7C_5\\
&={}_7C_2
\end{aligned}$$

답 ④

0087 $_{n-1}C_5+{}_{n-1}C_6={}_nC_6$이므로

$$_nC_5={}_nC_6$$

즉 $_nC_{n-5}={}_nC_6$이므로

$$n-5=6 \qquad \therefore n=11$$

답 **11**

0088 $\ _7C_1+{}_8C_2+{}_9C_3+{}_{10}C_4+{}_{11}C_5$

$$\begin{aligned}
&={}_7C_0+{}_7C_1+{}_8C_2+{}_9C_3+{}_{10}C_4+{}_{11}C_5-{}_7C_0\\
&={}_8C_1+{}_8C_2+{}_9C_3+{}_{10}C_4+{}_{11}C_5-{}_7C_0\\
&={}_9C_2+{}_9C_3+{}_{10}C_4+{}_{11}C_5-{}_7C_0\\
&={}_{10}C_3+{}_{10}C_4+{}_{11}C_5-{}_7C_0\\
&={}_{11}C_4+{}_{11}C_5-{}_7C_0\\
&={}_{12}C_5-{}_7C_0\\
&={}_{12}C_5-1
\end{aligned}$$

답 ①

0089 $(1+x)^n$의 전개식의 일반항은

$$_nC_r x^r$$

x^2항은 $2\le n\le 20$인 경우에만 나오므로 x^2의 계수는 $(1+x)^2$, $(1+x)^3$, $\cdots$, $(1+x)^{20}$의 각각의 전개식의 x^2의 계수를 더하면 된다.

$(1+x)^2$의 전개식에서 x^2의 계수는 $\quad {}_2C_2$

$(1+x)^3$의 전개식에서 x^2의 계수는 $\quad {}_3C_2$

$$\vdots$$

$(1+x)^{20}$의 전개식에서 x^2의 계수는 $\quad {}_{20}C_2$

따라서 구하는 x^2의 계수는

$$
\begin{aligned}
&{}_2C_2+{}_3C_2+{}_4C_2+{}_5C_2+\cdots+{}_{20}C_2\\
&={}_3C_3+{}_3C_2+{}_4C_2+{}_5C_2+\cdots+{}_{20}C_2\\
&={}_4C_3+{}_4C_2+{}_5C_2+\cdots+{}_{20}C_2\\
&={}_5C_3+{}_5C_2+\cdots+{}_{20}C_2\\
&\qquad\qquad\vdots\\
&={}_{20}C_3+{}_{20}C_2\\
&={}_{21}C_3
\end{aligned}
$$

답 ⑤

0090 ${}_nC_0+{}_nC_1+{}_nC_2+{}_nC_3+\cdots+{}_nC_n=2^n$이므로

$$
\begin{aligned}
{}_nC_1+{}_nC_2+{}_nC_3+\cdots+{}_nC_n&=2^n-{}_nC_0\\
&=2^n-1
\end{aligned}
$$

따라서 주어진 부등식은 $\quad 64\le 2^n-1<128$

$$\therefore 65\le 2^n<129$$

이때 $2^6=64$, $2^7=128$, $2^8=256$이므로

$$n=7$$

답 **7**

0091 ${}_{20}C_0-{}_{20}C_1+{}_{20}C_2-{}_{20}C_3+\cdots-{}_{20}C_{19}+{}_{20}C_{20}=0$이므로

$$
\begin{aligned}
{}_{20}C_1-{}_{20}C_2+{}_{20}C_3-\cdots+{}_{20}C_{19}&={}_{20}C_0+{}_{20}C_{20}\\
&=1+1=2
\end{aligned}
$$

답 ④

0092 ㄱ. ${}_{11}C_1+{}_{11}C_3+{}_{11}C_5+{}_{11}C_7+{}_{11}C_9+{}_{11}C_{11}=2^{11-1}=2^{10}$

이므로

$$
\begin{aligned}
{}_{11}C_1+{}_{11}C_3+{}_{11}C_5+{}_{11}C_7+{}_{11}C_9&=2^{10}-{}_{11}C_{11}\\
&=2^{10}-1\ (거짓)
\end{aligned}
$$

ㄴ. ${}_7C_0-{}_7C_1+{}_7C_2-\cdots-{}_7C_7=0$ (참)

ㄷ. ${}_{30}C_0+{}_{30}C_1+{}_{30}C_2+\cdots+{}_{30}C_{30}=2^{30}=(2^2)^{15}=4^{15}$ (참)

이상에서 옳은 것은 ㄴ, ㄷ이다.

답 ⑤

0093 ${}_{15}C_0+{}_{15}C_2+{}_{15}C_4+\cdots+{}_{15}C_{14}=2^{15-1}=2^{14}$ ··· 1단계

또 ${}_9C_k={}_9C_{9-k}\ (k=0,\ 1,\ 2,\ \cdots,\ 9)$이므로

$${}_9C_0+{}_9C_1+{}_9C_2+{}_9C_3+{}_9C_4={}_9C_9+{}_9C_8+{}_9C_7+{}_9C_6+{}_9C_5$$

이때 ${}_9C_0+{}_9C_1+{}_9C_2+\cdots+{}_9C_9=2^9$이므로

$${}_9C_0+{}_9C_1+{}_9C_2+{}_9C_3+{}_9C_4=\frac{1}{2}\times 2^9=2^8$$ ··· 2단계

따라서 $\dfrac{{}_{15}C_0+{}_{15}C_2+{}_{15}C_4+\cdots+{}_{15}C_{14}}{{}_9C_0+{}_9C_1+{}_9C_2+{}_9C_3+{}_9C_4}=\dfrac{2^{14}}{2^8}=2^6$이므로

$$n=6$$ ··· 3단계

답 **6**

채점 요소	비율
1단계 ${}_{15}C_0+{}_{15}C_2+{}_{15}C_4+\cdots+{}_{15}C_{14}$의 값 구하기	30 %
2단계 ${}_9C_0+{}_9C_1+{}_9C_2+{}_9C_3+{}_9C_4$의 값 구하기	50 %
3단계 n의 값 구하기	20 %

0094 오른쪽 그림과 같이 두 지점 P, Q를 잡으면 A 지점에서 B 지점까지 최단 거리로 가는 경우는 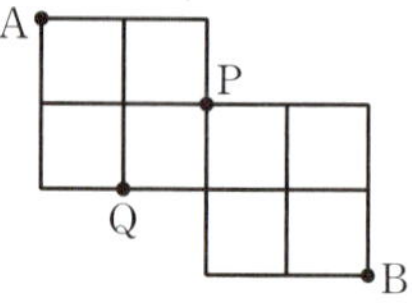

$$\text{A} \to \text{P} \to \text{B},\ \text{A} \to \text{Q} \to \text{B}$$

이다.

(i) A $\to$ P $\to$ B로 가는 경우의 수는

$$\frac{3!}{2!}\times\frac{4!}{2!\times 2!}=18$$

(ii) A $\to$ Q $\to$ B로 가는 경우의 수는

$$\frac{3!}{2!}\times 1\times\frac{3!}{2!}=9$$

(i), (ii)에서 구하는 경우의 수는

$$18+9=27$$

답 **27**

다른 풀이 오른쪽 그림과 같이 지나갈 수 없는 길을 점선으로 연결하고 두 지점 C, D를 잡으면 구하는 경우의 수는 A 지점에서 B 지점까지 최단 거리로 가는 경우의 수에서 C 지점 또는 D 지점을 지나 최단 거리로 가는 경우의 수를 뺀 것과 같으므로 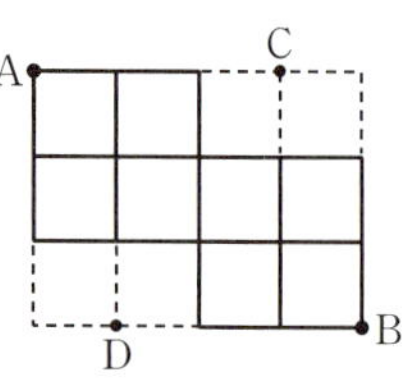

$$\frac{7!}{4!\times 3!}-\left(1\times\frac{4!}{3!}+\frac{4!}{3!}\times 1\right)=27$$

0095 오른쪽 그림과 같이 세 지점 P, Q, R를 잡으면 A 지점에서 B 지점까지 최단 거리로 가는 경우는 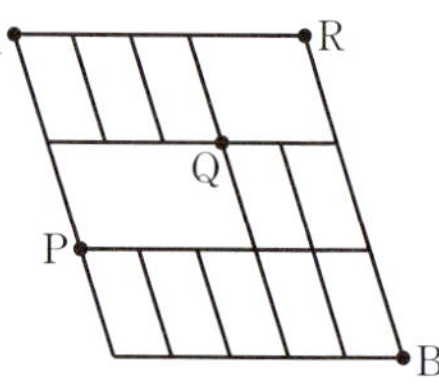

$$\text{A} \to \text{P} \to \text{B},\ \text{A} \to \text{Q} \to \text{B},$$
$$\text{A} \to \text{R} \to \text{B}$$

이다.

(i) A $\to$ P $\to$ B로 가는 경우의 수는

$$1\times\frac{6!}{5!}=6$$

(ii) A $\to$ Q $\to$ B로 가는 경우의 수는

$$\frac{4!}{3!}\times\frac{4!}{2!\times 2!}=24$$

(iii) A $\to$ R $\to$ B로 가는 경우의 수는

$$1\times 1=1$$

이상에서 구하는 경우의 수는

$$6+24+1=31$$

답 **31**

다른 풀이 오른쪽 그림과 같이 지나갈 수 없는 길을 점선으로 연결하고 여섯 지점 C, D, E, F, G, H를 잡으면 구하는 경우의 수는 A 지점에서 B 지점까지 최단 거리로 가는 경우의 수에서

$$\text{A} \to \text{C} \to \text{D} \to \text{B},\ \text{A} \to \text{E} \to \text{F} \to \text{B},$$
$$\text{A} \to \text{G} \to \text{H} \to \text{B}$$

로 가는 경우의 수를 빼면 된다.

따라서 구하는 경우의 수는

$$\frac{8!}{5! \times 3!} - \left(2 \times 1 \times \frac{5!}{4!} + \frac{3!}{2!} \times 1 \times \frac{4!}{3!} + 1 \times 1 \times \frac{3!}{2!}\right)$$
$$= 31$$

0096 오른쪽 그림과 같이 다섯 지점 P, Q, R, S, T를 잡으면 A 지점에서 B 지점까지 최단 거리로 가는 경우는

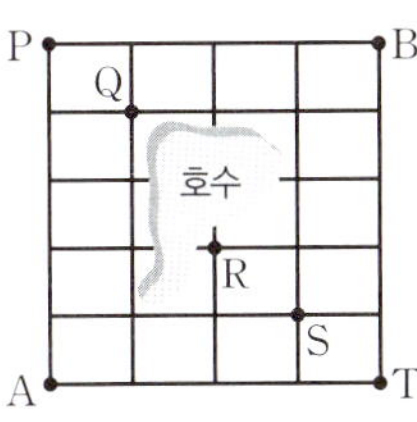

$$A \to P \to B, \ A \to Q \to B,$$
$$A \to R \to B, \ A \to S \to B,$$
$$A \to T \to B$$

이다.

(i) $A \to P \to B$로 가는 경우의 수는

$$1 \times 1 = 1$$

(ii) $A \to Q \to B$로 가는 경우의 수는

$$\frac{5!}{4!} \times \frac{4!}{3!} = 20$$

(iii) $A \to R \to B$로 가는 경우의 수는

$$\frac{3!}{2!} \times 1 \times 1 \times \frac{4!}{3!} = 12$$

(iv) $A \to S \to B$로 가는 경우의 수는

$$\frac{4!}{3!} \times \frac{5!}{4!} = 20$$

(v) $A \to T \to B$로 가는 경우의 수는

$$1 \times 1 = 1$$

이상에서 구하는 경우의 수는

$$1 + 20 + 12 + 20 + 1 = 54$$

답 54

0097 오른쪽 그림과 같이 세 지점 P, Q, R를 잡고 지나갈 수 없는 길을 점선으로 연결한 후 두 지점 C, D를 잡자. A 지점에서 B 지점까지 최단 거리로 가는 경우는

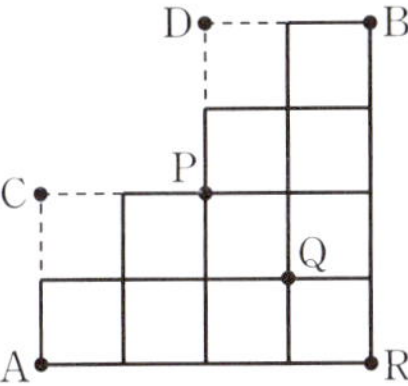

$$A \to P \to B, \ A \to Q \to B,$$
$$A \to R \to B$$

이다.

(i) $A \to P \to B$로 가는 경우의 수는

$$\left(\frac{4!}{2! \times 2!} - 1\right) \quad \text{A} \to \text{C} \to \text{P로 가는 경우의 수}$$
$$\times \left(\frac{4!}{2! \times 2!} - 1\right) \quad \text{P} \to \text{D} \to \text{B로 가는 경우의 수}$$
$$= 25$$

(ii) $A \to Q \to B$로 가는 경우의 수는

$$\frac{4!}{3!} \times \frac{4!}{3!} = 16$$

(iii) $A \to R \to B$로 가는 경우의 수는

$$1 \times 1 = 1$$

이상에서 구하는 경우의 수는

$$25 + 16 + 1 = 42$$

답 42

0098 $(1+x)^{20} = {}_{20}C_0 + {}_{20}C_1 x + {}_{20}C_2 x^2 + \cdots + {}_{20}C_{20} x^{20}$

이 식에 $x = 30$을 대입하면

$$31^{20} = {}_{20}C_0 + {}_{20}C_1 \times 30 + {}_{20}C_2 \times 30^2 + {}_{20}C_3 \times 30^3 + \cdots$$
$$+ {}_{20}C_{20} \times 30^{20}$$
$$= 1 + 20 \times 30$$
$$+ 30^2({}_{20}C_2 + {}_{20}C_3 \times 30 + \cdots + {}_{20}C_{20} \times 30^{18})$$
$$= 601 + 30^2({}_{20}C_2 + {}_{20}C_3 \times 30 + \cdots + {}_{20}C_{20} \times 30^{18})$$

이때 $30^2({}_{20}C_2 + {}_{20}C_3 \times 30 + \cdots + {}_{20}C_{20} \times 30^{18})$은 900으로 나누어떨어지므로 31^{20}을 900으로 나누었을 때의 나머지는 601이다.

답 ⑤

0099 $(1+x)^{20} = {}_{20}C_0 + {}_{20}C_1 x + {}_{20}C_2 x^2 + \cdots + {}_{20}C_{20} x^{20}$

이 식에 $x = 7$을 대입하면

$$(1+7)^{20} = {}_{20}C_0 + {}_{20}C_1 \times 7 + {}_{20}C_2 \times 7^2 + \cdots + {}_{20}C_{20} \times 7^{20}$$
$$\therefore {}_{20}C_0 + 7 \times {}_{20}C_1 + 7^2 \times {}_{20}C_2 + \cdots + 7^{20} \times {}_{20}C_{20}$$
$$= 8^{20} = (2^3)^{20} = 2^{60}$$

답 ③

0100 11^{30}
$$= (1+10)^{30}$$
$$= {}_{30}C_0 + {}_{30}C_1 \times 10 + {}_{30}C_2 \times 10^2 + {}_{30}C_3 \times 10^3 + \cdots$$
$$+ {}_{30}C_{30} \times 10^{30}$$
$$= 1 + 30 \times 10 + 435 \times 100 + 10^3({}_{30}C_3 + \cdots + {}_{30}C_{30} \times 10^{27})$$
$$= 43801 + 10^3({}_{30}C_3 + \cdots + {}_{30}C_{30} \times 10^{27}) \quad \text{··· 1단계}$$

이때 $10^3({}_{30}C_3 + \cdots + {}_{30}C_{30} \times 10^{27})$은 백의 자리 이하의 숫자가 모두 0이므로 11^{30}의 백의 자리 숫자는 8, 십의 자리의 숫자는 0, 일의 자리의 숫자는 1이다.

즉 $a = 8$, $b = 0$, $c = 1$이므로

$$a - b - c = 7 \quad \text{··· 2단계}$$

답 7

채점 요소		비율
1단계	11^{30} 변형하기	60 %
2단계	$a - b - c$의 값 구하기	40 %

0101 8^{13}
$$= (1+7)^{13}$$
$$= {}_{13}C_0 + {}_{13}C_1 \times 7 + {}_{13}C_2 \times 7^2 + \cdots + {}_{13}C_{13} \times 7^{13}$$

이때 ${}_{13}C_1 \times 7 + {}_{13}C_2 \times 7^2 + \cdots + {}_{13}C_{13} \times 7^{13}$은 7로 나누어떨어지므로 8^{13}을 7로 나누었을 때의 나머지는 ${}_{13}C_0$, 즉 1이다.

따라서 오늘부터 8^{13}일 후는 화요일이다.

답 ②

0102 11명의 직원 중에서 회의에 참석할 직원을

6명 뽑는 경우의 수는 ${}_{11}C_6$

7명 뽑는 경우의 수는 ${}_{11}C_7$

$$\vdots$$

11명 뽑는 경우의 수는 ${}_{11}C_{11}$

따라서 회의에 참석할 직원을 6명 이상 뽑는 경우의 수는

$${}_{11}C_6 + {}_{11}C_7 + {}_{11}C_8 + {}_{11}C_9 + {}_{11}C_{10} + {}_{11}C_{11}$$

$_{11}C_k=_{11}C_{11-k}$ $(k=0, 1, 2, \cdots, 11)$이므로

$$_{11}C_6+_{11}C_7+_{11}C_8+_{11}C_9+_{11}C_{10}+_{11}C_{11}$$
$$=_{11}C_5+_{11}C_4+_{11}C_3+_{11}C_2+_{11}C_1+_{11}C_0$$

이때 $_{11}C_0+_{11}C_1+_{11}C_2+\cdots+_{11}C_{11}=2^{11}$이므로

$$_{11}C_6+_{11}C_7+_{11}C_8+_{11}C_9+_{11}C_{10}+_{11}C_{11}=\frac{1}{2}\times2^{11}$$
$$=2^{10}$$
$$=1024 \qquad \text{답 ②}$$

0103 원소가 1개인 부분집합의 개수는 $_8C_1$

원소가 3개인 부분집합의 개수는 $_8C_3$

원소가 5개인 부분집합의 개수는 $_8C_5$

원소가 7개인 부분집합의 개수는 $_8C_7$

따라서 원소의 개수가 홀수인 부분집합의 개수는

$$_8C_1+_8C_3+_8C_5+_8C_7=2^{8-1}=2^7=128 \qquad \text{답 ④}$$

0104 원 위의 서로 다른 9개의 점 중에서

3개의 점을 꼭짓점으로 하는 삼각형의 개수는

$$_9C_3$$

4개의 점을 꼭짓점으로 하는 사각형의 개수는

$$_9C_4$$

5개의 점을 꼭짓점으로 하는 오각형의 개수는

$$_9C_5$$
$$\vdots$$

9개의 점을 꼭짓점으로 하는 구각형의 개수는

$$_9C_9$$

따라서 모든 다각형의 개수는

$$_9C_3+_9C_4+_9C_5+\cdots+_9C_9$$
$$=_9C_0+_9C_1+_9C_2+\cdots+_9C_9-(_9C_0+_9C_1+_9C_2)$$
$$=2^9-(1+9+36)=466 \qquad \text{답 466}$$

0105 서로 다른 6개의 놀이기구에서 3개를 택하는 중복순열의 수와 같으므로

$$_6\Pi_3=6^3=216 \qquad \text{답 216}$$

0106 조건 (개)에 의하여 X, Y에서 중복을 허락하여 2개를 택해 양 끝에 나열하는 경우의 수는

$$_2\Pi_2=2^2=4$$

조건 (내)에 의하여 양 끝을 제외한 네 자리 중에서 a의 자리를 정하는 경우의 수는 $_4C_1=4$

b, X, Y에서 중복을 허락하여 3개를 택해 나머지 세 자리에 나열하는 경우의 수는

$$_3\Pi_3=3^3=27$$

따라서 구하는 경우의 수는

$$4\times4\times27=432 \qquad \text{답 ③}$$

0107 $A\cap B=\{1, 2\}$이므로 1, 2를 제외한 나머지 4개의 원소 3, 4, 5, 6은 집합 $A-B$ 또는 집합 $B-A$ 또는 집합 $(A\cup B)^c$에 속한다.

따라서 구하는 경우의 수는 세 집합 $A-B$, $B-A$, $(A\cup B)^c$에서 4개를 택하는 중복순열의 수와 같으므로

$$_3\Pi_4=3^4=81 \qquad \text{답 81}$$

0108 (i) 3□□□ 꼴의 자연수의 개수는

$$_5\Pi_3=5^3=125$$

(ii) 4□□□ 꼴의 자연수의 개수는

$$_5\Pi_3=5^3=125$$

(i), (ii)에서 3000 이상의 자연수의 개수는

$$125+125=250$$

이므로 3000보다 큰 자연수의 개수는

$$250-1=249 \qquad \text{답 249}$$
$$\underset{3000\text{을 제외한다.}}{}$$

0109 $f(a)=f(b)$이므로 $f(a)$, $f(b)$의 값을 정하는 경우의 수는 $_3C_1=3$

$f(c)$, $f(d)$의 값을 정하는 경우의 수는 Y의 원소 1, 2, 3의 3개에서 2개를 택하는 중복순열의 수와 같으므로

$$_3\Pi_2=3^2=9$$

따라서 구하는 함수의 개수는 $3\times9=27$ 답 27

0110 $f(1)=a$인 함수의 개수는 Y의 원소 a, b, c의 3개에서 5개를 택하는 중복순열의 수와 같으므로

$$_3\Pi_5=3^5=243$$

이때 $f(1)=a$이므로 함수의 치역은

$$\{a\} \text{ 또는 } \{a, b\} \text{ 또는 } \{a, c\} \text{ 또는 } \{a, b, c\}$$

(i) $f(1)=a$이고 치역이 $\{a\}$인 경우

$f(2)=f(3)=f(4)=f(5)=f(6)=a$이므로 함수의 개수는

$$1$$

(ii) $f(1)=a$이고 치역이 $\{a, b\}$인 경우

$f(2)$, $f(3)$, $f(4)$, $f(5)$, $f(6)$의 값을 정하는 경우의 수는 Y의 원소 a, b의 2개에서 5개를 택하는 중복순열의 수와 같으므로

$$_2\Pi_5=2^5=32$$

그런데 $f(2)=f(3)=f(4)=f(5)=f(6)=a$인 경우는 제외해야 하므로 함수의 개수는

$$32-1=31$$

(iii) $f(1)=a$이고 치역이 $\{a, c\}$인 경우

(ii)와 같은 방법으로 하면 함수의 개수는 31

이상에서 구하는 함수의 개수는

$$243-(1+31+31)=180 \qquad \text{답 180}$$

0111 (i) a와 a 사이에 b를 나열하는 경우

a, b, a를 한 문자 X로 생각하여 4개의 문자 X, b, c, c를 일렬로 나열하는 경우의 수는

$$\frac{4!}{2!}=12$$

(ii) a와 a 사이에 c를 나열하는 경우

a, c, a를 한 문자 Y로 생각하여 4개의 문자 Y, b, b, c를 일렬로 나열하는 경우의 수는

$$\frac{4!}{2!}=12$$

(i), (ii)에서 구하는 경우의 수는

$$12+12=24$$

답 24

0112 8개의 숫자 중 홀수가 4개, 짝수가 4개이므로 홀수는 홀수 번째 자리에 오고 짝수는 짝수 번째 자리에 오도록 나열하면 된다.

홀수 번째 자리에 홀수 1, 1, 1, 3을 나열하는 경우의 수는

$$\frac{4!}{3!}=4$$

짝수 번째 자리에 짝수 2, 2, 4, 4를 나열하는 경우의 수는

$$\frac{4!}{2!\times2!}=6$$

따라서 구하는 경우의 수는

$$4\times6=24$$

답 24

0113 i, i, e를 모두 A로 생각하여 p, r, A, n, c, A, p, l, A를 일렬로 나열한 후 첫 번째 A와 세 번째 A를 i로, 두 번째 A를 e로 바꾸면 된다.

따라서 구하는 경우의 수는

$$\frac{9!}{2!\times3!}=30240$$

답 ⑤

0114 A 지점에서 B 지점까지 최단 거리로 가는 경우의 수는

$$\frac{10!}{5!\times5!}=252$$

A 지점에서 P 지점과 Q 지점 사이의 도로를 지나 B 지점까지 최단 거리로 가는 경우의 수는

$$\frac{4!}{2!\times2!}\times1\times\frac{5!}{3!\times2!}=60$$

따라서 구하는 경우의 수는

$$252-60=192$$

답 192

0115 먼저 3명의 학생 A, B, C에게 검은 바둑돌을 1개씩 주고 남은 흰 바둑돌 4개와 검은 바둑돌 3개를 나누어 주면 된다.

흰 바둑돌 4개를 나누어 주는 경우의 수는 서로 다른 3개에서 4개를 택하는 중복조합의 수와 같으므로

$$_3H_4={}_6C_4={}_6C_2=15$$

검은 바둑돌 3개를 나누어 주는 경우의 수는 서로 다른 3개에서 3개를 택하는 중복조합의 수와 같으므로

$$_3H_3={}_5C_3={}_5C_2=10$$

따라서 구하는 경우의 수는

$$15\times10=150$$

답 150

0116 (i) $w=0$일 때

$x+y+z+3w=6$에서

$$x+y+z=6$$

이 방정식의 음이 아닌 정수인 해의 개수는

$$_3H_6={}_8C_6={}_8C_2=28$$

(ii) $w=1$일 때

$x+y+z+3w=6$에서

$$x+y+z=3$$

이 방정식의 음이 아닌 정수인 해의 개수는

$$_3H_3={}_5C_3={}_5C_2=10$$

(iii) $w=2$일 때

$x+y+z+3w=6$에서

$$x+y+z=0$$

이 방정식의 음이 아닌 정수인 해의 개수는

$$_3H_0={}_2C_0=1$$

이상에서 구하는 해의 개수는

$$28+10+1=39$$

답 39

0117 조건 ㈏에서

$$a=2,\ b=3\ \text{또는}\ a=3,\ b=2$$

이때 $a+b=5$이므로 조건 ㈎에서

$$c+d+e=7$$

$c=c'+1$, $d=d'+1$, $e=e'+1$로 놓으면 c', d', e'은 음이 아닌 정수이고, $c+d+e=7$에서

$$(c'+1)+(d'+1)+(e'+1)=7$$
$$\therefore\ c'+d'+e'=4$$

이를 만족시키는 c', d', e'의 순서쌍 $(c',\ d',\ e')$의 개수는

$$_3H_4={}_6C_4={}_6C_2=15$$

따라서 구하는 순서쌍 $(a,\ b,\ c,\ d,\ e)$의 개수는

$$2\times15=30$$

답 ①

0118 1, 2, 3, 4, 5의 5개의 자연수 중에서 중복을 허용하여 3개를 택해 작거나 같은 수부터 순서대로 $|a|$, $|b|$, $|c|$의 값으로 정하면 되므로 순서쌍 $(|a|,\ |b|,\ |c|)$의 개수는

$$_5H_3={}_7C_3=35$$

이때 각각의 $|a|$, $|b|$, $|c|$에 대하여 a, b, c는 음의 정수와 양의 정수의 2개가 각각 존재하므로 구하는 순서쌍 $(a,\ b,\ c)$의 개수는

$$2^3\times35=280$$

답 280

0119 $f(1) \leq f(2) \leq f(3) = f(4)$이므로 Y의 원소 -2, -1, 0, 1, 2의 5개에서 중복을 허용하여 3개를 택해 작거나 같은 수부터 순서대로 X의 원소 1, 2, 3에 대응시키면 된다.

이때 $f(3) = f(4)$이므로 $f(3)$의 값이 정해지면 $f(4)$의 값도 정해진다.

따라서 구하는 함수의 개수는 서로 다른 5개에서 3개를 택하는 중복조합의 수와 같으므로
$$_5H_3 = {}_7C_3 = 35$$
답 ⑤

0120 $\dfrac{(1+x)^8 - 1}{x}$의 전개식에서 x^3의 계수는 $(1+x)^8$의 전개식에서 x^4의 계수와 같다.

$(1+x)^8$의 전개식의 일반항은 $\quad {}_8C_r\, x^r$

이때 x^4항은 $r = 4$인 경우이므로 x^4의 계수는
$$_8C_4 = 70$$
따라서 구하는 x^3의 계수는 70이다.
답 ④

0121 $\left(ax - \dfrac{2}{ax}\right)^7$의 전개식에서 각 항의 계수의 총합은 $x = 1$을 대입한 식의 값과 같으므로
$$\left(a - \frac{2}{a}\right)^7 = 1$$
즉 $a - \dfrac{2}{a} = 1$이므로 $\quad a^2 - a - 2 = 0$
$$(a+1)(a-2) = 0 \quad \therefore a = 2 \ (\because a > 0)$$
따라서 $\left(2x - \dfrac{1}{x}\right)^7$의 전개식의 일반항은
$$_7C_r(2x)^{7-r}\left(-\frac{1}{x}\right)^r = {}_7C_r \times 2^{7-r}(-1)^r \frac{x^{7-r}}{x^r}$$
이때 $\dfrac{1}{x}$항은 $r - (7-r) = 1$, 즉 $r = 4$인 경우이므로 구하는 $\dfrac{1}{x}$의 계수는
$$_7C_4 \times 2^3 \times (-1)^4 = 280$$
답 ④

0122 $(2x+1)^4$의 전개식의 일반항은
$$_4C_r(2x)^r = {}_4C_r \times 2^r x^r \qquad \cdots\cdots \ \bigcirc$$
이때 $(ax^2 + 1)(2x+1)^4 = ax^2(2x+1)^4 + (2x+1)^4$이므로 x^4항은
$$ax^2 \times (\bigcirc\text{의 } x^2\text{항}), \ (\bigcirc\text{의 } x^4\text{항})$$
일 때 나타난다.

(i) $\bigcirc$에서 x^2항은 $r = 2$인 경우이므로
$$_4C_2 \times 2^2 x^2 = 24x^2$$
(ii) $\bigcirc$에서 x^4항은 $r = 4$인 경우이므로
$$_4C_4 \times 2^4 x^4 = 16x^4$$
(i), (ii)에서 x^4의 계수는
$$a \times 24 + 16 = 24a + 16$$
따라서 $24a + 16 = -56$이므로
$$24a = -72 \quad \therefore a = -3$$

즉 주어진 식은 $(-3x^2 + 1)(2x+1)^4$이고 이 식의 전개식에서 x^3항은
$$-3x^2 \times (\bigcirc\text{의 } x\text{항}), \ (\bigcirc\text{의 } x^3\text{항})$$
일 때 나타난다.

(iii) $\bigcirc$에서 x항은 $r = 1$인 경우이므로
$$_4C_1 \times 2x = 8x$$
(iv) $\bigcirc$에서 x^3항은 $r = 3$인 경우이므로
$$_4C_3 \times 2^3 x^3 = 32x^3$$
(iii), (iv)에서 구하는 x^3의 계수는
$$-3 \times 8 + 32 = 8$$
답 8

0123 ${}_3C_1 + {}_4C_2 + {}_5C_3 + {}_6C_4 + {}_7C_5 + {}_8C_6 + {}_9C_7$
$= {}_3C_0 + {}_3C_1 + {}_4C_2 + {}_5C_3 + {}_6C_4 + {}_7C_5 + {}_8C_6 + {}_9C_7 - {}_3C_0$
$= {}_4C_1 + {}_4C_2 + {}_5C_3 + {}_6C_4 + {}_7C_5 + {}_8C_6 + {}_9C_7 - {}_3C_0$
$= {}_5C_2 + {}_5C_3 + {}_6C_4 + {}_7C_5 + {}_8C_6 + {}_9C_7 - {}_3C_0$
$$\vdots$$
$= {}_9C_6 + {}_9C_7 - {}_3C_0$
$= {}_{10}C_7 - {}_3C_0 = {}_{10}C_3 - 1$
답 ①

0124 $(1+2x)^n$의 전개식의 일반항은
$$_nC_r(2x)^r = {}_nC_r \times 2^r x^r$$
x^4항은 $4 \leq n \leq 10$인 경우에만 나오므로 x^4의 계수는 $(1+2x)^4$, $(1+2x)^5$, $\cdots$, $(1+2x)^{10}$의 각각의 전개식의 x^4의 계수를 더하면 된다.

$(1+2x)^4$의 전개식에서 x^4의 계수는 $\quad {}_4C_4 \times 2^4$

$(1+2x)^5$의 전개식에서 x^4의 계수는 $\quad {}_5C_4 \times 2^4$
$$\vdots$$
$(1+2x)^{10}$의 전개식에서 x^4의 계수는 $\quad {}_{10}C_4 \times 2^4$

따라서 구하는 x^4의 계수는
$${}_4C_4 \times 2^4 + {}_5C_4 \times 2^4 + {}_6C_4 \times 2^4 + \cdots + {}_{10}C_4 \times 2^4$$
$= 2^4({}_4C_4 + {}_5C_4 + {}_6C_4 + \cdots + {}_{10}C_4)$
$= 2^4({}_5C_5 + {}_5C_4 + {}_6C_4 + \cdots + {}_{10}C_4)$
$= 2^4({}_6C_5 + {}_6C_4 + \cdots + {}_{10}C_4)$
$$\vdots$$
$= 2^4({}_{10}C_5 + {}_{10}C_4)$
$= 2^4 \times {}_{11}C_5 = 2^5 \times 231$
$$\therefore k = 231$$
답 ③

0125 ${}_{2n+1}C_0 + {}_{2n+1}C_2 + {}_{2n+1}C_4 + {}_{2n+1}C_6 + \cdots + {}_{2n+1}C_{2n}$
$= 2^{(2n+1)-1} = 2^{2n}$

이므로
$${}_{2n+1}C_2 + {}_{2n+1}C_4 + {}_{2n+1}C_6 + \cdots + {}_{2n+1}C_{2n}$$
$= 2^{2n} - {}_{2n+1}C_0$
$= 2^{2n} - 1$

즉 $2^{2n} - 1 = 255$이므로 $\quad 2^{2n} = 256 = 2^8$
$$\therefore n = 4$$
답 4

0126 ㄱ. $_{10}C_0+_{10}C_1+_{10}C_2+\cdots+_{10}C_9+_{10}C_{10}=2^{10}$이므로

$$_{10}C_0+_{10}C_1+_{10}C_2+\cdots+_{10}C_9=2^{10}-_{10}C_{10}$$
$$=2^{10}-1 \text{ (참)}$$

ㄴ. $_4C_0-_4C_1+_4C_2-_4C_3+_4C_4=0$ (거짓)

ㄷ. $_{13}C_0+_{13}C_2+_{13}C_4+_{13}C_6+_{13}C_8+_{13}C_{10}+_{13}C_{12}=2^{13-1}=2^{12}$
이므로

$$_{13}C_2+_{13}C_4+_{13}C_6+_{13}C_8+_{13}C_{10}+_{13}C_{12}$$
$$=2^{12}-_{13}C_0=2^{12}-1 \text{ (참)}$$

이상에서 옳은 것은 ㄱ, ㄷ이다. **답 ④**

0127 $(x+1)^{10}=_{10}C_0x^{10}+_{10}C_1x^9+_{10}C_2x^8+\cdots+_{10}C_{10}$

이 식에 $x=2$를 대입하면

$$3^{10}=_{10}C_0\times2^{10}+_{10}C_1\times2^9+_{10}C_2\times2^8+\cdots+_{10}C_{10}$$
$$\therefore \ _{10}C_1\times2^9+_{10}C_2\times2^8+_{10}C_3\times2^7+\cdots+_{10}C_9\times2+_{10}C_{10}$$
$$=3^{10}-_{10}C_0\times2^{10}=3^{10}-2^{10}$$

답 ②

0128 $(x-1)^{11}$
$$=_{11}C_0x^{11}+_{11}C_1x^{10}\times(-1)+_{11}C_2x^9\times(-1)^2+\cdots$$
$$+_{11}C_{11}(-1)^{11}$$

이 식에 $x=10$을 대입하면

$$9^{11}$$
$$=_{11}C_0\times10^{11}+_{11}C_1\times10^{10}\times(-1)+\cdots$$
$$+_{11}C_9\times10^2\times(-1)^9+_{11}C_{10}\times10\times(-1)^{10}$$
$$+_{11}C_{11}(-1)^{11}$$
$$=10^2\{_{11}C_0\times10^9+_{11}C_1\times10^8\times(-1)+\cdots$$
$$+_{11}C_9(-1)^9\}$$
$$+109$$

이때
$10^2\{_{11}C_0\times10^9+_{11}C_1\times10^8\times(-1)+\cdots+_{11}C_9(-1)^9\}$은
100으로 나누어떨어지므로 9^{11}을 100으로 나누었을 때의 나머지
는 109를 100으로 나누었을 때의 나머지와 같다.
따라서 구하는 나머지는 9이다. **답 9**

0129 $f(1)+f(2)=2$이므로

$$f(1)=0, \ f(2)=2 \ \text{또는} \ f(1)=1, \ f(2)=1$$
$$\text{또는} \ f(1)=2, \ f(2)=0 \qquad \cdots \text{1단계}$$

이때 $f(3)$, $f(4)$의 값을 정하는 경우의 수는 Y의 원소 $0, 1, 2$,
$3, 4$의 5개에서 2개를 택하는 중복순열의 수와 같으므로

$$_5\Pi_2=5^2=25 \qquad \cdots \text{2단계}$$

따라서 구하는 함수의 개수는

$$3\times25=75 \qquad \cdots \text{3단계}$$

답 75

채점 요소		비율
1단계	$f(1)+f(2)=2$를 만족시키는 $f(1)$, $f(2)$의 값 구하기	40 %
2단계	$f(3)$, $f(4)$의 값을 정하는 경우의 수 구하기	40 %
3단계	함수의 개수 구하기	20 %

0130 3의 배수는 각 자리의 숫자의 합이 3의 배수이다.
이때 $1, 1, 1, 2, 2, 3$ 중에서 4개를 택하여 그 합이 3의 배수가
되는 경우는

$$1, 1, 1, 3 \ \text{또는} \ 1, 1, 2, 2 \qquad \cdots \text{1단계}$$

$1, 1, 1, 3$을 일렬로 나열하는 경우의 수는

$$\frac{4!}{3!}=4$$

$1, 1, 2, 2$를 일렬로 나열하는 경우의 수는

$$\frac{4!}{2!\times2!}=6 \qquad \cdots \text{2단계}$$

따라서 구하는 3의 배수의 개수는

$$4+6=10 \qquad \cdots \text{3단계}$$

답 10

채점 요소		비율
1단계	4개의 숫자의 합이 3의 배수인 경우 구하기	40 %
2단계	$1, 1, 1, 3$과 $1, 1, 2, 2$를 일렬로 나열하는 경우의 수 구하기	50 %
3단계	3의 배수의 개수 구하기	10 %

0131 (i) 짜장면을 3인분 이상 주문하는 경우
먼저 짜장면을 3인분 주문하고 짜장면, 짬뽕, 볶음밥 중에서 5
인분을 더 주문하면 된다.
따라서 이 경우의 수는 서로 다른 3개에서 5개를 택하는 중복
조합의 수와 같으므로

$$a=_3H_5=_7C_5=_7C_2=21 \qquad \cdots \text{1단계}$$

(ii) 짜장면, 짬뽕, 볶음밥을 각각 적어도 2인분씩 주문하는 경우
먼저 짜장면, 짬뽕, 볶음밥을 각각 2인분씩 주문하고 짜장면,
짬뽕, 볶음밥 중에서 2인분을 더 주문하면 된다.
따라서 이 경우의 수는 서로 다른 3개에서 2개를 택하는 중복
조합의 수와 같으므로

$$b=_3H_2=_4C_2=6 \qquad \cdots \text{2단계}$$

(i), (ii)에서 $a+b=27$ $\qquad \cdots \text{3단계}$

답 27

채점 요소		비율
1단계	a의 값 구하기	40 %
2단계	b의 값 구하기	40 %
3단계	$a+b$의 값 구하기	20 %

0132 $(3x+k)^6$의 전개식의 일반항은

$$_6C_r(3x)^{6-r}k^r=_6C_r\times3^{6-r}k^rx^{6-r} \qquad \cdots \text{1단계}$$

x^3항은 $6-r=3$, 즉 $r=3$인 경우이므로

$$_6C_3\times3^3k^3x^3=540k^3x^3 \qquad \cdots \text{2단계}$$

x^2항은 $6-r=2$, 즉 $r=4$인 경우이므로

$$_6C_4\times3^2k^4x^2=135k^4x^2 \qquad \cdots \text{3단계}$$

이때 x^3의 계수와 x^2의 계수가 같으므로

$$540k^3=135k^4$$
$$\therefore \ k=4 \ (\because \ k>0) \qquad \cdots \text{4단계}$$

답 4

채점 요소	비율
1단계 전개식의 일반항 구하기	20 %
2단계 x^3의 계수 구하기	30 %
3단계 x^2의 계수 구하기	30 %
4단계 k의 값 구하기	20 %

0133 **전략** 택한 7장의 카드 중에서 짝수가 적혀 있는 카드와 홀수가 적혀 있는 카드의 장수에 따라 경우를 나누어 생각한다.

서로 이웃한 2장의 카드에 적혀 있는 수의 곱 모두가 짝수가 되려면 홀수가 적혀 있는 카드끼리 이웃하지 않아야 한다.

이때 8장의 카드 중에서 짝수가 적혀 있는 카드와 홀수가 적혀 있는 카드는 각각 4장이다.

(i) 짝수가 적혀 있는 카드 3장과 홀수가 적혀 있는 카드 4장을 택하는 경우

홀수 1, 1, 3, 3이 적혀 있는 카드 4장을 일렬로 나열하는 경우의 수는

$$\frac{4!}{2! \times 2!} = 6$$

홀수가 적혀 있는 카드 사이사이에 짝수 2, 2, 2 또는 2, 2, 4가 적혀 있는 카드 3장을 나열하는 경우의 수는

$$1 + \frac{3!}{2!} = 4$$

따라서 이 경우의 수는

$$6 \times 4 = 24$$

(ii) 짝수가 적혀 있는 카드 4장과 홀수가 적혀 있는 카드 3장을 택하는 경우

짝수 2, 2, 2, 4가 적혀 있는 카드 4장을 일렬로 나열하는 경우의 수는

$$\frac{4!}{3!} = 4$$

짝수가 적혀 있는 카드 사이사이와 양 끝의 5개의 자리 중에서 3개를 택하여 홀수 1, 1, 3 또는 1, 3, 3이 적혀 있는 카드 3장을 나열하는 경우의 수는

$$_5\mathrm{C}_3 \times \left(\frac{3!}{2!} + \frac{3!}{2!} \right) = 60$$

따라서 이 경우의 수는

$$4 \times 60 = 240$$

(i), (ii)에서 구하는 경우의 수는

$$24 + 240 = 264$$

답 ①

0134 **전략** 가로, 세로, 아래로 한 칸 이동하는 것을 각각 a, b, c로 생각하고 같은 것이 있는 순열의 수를 이용한다.

오른쪽 그림과 같이 지날 수 없는 모서리를 점선으로 연결하고 두 점 P, Q를 잡자.

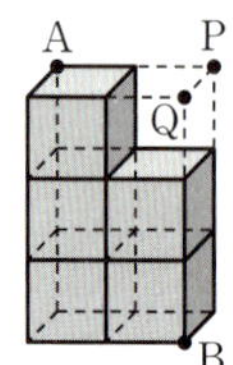

가로로 한 칸 이동하는 것을 a, 세로로 한 칸 이동하는 것을 b, 아래로 한 칸 이동하는 것을 c라 하면 꼭짓점 A에서 꼭짓점 B까지 최단 거리로 가는 경우의 수는 a, a, b, c, c, c를 일렬로 나열하는 경우의 수와 같으므로

$$\frac{6!}{2! \times 3!} = 60$$

(i) A → P → B로 가는 경우의 수는 $\quad 1 \times \dfrac{4!}{3!} = 4$

(ii) A → Q → B로 가는 경우의 수는 $\quad \dfrac{3!}{2!} \times 1 = 3$

(iii) A → P → Q → B로 가는 경우의 수는 $\quad 1 \times 1 \times 1 = 1$

이상에서 꼭짓점 A에서 꼭짓점 P 또는 꼭짓점 Q를 지나 꼭짓점 B까지 가는 경우의 수는

$$4 + 3 - 1 = 6$$

따라서 구하는 경우의 수는

$$60 - 6 = 54$$

답 54

0135 **전략** $(_n\mathrm{C}_r)^2 = {}_n\mathrm{C}_r \times {}_n\mathrm{C}_{n-r}$임을 이용한다.

$(1+x)^{15}(1+x)^{15}$의 전개식의 일반항은

$$_{15}\mathrm{C}_r x^r \times {}_{15}\mathrm{C}_s x^s = {}_{15}\mathrm{C}_r \times {}_{15}\mathrm{C}_s x^{r+s}$$

$$(단, \ 0 \le r \le 15, \ 0 \le s \le 15)$$

이때 x^{15}항은 $r+s=15$인 경우이므로 이를 만족시키는 r, s의 순서쌍 (r, s)는

$$(0, 15), (1, 14), (2, 13), \cdots, (15, 0)$$

따라서 x^{15}의 계수는

$$_{15}\mathrm{C}_0 \times {}_{15}\mathrm{C}_{15} + {}_{15}\mathrm{C}_1 \times {}_{15}\mathrm{C}_{14} + {}_{15}\mathrm{C}_2 \times {}_{15}\mathrm{C}_{13} + \cdots$$
$$+ {}_{15}\mathrm{C}_{15} \times {}_{15}\mathrm{C}_0$$
$$= {}_{15}\mathrm{C}_0 \times {}_{15}\mathrm{C}_0 + {}_{15}\mathrm{C}_1 \times {}_{15}\mathrm{C}_1 + {}_{15}\mathrm{C}_2 \times {}_{15}\mathrm{C}_2 + \cdots$$
$$+ {}_{15}\mathrm{C}_{15} \times {}_{15}\mathrm{C}_{15}$$
$$= (_{15}\mathrm{C}_0)^2 + (_{15}\mathrm{C}_1)^2 + (_{15}\mathrm{C}_2)^2 + \cdots + (_{15}\mathrm{C}_{15})^2$$

이때 $(1+x)^{15}(1+x)^{15}$, 즉 $(1+x)^{30}$의 전개식에서 x^{15}의 계수는 $_{30}\mathrm{C}_{15}$이므로

$$(_{15}\mathrm{C}_0)^2 + (_{15}\mathrm{C}_1)^2 + (_{15}\mathrm{C}_2)^2 + \cdots + (_{15}\mathrm{C}_{15})^2 = {}_{30}\mathrm{C}_{15}$$

따라서 $n=30$, $r=15$이므로

$$n+r = 45$$

답 45

02 확률의 뜻과 활용

교과서 문제 정복하기

0136 답 (1) $\{1, 2, 3, 4, 5, 6\}$
(2) $\{1\}, \{2\}, \{3\}, \{4\}, \{5\}, \{6\}$
(3) $\{2, 4, 6\}$
(4) $\{1, 2, 3, 6\}$

0137 표본공간을 S라 하면
$S=\{1, 2, 3, 4, 5, 6, 7, 8, 9, 10\}$,
$A=\{3, 6, 9\}$, $B=\{1, 3, 9\}$
(1) $A \cup B=\{1, 3, 6, 9\}$
(2) $A \cap B=\{3, 9\}$
(3) $A^C=\{1, 2, 4, 5, 7, 8, 10\}$
(4) $B^C=\{2, 4, 5, 6, 7, 8, 10\}$
  답 (1) $\{1, 3, 6, 9\}$ (2) $\{3, 9\}$
    (3) $\{1, 2, 4, 5, 7, 8, 10\}$ (4) $\{2, 4, 5, 6, 7, 8, 10\}$

0138 동전의 앞면을 H, 뒷면을 T라 하면
$A=\{HT, TH\}$, $B=\{HT, TH, TT\}$, $C=\{HH\}$
$\therefore A \cap B=\{HT, TH\}$, $A \cap C=\varnothing$, $B \cap C=\varnothing$
따라서 서로 배반사건인 두 사건은 A와 C, B와 C이다.
  답 A와 C, B와 C

0139 한 개의 주사위를 던질 때, 모든 경우의 수는 6이고
$A=\{1, 3, 5\}$, $B=\{2, 3, 5\}$
(1) $P(A)=\dfrac{3}{6}=\dfrac{1}{2}$
(2) $P(B)=\dfrac{3}{6}=\dfrac{1}{2}$
(3) $A \cup B=\{1, 2, 3, 5\}$이므로
$P(A \cup B)=\dfrac{4}{6}=\dfrac{2}{3}$
(4) $A \cap B=\{3, 5\}$이므로
$P(A \cap B)=\dfrac{2}{6}=\dfrac{1}{3}$
  답 (1) $\dfrac{1}{2}$ (2) $\dfrac{1}{2}$ (3) $\dfrac{2}{3}$ (4) $\dfrac{1}{3}$

0140 5명을 일렬로 세우는 경우의 수는
$5!=120$
(1) A를 가장 앞에 세우는 경우의 수는
$4!=24$
따라서 구하는 확률은
$\dfrac{24}{120}=\dfrac{1}{5}$

(2) D, E를 한 사람으로 생각하여 4명을 일렬로 세우는 경우의 수는
$4!=24$
D, E가 서로 자리를 바꾸는 경우의 수는
$2!=2$
따라서 D, E를 이웃하게 세우는 경우의 수는
$24 \times 2=48$
이므로 구하는 확률은
$\dfrac{48}{120}=\dfrac{2}{5}$
  답 (1) $\dfrac{1}{5}$ (2) $\dfrac{2}{5}$

0141 $\dfrac{9900}{10000}=\dfrac{99}{100}$
  답 $\dfrac{99}{100}$

0142 $\dfrac{(4가 적힌 영역의 넓이)}{(전체 과녁의 넓이)}=\dfrac{1}{4}$
  답 $\dfrac{1}{4}$

0143 답 (1) **0** (2) **1**   **0144** 답 (1) **1** (2) **0**

0145 $P(A \cup B)=P(A)+P(B)-P(A \cap B)$
$=\dfrac{2}{5}+\dfrac{1}{4}-\dfrac{1}{10}=\dfrac{11}{20}$
  답 $\dfrac{11}{20}$

0146 $P(A \cup B)=P(A)+P(B)-P(A \cap B)$에서
$\dfrac{5}{6}=\dfrac{1}{5}+\dfrac{2}{3}-P(A \cap B)$
$\therefore P(A \cap B)=\dfrac{1}{30}$
  답 $\dfrac{1}{30}$

0147 $P(A \cup B)=P(A)+P(B)$에서
$0.7=0.3+P(B)$ $\therefore P(B)=0.4$ 답 **0.4**

0148 (1) 3의 배수가 적힌 공을 꺼내는 사건을 A, 4의 배수가 적힌 공을 꺼내는 사건을 B라 하면 $A \cap B$는 12의 배수가 적힌 공을 꺼내는 사건이므로
$P(A)=\dfrac{13}{40}$, $P(B)=\dfrac{10}{40}$, $P(A \cap B)=\dfrac{3}{40}$
따라서 구하는 확률은
$P(A \cup B)=P(A)+P(B)-P(A \cap B)$
$=\dfrac{13}{40}+\dfrac{10}{40}-\dfrac{3}{40}=\dfrac{1}{2}$

(2) 5의 배수가 적힌 공을 꺼내는 사건을 A, 9의 배수가 적힌 공을 꺼내는 사건을 B라 하면
$P(A)=\dfrac{8}{40}$, $P(B)=\dfrac{4}{40}$
이때 A, B는 서로 배반사건이므로 구하는 확률은
$P(A \cup B)=P(A)+P(B)$
$=\dfrac{8}{40}+\dfrac{4}{40}=\dfrac{3}{10}$

40 이하의 자연수 중에서 5의 배수이면서 9의 배수인 수, 즉 45의 배수는 없다.
  답 (1) $\dfrac{1}{2}$ (2) $\dfrac{3}{10}$

0149 $P(A^C)=1-P(A)=1-\dfrac{1}{6}=\dfrac{5}{6}$ 답 $\dfrac{5}{6}$

0150 적어도 한 개는 앞면이 나오는 사건을 A라 하면 $\boxed{A^C}$는 모두 뒷면이 나오는 사건이다.

서로 다른 3개의 동전을 동시에 던질 때, 모든 경우의 수는
$$2\times2\times2=8$$
이므로 모두 뒷면이 나올 확률은
$$P(\boxed{A^C})=\boxed{\dfrac{1}{8}}$$
따라서 적어도 한 개는 앞면이 나올 확률은
$$P(A)=1-P(A^C)=1-\dfrac{1}{8}=\boxed{\dfrac{7}{8}}$$

답 A^C, A^C, $\dfrac{1}{8}$, $\dfrac{7}{8}$

0151 서로 다른 두 개의 주사위를 동시에 던질 때, 모든 경우의 수는
$$6\times6=36$$
(1) 두 눈의 수의 곱이 홀수이려면 두 눈의 수가 모두 홀수이어야 하므로 두 눈의 수의 곱이 홀수인 경우의 수는
$$3\times3=9$$
따라서 구하는 확률은 $\dfrac{9}{36}=\dfrac{1}{4}$

(2) 두 눈의 수의 곱이 짝수인 사건을 A라 하면 A^C는 두 눈의 수의 곱이 홀수인 사건이므로 구하는 확률은
$$P(A)=1-P(A^C)=1-\dfrac{1}{4}=\dfrac{3}{4}$$

답 (1) $\dfrac{1}{4}$ (2) $\dfrac{3}{4}$

● 본책 028~034쪽

유형 익히기

0152 $A=\{2,4,6\}$, $B=\{1,3,5\}$, $C=\{3,6\}$이므로
$$A\cap B=\varnothing,\ A\cap C=\{6\},\ B\cap C=\{3\}$$
따라서 서로 배반사건인 것은 A와 B이다.   답 ㄱ

0153 ㄱ. $A\cap(A^C\cup B)$
$$=\{1,3,6\}\cap\{2,3,4,5,7,8\}=\{3\}$$
따라서 A와 $A^C\cup B$는 서로 배반사건이 아니다.

ㄴ. $A\cap(B^C\cap C)=\{1,3,6\}\cap\{5\}=\varnothing$
따라서 A와 $B^C\cap C$는 서로 배반사건이다.

ㄷ. $A\cap(B\cap C^C)=\{1,3,6\}\cap\{4\}=\varnothing$
따라서 A와 $B\cap C^C$는 서로 배반사건이다.

이상에서 사건 A와 서로 배반사건인 것은 ㄴ, ㄷ이다.   답 ④

0154 $A=\{3,6,9\}$, $B=\{2,3,5,7\}$

A와 서로 배반인 사건은 A^C의 부분집합이고, B와 서로 배반인 사건은 B^C의 부분집합이다.

따라서 두 사건 A, B와 모두 배반인 사건은
$$A^C\cap B^C=\{1,2,4,5,7,8,10\}\cap\{1,4,6,8,9,10\}$$
$$=\{1,4,8,10\}$$
의 부분집합이므로 구하는 사건의 개수는
$$2^4=16$$
답 16

0155 두 개의 주사위를 동시에 던질 때, 모든 경우의 수는
$$6\times6=36$$
나오는 두 눈의 수를 순서쌍으로 나타내면

(i) 두 눈의 수의 차가 3인 경우는
$$(1,4),(2,5),(3,6),(4,1),(5,2),(6,3)의 6가지$$

(ii) 두 눈의 수의 차가 4인 경우는
$$(1,5),(2,6),(5,1),(6,2)의 4가지$$

(iii) 두 눈의 수의 차가 5인 경우는
$$(1,6),(6,1)의 2가지$$

이상에서 두 눈의 수의 차가 3 이상인 경우의 수는
$$6+4+2=12$$
따라서 구하는 확률은 $\dfrac{12}{36}=\dfrac{1}{3}$ 답 $\dfrac{1}{3}$

0156 모든 순서쌍 (a,b)의 개수는
$$5\times4=20$$
$a\times b>50$을 만족시키는 a, b의 순서쌍 (a,b)는
$$(7,8),(9,6),(9,8)의 3개$$
따라서 구하는 확률은 $\dfrac{3}{20}$ 답 $\dfrac{3}{20}$

0157 집합 A의 부분집합의 개수는
$$2^6=64$$
집합 A의 부분집합 중 원소 2, 5를 모두 포함하는 집합의 개수는
$$2^{6-2}=2^4=16$$
따라서 구하는 확률은 $\dfrac{16}{64}=\dfrac{1}{4}$ 답 ③

RPM 비법노트

부분집합의 개수

집합 $A=\{a_1, a_2, a_3, \cdots, a_n\}$에 대하여

① A의 특정한 원소 k개를 반드시 원소로 갖는 부분집합의 개수
$$\Rightarrow 2^{n-k}$$

② A의 특정한 원소 l개를 원소로 갖지 않는 부분집합의 개수
$$\Rightarrow 2^{n-l}$$

③ A의 원소 중에서 k개는 반드시 원소로 갖고, l개는 원소로 갖지 않는 부분집합의 개수
$$\Rightarrow 2^{n-k-l}$$

0158 한 개의 주사위를 두 번 던질 때, 모든 경우의 수는
$$6 \times 6 = 36 \qquad \cdots \text{1단계}$$
이차방정식 $x^2 - 2ax + b = 0$의 판별식을 D라 할 때, 이 이차방정식이 허근을 가지려면
$$\frac{D}{4} = a^2 - b < 0 \qquad \therefore a^2 < b \qquad \cdots \text{2단계}$$
$a^2 < b$를 만족시키는 a, b의 순서쌍 (a, b)는
$$(1, 2), (1, 3), (1, 4), (1, 5), (1, 6),$$
$$(2, 5), (2, 6)의 7개 \qquad \cdots \text{3단계}$$
따라서 구하는 확률은 $\dfrac{7}{36}$ $\qquad \cdots \text{4단계}$

답 $\dfrac{7}{36}$

	채점 요소	비율
1단계	모든 경우의 수 구하기	20 %
2단계	a, b에 대한 부등식 구하기	30 %
3단계	이차방정식이 허근을 갖는 경우의 수 구하기	30 %
4단계	확률 구하기	20 %

0159 책 7권을 일렬로 꽂는 경우의 수는
$$7! = 5040$$
만화책 3권을 한 권으로 생각하여 5권을 일렬로 꽂는 경우의 수는
$$5! = 120$$
만화책 3권의 자리를 바꾸는 경우의 수는
$$3! = 6$$
따라서 만화책끼리 이웃하게 꽂는 경우의 수는
$$120 \times 6 = 720$$
이므로 구하는 확률은 $\dfrac{720}{5040} = \dfrac{1}{7}$ 답 ②

0160 8개의 문자 p, r, e, v, i, o, u, s를 일렬로 나열하는 경우의 수는
$$8! = 40320 \qquad \cdots \text{1단계}$$
p와 s 사이에 들어가는 2개의 문자를 택하여 일렬로 나열하는 경우의 수는
$$_6\mathrm{P}_2 = 30$$
p, s와 그 사이에 나열한 문자 2개를 한 문자로 생각하여 5개의 문자를 일렬로 나열하는 경우의 수는
$$5! = 120$$
p와 s가 자리를 바꾸는 경우의 수는
$$2! = 2$$
따라서 p와 s 사이에 2개의 문자를 나열하는 경우의 수는
$$30 \times 120 \times 2 = 7200 \qquad \cdots \text{2단계}$$
이므로 구하는 확률은
$$\frac{7200}{40320} = \frac{5}{28} \qquad \cdots \text{3단계}$$

답 $\dfrac{5}{28}$

	채점 요소	비율
1단계	모든 경우의 수 구하기	30 %
2단계	p와 s 사이에 2개의 문자를 나열하는 경우의 수 구하기	50 %
3단계	확률 구하기	20 %

0161 6명이 일렬로 서는 경우의 수는
$$6! = 720$$
남학생 4명 중에서 2명이 양 끝에 서는 경우의 수는
$$_4\mathrm{P}_2 = 12$$
나머지 4명의 학생 중에서 여학생 2명을 한 명으로 생각하여 3명이 일렬로 서는 경우의 수는
$$3! = 6$$
여학생 2명이 자리를 바꾸는 경우의 수는
$$2! = 2$$
따라서 양 끝에는 남학생이 서고 여학생끼리는 서로 이웃하게 서는 경우의 수는
$$12 \times 6 \times 2 = 144$$
이므로 구하는 확률은
$$\frac{144}{720} = \frac{1}{5}$$

답 $\dfrac{1}{5}$

0162 5개의 숫자 1, 2, 3, 4, 5를 모두 사용하여 만들 수 있는 다섯 자리 자연수의 개수는
$$5! = 120$$
이때 35000보다 큰 자연수는 35□□□ 또는 4□□□□ 또는 5□□□□ 꼴이다.
(i) 35□□□ 꼴의 자연수의 개수는
$$3! = 6$$
(ii) 4□□□□ 꼴의 자연수의 개수는
$$4! = 24$$
(iii) 5□□□□ 꼴의 자연수의 개수는
$$4! = 24$$
이상에서 35000보다 큰 자연수의 개수는
$$6 + 24 + 24 = 54$$
이므로 구하는 확률은
$$\frac{54}{120} = \frac{9}{20}$$

답 $\dfrac{9}{20}$

0163 세 사람이 4개의 호텔 중에서 한 곳을 택하여 투숙하는 경우의 수는
$$_4\Pi_3 = 4^3 = 64$$
세 사람이 서로 다른 호텔에 투숙하는 경우의 수는
$$_4\mathrm{P}_3 = 24$$
따라서 구하는 확률은
$$\frac{24}{64} = \frac{3}{8}$$

답 $\dfrac{3}{8}$

0164 서로 다른 6개의 과일을 3명에게 나누어 주는 경우의 수는

$$_3\Pi_6=3^6=729$$

이때 먼저 사과와 귤을 A에게 주고 나머지 4개의 과일을 3명에게 나누어 주는 경우의 수는

$$_3\Pi_4=3^4=81$$

따라서 구하는 확률은

$$\frac{81}{729}=\frac{1}{9}$$

답 $\dfrac{1}{9}$

0165 5개의 숫자 1, 2, 3, 4, 5 중에서 중복을 허용하여 4개를 뽑아 만들 수 있는 네 자리 자연수의 개수는

$$_5\Pi_4=5^4=625$$

이때 홀수이려면 일의 자리 숫자가 1, 3, 5 중 하나이어야 하므로 홀수의 개수는

$$_5\Pi_3\times3=5^3\times3=375$$

따라서 구하는 확률은

$$\frac{375}{625}=\frac{3}{5}$$

답 ⑤

0166 집합 X에서 집합 Y로의 함수 f의 개수는

$$_5\Pi_4=5^4=625$$

집합 X의 원소 x_1, x_2에 대하여 $x_1\neq x_2$이면 $f(x_1)\neq f(x_2)$를 만족시키는 함수 f는 일대일함수이므로 그 개수는

$$_5P_4=120$$

따라서 구하는 확률은

$$\frac{120}{625}=\frac{24}{125}$$

답 $\dfrac{24}{125}$

0167 6개의 숫자 1, 1, 2, 2, 2, 3을 일렬로 나열하는 경우의 수는

$$\frac{6!}{2!\times3!}=60$$

2, 2, 2를 하나로 생각하여 4개의 숫자를 일렬로 나열하는 경우의 수는

$$\frac{4!}{2!}=12$$

따라서 구하는 확률은

$$\frac{12}{60}=\frac{1}{5}$$

답 ②

0168 7개의 문자 C, E, C, I, L, I, A를 일렬로 나열하는 경우의 수는

$$\frac{7!}{2!\times2!}=1260$$

이때 자음은 C, C, L의 3개, 모음은 E, I, I, A의 4개이므로 자음과 모음을 번갈아 나열하려면 모음을 일렬로 나열하고 그 사이 사이에 자음을 나열하면 된다.

따라서 자음과 모음을 번갈아 나열하는 경우의 수는

$$\frac{4!}{2!}\times\frac{3!}{2!}=36$$

이므로 구하는 확률은

$$\frac{36}{1260}=\frac{1}{35}$$

답 $\dfrac{1}{35}$

0169 A 지점에서 B 지점까지 최단 거리로 가는 경우의 수는

$$\frac{8!}{4!\times4!}=70$$

A 지점에서 C 지점까지 최단 거리로 가는 경우의 수는

$$\frac{3!}{2!}=3$$

C 지점에서 B 지점까지 최단 거리로 가는 경우의 수는

$$\frac{5!}{3!\times2!}=10$$

따라서 A 지점에서 C 지점을 지나 B 지점까지 최단 거리로 가는 경우의 수는

$$3\times10=30$$

이므로 구하는 확률은

$$\frac{30}{70}=\frac{3}{7}$$

답 $\dfrac{3}{7}$

0170 집합 X에서 X로의 함수 f의 개수는

$$_4\Pi_4=4^4=256$$

$1+1+1+3=6$, $1+1+2+2=6$이므로

$f(1)+f(2)+f(3)+f(4)=6$을 만족시키는 함수 f의 개수는 1, 1, 1, 3을 일렬로 나열하는 경우의 수와 1, 1, 2, 2를 일렬로 나열하는 경우의 수의 합과 같다.

(i) 1, 1, 1, 3을 일렬로 나열하는 경우의 수는

$$\frac{4!}{3!}=4$$

(ii) 1, 1, 2, 2를 일렬로 나열하는 경우의 수는

$$\frac{4!}{2!\times2!}=6$$

(i), (ii)에서 $f(1)+f(2)+f(3)+f(4)=6$을 만족시키는 함수 f의 개수는

$$4+6=10$$

따라서 구하는 확률은

$$\frac{10}{256}=\frac{5}{128}$$

답 $\dfrac{5}{128}$

0171 6명 중에서 3명의 대표를 뽑는 경우의 수는

$$_6C_3=20$$

유미는 대표로 뽑고 준서는 대표로 뽑지 않는 경우의 수는 유미와 준서를 제외한 나머지 4명 중에서 2명의 대표를 뽑고 유미를 포함시키는 경우의 수와 같으므로

$$_4C_2=6$$

따라서 구하는 확률은

$$\frac{6}{20}=\frac{3}{10}$$

답 ③

0172 10개의 공 중에서 5개의 공을 꺼내는 경우의 수는

$$_{10}C_5=252$$

흰 공 4개 중에서 2개, 검은 공 6개 중에서 3개를 꺼내는 경우의 수는

$$_4C_2\times{}_6C_3=120$$

따라서 구하는 확률은 $\dfrac{120}{252}=\dfrac{10}{21}$

답 $\dfrac{10}{21}$

0173 20개의 제비 중에서 2개를 뽑는 경우의 수는

$$_{20}C_2$$

상자에 들어 있는 당첨 제비의 개수를 n이라 하면 n개의 당첨 제비 중에서 2개를 뽑는 경우의 수는 $_nC_2$이므로

$$\frac{_nC_2}{_{20}C_2}=\frac{1}{19}, \qquad \frac{n(n-1)}{380}=\frac{1}{19}$$

$$n^2-n-20=0, \qquad (n+4)(n-5)=0$$

$$\therefore n=5 \ (\because n>0)$$

따라서 당첨 제비의 개수는 5이다.

답 5

0174 6개의 점 중에서 임의로 3개의 점을 택하는 경우의 수는

$$_6C_3=20 \qquad \cdots \text{1단계}$$

오른쪽 그림과 같이 하나의 지름에 대하여 4개의 직각삼각형을 만들 수 있고, 6개의 점으로 만들 수 있는 지름은 3개이므로 직각삼각형의 개수는

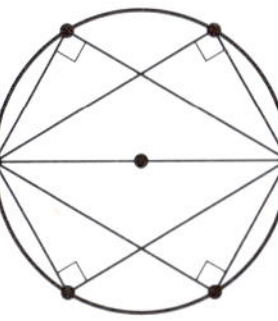

$$4\times3=12 \qquad \cdots \text{2단계}$$

따라서 구하는 확률은 $\dfrac{12}{20}=\dfrac{3}{5}$ $\cdots$ 3단계

답 $\dfrac{3}{5}$

채점 요소		비율
1단계	6개의 점 중에서 3개의 점을 택하는 경우의 수 구하기	20 %
2단계	만들 수 있는 직각삼각형의 개수 구하기	60 %
3단계	확률 구하기	20 %

0175 10개의 공 중에서 2개의 공을 꺼내는 경우의 수는

$$_{10}C_2=45$$

주머니에 들어 있는 흰 공의 개수를 n이라 하면 흰 공 2개를 꺼내는 경우의 수는

$$_nC_2$$

이때 여러 번의 시행에서 15번에 2번 꼴로 모두 흰 공을 꺼냈으므로 통계적 확률은 $\dfrac{2}{15}$이다.

즉 $\dfrac{_nC_2}{45}=\dfrac{2}{15}$이므로 $\dfrac{n(n-1)}{2}=6$

$$n^2-n-12=0, \qquad (n+3)(n-4)=0$$

$$\therefore n=4 \ (\because n>0)$$

따라서 주머니 속에는 4개의 흰 공이 들어 있다고 할 수 있다.

답 4개

0176 전체 운전자 수는

$$272+160+82+106=620$$

따라서 구하는 확률은

$$\frac{160}{620}=\frac{8}{31}$$

답 $\dfrac{8}{31}$

0177 60점 이상 80점 미만인 학생 수는

$$26+18=44$$

따라서 구하는 확률은

$$\frac{44}{100}=\frac{11}{25}$$

답 $\dfrac{11}{25}$

0178 ㄱ. 임의의 사건 A에 대하여

$$0\le P(A)\le 1 \ (참)$$

ㄴ. [반례] $P(A)=\dfrac{1}{5}$, $P(B)=\dfrac{2}{5}$이면

$$P(A)+P(B)=\frac{1}{5}+\frac{2}{5}=\frac{3}{5}$$

이때 $P(S)=1$이므로

$$P(A)+P(B)<P(S) \ (거짓)$$

ㄷ. $P(S)=1$, $P(\varnothing)=0$이므로

$$1-P(S)=P(\varnothing) \ (참)$$

이상에서 옳은 것은 ㄱ, ㄷ이다.

답 ㄱ, ㄷ

0179 ㄱ. $0\le P(A)\le 1$, $0\le P(B)\le 1$이므로

$$0\le P(A)P(B)\le 1 \ (참)$$

ㄴ. A와 A^c는 서로 배반사건이므로

$$P(A\cup A^c)=P(A)+P(A^c)$$

이때 $P(A\cup A^c)=P(S)=1$이므로

$$P(A)+P(A^c)=1 \ (참)$$

ㄷ. $\varnothing\subset(A\cap B)\subset S$이므로

$$P(\varnothing)\le P(A\cap B)\le P(S)$$

$$\therefore 0\le P(A\cap B)\le 1 \ (참)$$

이상에서 ㄱ, ㄴ, ㄷ 모두 옳다.

답 ㄱ, ㄴ, ㄷ

0180 ㄱ. [반례] $S=\{1,\,2,\,3\}$, $A=\{1,\,2\}$, $B=\{2,\,3\}$이면 $A\cup B=S$이지만

$$P(A)+P(B)=\frac{2}{3}+\frac{2}{3}=\frac{4}{3}\ne 1 \ (거짓)$$

ㄴ. $0\le P(A)\le 1$, $0\le P(B)\le 1$이므로

$$0\le P(A)+P(B)\le 2 \ (참)$$

ㄷ. [반례] $S=\{1,\,2,\,3\}$, $A=\{1,\,2\}$, $B=\{1\}$이면

$$P(A)+P(B)=\frac{2}{3}+\frac{1}{3}=1$$

이지만 $A\cap B\ne\varnothing$이므로 A와 B는 서로 배반사건이 아니다. (거짓)

이상에서 옳은 것은 ㄴ뿐이다.

답 ㄴ

0181 $P(A^C \cup B^C) = P((A \cap B)^C) = 1 - P(A \cap B) = \dfrac{5}{6}$

이므로 $\quad P(A \cap B) = \dfrac{1}{6}$

$\therefore P(A \cup B) = P(A) + P(B) - P(A \cap B)$

$\qquad\qquad = \dfrac{1}{3} + \dfrac{1}{2} - \dfrac{1}{6} = \dfrac{2}{3}$

답 $\dfrac{2}{3}$

0182 $P(A \cup B) = P(A) + P(B) - P(A \cap B)$

$\qquad\qquad = \dfrac{2}{3} + \dfrac{1}{4} - \dfrac{1}{6} = \dfrac{3}{4}$

$\therefore P(A^C \cap B^C) = P((A \cup B)^C) = 1 - P(A \cup B)$

$\qquad\qquad = 1 - \dfrac{3}{4} = \dfrac{1}{4}$

답 ⑤

0183 $P(A^C \cap B^C) = P((A \cup B)^C) = 1 - P(A \cup B) = \dfrac{1}{5}$

이므로 $\quad P(A \cup B) = \dfrac{4}{5}$

$P(B) = 1 - P(B^C) = 1 - \dfrac{2}{5} = \dfrac{3}{5}$ 이므로

$P(A \cup B) = P(A) + P(B) - P(A \cap B)$ 에서

$\dfrac{4}{5} = \dfrac{1}{3} + \dfrac{3}{5} - P(A \cap B) \quad \therefore P(A \cap B) = \dfrac{2}{15}$

이때 $A = (A - B) \cup (A \cap B)$ 이고 두 사건 $A - B$, $A \cap B$는
서로 배반사건이므로

$P(A) = P(A - B) + P(A \cap B)$

$\dfrac{1}{3} = P(A - B) + \dfrac{2}{15}$

$\therefore P(A - B) = \dfrac{1}{5}$

답 ④

0184 A와 B^C는 서로 배반사건이므로

$A \cap B^C = \varnothing \quad \therefore A \subset B$

따라서 $A \cup B = B$ 이므로

$P(B) = P(A \cup B) = \dfrac{5}{8}$

$P(A) + P(B) = \dfrac{13}{16}$ 에서

$P(A) + \dfrac{5}{8} = \dfrac{13}{16} \quad \therefore P(A) = \dfrac{3}{16}$

이때 $B = A \cup (A^C \cap B)$ 이고 두 사건 A와 $A^C \cap B$는 서로 배반
사건이므로

$P(B) = P(A) + P(A^C \cap B)$

$\dfrac{5}{8} = \dfrac{3}{16} + P(A^C \cap B)$

$\therefore P(A^C \cap B) = \dfrac{7}{16}$

답 $\dfrac{7}{16}$

0185 두 상자 A, B에서 각각 카드를 한 장씩 꺼내는 모든 경
우의 수는

$\quad 4 \times 5 = 20$

두 카드에 적힌 숫자의 합이 4 이하인 사건을 A, 3의 배수인 사
건을 B라 할 때, 두 카드에 적힌 숫자를 순서쌍으로 나타내면

$A = \{(1, 1), (1, 2), (1, 3), (3, 1)\}$,

$B = \{(1, 2), (1, 5), (3, 3), (5, 1), (5, 4), (7, 2),$

$\qquad (7, 5)\}$,

$A \cap B = \{(1, 2)\}$

$\therefore P(A) = \dfrac{4}{20}$, $P(B) = \dfrac{7}{20}$, $P(A \cap B) = \dfrac{1}{20}$

따라서 구하는 확률은

$P(A \cup B) = P(A) + P(B) - P(A \cap B)$

$\qquad\qquad = \dfrac{4}{20} + \dfrac{7}{20} - \dfrac{1}{20} = \dfrac{1}{2}$

답 $\dfrac{1}{2}$

0186 A 가수를 좋아하는 학생을 택하는 사건을 A, B 가수를
좋아하는 학생을 택하는 사건을 B라 하면

$P(A) = \dfrac{2}{5}$, $P(B) = \dfrac{1}{3}$, $P(A \cap B) = \dfrac{2}{15}$

따라서 구하는 확률은

$P(A \cup B) = P(A) + P(B) - P(A \cap B)$

$\qquad\qquad = \dfrac{2}{5} + \dfrac{1}{3} - \dfrac{2}{15} = \dfrac{3}{5}$

답 $\dfrac{3}{5}$

0187 $f(1) = 0$ 인 사건을 A, $f(2) = 1$ 인 사건을 B라 하면

$P(A) = \dfrac{{}_4\Pi_2}{{}_4\Pi_3} = \dfrac{4^2}{4^3} = \dfrac{1}{4}$, $P(B) = \dfrac{{}_4\Pi_2}{{}_4\Pi_3} = \dfrac{4^2}{4^3} = \dfrac{1}{4}$,

$P(A \cap B) = \dfrac{{}_4\Pi_1}{{}_4\Pi_3} = \dfrac{4^1}{4^3} = \dfrac{1}{16}$

따라서 구하는 확률은

$P(A \cup B) = P(A) + P(B) - P(A \cap B)$

$\qquad\qquad = \dfrac{1}{4} + \dfrac{1}{4} - \dfrac{1}{16} = \dfrac{7}{16}$

답 $\dfrac{7}{16}$

0188 이차방정식 $10x^2 - 7ax + a^2 = 0$ 에서

$(2x - a)(5x - a) = 0$

$\therefore x = \dfrac{a}{2}$ 또는 $x = \dfrac{a}{5}$

즉 주어진 이차방정식이 정수인 해를 가지려면 a는 2의 배수이거
나 5의 배수이어야 한다.

a가 2의 배수인 사건을 A, 5의 배수인 사건을 B라 하면 $A \cap B$
는 10의 배수인 사건이므로

$P(A) = \dfrac{15}{30}$, $P(B) = \dfrac{6}{30}$, $P(A \cap B) = \dfrac{3}{30}$

따라서 구하는 확률은

$P(A \cup B) = P(A) + P(B) - P(A \cap B)$

$\qquad\qquad = \dfrac{15}{30} + \dfrac{6}{30} - \dfrac{3}{30} = \dfrac{3}{5}$

답 $\dfrac{3}{5}$

0189 꺼낸 2개의 공이 모두 흰 공인 사건을 A, 모두 검은 공인 사건을 B라 하면

$$\mathrm{P}(A)=\frac{{}_3\mathrm{C}_2}{{}_8\mathrm{C}_2}=\frac{3}{28},\ \mathrm{P}(B)=\frac{{}_5\mathrm{C}_2}{{}_8\mathrm{C}_2}=\frac{5}{14}$$

이때 A, B는 서로 배반사건이므로 구하는 확률은

$$\mathrm{P}(A\cup B)=\mathrm{P}(A)+\mathrm{P}(B)$$
$$=\frac{3}{28}+\frac{5}{14}=\frac{13}{28}$$

답 $\dfrac{13}{28}$

0190 세 수의 합이 홀수이려면 세 수 중 홀수가 1개, 짝수가 2개이거나 세 수가 모두 홀수이어야 한다.

홀수가 적힌 카드 1장과 짝수가 적힌 카드 2장을 뽑는 사건을 A, 홀수가 적힌 카드 3장을 뽑는 사건을 B라 하면

$$\mathrm{P}(A)=\frac{{}_4\mathrm{C}_1\times{}_3\mathrm{C}_2}{{}_7\mathrm{C}_3}=\frac{12}{35},$$

$$\mathrm{P}(B)=\frac{{}_4\mathrm{C}_3}{{}_7\mathrm{C}_3}=\frac{4}{35}$$

이때 A, B는 서로 배반사건이므로 구하는 확률은

$$\mathrm{P}(A\cup B)=\mathrm{P}(A)+\mathrm{P}(B)$$
$$=\frac{12}{35}+\frac{4}{35}=\frac{16}{35}$$

답 ④

0191 1학년 학생이 2학년 학생보다 많이 선발되려면 1학년 학생이 4명, 2학년 학생이 2명 또는 1학년 학생이 5명, 2학년 학생이 1명 선발되어야 한다. …… 1단계

1학년 학생이 4명 선발되는 사건을 A, 1학년 학생이 5명 선발되는 사건을 B라 하면

$$\mathrm{P}(A)=\frac{{}_5\mathrm{C}_4\times{}_3\mathrm{C}_2}{{}_8\mathrm{C}_6}=\frac{15}{28},$$

$$\mathrm{P}(B)=\frac{{}_5\mathrm{C}_5\times{}_3\mathrm{C}_1}{{}_8\mathrm{C}_6}=\frac{3}{28}$$ …… 2단계

이때 A, B는 서로 배반사건이므로 구하는 확률은

$$\mathrm{P}(A\cup B)=\mathrm{P}(A)+\mathrm{P}(B)$$
$$=\frac{15}{28}+\frac{3}{28}=\frac{9}{14}$$ …… 3단계

답 $\dfrac{9}{14}$

채점 요소		비율
1단계	1학년 학생이 4명 또는 5명 선발되어야 함을 알기	20 %
2단계	1학년 학생이 4명, 5명 선발될 확률을 각각 구하기	50 %
3단계	1학년 학생이 2학년 학생보다 많이 선발될 확률 구하기	30 %

0192 A와 B가 1열에 이웃하게 앉는 사건을 A, 2열에 이웃하게 앉는 사건을 B라 하자.

1열에서 A와 B가 이웃하게 앉을 두 좌석을 정하는 경우의 수는 2, A와 B가 자리를 바꾸는 경우의 수는 2!, A와 B를 제외한 4명이 앉을 좌석을 정하는 경우의 수는 ${}_5\mathrm{P}_4$이므로

$$\mathrm{P}(A)=\frac{2\times 2!\times{}_5\mathrm{P}_4}{{}_7\mathrm{P}_6}=\frac{2}{21}$$

2열에서 A와 B가 이웃하게 앉을 두 좌석을 정하는 경우의 수는 3, A와 B가 자리를 바꾸는 경우의 수는 2!, A와 B를 제외한 4명이 앉을 좌석을 정하는 경우의 수는 ${}_5\mathrm{P}_4$이므로

$$\mathrm{P}(B)=\frac{3\times 2!\times{}_5\mathrm{P}_4}{{}_7\mathrm{P}_6}=\frac{1}{7}$$

이때 A, B는 서로 배반사건이므로 구하는 확률은

$$\mathrm{P}(A\cup B)=\mathrm{P}(A)+\mathrm{P}(B)$$
$$=\frac{2}{21}+\frac{1}{7}=\frac{5}{21}$$

답 $\dfrac{5}{21}$

0193 적어도 한 개는 빨간 공인 사건을 A라 하면 A^c는 3개 모두 파란 공인 사건이므로

$$\mathrm{P}(A^c)=\frac{{}_4\mathrm{C}_3}{{}_6\mathrm{C}_3}=\frac{1}{5}$$

따라서 구하는 확률은

$$\mathrm{P}(A)=1-\mathrm{P}(A^c)=1-\frac{1}{5}=\frac{4}{5}$$

답 $\dfrac{4}{5}$

0194 적어도 한쪽 끝에 남학생을 세우는 사건을 A라 하면 A^c는 양쪽 끝에 모두 여학생을 세우는 사건이므로

$$\mathrm{P}(A^c)=\frac{{}_3\mathrm{P}_2\times 3!}{5!}=\frac{3}{10}$$

따라서 구하는 확률은

$$\mathrm{P}(A)=1-\mathrm{P}(A^c)=1-\frac{3}{10}=\frac{7}{10}$$

답 ⑤

0195 서로 이웃하지 않는 부부가 적어도 1쌍 있는 사건을 A라 하면 A^c는 3쌍의 부부가 모두 부부끼리 서로 이웃하는 사건이므로

$$\mathrm{P}(A^c)=\frac{3!\times 2!\times 2!\times 2!}{6!}=\frac{1}{15}$$

따라서 구하는 확률은

$$\mathrm{P}(A)=1-\mathrm{P}(A^c)=1-\frac{1}{15}=\frac{14}{15}$$

답 ④

0196 적어도 1명은 여학생인 사건을 A라 하면 A^c는 2명 모두 남학생인 사건이므로

$$\mathrm{P}(A^c)=\frac{{}_{10-n}\mathrm{C}_2}{{}_{10}\mathrm{C}_2}=\frac{(10-n)(9-n)}{90}$$

이때 $\mathrm{P}(A)=\dfrac{13}{15}$이므로

$$\mathrm{P}(A^c)=1-\mathrm{P}(A)=1-\frac{13}{15}=\frac{2}{15}$$

따라서 $\dfrac{(10-n)(9-n)}{90}=\dfrac{2}{15}$이므로

$$n^2-19n+78=0,\quad (n-6)(n-13)=0$$
$$\therefore n=6\ (\because n\le 10)$$

답 6

0197 검은 구슬이 2개 이하로 나오는 사건을 A라 하면 A^c는 검은 구슬이 3개 또는 4개 나오는 사건이다.

(i) 검은 구슬이 3개 나올 확률은
$$\frac{{}_5\mathrm{C}_3\times{}_4\mathrm{C}_1}{{}_9\mathrm{C}_4}=\frac{20}{63}$$

(ii) 검은 구슬이 4개 나올 확률은
$$\frac{{}_5\mathrm{C}_4\times{}_4\mathrm{C}_0}{{}_9\mathrm{C}_4}=\frac{5}{126}$$

(i), (ii)에서 $\quad\mathrm{P}(A^C)=\dfrac{20}{63}+\dfrac{5}{126}=\dfrac{5}{14}$

따라서 구하는 확률은
$$\mathrm{P}(A)=1-\mathrm{P}(A^C)=1-\frac{5}{14}=\frac{9}{14}$$

답 $\dfrac{9}{14}$

0198 할아버지와 할머니가 서로 이웃하지 않는 사건을 A라 하면 A^C는 할아버지와 할머니가 서로 이웃하는 사건이므로
$$\mathrm{P}(A^C)=\frac{7!\times 2!}{8!}=\frac{1}{4}$$

따라서 구하는 확률은
$$\mathrm{P}(A)=1-\mathrm{P}(A^C)=1-\frac{1}{4}=\frac{3}{4}$$

답 $\dfrac{3}{4}$

0199 2문제 이상 맞히는 사건을 A라 하면 A^C는 1문제만 맞히거나 모두 틀리는 사건이다.

(i) 1문제만 맞힐 확률은 $\quad\dfrac{{}_5\mathrm{C}_1}{{}_2\Pi_5}=\dfrac{5}{32}$

(ii) 모두 틀릴 확률은 $\quad\dfrac{1}{{}_2\Pi_5}=\dfrac{1}{32}$

(i), (ii)에서 $\quad\mathrm{P}(A^C)=\dfrac{5}{32}+\dfrac{1}{32}=\dfrac{3}{16}$

따라서 구하는 확률은
$$\mathrm{P}(A)=1-\mathrm{P}(A^C)=1-\frac{3}{16}=\frac{13}{16}$$

답 ⑤

0200 세 자리 자연수가 550 이하인 사건을 A라 하면 A^C는 551 이상인 사건이다.

이때 551 이상인 자연수는 56□ 또는 6□□ 꼴이다.

(i) 56□ 꼴일 확률은 $\quad\dfrac{{}_4\mathrm{P}_1}{{}_6\mathrm{P}_3}=\dfrac{1}{30}$

(ii) 6□□ 꼴일 확률은 $\quad\dfrac{{}_5\mathrm{P}_2}{{}_6\mathrm{P}_3}=\dfrac{1}{6}$

(i), (ii)에서 $\quad\mathrm{P}(A^C)=\dfrac{1}{30}+\dfrac{1}{6}=\dfrac{1}{5}$

따라서 구하는 확률은
$$\mathrm{P}(A)=1-\mathrm{P}(A^C)=1-\frac{1}{5}=\frac{4}{5}$$

답 $\dfrac{4}{5}$

0201 삼각형 PBC가 예각삼각형이려면 점 P는 오른쪽 그림과 같이 $\overline{BC}$를 지름으로 하는 반원의 외부에 있어야 한다.

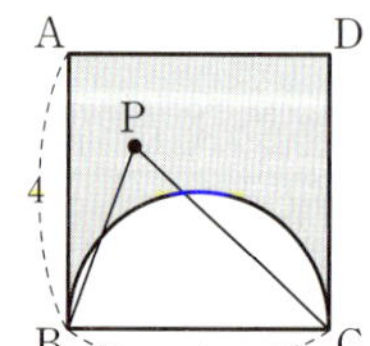

따라서 구하는 확률은
$$\frac{(\text{색칠한 부분의 넓이})}{(\square ABCD\text{의 넓이})}$$
$$=\frac{16-\dfrac{1}{2}\times\pi\times 2^2}{16}=1-\frac{\pi}{8}$$

답 $1-\dfrac{\pi}{8}$

참고 | 점 P가 $\overline{BC}$를 지름으로 하는 반원 위에 있으면 △PBC는 직각삼각형이 되고, $\overline{BC}$를 지름으로 하는 반원의 내부에 있으면 △PBC는 둔각삼각형이 된다.

0202 이차방정식 $x^2+ax-2a=0$의 판별식을 D라 할 때, 이 이차방정식이 실근을 가지려면
$$D=a^2-4\times(-2a)\geq 0$$
$$a^2+8a\geq 0,\qquad a(a+8)\geq 0$$
$$\therefore\ a\leq -8\ \text{또는}\ a\geq 0$$

따라서 오른쪽 그림에서 구하는 확률은

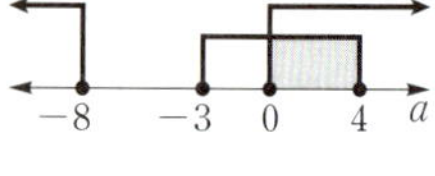

$$\frac{4-0}{4-(-3)}=\frac{4}{7}$$

답 ⑤

0203 $\overline{PA}\geq 1$, $\overline{PB}\geq 1$, $\overline{PC}\geq 1$, $\overline{PD}\geq 1$ 이려면 점 P는 오른쪽 그림과 같이 정사각형의 각 꼭짓점을 중심으로 하는 사분원의 외부에 있어야 한다.

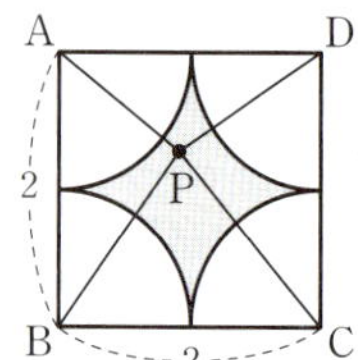

따라서 구하는 확률은
$$\frac{(\text{색칠한 부분의 넓이})}{(\square ABCD\text{의 넓이})}$$
$$=\frac{4-\left(\dfrac{1}{4}\times\pi\times 1^2\right)\times 4}{4}=1-\frac{\pi}{4}$$

답 $1-\dfrac{\pi}{4}$

시험에 꼭 나오는 문제

0204 나오는 두 눈의 수를 순서쌍으로 나타내면
$$A=\{(1,1),(2,2),(3,3),(4,4),(5,5),(6,6)\}$$
$$B=\{(4,6),(5,5),(6,4)\}$$
$$C=\{(1,5),(2,6),(5,1),(6,2)\}$$
$$\therefore\ A\cap B=\{(5,5)\},\ A\cap C=\varnothing,\ B\cap C=\varnothing$$

따라서 서로 배반사건인 것은 A와 C, B와 C이다.

답 ㄴ, ㄷ

0205 한 개의 주사위를 세 번 던질 때, 모든 경우의 수는
$$6\times 6\times 6=216$$
$a\times b\times c=4$를 만족시키는 a, b, c의 순서쌍 (a,b,c)는
$$(1,1,4),\ (1,4,1),\ (4,1,1),$$
$$(1,2,2),\ (2,1,2),\ (2,2,1)\text{의 6개}$$

따라서 구하는 확률은 $\quad\dfrac{6}{216}=\dfrac{1}{36}$

답 ①

0206 세 사람이 가위바위보를 한 번 할 때, 모든 경우의 수는
$$3\times 3\times 3=27$$

이기는 한 명을 정하는 경우의 수는 3이고, 이기는 사람이 가위, 바위, 보 중에서 어느 하나를 내면 지는 두 사람이 내는 것은 정해져 있으므로 한 명만 이기는 경우의 수는

$$3 \times 3 = 9$$

따라서 구하는 확률은 $\dfrac{9}{27} = \dfrac{1}{3}$ **답** $\dfrac{1}{3}$

0207 5명의 학생이 각각 하루씩 청소 당번을 맡는 경우의 수는

$$5! = 120$$

A, B를 한 사람으로 생각하여 네 명의 학생이 각각 하루씩 청소 당번을 맡는 경우의 수는

$$4! = 24$$

A와 B가 청소 당번을 맡은 날을 바꾸는 경우의 수는

$$2! = 2$$

따라서 A, B가 연속하여 청소 당번을 맡는 경우의 수는

$$24 \times 2 = 48$$

이므로 구하는 확률은 $\dfrac{48}{120} = \dfrac{2}{5}$ **답** $\dfrac{2}{5}$

0208 6개의 숫자 0, 1, 2, 3, 4, 5 중에서 서로 다른 세 숫자를 뽑아 만들 수 있는 세 자리 자연수의 개수는

$$5 \times {}_5\mathrm{P}_2 = 100$$

이때 짝수는 □□0 또는 □□2 또는 □□4 꼴이다.

(i) □□0 꼴의 자연수의 개수는 ${}_5\mathrm{P}_2 = 20$

(ii) □□2 꼴의 자연수의 개수는 $4 \times 4 = 16$

(iii) □□4 꼴의 자연수의 개수는 $4 \times 4 = 16$

이상에서 짝수의 개수는

$$20 + 16 + 16 = 52$$

따라서 구하는 확률은 $\dfrac{52}{100} = \dfrac{13}{25}$ **답** $\dfrac{13}{25}$

0209 9장의 카드를 일렬로 나열하는 경우의 수는

$$9!$$

문자 A가 적혀 있는 카드의 양옆에 숫자가 적혀 있는 카드를 나열하는 경우의 수는

$${}_3\mathrm{P}_2 = 6$$

문자 A가 적혀 있는 카드와 이 카드의 양옆에 있는 카드 2장을 한 장으로 생각하여 7장의 카드를 일렬로 나열하는 경우의 수는

$$7!$$

따라서 문자 A가 적혀 있는 카드의 양옆에 숫자가 적혀 있는 카드가 놓이도록 일렬로 나열하는 경우의 수는

$$6 \times 7!$$

이므로 구하는 확률은 $\dfrac{6 \times 7!}{9!} = \dfrac{1}{12}$ **답** $\dfrac{1}{12}$

0210 네 사람이 일렬로 서는 경우의 수는

$$4! = 24$$

네 명을 키가 작은 순서대로 A, B, C, D라 하면 왼쪽에서 세 번째에 선 사람이 자신과 이웃한 두 사람보다 키가 작아야 하므로

$$□□A□ \text{ 또는 } A□B□$$

와 같이 서야 한다.

(i) □□A□와 같이 서는 경우

A를 제외한 나머지 3명이 3개의 자리에 서는 경우의 수는

$$3! = 6$$

(ii) A□B□와 같이 서는 경우

A, B를 제외한 나머지 2명이 2개의 자리에 서는 경우의 수는

$$2! = 2$$

(i), (ii)에서 왼쪽에서 세 번째에 선 사람이 자신과 이웃한 두 사람보다 키가 작도록 서는 경우의 수는

$$6 + 2 = 8$$

따라서 구하는 확률은 $\dfrac{8}{24} = \dfrac{1}{3}$ **답** ①

0211 3명의 전학생을 6개의 반에 각각 배정하는 경우의 수는

$${}_6\Pi_3 = 6^3 = 216$$

A와 B를 같은 반에 배정하는 경우의 수는 A, B를 한 사람으로 생각하여 2명을 6개의 반에 각각 배정하는 경우의 수와 같으므로

$${}_6\Pi_2 = 6^2 = 36$$

따라서 구하는 확률은

$$\dfrac{36}{216} = \dfrac{1}{6}$$ **답** ③

0212 집합 X에서 집합 Y로의 함수 f의 개수는

$${}_6\Pi_3 = 6^3 = 216$$

(i) $f(b) = 1$인 경우

$f(a) \leq 1 \leq f(c)$를 만족시키는 $f(a)$, $f(c)$의 값이 될 수 있는 Y의 원소는 각각 1개, 6개이므로 함수 f의 개수는

$$1 \times 6 = 6$$

(ii) $f(b) = 3$인 경우

$f(a) \leq 3 \leq f(c)$를 만족시키는 $f(a)$, $f(c)$의 값이 될 수 있는 Y의 원소는 각각 3개, 4개이므로 함수 f의 개수는

$$3 \times 4 = 12$$

(iii) $f(b) = 5$인 경우

$f(a) \leq 5 \leq f(c)$를 만족시키는 $f(a)$, $f(c)$의 값이 될 수 있는 Y의 원소는 각각 5개, 2개이므로 함수 f의 개수는

$$5 \times 2 = 10$$

이상에서 주어진 조건을 만족시키는 함수 f의 개수는

$$6 + 12 + 10 = 28$$

따라서 구하는 확률은 $\dfrac{28}{216} = \dfrac{7}{54}$ **답** $\dfrac{7}{54}$

0213 6개의 문자 b, a, n, a, n, a를 일렬로 나열하는 경우의 수는

$$\dfrac{6!}{3! \times 2!} = 60$$

양 끝에 n을 나열하고 나머지 문자 b, a, a, a를 일렬로 나열하는 경우의 수는

$$\frac{4!}{3!}=4$$

따라서 구하는 확률은 $\dfrac{4}{60}=\dfrac{1}{15}$ **답** ①

0214 6장의 카드 중에서 3장의 카드를 뽑는 경우의 수는

$$_6C_3=20$$

세 수의 곱이 홀수이려면 세 수가 모두 홀수이어야 하므로 홀수가 적힌 3장의 카드 중에서 3장을 뽑는 경우의 수는

$$_3C_3=1$$

따라서 구하는 확률은 $\dfrac{1}{20}$ **답** $\dfrac{1}{20}$

0215 5명의 자리를 배정하는 경우의 수는 $5!=120$

처음과 같은 자리에 배정받을 학생 2명을 택하는 경우의 수는

$$_5C_2=10$$

나머지 3명의 학생을 처음과 다른 자리에 배정하는 경우의 수는

$$2$$

따라서 처음과 같은 자리에 배정받은 학생이 2명인 경우의 수는

$$10\times2=20$$

이므로 구하는 확률은 $\dfrac{20}{120}=\dfrac{1}{6}$ **답** ①

참고 세 학생 A, B, C가 이 순서대로 일렬로 앉아 있었다고 하면 이 3명이 처음과 다른 자리에 배정받는 경우는

B, C, A 또는 C, A, B

의 순서대로 앉는 2가지이다.

0216 6명의 선수를 2명씩 짝 지어 3개의 팀을 만드는 경우의 수는 $_6C_2\times_4C_2\times_2C_2\times\dfrac{1}{3!}=15$

이때 남자 선수 1명과 여자 선수 1명으로 이루어진 팀을 만들면 남은 여자 선수 1명은 남자 선수 1명과 팀을 이루어야 한다.

즉 남자 선수 1명과 여자 선수 1명으로 이루어진 팀을 만드는 경우의 수는 남자 선수 4명 중에서 여자 선수 2명과 각각 팀을 이룰 2명을 택하는 경우의 수와 같으므로

$$_4P_2=12$$

따라서 구하는 확률은 $\dfrac{12}{15}=\dfrac{4}{5}$ **답** $\dfrac{4}{5}$

RPM 비법 노트

n명을 p명, q명, r명 $(p+q+r=n)$의 세 팀으로 나누는 경우의 수는 다음과 같다.

(1) p, q, r가 모두 다른 수인 경우

$\Rightarrow {}_nC_p\times{}_{n-p}C_q\times{}_rC_r$

(2) p, q, r 중 어느 두 수가 같은 경우

$\Rightarrow {}_nC_p\times{}_{n-p}C_q\times{}_rC_r\times\dfrac{1}{2!}$

(3) p, q, r가 모두 같은 수인 경우

$\Rightarrow {}_nC_p\times{}_{n-p}C_q\times{}_rC_r\times\dfrac{1}{3!}$

0217 주머니에 들어 있는 흰 공의 개수를 x라 하면 검은 공의 개수는 $40-x$이므로

$$p=\frac{_xC_2}{_{40}C_2},\ q=\frac{_xC_1\times_{40-x}C_1}{_{40}C_2}$$

이때 $\dfrac{_xC_2}{_{40}C_2}=\dfrac{_xC_1\times_{40-x}C_1}{_{40}C_2}$, 즉 $_xC_2=_xC_1\times_{40-x}C_1$이므로

$$\frac{x(x-1)}{2}=x(40-x)$$

$x>0$이므로 $x-1=80-2x$

$$\therefore\ x=27$$

따라서 주머니에 들어 있는 검은 공의 개수는

$$40-27=13$$

이므로 $r=\dfrac{_{13}C_2}{_{40}C_2}=\dfrac{1}{10}$

$$\therefore\ 60r=60\times\frac{1}{10}=6$$ **답** 6

0218 방정식 $a+b+c+d=8$을 만족시키는 음이 아닌 정수 a, b, c, d의 순서쌍 (a, b, c, d)의 개수는

$$_4H_8=_{11}C_8=_{11}C_3=165$$

(i) $a=0$인 경우

$a+b+c+d=8$에서 $b+c+d=8$

이때 $b>0$, $c>0$, $d>0$이므로 b, c, d는 자연수이다.

따라서 $b=b'+1$, $c=c'+1$, $d=d'+1$이라 하면 b', c', d'은 음이 아닌 정수이고 $b+c+d=8$에서

$$(b'+1)+(c'+1)+(d'+1)=8$$

$$\therefore\ b'+c'+d'=5$$

즉 이 경우의 순서쌍 (b, c, d)의 개수는 방정식 $b'+c'+d'=5$를 만족시키는 음이 아닌 정수 b', c', d'의 순서쌍 (b', c', d')의 개수와 같으므로

$$_3H_5=_7C_5=_7C_2=21$$

(ii) $a=1$인 경우

$a+b+c+d=8$에서 $b+c+d=7$

이때 $b>1$, $c>1$, $d>1$이므로 b, c, d는 2 이상의 자연수이다.

따라서 이 경우의 순서쌍 (b, c, d)는

$$(2, 2, 3),\ (2, 3, 2),\ (3, 2, 2)의\ 3개$$

(i), (ii)에서 조건을 만족시키는 순서쌍 (a, b, c, d)의 개수는

$$21+3=24$$

따라서 구하는 확률은 $\dfrac{24}{165}=\dfrac{8}{55}$ **답** $\dfrac{8}{55}$

참고 $a=2$, $b>2$, $c>2$, $d>2$이고 방정식 $a+b+c+d=8$을 만족시키는 순서쌍 (a, b, c, d)는 존재하지 않는다.

0219 ㄱ. $A\subset B$이면 $n(A)\leq n(B)$이므로

$$\frac{n(A)}{n(S)}\leq\frac{n(B)}{n(S)}$$

$$\therefore\ P(A)\leq P(B)\ (참)$$

ㄴ. $P(A\cup B)=P(A)+P(B)-P(A\cap B)$

$$\leq P(A)+P(B)\ (\because\ P(A\cap B)\geq0)\ (참)$$

ㄷ. [반례] $S=\{1, 2, 3\}$, $A=\{1, 2\}$, $B=\{2, 3\}$이면
$A \cup B=\{1, 2, 3\}$이므로 $\mathrm{P}(A \cup B)=1$이지만 A는 B의
여사건이 아니다. (거짓)
이상에서 옳은 것은 ㄱ, ㄴ이다.　　　　　　　　　　답 ③

0220 $\mathrm{P}(A)=1-\mathrm{P}(A^C)=1-\dfrac{5}{6}=\dfrac{1}{6}$
이때 두 사건 A, B는 서로 배반사건이므로
$\mathrm{P}(A \cup B)=\mathrm{P}(A)+\mathrm{P}(B)$에서
$$\dfrac{3}{4}=\dfrac{1}{6}+\mathrm{P}(B) \qquad \therefore \mathrm{P}(B)=\dfrac{7}{12}$$
$$\therefore \mathrm{P}(B^C)=1-\mathrm{P}(B)=1-\dfrac{7}{12}=\dfrac{5}{12}$$　답 ②

0221 $\mathrm{P}(B)=1-\mathrm{P}(B^C)=1-\dfrac{1}{2}=\dfrac{1}{2}$
이때 $A \cup B=(A \cap B^C) \cup B$이고 두 사건 $A \cap B^C$, B는 서로
배반사건이므로
$$\mathrm{P}(A \cup B)=\mathrm{P}(A \cap B^C)+\mathrm{P}(B)$$
$$=\dfrac{1}{3}+\dfrac{1}{2}=\dfrac{5}{6}$$　답 $\dfrac{5}{6}$

다른 풀이 $A \cap B^C=A-B$이므로
$$\mathrm{P}(A \cap B^C)=\mathrm{P}(A-B)$$
$$=\mathrm{P}(A)-\mathrm{P}(A \cap B)=\dfrac{1}{3}$$
$$\therefore \mathrm{P}(A \cup B)=\mathrm{P}(A)+\mathrm{P}(B)-\mathrm{P}(A \cap B)$$
$$=\dfrac{1}{3}+\dfrac{1}{2}=\dfrac{5}{6}$$

0222 $\mathrm{P}(A \cap B) \leq \mathrm{P}(A)$, $\mathrm{P}(A \cap B) \leq \mathrm{P}(B)$이므로
$$\mathrm{P}(A \cap B) \leq \dfrac{3}{5}, \ \mathrm{P}(A \cap B) \leq \dfrac{5}{6}$$
$$\therefore \mathrm{P}(A \cap B) \leq \dfrac{3}{5} \qquad \cdots\cdots ㉠$$
또 $\mathrm{P}(A \cup B) \leq 1$이므로
$$\mathrm{P}(A)+\mathrm{P}(B)-\mathrm{P}(A \cap B) \leq 1$$
$$\dfrac{3}{5}+\dfrac{5}{6}-\mathrm{P}(A \cap B) \leq 1$$
$$\therefore \mathrm{P}(A \cap B) \geq \dfrac{13}{30} \qquad \cdots\cdots ㉡$$
㉠, ㉡에서 $\dfrac{13}{30} \leq \mathrm{P}(A \cap B) \leq \dfrac{3}{5}$
따라서 $M=\dfrac{3}{5}$, $m=\dfrac{13}{30}$이므로
$$Mm=\dfrac{13}{50}$$　답 $\dfrac{13}{50}$

0223 두 자리 자연수가 홀수인 사건을 A, 3의 배수인 사건을
B라 하면 $A \cap B$는 홀수이면서 3의 배수인 사건이다.
이때 홀수이려면 일의 자리의 숫자가 1, 3, 5 중 하나이어야 하므
로
$$\mathrm{P}(A)=\dfrac{5 \times 3}{{}_5\Pi_2}=\dfrac{15}{5^2}=\dfrac{3}{5}$$

3의 배수인 두 자리 자연수는
　　12, 15, 21, 24, 33, 42, 45, 51, 54의 9개
이므로 $\mathrm{P}(B)=\dfrac{9}{{}_5\Pi_2}=\dfrac{9}{5^2}=\dfrac{9}{25}$
홀수이면서 3의 배수인 두 자리 자연수는
　　15, 21, 33, 45, 51의 5개
이므로 $\mathrm{P}(A \cap B)=\dfrac{5}{{}_5\Pi_2}=\dfrac{5}{5^2}=\dfrac{1}{5}$
따라서 구하는 확률은
$$\mathrm{P}(A \cup B)=\mathrm{P}(A)+\mathrm{P}(B)-\mathrm{P}(A \cap B)$$
$$=\dfrac{3}{5}+\dfrac{9}{25}-\dfrac{1}{5}=\dfrac{19}{25}$$　답 $\dfrac{19}{25}$

0224 B와 D 사이에 적어도 한 명의 학생을 세우는 사건을 A
라 하면 A^C는 B와 D를 이웃하게 세우는 사건이므로
$$\mathrm{P}(A^C)=\dfrac{4! \times 2!}{5!}=\dfrac{2}{5}$$
따라서 구하는 확률은
$$\mathrm{P}(A)=1-\mathrm{P}(A^C)=1-\dfrac{2}{5}=\dfrac{3}{5}$$　답 $\dfrac{3}{5}$

0225 접시에 담긴 케이크 중에서 초코 케이크가 2조각 이하인
사건을 A라 하면 A^C는 초코 케이크가 3조각인 사건이므로
$$\mathrm{P}(A^C)=\dfrac{{}_3\mathrm{C}_3}{{}_{n+3}\mathrm{C}_3}=\dfrac{1}{{}_{n+3}\mathrm{C}_3}$$
이때 $\mathrm{P}(A)=\dfrac{34}{35}$이므로
$$\mathrm{P}(A^C)=1-\mathrm{P}(A)=1-\dfrac{34}{35}=\dfrac{1}{35}$$
즉 $\dfrac{1}{{}_{n+3}\mathrm{C}_3}=\dfrac{1}{35}$이므로 ${}_{n+3}\mathrm{C}_3=35$
$$\dfrac{(n+3)(n+2)(n+1)}{6}=35$$
$$(n+3)(n+2)(n+1)=7 \times 6 \times 5$$
$$\therefore n=4$$　답 **4**

0226 택한 세 점을 꼭짓점으로 하는 삼각형이 만들어지는 사
건을 A라 하면 A^C는 삼각형이 만들어지지 않는 사건이다.
이때 반원의 지름 위의 5개의 점 중에서 세 점을 택하면 세 점을
꼭짓점으로 하는 삼각형이 만들어지지 않으므로
$$\mathrm{P}(A^C)=\dfrac{{}_5\mathrm{C}_3}{{}_{10}\mathrm{C}_3}=\dfrac{1}{12}$$
따라서 구하는 확률은
$$\mathrm{P}(A)=1-\mathrm{P}(A^C)=1-\dfrac{1}{12}=\dfrac{11}{12}$$　답 ④

0227 양 끝에 놓인 카드에 적힌 두 수의 합이 10 이하인 사건
을 A라 하면 A^C는 두 수의 합이 11 이상인 사건이다.
이때 양 끝에 놓인 카드에 적힌 두 수의 합이 11 이상이려면 양
끝에 5가 적혀 있는 카드와 6이 적혀 있는 카드를 놓아야 하므로
$$\mathrm{P}(A^C)=\dfrac{2! \times 4!}{6!}=\dfrac{1}{15}$$

따라서 구하는 확률은

$$\mathrm{P}(A)=1-\mathrm{P}(A^C)=1-\frac{1}{15}=\frac{14}{15}$$

답 ⑤

0228 7개의 문자 A, B, C, D, E, F, G를 일렬로 나열하는 경우의 수는

$$7!=5040 \qquad \cdots \text{1단계}$$

A, B, C를 이 순서대로 나열하려면 A, B, C를 모두 X로 생각하여 X, X, X, D, E, F, G를 일렬로 나열한 후 첫 번째 X를 A로, 두 번째 X를 B로, 세 번째 X를 C로 바꾸면 된다.
따라서 A, B, C를 이 순서대로 나열하는 경우의 수는

$$\frac{7!}{3!}=840 \qquad \cdots \text{2단계}$$

따라서 구하는 확률은

$$\frac{840}{5040}=\frac{1}{6} \qquad \cdots \text{3단계}$$

답 $\dfrac{1}{6}$

	채점 요소	비율
1단계	7개의 문자를 일렬로 나열하는 경우의 수 구하기	30 %
2단계	A, B, C를 이 순서대로 나열하는 경우의 수 구하기	50 %
3단계	확률 구하기	20 %

0229 집합 X에서 집합 Y로의 함수 f의 개수는

$$_6\Pi_4=6^4=1296 \qquad \cdots \text{1단계}$$

(i) $f(1)<f(2)<f(3)=f(4)$인 경우

Y의 원소 5, 6, 7, 8, 9, 10의 6개에서 서로 다른 3개를 택해 작은 수부터 순서대로 X의 원소 1, 2, 3에 대응시키면 된다.
이때 $f(3)=f(4)$이므로 $f(3)$의 값이 정해지면 $f(4)$의 값도 하나로 정해진다.
따라서 이 경우의 함수 f의 개수는

$$_6\mathrm{C}_3=20$$

(ii) $f(1)=f(2)<f(3)=f(4)$인 경우

Y의 원소 5, 6, 7, 8, 9, 10의 6개에서 서로 다른 2개를 택해 작은 수부터 순서대로 X의 원소 1, 3에 대응시키면 된다.
이때 $f(1)=f(2)$, $f(3)=f(4)$이므로 $f(1)$, $f(3)$의 값이 정해지면 $f(2)$, $f(4)$의 값도 각각 하나로 정해진다.
따라서 이 경우의 함수 f의 개수는

$$_6\mathrm{C}_2=15$$

(i), (ii)에서 $f(1)\leq f(2)<f(3)=f(4)$를 만족시키는 함수 f의 개수는

$$20+15=35 \qquad \cdots \text{2단계}$$

따라서 구하는 확률은

$$\frac{35}{1296} \qquad \cdots \text{3단계}$$

답 $\dfrac{35}{1296}$

	채점 요소	비율
1단계	집합 X에서 집합 Y로의 함수 f의 개수 구하기	20 %
2단계	$f(1)\leq f(2)<f(3)=f(4)$를 만족시키는 함수 f의 개수 구하기	60 %
3단계	확률 구하기	20 %

0230 적어도 한 명은 다른 나라의 여행 상품을 택하는 사건을 A라 하면 A^C는 3명 모두 같은 나라의 여행 상품을 택하는 사건이다. $\qquad \cdots \text{1단계}$

(i) 3명이 모두 대만 여행 상품을 택할 확률은

$$\frac{_4\mathrm{P}_3}{_{16}\mathrm{P}_3}=\frac{1}{140}$$

(ii) 3명이 모두 태국 여행 상품을 택할 확률은

$$\frac{_5\mathrm{P}_3}{_{16}\mathrm{P}_3}=\frac{1}{56}$$

(iii) 3명이 모두 베트남 여행 상품을 택할 확률은

$$\frac{_7\mathrm{P}_3}{_{16}\mathrm{P}_3}=\frac{1}{16}$$

이상에서 $\quad \mathrm{P}(A^C)=\dfrac{1}{140}+\dfrac{1}{56}+\dfrac{1}{16}=\dfrac{7}{80} \qquad \cdots \text{2단계}$

따라서 구하는 확률은

$$\mathrm{P}(A)=1-\mathrm{P}(A^C)=1-\frac{7}{80}=\frac{73}{80} \qquad \cdots \text{3단계}$$

답 $\dfrac{73}{80}$

	채점 요소	비율
1단계	적어도 한 명은 다른 나라의 여행 상품을 택하는 사건을 A라 하고 A^C 알기	20 %
2단계	$\mathrm{P}(A^C)$ 구하기	50 %
3단계	$\mathrm{P}(A)$ 구하기	30 %

0231 $(a-b)(b-c)(c-a)=0$인 사건을 A라 하면 A^C는 $(a-b)(b-c)(c-a)\neq 0$인 사건이다. $\qquad \cdots \text{1단계}$

이때 $(a-b)(b-c)(c-a)\neq 0$이려면 $a\neq b$, $b\neq c$, $c\neq a$이어야 하므로

$$\mathrm{P}(A^C)=\frac{_6\mathrm{P}_3}{6\times 6\times 6}=\frac{5}{9} \qquad \cdots \text{2단계}$$

따라서 구하는 확률은

$$\mathrm{P}(A)=1-\mathrm{P}(A^C)=1-\frac{5}{9}=\frac{4}{9} \qquad \cdots \text{3단계}$$

답 $\dfrac{4}{9}$

	채점 요소	비율
1단계	$(a-b)(b-c)(c-a)=0$인 사건을 A라 하고 A^C 알기	20 %
2단계	$\mathrm{P}(A^C)$ 구하기	50 %
3단계	$\mathrm{P}(A)$ 구하기	30 %

0232 전략 $n(A)$, $n(B-A)$, $n(X-B)$의 값에 따라 경우를 나누어 생각해 본다.

집합 X의 공집합이 아닌 부분집합 15개 중에서 두 집합 A, B를 정하는 경우의 수는

$$_{15}P_2=210$$

이때 A, B가 집합 X의 공집합이 아닌 서로 다른 두 부분집합이므로 $A \subset B$, $B \neq X$이려면

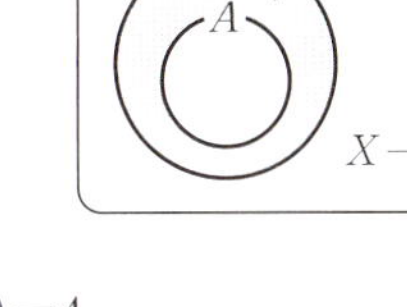

$$A \neq \varnothing, \ B-A \neq \varnothing,$$
$$X-B \neq \varnothing,$$
$$n(A)+n(B-A)+n(X-B)=4$$

이어야 한다.

(i) $n(A)=1$, $n(B-A)=1$, $n(X-B)=2$인 경우
집합 X의 4개의 원소 a, b, c, d 중에서 두 집합 A, $B-A$에 포함될 원소를 각각 1개씩 택하면 되므로

$$_4P_2=12$$

(ii) $n(A)=1$, $n(B-A)=2$, $n(X-B)=1$인 경우
집합 X의 4개의 원소 a, b, c, d 중에서 두 집합 A, $X-B$에 포함될 원소를 각각 1개씩 택하면 되므로

$$_4P_2=12$$

(iii) $n(A)=2$, $n(B-A)=1$, $n(X-B)=1$인 경우
집합 X의 4개의 원소 a, b, c, d 중에서 두 집합 $B-A$, $X-B$에 포함될 원소를 각각 1개씩 택하면 되므로

$$_4P_2=12$$

이상에서 $A \subset B$, $B \neq X$인 경우의 수는

$$12+12+12=36$$

따라서 구하는 확률은 $\dfrac{36}{210}=\dfrac{6}{35}$

답 $\dfrac{6}{35}$

0233 전략 꺼낸 두 공의 색에 따라 경우를 나누어 생각해 본다.

8개의 공 중에서 2개의 공을 꺼내는 경우의 수는

$$_8C_2=28$$

주어진 시행을 한 번 하여 얻은 점수가 24 이하의 짝수이려면 꺼낸 공이 서로 다른 색이거나 꺼낸 공이 서로 같은 색이고 두 공에 적힌 수의 곱이 24 이하의 짝수이어야 한다.

(i) 꺼낸 두 공이 서로 다른 색인 경우
흰 공 1개와 검은 공 1개를 꺼내는 경우의 수는

$$_4C_1 \times _4C_1=16$$

(ii) 꺼낸 두 공이 서로 같은 색인 경우
흰 공 2개에 적힌 수의 곱은 항상 24 이하이다.
이때 홀수가 적혀 있는 흰 공은 ①, ③의 2개이므로 두 공에 적힌 수의 곱이 짝수가 되도록 흰 공 2개를 꺼내는 경우의 수는

$$_4C_2-_2C_2=5$$

또 두 공에 적힌 수의 곱이 24 이하의 짝수가 되도록 검은 공 2개를 꺼내는 경우는

(❹, ❺), (❹, ❻)의 2가지

따라서 두 공에 적힌 수의 곱이 24 이하의 짝수인 경우의 수는

$$5+2=7$$

(i), (ii)에서 주어진 시행을 한 번 하여 얻은 점수가 24 이하의 짝수인 경우의 수는

$$16+7=23$$

이므로 그 확률은 $\dfrac{23}{28}$

따라서 $p=28$, $q=23$이므로

$$p+q=51$$

답 **51**

0234 전략 3이 적혀 있는 카드와 4가 적혀 있는 카드가 이웃하는 경우와 이웃하지 않는 경우로 나누어 생각한다.

조건 ㈎에 의하여 3이 적혀 있는 카드의 양옆에는 4, 5, 6이 적혀 있는 3장의 카드 중에서 2장의 카드가 올 수 있고, 조건 ㈏에 의하여 4가 적혀 있는 카드의 양옆에는 1, 2, 3이 적혀 있는 3장의 카드 중에서 2장의 카드가 올 수 있다.

이때 3이 적혀 있는 카드와 4가 적혀 있는 카드가 이웃하고 주어진 조건을 만족시키는 사건을 A, 3이 적혀 있는 카드와 4가 적혀 있는 카드가 이웃하지 않고 주어진 조건을 만족시키는 사건을 B라 하자.

(i) 3이 적혀 있는 카드와 4가 적혀 있는 카드가 이웃하는 경우
3이 적혀 있는 카드와 4가 적혀 있는 카드를 일렬로 나열하는 경우의 수 $2!$
3이 적혀 있는 카드의 다른 한쪽에는 5 또는 6이 적혀 있는 카드가 올 수 있으므로 이 카드를 정하는 경우의 수 2
4가 적혀 있는 카드의 다른 한쪽에는 1 또는 2가 적혀 있는 카드가 올 수 있으므로 이 카드를 정하는 경우의 수 2
3, 4가 적혀 있는 카드와 양옆의 2장의 카드를 한 장으로 생각하여 3장의 카드를 일렬로 나열하는 경우의 수 $3!$

$$\therefore \mathrm{P}(A)=\frac{2! \times 2 \times 2 \times 3!}{6!}=\frac{1}{15}$$

(ii) 3이 적혀 있는 카드와 4가 적혀 있는 카드가 이웃하지 않는 경우
3이 적혀 있는 카드의 양옆에는 5, 6이 적혀 있는 2장의 카드가 올 수 있고 2장의 카드의 위치를 바꾸는 경우의 수 $2!$
4가 적혀 있는 카드의 양옆에는 1, 2가 적혀 있는 2장의 카드가 올 수 있고 2장의 카드의 위치를 바꾸는 경우의 수 $2!$
3이 적혀 있는 카드와 양옆의 2장의 카드를 한 장으로 생각하고, 4가 적혀 있는 카드와 양옆의 2장의 카드를 한 장으로 생각하여 2장의 카드를 일렬로 나열하는 경우의 수 $2!$

$$\therefore \mathrm{P}(B)=\frac{2! \times 2! \times 2!}{6!}=\frac{1}{90}$$

(i), (ii)에서 A, B는 서로 배반사건이므로 구하는 확률은

$$\mathrm{P}(A \cup B)=\mathrm{P}(A)+\mathrm{P}(B)$$
$$=\frac{1}{15}+\frac{1}{90}=\frac{7}{90}$$

답 $\dfrac{7}{90}$

03 조건부확률

0235 $A=\{2, 4, 6\}$, $B=\{2, 3, 5\}$

(1) $P(A)=\dfrac{3}{6}=\dfrac{1}{2}$

(2) $A\cap B=\{2\}$이므로 $P(A\cap B)=\dfrac{1}{6}$

(3) $P(B|A)=\dfrac{P(A\cap B)}{P(A)}=\dfrac{\dfrac{1}{6}}{\dfrac{1}{2}}=\dfrac{1}{3}$

답 (1) $\dfrac{1}{2}$ (2) $\dfrac{1}{6}$ (3) $\dfrac{1}{3}$

0236 동전의 앞면을 H, 뒷면을 T라 하고 100원짜리 동전 2개와 10원짜리 동전 1개를 차례대로 나타내면 표본공간은

$$\{HHH, HHT, HTH, THH,$$
$$HTT, THT, TTH, TTT\}$$

뒷면이 1개 나오는 사건을 A, 10원짜리 동전의 뒷면이 나오는 사건을 B라 하면

$$A=\{HHT, HTH, THH\}, \ A\cap B=\{HHT\}$$
$$\therefore P(A)=\dfrac{3}{8}, \ P(A\cap B)=\dfrac{1}{8}$$

따라서 구하는 확률은

$$P(B|A)=\dfrac{P(A\cap B)}{P(A)}=\dfrac{\dfrac{1}{8}}{\dfrac{3}{8}}=\dfrac{1}{3}$$

답 $\dfrac{1}{3}$

0237 (1) $P(A\cap B)=P(B)P(A|B)=0.2\times0.5=0.1$

(2) $P(B|A)=\dfrac{P(A\cap B)}{P(A)}=\dfrac{0.1}{0.25}=0.4$

답 (1) **0.1** (2) **0.4**

0238 (1) $P(A)=\dfrac{3}{8}$

(2) 첫 번째에 검은 공을 꺼내면 주머니 안에는 검은 공 2개와 흰 공 5개가 들어 있으므로

$$P(B|A)=\dfrac{5}{7}$$

(3) $P(A\cap B)=P(A)P(B|A)=\dfrac{3}{8}\times\dfrac{5}{7}=\dfrac{15}{56}$

답 (1) $\dfrac{3}{8}$ (2) $\dfrac{5}{7}$ (3) $\dfrac{15}{56}$

0239 $A=\{1, 3, 5\}$, $B=\{3, 6\}$, $C=\{1, 2, 3, 6\}$이므로

$$P(A)=\dfrac{3}{6}=\dfrac{1}{2}, \ P(B)=\dfrac{2}{6}=\dfrac{1}{3}, \ P(C)=\dfrac{4}{6}=\dfrac{2}{3}$$

(1) $A\cap B=\{3\}$이므로 $P(A\cap B)=\dfrac{1}{6}$

따라서 $P(A\cap B)=P(A)P(B)$이므로 두 사건 A, B는 서로 독립이다.

(2) $B\cap C=\{3, 6\}$이므로 $P(B\cap C)=\dfrac{2}{6}=\dfrac{1}{3}$

따라서 $P(B\cap C)\neq P(B)P(C)$이므로 두 사건 B, C는 서로 종속이다.

답 (1) **독립** (2) **종속**

0240 (1) 두 사건 A, B가 서로 독립이므로

$$P(A\cap B)=P(A)P(B)=\dfrac{1}{4}\times\dfrac{2}{3}=\dfrac{1}{6}$$

(2) 두 사건 A, B가 서로 독립이면 두 사건 A^C, B도 서로 독립이므로

$$P(A^C\cap B)=P(A^C)P(B)$$
$$=\left(1-\dfrac{1}{4}\right)\times\dfrac{2}{3}=\dfrac{1}{2}$$

(3) 두 사건 A, B가 서로 독립이면 두 사건 A, B^C도 서로 독립이므로

$$P(A|B^C)=P(A)=\dfrac{1}{4}$$

답 (1) $\dfrac{1}{6}$ (2) $\dfrac{1}{2}$ (3) $\dfrac{1}{4}$

0241 선수 A가 과녁을 명중시키는 사건을 A, 선수 B가 과녁을 명중시키는 사건을 B라 하면 A, B는 서로 독립이다.
따라서 구하는 확률은

$$P(A\cap B)=P(A)P(B)$$
$$=0.5\times0.7=0.35$$

답 **0.35**

0242 (1) $A=\{1, 5\}$이므로 $P(A)=\dfrac{2}{6}=\dfrac{1}{3}$

(2) $P(A)=\dfrac{1}{3}$, $P(A^C)=1-\dfrac{1}{3}=\dfrac{2}{3}$이고, 각 시행은 서로 독립이므로 구하는 확률은

$${}_5C_3\left(\dfrac{1}{3}\right)^3\left(\dfrac{2}{3}\right)^2=\dfrac{40}{243}$$

답 (1) $\dfrac{1}{3}$ (2) $\dfrac{40}{243}$

0243 동전을 한 번 던질 때, 앞면이 나오는 사건을 A라 하면

$$P(A)=\dfrac{1}{2}, \ P(A^C)=1-\dfrac{1}{2}=\dfrac{1}{2}$$

이때 각 시행은 서로 독립이므로 구하는 확률은

$${}_4C_2\left(\dfrac{1}{2}\right)^2\left(\dfrac{1}{2}\right)^2=\dfrac{3}{8}$$

답 $\dfrac{3}{8}$

0244 오지선다형인 한 문제에 임의로 답을 할 때, 정답을 맞히는 사건을 A라 하면

$$P(A)=\dfrac{1}{5}, \ P(A^C)=1-\dfrac{1}{5}=\dfrac{4}{5}$$

이때 각 시행은 서로 독립이므로 구하는 확률은

$${}_4C_3\left(\dfrac{1}{5}\right)^3\left(\dfrac{4}{5}\right)^1=\dfrac{16}{625}$$

답 $\dfrac{16}{625}$

     • 본책 042~048쪽

0245 $P(A^c \cap B^c) = P((A \cup B)^c) = 1 - P(A \cup B) = 0.5$
이므로 $\quad P(A \cup B) = 0.5$
이때 $P(A \cup B) = P(A) + P(B) - P(A \cap B)$이므로
$$0.5 = 0.2 + 0.4 - P(A \cap B)$$
$$\therefore P(A \cap B) = 0.1$$
$$\therefore P(A|B) = \frac{P(A \cap B)}{P(B)} = \frac{0.1}{0.4} = 0.25$$
   답 **0.25**

0246 $B = (A \cap B) \cup (A^c \cap B)$이고 두 사건 $A \cap B$와
$A^c \cap B$는 서로 배반사건이므로
$$P(B) = P(A \cap B) + P(A^c \cap B) = \frac{1}{3} + \frac{1}{6} = \frac{1}{2}$$
$$\therefore P(A|B) = \frac{P(A \cap B)}{P(B)} = \frac{\frac{1}{3}}{\frac{1}{2}} = \frac{2}{3}$$
   답 $\dfrac{2}{3}$

0247 두 사건 A, B가 서로 배반사건이므로
$$A \cap B = \varnothing \quad \therefore B \subset A^c$$
따라서 $B \cap A^c = B$이므로
$$P(B|A^c) = \frac{P(B \cap A^c)}{P(A^c)} = \frac{P(B)}{1 - P(A)}$$
$$= \frac{\frac{3}{5}}{1 - \frac{1}{4}} = \frac{4}{5}$$
   답 ⑤

0248 $P(A|B) = \dfrac{P(A \cap B)}{P(B)} = \dfrac{2}{3}$에서
$$P(A \cap B) = \frac{2}{3} P(B)$$
이때 $P(A \cup B) = P(A) + P(B) - P(A \cap B)$이므로
$$\frac{3}{4} = \frac{2}{3} + P(B) - \frac{2}{3} P(B)$$
$$\frac{1}{3} P(B) = \frac{1}{12} \quad \therefore P(B) = \frac{1}{4}$$
   답 $\dfrac{1}{4}$

0249 여학생을 뽑는 사건을 A, 수학을 선호하는 학생을 뽑는
사건을 B라 하면
$$P(A) = \frac{28}{60}, \ P(A \cap B) = \frac{12}{60}$$
따라서 구하는 확률은
$$P(B|A) = \frac{P(A \cap B)}{P(A)} = \frac{\frac{12}{60}}{\frac{28}{60}} = \frac{3}{7}$$
   답 ③

0250 국내 여행을 선호하는 회원을 뽑는 사건을 A, 남자 회원
을 뽑는 사건을 B라 하면
$$P(A) = \frac{40}{100}, \ P(A \cap B) = \frac{25}{100}$$

따라서 구하는 확률은
$$P(B|A) = \frac{P(A \cap B)}{P(A)} = \frac{\frac{25}{100}}{\frac{40}{100}} = \frac{5}{8}$$
   답 $\dfrac{5}{8}$

0251 아마추어 대회에 참가하는 회원을 뽑는 사건을 A, 여자
회원을 뽑는 사건을 B라 하면
$$P(A) = \frac{15+a}{30}, \ P(A \cap B) = \frac{a}{30}$$
$$\therefore P(B|A) = \frac{P(A \cap B)}{P(A)} = \frac{\frac{a}{30}}{\frac{15+a}{30}} = \frac{a}{15+a}$$
따라서 $\dfrac{a}{15+a} = \dfrac{2}{7}$이므로
$$7a = 2(15+a), \qquad 5a = 30$$
$$\therefore a = 6$$
   답 **6**

0252 A가 당첨권을 뽑는 사건을 A, B가 당첨권을 뽑는 사건
을 B라 하면
$$P(A) = \frac{13}{27}, \ P(B|A) = \frac{12}{26}$$
따라서 구하는 확률은
$$P(A \cap B) = P(A)P(B|A) = \frac{13}{27} \times \frac{12}{26} = \frac{2}{9}$$
   답 ②

0253 주머니 A를 택하는 사건을 A, 빨간 구슬을 꺼내는 사건
을 B라 하면
$$P(A) = \frac{1}{2}, \ P(B|A) = \frac{5}{9}$$
따라서 구하는 확률은
$$P(A \cap B) = P(A)P(B|A) = \frac{1}{2} \times \frac{5}{9} = \frac{5}{18}$$
   답 $\dfrac{5}{18}$

0254 첫 번째에 여학생을 호명하는 사건을 A, 두 번째에 남학
생을 호명하는 사건을 B라 하면
$$P(A) = \frac{3}{9}, \ P(B|A) = \frac{6}{8}$$
따라서 구하는 확률은
$$P(A \cap B) = P(A)P(B|A) = \frac{3}{9} \times \frac{6}{8} = \frac{1}{4}$$
   답 $\dfrac{1}{4}$

0255 첫 번째에 흰 바둑돌이 나오는 사건을 A, 두 번째에 검
은 바둑돌이 나오는 사건을 B라 하면
$$P(A) = \frac{n}{n+4}, \ P(B|A) = \frac{4}{n+3}$$
따라서 첫 번째에는 흰 바둑돌, 두 번째에는 검은 바둑돌이 나올
확률은
$$P(A \cap B) = P(A)P(B|A)$$
$$= \frac{n}{n+4} \times \frac{4}{n+3}$$
$$= \frac{4n}{(n+4)(n+3)}$$
   ··· **1단계**

즉 $\dfrac{4n}{(n+4)(n+3)}=\dfrac{1}{5}$이므로

$$(n+4)(n+3)=20n$$
$$n^2-13n+12=0, \qquad (n-1)(n-12)=0$$
$$\therefore n=1 \text{ 또는 } n=12 \qquad\qquad \cdots\ \boxed{\text{2단계}}$$

따라서 모든 n의 값의 합은

$$1+12=13 \qquad\qquad\qquad\qquad \cdots\ \boxed{\text{3단계}}$$

답 13

	채점 요소	비율
1단계	첫 번째에는 흰 바둑돌, 두 번째에는 검은 바둑돌이 나올 확률을 n에 대한 식으로 나타내기	60 %
2단계	n의 값 구하기	30 %
3단계	모든 n의 값의 합 구하기	10 %

0256 지우가 검은 공을 꺼내는 사건을 A, 수진이가 검은 공을 꺼내는 사건을 E라 하면 지우가 흰 공을 꺼내는 사건은 A^C이므로

$$P(A)=\frac{3}{7},\ P(A^C)=\frac{4}{7},$$
$$P(E\,|\,A)=\frac{2}{6},\ P(E\,|\,A^C)=\frac{3}{6}$$

따라서 구하는 확률은

$$\begin{aligned}P(E)&=P(A\cap E)+P(A^C\cap E)\\&=P(A)P(E\,|\,A)+P(A^C)P(E\,|\,A^C)\\&=\frac{3}{7}\times\frac{2}{6}+\frac{4}{7}\times\frac{3}{6}\\&=\frac{3}{7}\end{aligned}$$

답 $\dfrac{3}{7}$

0257 이번 주 일요일에 비가 오는 사건을 A, 경기에서 이기는 사건을 E라 하면 이번 주 일요일에 비가 오지 않는 사건은 A^C이므로

$$P(A)=0.3,\ P(A^C)=0.7,$$
$$P(E\,|\,A)=0.4,\ P(E\,|\,A^C)=0.6$$

따라서 구하는 확률은

$$\begin{aligned}P(E)&=P(A\cap E)+P(A^C\cap E)\\&=P(A)P(E\,|\,A)+P(A^C)P(E\,|\,A^C)\\&=0.3\times0.4+0.7\times0.6=0.54\end{aligned}$$

답 0.54

0258 수시 합격자를 택하는 사건을 A, 여학생을 택하는 사건을 E라 하면 정시 합격자를 택하는 사건은 A^C이므로

$$P(A)=\frac{80}{100},\ P(A^C)=\frac{20}{100},$$
$$P(E\,|\,A)=\frac{70}{100},\ P(E\,|\,A^C)=\frac{30}{100}$$

따라서 구하는 확률은

$$\begin{aligned}P(E)&=P(A\cap E)+P(A^C\cap E)\\&=P(A)P(E\,|\,A)+P(A^C)P(E\,|\,A^C)\\&=\frac{80}{100}\times\frac{70}{100}+\frac{20}{100}\times\frac{30}{100}\\&=\frac{31}{50}\end{aligned}$$

답 ⑤

0259 A 반 학생을 뽑는 사건을 A, B 반 학생을 뽑는 사건을 B, 방과 후 수업을 신청한 학생을 뽑는 사건을 E라 하면

$$P(A)=\frac{2}{2+3}=\frac{2}{5},\ P(B)=\frac{3}{2+3}=\frac{3}{5},$$
$$P(E\,|\,A)=\frac{1}{5},\ P(E\,|\,B)=\frac{1}{6}$$

따라서 구하는 확률은

$$\begin{aligned}P(E)&=P(A\cap E)+P(B\cap E)\\&=P(A)P(E\,|\,A)+P(B)P(E\,|\,B)\\&=\frac{2}{5}\times\frac{1}{5}+\frac{3}{5}\times\frac{1}{6}=\frac{9}{50}\end{aligned}$$

답 $\dfrac{9}{50}$

0260 A 공장에서 생산된 제품을 택하는 사건을 A, B 공장에서 생산된 제품을 택하는 사건을 B, 불량품을 택하는 사건을 E라 하면

$$P(A\cap E)=P(A)P(E\,|\,A)=\frac{40}{100}\times\frac{5}{100}=\frac{1}{50}$$
$$P(B\cap E)=P(B)P(E\,|\,B)=\frac{60}{100}\times\frac{3}{100}=\frac{9}{500}$$
$$\begin{aligned}\therefore\ P(E)&=P(A\cap E)+P(B\cap E)\\&=\frac{1}{50}+\frac{9}{500}=\frac{19}{500}\end{aligned}$$

따라서 구하는 확률은

$$P(A\,|\,E)=\frac{P(A\cap E)}{P(E)}=\frac{\dfrac{1}{50}}{\dfrac{19}{500}}=\frac{10}{19}$$

답 $\dfrac{10}{19}$

0261 K 야구팀이 치르는 경기가 홈 경기인 사건을 A, 원정 경기인 사건을 B, K 야구팀이 승리하는 사건을 E라 하면

$$P(A\cap E)=P(A)P(E\,|\,A)=\frac{50}{100}\times\frac{70}{100}=\frac{7}{20}$$
$$P(B\cap E)=P(B)P(E\,|\,B)=\frac{50}{100}\times\frac{40}{100}=\frac{1}{5}$$
$$\begin{aligned}\therefore\ P(E)&=P(A\cap E)+P(B\cap E)\\&=\frac{7}{20}+\frac{1}{5}=\frac{11}{20}\end{aligned}$$

따라서 구하는 확률은

$$P(A\,|\,E)=\frac{P(A\cap E)}{P(E)}=\frac{\dfrac{7}{20}}{\dfrac{11}{20}}=\frac{7}{11}$$

답 ④

0262 버스로 운송된 제품을 택하는 사건을 A, 기차로 운송된 제품을 택하는 사건을 B, 1일 이내에 배송된 제품을 택하는 사건을 E라 하면

$$P(A\cap E)=P(A)P(E\,|\,A)=\frac{30}{100}\times\frac{80}{100}=\frac{6}{25}$$
$$P(B\cap E)=P(B)P(E\,|\,B)=\frac{70}{100}\times\frac{20}{100}=\frac{7}{50}$$
$$\begin{aligned}\therefore\ P(E)&=P(A\cap E)+P(B\cap E)\\&=\frac{6}{25}+\frac{7}{50}=\frac{19}{50}\end{aligned}$$

따라서 구하는 확률은

$$P(B|E)=\frac{P(B\cap E)}{P(E)}=\frac{\dfrac{7}{50}}{\dfrac{19}{50}}=\frac{7}{19}$$

답 ③

0263 필통 A를 택하는 사건을 A, 필통 B를 택하는 사건을 B, 빨간 볼펜 1개와 파란 볼펜 1개를 꺼내는 사건을 E라 하면

$$P(A\cap E)=P(A)P(E|A)$$
$$=\frac{1}{2}\times\frac{{}_2C_1\times{}_4C_1}{{}_6C_2}=\frac{4}{15}$$
$$P(B\cap E)=P(B)P(E|B)$$
$$=\frac{1}{2}\times\frac{{}_3C_1\times{}_3C_1}{{}_6C_2}=\frac{3}{10}$$
$$\therefore P(E)=P(A\cap E)+P(B\cap E)$$
$$=\frac{4}{15}+\frac{3}{10}=\frac{17}{30}$$

따라서 구하는 확률은

$$P(B|E)=\frac{P(B\cap E)}{P(E)}=\frac{\dfrac{3}{10}}{\dfrac{17}{30}}=\frac{9}{17}$$

답 ①

0264 하준이가 흰 공을 꺼내는 사건을 A, 지호가 흰 공을 꺼내는 사건을 E라 하면 하준이가 검은 공을 꺼내는 사건은 A^C이므로

$$P(A\cap E)=P(A)P(E|A)=\frac{2}{5}\times\frac{1}{4}=\frac{1}{10}$$
$$P(A^c\cap E)=P(A^c)P(E|A^c)=\frac{3}{5}\times\frac{2}{4}=\frac{3}{10}$$
$$\therefore P(E)=P(A\cap E)+P(A^c\cap E)$$
$$=\frac{1}{10}+\frac{3}{10}=\frac{2}{5}$$

따라서 구하는 확률은

$$P(A|E)=\frac{P(A\cap E)}{P(E)}=\frac{\dfrac{1}{10}}{\dfrac{2}{5}}=\frac{1}{4}$$

답 ③

0265 카드 A를 뽑는 사건을 A, 카드 B를 뽑는 사건을 B, 카드 C를 뽑는 사건을 C, 보이는 면에 숫자 1이 쓰여 있는 사건을 E라 하면

$$P(A\cap E)=P(A)P(E|A)=\frac{1}{3}\times1=\frac{1}{3}$$
$$P(B\cap E)=P(B)P(E|B)=\frac{1}{3}\times\frac{1}{2}=\frac{1}{6}$$
$$P(C\cap E)=P(C)P(E|C)=\frac{1}{3}\times0=0$$
$$\therefore P(E)=P(A\cap E)+P(B\cap E)+P(C\cap E)$$
$$=\frac{1}{3}+\frac{1}{6}+0=\frac{1}{2}$$

따라서 구하는 확률은

$$P(B|E)=\frac{P(B\cap E)}{P(E)}=\frac{\dfrac{1}{6}}{\dfrac{1}{2}}=\frac{1}{3}$$

답 $\dfrac{1}{3}$

0266 $A=\{1,\ 3,\ 5,\ 7,\ 9,\ 11\}$, $B=\{3,\ 6,\ 9,\ 12\}$, $C=\{2,\ 3,\ 5,\ 7,\ 11\}$이므로

$$P(A)=\frac{6}{12}=\frac{1}{2},\ P(B)=\frac{4}{12}=\frac{1}{3},\ P(C)=\frac{5}{12}$$

ㄱ. $A\cap B=\{3,\ 9\}$이므로　　$P(A\cap B)=\frac{2}{12}=\frac{1}{6}$
$$\therefore P(A\cap B)=P(A)P(B)$$
따라서 두 사건 A와 B는 서로 독립이다.

ㄴ. $A\cap C=\{3,\ 5,\ 7,\ 11\}$이므로　　$P(A\cap C)=\frac{4}{12}=\frac{1}{3}$
$$\therefore P(A\cap C)\neq P(A)P(C)$$
따라서 두 사건 A와 C는 서로 종속이다.

ㄷ. $B\cap C=\{3\}$이므로　　$P(B\cap C)=\frac{1}{12}$
$$\therefore P(B\cap C)\neq P(B)P(C)$$
따라서 두 사건 B와 C는 서로 종속이다.

이상에서 서로 독립인 사건은 ㄱ뿐이다.

답 ㄱ

0267 동전의 앞면을 H, 뒷면을 T라 하고 10원짜리 동전과 100원짜리 동전을 차례로 나타내면 표본공간은

$$\{HH,\ HT,\ TH,\ TT\}$$

이때 $A=\{HH,\ HT\}$, $B=\{HT,\ TT\}$, $C=\{HH,\ TT\}$, $D=\{HT,\ TH\}$이므로

$$P(A)=\frac{1}{2},\ P(B)=\frac{1}{2},\ P(C)=\frac{1}{2},\ P(D)=\frac{1}{2}$$

① $A\cap B=\{HT\}$이므로　　$P(A\cap B)=\frac{1}{4}$
$$\therefore P(A\cap B)=P(A)P(B)$$
따라서 두 사건 A와 B는 서로 독립이다.

② $A\cap C=\{HH\}$이므로　　$P(A\cap C)=\frac{1}{4}$
$$\therefore P(A\cap C)=P(A)P(C)$$
따라서 두 사건 A와 C는 서로 독립이다.

③ $B\cap C=\{TT\}$이므로　　$P(B\cap C)=\frac{1}{4}$
$$\therefore P(B\cap C)=P(B)P(C)$$
따라서 두 사건 B와 C는 서로 독립이다.

④ $B\cap D=\{HT\}$이므로　　$P(B\cap D)=\frac{1}{4}$
$$\therefore P(B\cap D)=P(B)P(D)$$
따라서 두 사건 B와 D는 서로 독립이다.

⑤ $C\cap D=\varnothing$이므로　　$P(C\cap D)=0$
$$\therefore P(C\cap D)\neq P(C)P(D)$$
따라서 두 사건 C와 D는 서로 종속이다.

답 ⑤

0268 $P(A\cup B)=P(A)+P(B)-P(A\cap B)$에서

$$\frac{11}{12}=\frac{3}{4}+\frac{2}{3}-P(A\cap B)$$
$$\therefore P(A\cap B)=\frac{1}{2}$$

이때 $P(A)P(B)=\dfrac{3}{4}\times\dfrac{2}{3}=\dfrac{1}{2}$이므로

$$P(A\cap B)=P(A)P(B)$$

따라서 두 사건 A와 B는 서로 독립이다.   **답** 독립

0269 두 사건 A, B가 서로 독립이므로

$$P(A\cap B)=P(A)P(B)=\dfrac{1}{2}P(B)$$

따라서 $P(A\cup B)=P(A)+P(B)-P(A\cap B)$에서

$$\dfrac{2}{3}=\dfrac{1}{2}+P(B)-\dfrac{1}{2}P(B), \qquad \dfrac{1}{2}P(B)=\dfrac{1}{6}$$

$$\therefore P(B)=\dfrac{1}{3}$$

답 $\dfrac{1}{3}$

0270 두 사건 A, B가 서로 독립이므로

$$P(A\cap B)=P(A)P(B)=\dfrac{1}{3}$$

따라서 $P(A\cup B)=P(A)+P(B)-P(A\cap B)$에서

$$\dfrac{2}{5}=P(A)+P(B)-\dfrac{1}{3}$$

$$\therefore P(A)+P(B)=\dfrac{11}{15}$$

$$\therefore P(A|B)+P(B|A)=P(A)+P(B)=\dfrac{11}{15}$$

답 $\dfrac{11}{15}$

0271 두 사건 A, C가 서로 독립이므로

$$P(A\cap C)=P(A)P(C)$$

$$\dfrac{1}{2}=P(A)\times\dfrac{5}{6} \qquad \therefore P(A)=\dfrac{3}{5}$$ **⋯ 1단계**

두 사건 A, B가 서로 배반사건이므로

$$P(A\cup B)=P(A)+P(B)$$

$$\dfrac{7}{10}=\dfrac{3}{5}+P(B) \qquad \therefore P(B)=\dfrac{1}{10}$$ **⋯ 2단계**

답 $\dfrac{1}{10}$

채점 요소		비율
1단계	$P(A)$ 구하기	50 %
2단계	$P(B)$ 구하기	50 %

0272 두 사건 A, B가 서로 독립이면 A와 B^c, A^c와 B도 각각 서로 독립이므로

$$P(A\cap B^c)=P(A)P(B^c),$$
$$P(A^c\cap B)=P(A^c)P(B)$$

따라서 $P(A\cap B^c)+P(A^c\cap B)=\dfrac{2}{3}$에서

$$P(A)P(B^c)+P(A^c)P(B)=\dfrac{2}{3}$$

$$P(A)\times\left(1-\dfrac{1}{6}\right)+\{1-P(A)\}\times\dfrac{1}{6}=\dfrac{2}{3}$$

$$\dfrac{2}{3}P(A)=\dfrac{1}{2} \qquad \therefore P(A)=\dfrac{3}{4}$$

답 $\dfrac{3}{4}$

0273 두 선수 A, B가 페널티 킥을 성공하는 사건을 각각 A, B라 하면 두 사건 A, B는 서로 독립이므로 구하는 확률은

$$P(A\cup B)=P(A)+P(B)-P(A\cap B)$$
$$=P(A)+P(B)-P(A)P(B)$$
$$=\dfrac{2}{5}+\dfrac{1}{3}-\dfrac{2}{5}\times\dfrac{1}{3}=\dfrac{3}{5}$$

답 $\dfrac{3}{5}$

다른 풀이 $P(A\cup B)=1-P(A^c\cap B^c)=1-P(A^c)P(B^c)$

$$=1-\left(1-\dfrac{2}{5}\right)\times\left(1-\dfrac{1}{3}\right)=\dfrac{3}{5}$$

0274 주머니 A에서 파란 구슬을 꺼내는 사건을 A, 주머니 B에서 파란 구슬을 꺼내는 사건을 B라 하면 두 사건 A, B는 서로 독립이므로 구하는 확률은

$$P(A\cap B)=P(A)P(B)=\dfrac{3}{8}\times\dfrac{4}{7}=\dfrac{3}{14}$$

답 $\dfrac{3}{14}$

0275 다음 주 화요일에 A 지역과 B 지역에 눈이 오는 사건을 각각 A, B라 하면 두 사건 A, B는 서로 독립이므로 구하는 확률은

$$P(A^c\cap B)=P(A^c)P(B)=(1-0.2)\times0.3=0.24$$

답 0.24

0276 예준이와 나연이가 이벤트에 당첨되는 사건을 각각 A, B라 하면 두 사건 A, B는 서로 독립이므로 두 사람 중 한 명만 이벤트에 당첨될 확률은

$$P(A^c\cap B)+P(A\cap B^c)$$
$$=P(A^c)P(B)+P(A)P(B^c)$$
$$=\left(1-\dfrac{1}{10}\right)p+\dfrac{1}{10}(1-p)$$
$$=\dfrac{4}{5}p+\dfrac{1}{10}$$

따라서 $\dfrac{4}{5}p+\dfrac{1}{10}=\dfrac{7}{30}$이므로

$$\dfrac{4}{5}p=\dfrac{2}{15} \qquad \therefore p=\dfrac{1}{6}$$

답 $\dfrac{1}{6}$

0277 바이러스 A 보균자를 택하는 사건을 A, 남자를 택하는 사건을 B라 하면

$$P(A)=\dfrac{240}{450}=\dfrac{8}{15},\ P(B)=\dfrac{150}{450}=\dfrac{1}{3},$$
$$P(A\cap B)=\dfrac{x}{450}$$

이때 두 사건 A, B가 서로 독립이므로
$P(A\cap B)=P(A)P(B)$에서

$$\dfrac{x}{450}=\dfrac{8}{15}\times\dfrac{1}{3} \qquad \therefore x=80$$

답 ①

0278 두 수의 합이 홀수이려면 두 수 중 하나는 홀수이고 다른 하나는 짝수이어야 한다.
두 상자 A, B에서 홀수가 적힌 카드를 꺼내는 사건을 각각 A, B라 하면

$$P(A)=\dfrac{3}{4},\ P(B)=\dfrac{1}{4}$$

이때 두 사건 A, B는 서로 독립이다.

(ⅰ) 상자 A에서 홀수, 상자 B에서 짝수가 적힌 카드를 꺼낼 확률은
$$\mathrm{P}(A \cap B^C) = \mathrm{P}(A)\mathrm{P}(B^C)$$
$$= \frac{3}{4} \times \left(1 - \frac{1}{4}\right) = \frac{9}{16}$$

(ⅱ) 상자 A에서 짝수, 상자 B에서 홀수가 적힌 카드를 꺼낼 확률은
$$\mathrm{P}(A^C \cap B) = \mathrm{P}(A^C)\mathrm{P}(B)$$
$$= \left(1 - \frac{3}{4}\right) \times \frac{1}{4} = \frac{1}{16}$$

(ⅰ), (ⅱ)에서 구하는 확률은
$$\frac{9}{16} + \frac{1}{16} = \frac{5}{8}$$

답 $\dfrac{5}{8}$

0279 세 스위치 A, B, C가 닫혀 있는 사건을 각각 A, B, C라 하면 전구에 불이 켜지는 사건은 $A \cap (B \cup C)$이다.

이때 세 사건 A, B, C는 서로 독립이므로
$$\mathrm{P}(A) = 1 - 0.4 = 0.6,$$
$$\mathrm{P}(B \cup C) = \mathrm{P}(B) + \mathrm{P}(C) - \mathrm{P}(B \cap C)$$
$$= \mathrm{P}(B) + \mathrm{P}(C) - \mathrm{P}(B)\mathrm{P}(C)$$
$$= (1 - 0.5) + (1 - 0.6)$$
$$\qquad - (1 - 0.5) \times (1 - 0.6)$$
$$= 0.7$$

⋯ **1단계**

따라서 구하는 확률은
$$\mathrm{P}(A \cap (B \cup C)) = \mathrm{P}(A)\mathrm{P}(B \cup C)$$
$$= 0.6 \times 0.7$$
$$= 0.42$$

⋯ **2단계**

답 **0.42**

채점 요소	비율
1단계 세 스위치 A, B, C가 닫혀 있는 사건을 각각 A, B, C라 하고 $\mathrm{P}(A)$, $\mathrm{P}(B \cup C)$ 구하기	70 %
2단계 전구에 불이 켜질 확률 구하기	30 %

참고 $\mathrm{P}(A \cap (B \cup C))$
$$= \mathrm{P}((A \cap B) \cup (A \cap C))$$
$$= \mathrm{P}(A \cap B) + \mathrm{P}(A \cap C) - \mathrm{P}(A \cap B \cap C)$$
$$= \mathrm{P}(A)\mathrm{P}(B) + \mathrm{P}(A)\mathrm{P}(C) - \mathrm{P}(A)\mathrm{P}(B)\mathrm{P}(C)$$
$$= \mathrm{P}(A)\{\mathrm{P}(B) + \mathrm{P}(C) - \mathrm{P}(B)\mathrm{P}(C)\}$$
$$= \mathrm{P}(A)\{\mathrm{P}(B) + \mathrm{P}(C) - \mathrm{P}(B \cap C)\}$$
$$= \mathrm{P}(A)\mathrm{P}(B \cup C)$$

0280 표적을 한 번 이상 맞히는 사건을 A라 하면 A^C는 표적을 한 번도 맞히지 못하는 사건이므로
$$\mathrm{P}(A^C) = {}_5\mathrm{C}_0 \left(\frac{2}{3}\right)^0 \left(\frac{1}{3}\right)^5 = \frac{1}{243}$$

따라서 구하는 확률은
$$\mathrm{P}(A) = 1 - \mathrm{P}(A^C) = 1 - \frac{1}{243} = \frac{242}{243}$$

답 ⑤

0281 구하는 확률은
$${}_4\mathrm{C}_3 \left(\frac{1}{4}\right)^3 \left(\frac{3}{4}\right)^1 = \frac{3}{64}$$

답 $\dfrac{3}{64}$

0282 적어도 1개의 객실에서 룸서비스를 이용하는 사건을 A라 하면 A^C는 4개의 객실에서 모두 룸서비스를 이용하지 않는 사건이므로
$$\mathrm{P}(A^C) = {}_4\mathrm{C}_0 \left(\frac{3}{5}\right)^0 \left(\frac{2}{5}\right)^4 = \frac{16}{625}$$

따라서 구하는 확률은
$$\mathrm{P}(A) = 1 - \mathrm{P}(A^C) = 1 - \frac{16}{625} = \frac{609}{625}$$

답 ④

0283 학생이 한 문제를 맞힐 확률은 $\dfrac{2}{7}$이다.

(ⅰ) 5문제 중에서 4문제를 맞힐 확률은
$${}_5\mathrm{C}_4 \left(\frac{2}{7}\right)^4 \left(\frac{5}{7}\right)^1 = \frac{400}{7^5}$$

(ⅱ) 5문제를 모두 맞힐 확률은
$${}_5\mathrm{C}_3 \left(\frac{2}{7}\right)^5 \left(\frac{5}{7}\right)^0 = \frac{32}{7^5}$$

(ⅰ), (ⅱ)에서 학생이 시험에 합격할 확률은
$$\frac{400}{7^5} + \frac{32}{7^5} = \frac{432}{7^5}$$
$$\therefore k = 432$$

답 **432**

0284 공격을 2번 이상 성공시키는 사건을 A라 하면 A^C는 공격을 1번 이하로 성공시키는 사건이다.

이때 공격 성공률은
$$\frac{40}{100} = \frac{2}{5}$$

(ⅰ) 4번의 공격에서 한 번도 성공시키지 못할 확률은
$${}_4\mathrm{C}_0 \left(\frac{2}{5}\right)^0 \left(\frac{3}{5}\right)^4 = \frac{81}{625}$$

(ⅱ) 4번의 공격에서 1번 성공시킬 확률은
$${}_4\mathrm{C}_1 \left(\frac{2}{5}\right)^1 \left(\frac{3}{5}\right)^3 = \frac{216}{625}$$

(ⅰ), (ⅱ)에서 $\quad \mathrm{P}(A^C) = \dfrac{81}{625} + \dfrac{216}{625} = \dfrac{297}{625}$

따라서 구하는 확률은
$$\mathrm{P}(A) = 1 - \mathrm{P}(A^C) = 1 - \frac{297}{625} = \frac{328}{625}$$

답 $\dfrac{328}{625}$

0285 4번째 경기에서 우승팀이 결정되려면 우승팀은 3번째 경기까지 2번 이기고 4번째 경기에서 이겨야 한다.

이때 한 경기에서 A 팀과 B 팀이 이길 확률은 각각 $\dfrac{1}{2}$이다.

(ⅰ) A 팀이 우승할 확률은
$${}_3\mathrm{C}_2 \left(\frac{1}{2}\right)^2 \left(\frac{1}{2}\right)^1 \times \frac{1}{2} = \frac{3}{16}$$

(ⅱ) B 팀이 우승할 확률은
$${}_3\mathrm{C}_2 \left(\frac{1}{2}\right)^2 \left(\frac{1}{2}\right)^1 \times \frac{1}{2} = \frac{3}{16}$$

(ⅰ), (ⅱ)에서 구하는 확률은
$$\frac{3}{16} + \frac{3}{16} = \frac{3}{8}$$

답 ④

0286 (i) 주사위를 던져서 3의 배수의 눈이 나오고, 동전을 3번 던져서 앞면이 1번 나올 확률은
$$\frac{2}{6} \times {}_3C_1\left(\frac{1}{2}\right)^1\left(\frac{1}{2}\right)^2 = \frac{1}{8}$$
(ii) 주사위를 던져서 3의 배수의 눈이 나오지 않고, 동전을 2번 던져서 앞면이 1번 나올 확률은
$$\frac{4}{6} \times {}_2C_1\left(\frac{1}{2}\right)^1\left(\frac{1}{2}\right)^1 = \frac{1}{3}$$
(i), (ii)에서 구하는 확률은
$$\frac{1}{8} + \frac{1}{3} = \frac{11}{24}$$
답 $\dfrac{11}{24}$

0287 ㄱ. 두 사건 A, B가 서로 독립이면
$$P(A|B)=P(A),\ P(B|A)=P(B)$$
이때 $P(A) \neq P(B)$이면
$$P(A|B) \neq P(B|A)\ (\text{거짓})$$
ㄴ. 두 사건 A, B가 서로 배반사건이면 $P(A \cap B)=0$이므로
$$P(B|A) = \frac{P(A \cap B)}{P(A)} = \frac{0}{P(A)} = 0\ (\text{참})$$
ㄷ. $A \subset B$이면 $A \cap B = A$이므로
$$P(B|A) = \frac{P(A \cap B)}{P(A)} = \frac{P(A)}{P(A)} = 1\ (\text{참})$$
이상에서 옳은 것은 ㄴ, ㄷ이다. 답 ㄴ, ㄷ

0288 ㄱ. 두 사건 A, B가 서로 독립이면
$$P(A \cap B)=P(A)P(B)$$
$$\therefore P(A^C \cap B) = P(B)-P(A \cap B)$$
$$= P(B)-P(A)P(B)$$
$$= \{1-P(A)\}P(B)$$
$$= P(A^C)P(B)$$
따라서 A^C, B는 서로 독립이다. (참)
ㄴ. 두 사건 A, B가 서로 배반사건이면
$$P(A \cap B)=0$$
그런데 $P(A)P(B)>0$이므로
$$P(A \cap B) \neq P(A)P(B)$$
따라서 A, B는 서로 종속이다. (거짓)
ㄷ. 두 사건 A, B가 서로 독립이면
$$P(A \cap B)=P(A)P(B)>0$$
따라서 A, B는 서로 배반사건이 아니다. (거짓)
이상에서 옳은 것은 ㄱ뿐이다. 답 ㄱ

0289 ㄱ. 두 사건 A, B가 서로 독립이면 A^C, B도 서로 독립이므로
$$P(A^C|B)=P(A^C)=1-P(A)\ (\text{참})$$
ㄴ. 두 사건 A, B가 서로 독립이면 A, B^C도 서로 독립이므로
$$P(A)=P(A \cap B)+P(A \cap B^C)$$
$$= P(A)P(B)+P(A)P(B^C)\ (\text{참})$$

ㄷ. 두 사건 A, B가 서로 독립이면
$$P(A \cap B)=P(A)P(B)$$
$$\therefore P(A \cup B) = P(A)+P(B)-P(A \cap B)$$
$$= P(A)+P(B)-P(A)P(B)$$
이때 $P(A)P(B)>0$이므로
$$P(A \cup B) \neq P(A)+P(B)\ (\text{거짓})$$
이상에서 옳은 것은 ㄱ, ㄴ이다. 답 ㄱ, ㄴ

0290 한 개의 주사위를 던질 때 5의 약수의 눈이 나올 확률은
$$\frac{2}{6} = \frac{1}{3}$$
이때 주사위를 4번 던져서 5의 약수의 눈이 나오는 횟수를 x라 하면 그 외의 눈이 나오는 횟수는 $4-x$이므로 점 A의 좌표가 2이려면
$$x-(4-x)=2$$
$$\therefore x=3$$
따라서 구하는 확률은
$${}_4C_3\left(\frac{1}{3}\right)^3\left(\frac{2}{3}\right)^1 = \frac{8}{81}$$
답 ①

0291 주머니에서 임의로 1개의 공을 꺼낼 때, 흰 공이 나올 확률은 $\dfrac{3}{5}$이다.
이때 게임을 5번 하여 흰 공이 나오는 횟수를 x라 하면 검은 공이 나오는 횟수는 $5-x$이므로 얻은 점수의 합이 14점이려면
$$3x+2(5-x)=14$$
$$\therefore x=4 \qquad \cdots \text{1단계}$$
따라서 구하는 확률은
$${}_5C_4\left(\frac{3}{5}\right)^4\left(\frac{2}{5}\right)^1 = \frac{162}{625} \qquad \cdots \text{2단계}$$
답 $\dfrac{162}{625}$

채점 요소		비율
1단계	흰 공이 나오는 횟수 구하기	40 %
2단계	게임을 5번 하여 얻은 점수의 합이 14점일 확률 구하기	60 %

0292 동전을 6번 던져서 앞면이 나오는 횟수를 x라 하면 뒷면이 나오는 횟수는 $6-x$이다.
이때 꼭짓점 A에서 출발한 점 P가 꼭짓점 A로 돌아오려면 10만큼 움직여야 하므로
$$2x+(6-x)=10$$
$$\therefore x=4$$
따라서 구하는 확률은
$${}_6C_4\left(\frac{1}{2}\right)^4\left(\frac{1}{2}\right)^2 = \frac{15}{64}$$
답 $\dfrac{15}{64}$

참고 | 동전을 6번 던져서 점 P가 움직일 수 있는 거리는 6 이상 12 이하이므로 점 P가 다시 꼭짓점 A로 돌아올 때까지 움직인 거리는 10이다.

시험에 꼭 나오는 문제

0293 $P(A|B)=P(B|A)$에서

$$\frac{P(A\cap B)}{P(B)}=\frac{P(A\cap B)}{P(A)} \qquad \therefore P(A)=P(B)$$

이때 $P(A\cup B)=P(A)+P(B)-P(A\cap B)$이므로

$$1=P(A)+P(A)-\frac{1}{3}, \qquad 2P(A)=\frac{4}{3}$$

$$\therefore P(A)=\frac{2}{3}$$

답 $\dfrac{2}{3}$

0294 $P(B|A)=\dfrac{P(A\cap B)}{P(A)}$에서

$$\frac{2}{5}=\frac{P(A\cap B)}{\dfrac{1}{2}} \qquad \therefore P(A\cap B)=\frac{1}{5}$$

이때 $P(A|B)=\dfrac{P(A\cap B)}{P(B)}$에서

$$\frac{3}{10}=\frac{\dfrac{1}{5}}{P(B)} \qquad \therefore P(B)=\frac{2}{3}$$

답 $\dfrac{2}{3}$

0295 서로 다른 두 개의 주사위를 동시에 던질 때, 모든 경우의 수는 $6\times 6=36$

두 눈의 수의 합이 6인 사건을 A, 두 눈의 수가 모두 홀수인 사건을 B라 하고 두 눈의 수를 순서쌍으로 나타내면

$$A=\{(1,5),(2,4),(3,3),(4,2),(5,1)\},$$
$$A\cap B=\{(1,5),(3,3),(5,1)\}$$

$$\therefore P(A)=\frac{5}{36},\ P(A\cap B)=\frac{3}{36}=\frac{1}{12}$$

따라서 구하는 확률은

$$P(B|A)=\frac{P(A\cap B)}{P(A)}=\frac{\dfrac{1}{12}}{\dfrac{5}{36}}=\frac{3}{5}$$

답 ⑤

0296 여자 회원 수를 a라 하고 주어진 조건을 표로 나타내면 다음과 같다.

(단위: 명)

	남자 회원	여자 회원	합계
영화 A	45	35	80
영화 B	$135-a$	$a-35$	100
합계	$180-a$	a	180

영화 B를 관람한 회원을 뽑는 사건을 A, 남자 회원을 뽑는 사건을 B라 하면

$$P(A)=\frac{100}{180},\ P(A\cap B)=\frac{135-a}{180}$$

$$\therefore P(B|A)=\frac{P(A\cap B)}{P(A)}=\frac{\dfrac{135-a}{180}}{\dfrac{100}{180}}=\frac{135-a}{100}$$

즉 $\dfrac{135-a}{100}=\dfrac{2}{5}$이므로 $135-a=40$

$$\therefore a=95$$

따라서 구하는 여자 회원 수는 95이다.

답 95

0297 A가 당첨 제비를 뽑는 사건을 A, B가 당첨 제비를 뽑는 사건을 E라 하면 A가 당첨 제비를 뽑지 않는 사건은 A^C이므로

$$P(A)=\frac{3}{10},\ P(A^C)=\frac{7}{10},$$

$$P(E|A)=\frac{2}{9},\ P(E|A^C)=\frac{3}{9}$$

따라서 구하는 확률은

$$P(E)=P(A\cap E)+P(A^C\cap E)$$
$$=P(A)P(E|A)+P(A^C)P(E|A^C)$$
$$=\frac{3}{10}\times\frac{2}{9}+\frac{7}{10}\times\frac{3}{9}=\frac{3}{10}$$

답 $\dfrac{3}{10}$

0298 상자 A를 택하는 사건을 A, 상자 B를 택하는 사건을 B, 서로 다른 색의 구슬을 꺼내는 사건을 E라 하면

$$P(A)=\frac{1}{2},\ P(B)=\frac{1}{2},$$

$$P(E|A)=\frac{{}_3C_1\times{}_4C_1}{{}_7C_2}=\frac{4}{7},$$

$$P(E|B)=\frac{{}_5C_1\times{}_2C_1}{{}_7C_2}=\frac{10}{21}$$

따라서 구하는 확률은

$$P(E)=P(A\cap E)+P(B\cap E)$$
$$=P(A)P(E|A)+P(B)P(E|B)$$
$$=\frac{1}{2}\times\frac{4}{7}+\frac{1}{2}\times\frac{10}{21}=\frac{11}{21}$$

답 $\dfrac{11}{21}$

0299 주사위를 한 번 던져 나온 눈의 수가 5 이상인 사건을 A, 4 이하인 사건을 B라 하고, 주머니에서 꺼낸 2개의 공이 모두 흰색인 사건을 E라 하면

$$P(A\cap E)=P(A)P(E|A)=\frac{2}{6}\times\frac{{}_2C_2}{{}_6C_2}=\frac{1}{45}$$

$$P(B\cap E)=P(B)P(E|B)=\frac{4}{6}\times\frac{{}_3C_2}{{}_6C_2}=\frac{2}{15}$$

$$\therefore P(E)=P(A\cap E)+P(B\cap E)$$
$$=\frac{1}{45}+\frac{2}{15}=\frac{7}{45}$$

따라서 구하는 확률은

$$P(A|E)=\frac{P(A\cap E)}{P(E)}=\frac{\dfrac{1}{45}}{\dfrac{7}{45}}=\frac{1}{7}$$

답 ①

0300 $P(A^C)=2P(A)$에서

$$1-P(A)=2P(A) \qquad \therefore P(A)=\frac{1}{3}$$

두 사건 A, B가 서로 독립이므로
$$P(A \cap B) = P(A)P(B)$$
$$\frac{1}{4} = \frac{1}{3}P(B) \qquad \therefore P(B) = \frac{3}{4}$$
답 ④

0301 $P(A \cup B) = P(A) + P(B) - P(A \cap B)$에서
$$\frac{5}{8} = P(A) + P(B) - \frac{1}{8}$$
$$\therefore P(A) + P(B) = \frac{3}{4} \qquad \cdots\cdots \text{㉠}$$
두 사건 A, B가 서로 독립이므로
$$P(A \cap B) = P(A)P(B)$$
$$\therefore P(A)P(B) = \frac{1}{8} \qquad \cdots\cdots \text{㉡}$$
㉠에서 $P(A) = \frac{3}{4} - P(B)$이므로 이것을 ㉡에 대입하면
$$\left\{\frac{3}{4} - P(B)\right\}P(B) = \frac{1}{8}$$
$$8\{P(B)\}^2 - 6P(B) + 1 = 0$$
$$\{2P(B) - 1\}\{4P(B) - 1\} = 0$$
$$\therefore P(B) = \frac{1}{2} \text{ 또는 } P(B) = \frac{1}{4}$$
$P(B) = \frac{1}{2}$이면 $\quad P(A) = \frac{3}{4} - \frac{1}{2} = \frac{1}{4}$

$P(B) = \frac{1}{4}$이면 $\quad P(A) = \frac{3}{4} - \frac{1}{4} = \frac{1}{2}$

이때 $P(A) > P(B)$이므로 $\quad P(B) = \frac{1}{4}$
답 ③

다른 풀이 ㉠, ㉡에서 $P(A)$, $P(B)$는 이차방정식
$$t^2 - \frac{3}{4}t + \frac{1}{8} = 0, \text{ 즉 } 8t^2 - 6t + 1 = 0$$
의 두 근이다.
이때 $8t^2 - 6t + 1 = 0$에서 $\quad (2t-1)(4t-1) = 0$
$$\therefore t = \frac{1}{2} \text{ 또는 } t = \frac{1}{4}$$
$$\therefore P(B) = \frac{1}{4} \; (\because P(A) > P(B))$$

📝 RPM 비법 노트

두 수를 근으로 하는 이차방정식

두 수 α, β를 근으로 하고 x^2의 계수가 1인 이차방정식은
$$(x-\alpha)(x-\beta) = 0, \text{ 즉 } x^2 - (\alpha+\beta)x + \alpha\beta = 0$$

0302 내일 세 공연 A, B, C가 매진되는 사건을 각각 A, B, C라 하면 세 사건 A, B, C는 서로 독립이므로 구하는 확률은
$$P(A \cap B \cap C^c) + P(A \cap B^c \cap C) + P(A^c \cap B \cap C)$$
$$= P(A)P(B)P(C^c) + P(A)P(B^c)P(C)$$
$$\quad + P(A^c)P(B)P(C)$$
$$= \frac{1}{4} \times \frac{2}{3} \times \left(1 - \frac{1}{2}\right) + \frac{1}{4} \times \left(1 - \frac{2}{3}\right) \times \frac{1}{2}$$
$$\quad + \left(1 - \frac{1}{4}\right) \times \frac{2}{3} \times \frac{1}{2}$$
$$= \frac{3}{8}$$
답 $\dfrac{3}{8}$

0303 전체 학생 수는 $16 + 24 = 40$이므로
$$P(A) = \frac{8+k}{40}, \; P(B) = \frac{16}{40} = \frac{2}{5},$$
$$P(A \cap B) = \frac{8}{40} = \frac{1}{5}$$
이때 두 사건 A, B가 서로 독립이려면
$P(A \cap B) = P(A)P(B)$이어야 하므로
$$\frac{1}{5} = \frac{8+k}{40} \times \frac{2}{5}, \qquad 20 = 8 + k$$
$$\therefore k = 12$$
답 12

0304 한 개의 동전을 6번 던져서 앞면이 나오는 횟수가 뒷면이 나오는 횟수보다 크려면 앞면이 4번 또는 5번 또는 6번 나와야 한다.

(i) 앞면이 4번 나올 확률은
$$_6C_4 \left(\frac{1}{2}\right)^4 \left(\frac{1}{2}\right)^2 = \frac{15}{64}$$

(ii) 앞면이 5번 나올 확률은
$$_6C_5 \left(\frac{1}{2}\right)^5 \left(\frac{1}{2}\right)^1 = \frac{3}{32}$$

(iii) 앞면이 6번 나올 확률은
$$_6C_6 \left(\frac{1}{2}\right)^6 \left(\frac{1}{2}\right)^0 = \frac{1}{64}$$

이상에서 구하는 확률은
$$\frac{15}{64} + \frac{3}{32} + \frac{1}{64} = \frac{11}{32}$$
답 ④

0305 두 사건 A, B가 서로 독립이므로
$$P(A \cap B) = P(A)P(B)$$
$$\therefore P(A^c \cap B^c) = P((A \cup B)^c)$$
$$= 1 - \boxed{\text{㉮ } P(A \cup B)}$$
$$= 1 - \{P(A) + P(B) - P(A \cap B)\}$$
$$= 1 - \{P(A) + P(B) - \boxed{\text{㉯ } P(A)P(B)}\}$$
$$= 1 - P(A) - P(B)\{1 - P(A)\}$$
$$= \{1 - P(A)\}\{1 - P(B)\}$$
$$= P(A^c)\boxed{\text{㉰ } P(B^c)}$$
따라서 두 사건 A^c, B^c도 서로 독립이다.
답 ④

0306 한 번의 가위바위보에서 혜진이가 이길 확률은 $\frac{1}{3}$이다.

이때 가위바위보를 5번 하여 혜진이가 이긴 횟수를 x라 하면 비기거나 진 횟수는 $5 - x$이므로 혜진이가 4칸 올라가려면
$$2x - (5-x) = 4 \qquad \therefore x = 3$$
따라서 구하는 확률은
$$_5C_3 \left(\frac{1}{3}\right)^3 \left(\frac{2}{3}\right)^2 = \frac{40}{243}$$
답 $\dfrac{40}{243}$

0307 첫 번째에 꺼낸 제품이 불량품인 사건을 A, 두 번째에 꺼낸 제품이 불량품인 사건을 B라 하면
$$P(A) = \frac{2}{5}, \; P(B \mid A) = \frac{1}{4}$$

따라서 두 번 모두 불량품을 꺼낼 확률은

$$P(A \cap B) = P(A)P(B|A) = \frac{2}{5} \times \frac{1}{4} = \frac{1}{10}$$

$$\therefore p_1 = \frac{1}{10} \qquad \cdots \text{1단계}$$

또 $P(A^c) = \frac{3}{5}$, $P(B|A^c) = \frac{2}{4} = \frac{1}{2}$ 이므로 두 번째에만 불량품을 꺼낼 확률은

$$P(A^c \cap B) = P(A^c)P(B|A^c) = \frac{3}{5} \times \frac{1}{2} = \frac{3}{10}$$

$$\therefore p_2 = \frac{3}{10} \qquad \cdots \text{2단계}$$

$$\therefore p_1 + p_2 = \frac{2}{5} \qquad \cdots \text{3단계}$$

답 $\dfrac{2}{5}$

	채점 요소	비율
1단계	p_1 구하기	40 %
2단계	p_2 구하기	40 %
3단계	$p_1 + p_2$의 값 구하기	20 %

0308 1부터 8까지의 자연수 중에서 소수는 2, 3, 5, 7의 4개이므로 A가 이기려면 첫 번째에 소수가 적힌 카드를 뽑거나 세 번째에 처음으로 소수가 적힌 카드를 뽑거나 다섯 번째에 처음으로 소수가 적힌 카드를 뽑아야 한다. $\qquad \cdots \text{1단계}$

(i) 첫 번째에 소수가 적힌 카드를 뽑을 확률은

$$\frac{4}{8} = \frac{1}{2}$$

(ii) 세 번째에 처음으로 소수가 적힌 카드를 뽑을 확률은

$$\frac{4}{8} \times \frac{3}{7} \times \frac{4}{6} = \frac{1}{7}$$

(iii) 다섯 번째에 처음으로 소수가 적힌 카드를 뽑을 확률은

$$\frac{4}{8} \times \frac{3}{7} \times \frac{2}{6} \times \frac{1}{5} \times 1 = \frac{1}{70} \qquad \cdots \text{2단계}$$

이상에서 구하는 확률은

$$\frac{1}{2} + \frac{1}{7} + \frac{1}{70} = \frac{23}{35} \qquad \cdots \text{3단계}$$

답 $\dfrac{23}{35}$

	채점 요소	비율
1단계	A가 이기는 경우 파악하기	30 %
2단계	각 경우의 확률 구하기	50 %
3단계	A가 이길 확률 구하기	20 %

0309 A 약을 투여받은 환자를 택하는 사건을 A, B 약을 투여받은 환자를 택하는 사건을 B, 완치된 환자를 택하는 사건을 E라 하면

$$P(A \cap E) = P(A)P(E|A)$$
$$= \frac{100}{300} \times \frac{3}{100} = \frac{1}{100}$$
$$P(B \cap E) = P(B)P(E|B)$$
$$= \frac{200}{300} \times \frac{x}{100} = \frac{x}{150}$$

$$\therefore P(E) = P(A \cap E) + P(B \cap E)$$
$$= \frac{1}{100} + \frac{x}{150} = \frac{3+2x}{300} \qquad \cdots \text{1단계}$$

따라서 임의로 택한 한 명이 완치된 환자였을 때, 이 환자가 A 약을 투여받은 환자일 확률은

$$P(A|E) = \frac{P(A \cap E)}{P(E)} = \frac{\dfrac{1}{100}}{\dfrac{3+2x}{300}} = \frac{3}{3+2x} \qquad \cdots \text{2단계}$$

즉 $\dfrac{3}{3+2x} = \dfrac{3}{13}$ 이므로 $\quad 3+2x = 13$

$$\therefore x = 5 \qquad \cdots \text{3단계}$$

답 5

	채점 요소	비율
1단계	A 약을 투여받은 환자를 택하는 사건을 A, 완치된 환자를 택하는 사건을 E라 하고 $P(A \cap E)$, $P(E)$ 구하기	50 %
2단계	$P(A|E)$를 x에 대한 식으로 나타내기	30 %
3단계	x의 값 구하기	20 %

0310 A가 시험에 합격하는 사건을 A, B가 시험에 합격하는 사건을 B라 하면

$$P(A \cap B^c) = \frac{3}{5}, \quad P(A \cup B) = \frac{4}{5}$$
$$\therefore P(B) = P(A \cup B) - P(A \cap B^c)$$
$$= \frac{4}{5} - \frac{3}{5} = \frac{1}{5} \qquad \cdots \text{1단계}$$

이때 두 사건 A, B가 서로 독립이므로

$$P(A \cap B) = P(A)P(B) = \frac{1}{5}P(A)$$

따라서 $P(A \cup B) = P(A) + P(B) - P(A \cap B)$에서

$$\frac{4}{5} = P(A) + \frac{1}{5} - \frac{1}{5}P(A)$$
$$\frac{4}{5}P(A) = \frac{3}{5}$$
$$\therefore P(A) = \frac{3}{4}$$

즉 A가 시험에 합격할 확률은 $\dfrac{3}{4}$이다. $\qquad \cdots \text{2단계}$

답 $\dfrac{3}{4}$

	채점 요소	비율
1단계	B가 시험에 합격할 확률 구하기	40 %
2단계	A가 시험에 합격할 확률 구하기	60 %

0311 [전략] 주어진 시행에서 꺼낸 공에 적혀 있는 숫자가 같은 것이 있는 사건을 A, 꺼낸 공 중 흰 공이 2개인 사건을 B라 하고 $P(B|A)$를 구한다.

임의로 4개의 공을 동시에 꺼내는 시행에서 꺼낸 공에 적혀 있는 숫자가 같은 것이 있는 사건을 A, 꺼낸 공 중 흰 공이 2개인 사건을 B라 하자.

4가 적혀 있는 흰 공 1개와 검은 공 1개를 꺼낼 확률은

$$\frac{{}_7C_2}{{}_9C_4} = \frac{1}{6} \quad \underset{\text{꺼내는 경우의 수}}{\overset{\text{나머지 7개의 공 중에서 2개의 공을}}{\rule{0pt}{0pt}}}$$

5가 적혀 있는 흰 공 1개와 검은 공 1개를 꺼낼 확률은

$$\frac{{}_7\mathrm{C}_2}{{}_9\mathrm{C}_4}=\frac{1}{6}$$

4, 5가 각각 적혀 있는 흰 공 2개와 검은 공 2개를 꺼낼 확률은

$$\frac{1}{{}_9\mathrm{C}_4}=\frac{1}{126}$$

$$\therefore \mathrm{P}(A)=\frac{1}{6}+\frac{1}{6}-\frac{1}{126}=\frac{41}{126}$$

또 4가 적혀 있는 흰 공 1개와 검은 공 1개를 꺼내고 꺼낸 공 중 흰 공이 2개일 확률은

$$\frac{{}_4\mathrm{C}_1\times{}_3\mathrm{C}_1}{{}_9\mathrm{C}_4}=\frac{2}{21}$$

나머지 흰 공 4개와 검은 공 3개 중에서 흰 공 1개와 검은 공 1개를 꺼내는 경우의 수

5가 적혀 있는 흰 공 1개와 검은 공 1개를 꺼내고 꺼낸 공 중 흰 공이 2개일 확률은

$$\frac{{}_4\mathrm{C}_1\times{}_3\mathrm{C}_1}{{}_9\mathrm{C}_4}=\frac{2}{21}$$

4, 5가 각각 적혀 있는 흰 공 2개와 검은 공 2개를 꺼내고 꺼낸 공 중 흰 공이 2개일 확률은

$$\frac{1}{{}_9\mathrm{C}_4}=\frac{1}{126}$$

$$\therefore \mathrm{P}(A\cap B)=\frac{2}{21}+\frac{2}{21}-\frac{1}{126}=\frac{23}{126}$$

따라서 구하는 확률은

$$\mathrm{P}(B\,|\,A)=\frac{\mathrm{P}(A\cap B)}{\mathrm{P}(A)}=\frac{\dfrac{23}{126}}{\dfrac{41}{126}}=\frac{23}{41}$$

답 $\dfrac{23}{41}$

0312 **전략** 주머니에서 꺼낸 공에 적힌 수에 따라 경우를 나누어 생각한다.

주머니에서 임의로 한 개의 공을 꺼낼 때, 꺼낸 공에 적힌 수가 3인 사건을 A, 4인 사건을 B라 하고, 얻은 점수가 10점인 사건을 E라 하면

$$\mathrm{P}(A)=\frac{2}{5},\ \mathrm{P}(B)=\frac{3}{5}$$

이때 주사위를 3번 던져서 나오는 세 눈의 수의 합이 10인 경우는

$$6+3+1,\ 6+2+2,\ 5+4+1,$$
$$5+3+2,\ 4+4+2,\ 4+3+3$$

이므로 이 경우의 수는

$$3!+\frac{3!}{2!}+3!+3!+\frac{3!}{2!}+\frac{3!}{2!}=27$$

$$\therefore \mathrm{P}(E\,|\,A)=\frac{27}{6\times6\times6}=\frac{1}{8}$$

또 주사위를 4번 던져서 나오는 네 눈의 수의 합이 10인 경우는

$$6+2+1+1,\ 5+3+1+1,\ 5+2+2+1,\ 4+4+1+1,$$
$$4+3+2+1,\ 4+2+2+2,\ 3+3+3+1,\ 3+3+2+2$$

이므로 이 경우의 수는

$$\frac{4!}{2!}+\frac{4!}{2!}+\frac{4!}{2!}+\frac{4!}{2!\times2!}+4!+\frac{4!}{3!}+\frac{4!}{3!}+\frac{4!}{2!\times2!}$$
$$=80$$

$$\therefore \mathrm{P}(E\,|\,B)=\frac{80}{6\times6\times6\times6}=\frac{5}{81}$$

$$\therefore \mathrm{P}(E)=\mathrm{P}(A\cap E)+\mathrm{P}(B\cap E)$$
$$=\mathrm{P}(A)\mathrm{P}(E\,|\,A)+\mathrm{P}(B)\mathrm{P}(E\,|\,B)$$
$$=\frac{2}{5}\times\frac{1}{8}+\frac{3}{5}\times\frac{5}{81}=\frac{47}{540}$$

따라서 $p=540$, $q=47$이므로

$$p+q=587$$

답 587

0313 **전략** 점 P가 점 $(2,\,2)$ 또는 점 $(3,\,2)$를 지날 확률을 구한다.

점 P가 색칠한 부분을 지나려면 점 $(2,\,2)$ 또는 점 $(3,\,2)$를 지나야 한다.

(i) 점 P가 점 $(2,\,2)$를 지나는 경우

3 이하의 눈이 2번, 4 이상의 눈이 2번 나와야 하므로 이 경우의 확률은

$${}_4\mathrm{C}_2\left(\frac{1}{2}\right)^2\left(\frac{1}{2}\right)^2=\frac{3}{8}$$

(ii) 점 P가 점 $(3,\,2)$를 지나는 경우

3 이하의 눈이 3번, 4 이상의 눈이 2번 나와야 하므로 이 경우의 확률은

$${}_5\mathrm{C}_3\left(\frac{1}{2}\right)^3\left(\frac{1}{2}\right)^2=\frac{5}{16}$$

점 $(2,\,2)$에서 x축의 양의 방향으로 1만큼 움직인다.

(iii) 점 P가 두 점 $(2,\,2)$, $(3,\,2)$를 모두 지나는 경우

3 이하의 눈이 2번, 4 이상의 눈이 2번 나온 후 다시 3 이하의 눈이 나와야 하므로 이 경우의 확률은

$${}_4\mathrm{C}_2\left(\frac{1}{2}\right)^2\left(\frac{1}{2}\right)^2\times\frac{1}{2}=\frac{3}{16}$$

이상에서 구하는 확률은

$$\frac{3}{8}+\frac{5}{16}-\frac{3}{16}=\frac{1}{2}$$

답 $\dfrac{1}{2}$

04 확률분포 (1)

교과서 문제 정복하기

본책 055쪽, 057쪽

0314 답 이산확률변수 **0315** 답 연속확률변수

0316 답 이산확률변수 **0317** 답 연속확률변수

0318 답 1, 2, 3, 4, 5, 6

0319 답 0, 1, 2, 3, 4

0320 (1) 0, 1, 2

(2) 확률변수 X가 0, 1, 2일 때의 확률은 각각

$$P(X=0)=\frac{1}{2}\times\frac{1}{2}=\frac{1}{4},$$

$$P(X=1)=\frac{1}{2}\times\frac{1}{2}+\frac{1}{2}\times\frac{1}{2}=\frac{1}{2},$$

$$P(X=2)=\frac{1}{2}\times\frac{1}{2}=\frac{1}{4}$$

이므로 X의 확률분포를 표로 나타내면 다음과 같다.

X	0	1	2	합계
$P(X=x)$	$\frac{1}{4}$	$\frac{1}{2}$	$\frac{1}{4}$	1

답 풀이 참조

0321 (1) 1, 2, 3

(2) $P(X=x)=\dfrac{{}_4C_x\times{}_2C_{3-x}}{{}_6C_3}\ (x=1,\ 2,\ 3)$

(3) 확률변수 X가 1, 2, 3일 때의 확률은 각각

$$P(X=1)=\frac{{}_4C_1\times{}_2C_2}{{}_6C_3}=\frac{1}{5},$$

$$P(X=2)=\frac{{}_4C_2\times{}_2C_1}{{}_6C_3}=\frac{3}{5},$$

$$P(X=3)=\frac{{}_4C_3\times{}_2C_0}{{}_6C_3}=\frac{1}{5}$$

이므로 X의 확률분포를 표로 나타내면 다음과 같다.

X	1	2	3	합계
$P(X=x)$	$\frac{1}{5}$	$\frac{3}{5}$	$\frac{1}{5}$	1

답 풀이 참조

0322 (1) 확률의 총합은 1이므로

$$\frac{1}{3}+a+\frac{2}{9}+3a=1,\qquad 4a=\frac{4}{9}$$

$$\therefore a=\frac{1}{9}$$

(2) $P(X=1$ 또는 $X=2)=P(X=1)+P(X=2)$

$$=\frac{2}{9}+\frac{1}{3}=\frac{5}{9}$$

(3) $P(-1\leq X\leq 1)=P(X=-1)+P(X=0)+P(X=1)$

$$=\frac{1}{3}+\frac{1}{9}+\frac{2}{9}=\frac{2}{3}$$

답 (1) $\dfrac{1}{9}$ (2) $\dfrac{5}{9}$ (3) $\dfrac{2}{3}$

다른 풀이 (3) $P(-1\leq X\leq 1)=1-P(X=2)$

$$=1-\frac{1}{3}=\frac{2}{3}$$

0323 (1) $E(X)=1\times\dfrac{1}{4}+2\times\dfrac{1}{8}+3\times\dfrac{1}{4}+4\times\dfrac{3}{8}=\dfrac{11}{4}$

(2) $V(X)=E(X^2)-\{E(X)\}^2$

$$=1^2\times\frac{1}{4}+2^2\times\frac{1}{8}+3^2\times\frac{1}{4}+4^2\times\frac{3}{8}-\left(\frac{11}{4}\right)^2$$

$$=\frac{23}{16}$$

(3) $\sigma(X)=\sqrt{V(X)}=\sqrt{\dfrac{23}{16}}=\dfrac{\sqrt{23}}{4}$

답 (1) $\dfrac{11}{4}$ (2) $\dfrac{23}{16}$ (3) $\dfrac{\sqrt{23}}{4}$

0324 (1) 한 개의 주사위를 던질 때, 3의 약수의 눈이 나올 확률은 $\dfrac{2}{6}=\dfrac{1}{3}$, 그 외의 눈이 나올 확률은 $1-\dfrac{1}{3}=\dfrac{2}{3}$이므로

$$P(X=0)=\frac{2}{3}\times\frac{2}{3}=\frac{4}{9}$$

$$P(X=1)=\frac{1}{3}\times\frac{2}{3}+\frac{2}{3}\times\frac{1}{3}=\frac{4}{9}$$

$$P(X=2)=\frac{1}{3}\times\frac{1}{3}=\frac{1}{9}$$

따라서 X의 확률분포를 표로 나타내면 다음과 같다.

X	0	1	2	합계
$P(X=x)$	$\frac{4}{9}$	$\frac{4}{9}$	$\frac{1}{9}$	1

(2) $E(X)=0\times\dfrac{4}{9}+1\times\dfrac{4}{9}+2\times\dfrac{1}{9}=\dfrac{2}{3}$

$V(X)=E(X^2)-\{E(X)\}^2$

$$=0^2\times\frac{4}{9}+1^2\times\frac{4}{9}+2^2\times\frac{1}{9}-\left(\frac{2}{3}\right)^2=\frac{4}{9}$$

$\sigma(X)=\sqrt{V(X)}=\sqrt{\dfrac{4}{9}}=\dfrac{2}{3}$

답 풀이 참조

0325 (1) 확률변수 X가 가질 수 있는 값은 0, 50, 100이고, 그 확률은 각각

$$P(X=0)=\frac{1}{2}\times\frac{1}{2}=\frac{1}{4},$$

$$P(X=50)=\frac{1}{2}\times\frac{1}{2}+\frac{1}{2}\times\frac{1}{2}=\frac{1}{2},$$

$$P(X=100)=\frac{1}{2}\times\frac{1}{2}=\frac{1}{4}$$

이므로 X의 확률분포를 표로 나타내면 다음과 같다.

X	0	50	100	합계
$P(X=x)$	$\dfrac{1}{4}$	$\dfrac{1}{2}$	$\dfrac{1}{4}$	1

(2) $E(X)=0\times\dfrac{1}{4}+50\times\dfrac{1}{2}+100\times\dfrac{1}{4}=50$

따라서 구하는 기댓값은 50이다.

답 풀이 참조

0326 (1) $E(2X-1)=2E(X)-1=2\times6-1=11$

$V(2X-1)=2^2V(X)=4\times\dfrac{3}{2}=6$

$\sigma(2X-1)=|2|\sigma(X)=2\times\sqrt{\dfrac{3}{2}}=\sqrt{6}$

(2) $E\left(-\dfrac{1}{3}X+5\right)=-\dfrac{1}{3}E(X)+5=-\dfrac{1}{3}\times6+5=3$

$V\left(-\dfrac{1}{3}X+5\right)=\left(-\dfrac{1}{3}\right)^2V(X)=\dfrac{1}{9}\times\dfrac{3}{2}=\dfrac{1}{6}$

$\sigma\left(-\dfrac{1}{3}X+5\right)=\left|-\dfrac{1}{3}\right|\sigma(X)=\dfrac{1}{3}\times\sqrt{\dfrac{3}{2}}=\dfrac{\sqrt{6}}{6}$

답 (1) 평균: 11, 분산: 6, 표준편차: $\sqrt{6}$

(2) 평균: 3, 분산: $\dfrac{1}{6}$, 표준편차: $\dfrac{\sqrt{6}}{6}$

0327 $E(X)=0\times\dfrac{1}{8}+1\times\dfrac{1}{4}+2\times\dfrac{1}{8}+4\times\dfrac{1}{2}=\dfrac{5}{2}$,

$E(X^2)=0^2\times\dfrac{1}{8}+1^2\times\dfrac{1}{4}+2^2\times\dfrac{1}{8}+4^2\times\dfrac{1}{2}=\dfrac{35}{4}$ 이므로

$V(X)=E(X^2)-\{E(X)\}^2=\dfrac{35}{4}-\left(\dfrac{5}{2}\right)^2=\dfrac{5}{2}$

$\therefore\ \sigma(X)=\sqrt{V(X)}=\sqrt{\dfrac{5}{2}}=\dfrac{\sqrt{10}}{2}$

(1) $E(4X+2)=4E(X)+2=4\times\dfrac{5}{2}+2=12$

(2) $V(4X+2)=4^2V(X)=16\times\dfrac{5}{2}=40$

(3) $\sigma(4X+2)=|4|\sigma(X)=4\times\dfrac{\sqrt{10}}{2}=2\sqrt{10}$

답 (1) 12   (2) 40   (3) $2\sqrt{10}$

0328 답 $B\left(10,\dfrac{1}{2}\right)$

0329 답 $B\left(7,\dfrac{1}{3}\right)$

0330 답 이항분포를 따르지 않는다.

0331 (1) $P(X=x)={}_4C_x\left(\dfrac{1}{4}\right)^x\left(\dfrac{3}{4}\right)^{4-x}$ $(x=0,\,1,\,2,\,3,\,4)$

(2) $P(X=3)={}_4C_3\left(\dfrac{1}{4}\right)^3\left(\dfrac{3}{4}\right)^1=\dfrac{3}{64}$

답 풀이 참조

0332 (1) $B\left(5,\dfrac{3}{5}\right)$

(2) $P(X=x)={}_5C_x\left(\dfrac{3}{5}\right)^x\left(\dfrac{2}{5}\right)^{5-x}$ $(x=0,\,1,\,2,\,3,\,4,\,5)$

(3) $P(X=2)={}_5C_2\left(\dfrac{3}{5}\right)^2\left(\dfrac{2}{5}\right)^3=\dfrac{144}{625}$

답 풀이 참조

0333 $E(X)=63\times\dfrac{1}{3}=21$

$V(X)=63\times\dfrac{1}{3}\times\dfrac{2}{3}=14$

$\sigma(X)=\sqrt{V(X)}=\sqrt{14}$

답 $E(X)=21$, $V(X)=14$, $\sigma(X)=\sqrt{14}$

0334 $E(X)=128\times\dfrac{3}{4}=96$

$V(X)=128\times\dfrac{3}{4}\times\dfrac{1}{4}=24$

$\sigma(X)=\sqrt{V(X)}=\sqrt{24}=2\sqrt{6}$

답 $E(X)=96$, $V(X)=24$, $\sigma(X)=2\sqrt{6}$

0335 확률변수 X는 이항분포 $B\left(45,\dfrac{2}{3}\right)$를 따른다.

(1) $E(X)=45\times\dfrac{2}{3}=30$

(2) $V(X)=45\times\dfrac{2}{3}\times\dfrac{1}{3}=10$

(3) $\sigma(X)=\sqrt{V(X)}=\sqrt{10}$

답 (1) 30   (2) 10   (3) $\sqrt{10}$

유형 익히기

• 본책 058~064쪽

0336 확률의 총합은 1이므로

$P(X=2)+P(X=3)+\cdots+P(X=9)=1$

$\dfrac{k}{2\times1}+\dfrac{k}{3\times2}+\cdots+\dfrac{k}{9\times8}=1$

$k\left\{\left(1-\dfrac{1}{2}\right)+\left(\dfrac{1}{2}-\dfrac{1}{3}\right)+\cdots+\left(\dfrac{1}{8}-\dfrac{1}{9}\right)\right\}=1$

$k\left(1-\dfrac{1}{9}\right)=1,\qquad\dfrac{8}{9}k=1$

$\therefore\ k=\dfrac{9}{8}$

답 $\dfrac{9}{8}$

RPM 비법 노트

부분분수로의 변형

$\dfrac{1}{AB}=\dfrac{1}{B-A}\left(\dfrac{1}{A}-\dfrac{1}{B}\right)$ (단, $A\neq B$)

0337 확률의 총합은 1이므로

$$\frac{3}{8}+\frac{a}{4}+a^2+\frac{1}{4}=1$$

$$8a^2+2a-3=0, \quad (4a+3)(2a-1)=0$$

$$\therefore a=-\frac{3}{4} \text{ 또는 } a=\frac{1}{2}$$

이때 $0\leq \mathrm{P}(X=x)\leq 1$이므로

$$a=\frac{1}{2}$$

답 $\dfrac{1}{2}$

0338 확률의 총합은 1이므로

$$\mathrm{P}(X=0)+\mathrm{P}(X=1)+\cdots+\mathrm{P}(X=4)=1$$

$$a+\left(\frac{1}{12}+a\right)+\left(\frac{2}{12}+a\right)+\left(\frac{3}{12}-a\right)+\left(\frac{4}{12}-a\right)=1$$

$$a+\frac{5}{6}=1 \quad \therefore a=\frac{1}{6}$$

$$\therefore \mathrm{P}(X=2)=\frac{1}{6}+\frac{1}{6}=\frac{1}{3}$$

답 $\dfrac{1}{3}$

0339 $\mathrm{P}(X=x)=\dfrac{k}{\sqrt{x}+\sqrt{x+1}}$

$$=\frac{k(\sqrt{x}-\sqrt{x+1})}{(\sqrt{x}+\sqrt{x+1})(\sqrt{x}-\sqrt{x+1})}$$

$$=k(\sqrt{x+1}-\sqrt{x})$$

확률의 총합은 1이므로

$$\mathrm{P}(X=1)+\mathrm{P}(X=2)+\cdots+\mathrm{P}(X=15)=1$$

$$k(\sqrt{2}-1)+k(\sqrt{3}-\sqrt{2})+\cdots+k(\sqrt{16}-\sqrt{15})=1$$

$$k\{(\sqrt{2}-1)+(\sqrt{3}-\sqrt{2})+\cdots+(\sqrt{16}-\sqrt{15})\}=1$$

$$3k=1 \quad \therefore k=\frac{1}{3}$$

답 ①

0340 확률의 총합은 1이므로

$$\frac{k}{2}+\left(\frac{3}{8}-k^2\right)+\frac{1}{8}+k=1$$

$$2k^2-3k+1=0, \quad (2k-1)(k-1)=0$$

$$\therefore k=\frac{1}{2} \text{ 또는 } k=1$$

이때 $0\leq \mathrm{P}(X=x)\leq 1$이므로 $\quad k=\dfrac{1}{2}$

한편 $X^2-5X+6=0$에서

$$(X-2)(X-3)=0 \quad \therefore X=2 \text{ 또는 } X=3$$

$$\therefore \mathrm{P}(X^2-5X+6=0)=\mathrm{P}(X=2)+\mathrm{P}(X=3)$$

$$=\frac{1}{8}+\frac{1}{8}=\frac{1}{4}$$

답 $\dfrac{1}{4}$

0341 확률의 총합은 1이므로

$$\mathrm{P}(X=1)+\mathrm{P}(X=2)+\mathrm{P}(X=3)+\mathrm{P}(X=4)=1$$

$$k+4k+9k+16k=1$$

$$30k=1 \quad \therefore k=\frac{1}{30}$$

$$\therefore \mathrm{P}(X\geq3)=\mathrm{P}(X=3)+\mathrm{P}(X=4)$$

$$=\frac{3}{10}+\frac{8}{15}=\frac{5}{6}$$

답 $\dfrac{5}{6}$

0342 $\mathrm{P}(X=1)=\dfrac{1}{3}\mathrm{P}(X=-1)$에서

$$q=\frac{2}{3}p \qquad \cdots\cdots \text{㉠}$$

확률의 총합은 1이므로

$$2p+\frac{4}{3}p+q=1 \quad \therefore 10p+3q=3 \qquad \cdots\cdots \text{㉡}$$

㉠, ㉡을 연립하여 풀면 $\quad p=\dfrac{1}{4},\ q=\dfrac{1}{6}$

$$\therefore \mathrm{P}(0\leq X\leq1)=\mathrm{P}(X=0)+\mathrm{P}(X=1)$$

$$=\frac{1}{3}+\frac{1}{6}=\frac{1}{2}$$

답 $\dfrac{1}{2}$

0343 확률변수 X가 가질 수 있는 값은 0, 1, 2, 3이므로

$$\mathrm{P}(X\geq2)=\mathrm{P}(X=2)+\mathrm{P}(X=3)$$

$$=\frac{{}_4\mathrm{C}_2\times{}_5\mathrm{C}_1}{{}_9\mathrm{C}_3}+\frac{{}_4\mathrm{C}_3}{{}_9\mathrm{C}_3}$$

$$=\frac{5}{14}+\frac{1}{21}=\frac{17}{42}$$

답 $\dfrac{17}{42}$

참고 | 확률변수 X의 확률질량함수는

$$\mathrm{P}(X=x)=\frac{{}_4\mathrm{C}_x\times{}_5\mathrm{C}_{3-x}}{{}_9\mathrm{C}_3} \ (x=0, 1, 2, 3)$$

이므로 X의 확률분포를 표로 나타내면 다음과 같다.

X	0	1	2	3	합계
$\mathrm{P}(X=x)$	$\dfrac{5}{42}$	$\dfrac{10}{21}$	$\dfrac{5}{14}$	$\dfrac{1}{21}$	1

0344 한 개의 주사위를 2번 던질 때, 모든 경우의 수는

$$6\times6=36$$

이때 나오는 두 눈의 수를 a, b라 하고, 각 경우를 순서쌍 (a, b)로 나타내면

(ⅰ) 두 눈의 수의 합이 3인 경우는

$$(1, 2), (2, 1)의 2가지$$

$$\therefore \mathrm{P}(X=3)=\frac{2}{36}=\frac{1}{18}$$

(ⅱ) 두 눈의 수의 합이 4인 경우는

$$(1, 3), (2, 2), (3, 1)의 3가지$$

$$\therefore \mathrm{P}(X=4)=\frac{3}{36}=\frac{1}{12}$$

(ⅲ) 두 눈의 수의 합이 5인 경우는

$$(1, 4), (2, 3), (3, 2), (4, 1)의 4가지$$

$$\therefore \mathrm{P}(X=5)=\frac{4}{36}=\frac{1}{9}$$

이상에서

$$\mathrm{P}(3\leq X\leq5)=\mathrm{P}(X=3)+\mathrm{P}(X=4)+\mathrm{P}(X=5)$$

$$=\frac{1}{18}+\frac{1}{12}+\frac{1}{9}=\frac{1}{4}$$

답 ②

0345 $X^2-4X+3\leq0$에서

$$(X-1)(X-3)\leq0 \quad \therefore 1\leq X\leq3$$

이때 확률변수 X가 가질 수 있는 값은 0, 1, 2, 3이므로
$$\begin{aligned}
&\text{P}(X^2-4X+3\leq0)\\
&=\text{P}(1\leq X\leq3)\\
&=\text{P}(X=1)+\text{P}(X=2)+\text{P}(X=3)\\
&=1-\text{P}(X=0)\\
&=1-\frac{_4\text{C}_3}{_7\text{C}_3}\\
&=1-\frac{4}{35}=\frac{31}{35}
\end{aligned}$$

답 $\dfrac{31}{35}$

참고 | 확률변수 X의 확률질량함수는
$$\text{P}(X=x)=\frac{_3\text{C}_x\times _4\text{C}_{3-x}}{_7\text{C}_3}\ (x=0,\ 1,\ 2,\ 3)$$
이므로 X의 확률분포를 표로 나타내면 다음과 같다.

X	0	1	2	3	합계
$\text{P}(X=x)$	$\frac{4}{35}$	$\frac{18}{35}$	$\frac{12}{35}$	$\frac{1}{35}$	1

0346 확률변수 X가 가질 수 있는 값은 0, 1, 2, 3, 4이고, 그 확률은 각각
$$\text{P}(X=0)=\frac{_6\text{C}_4}{_{10}\text{C}_4}=\frac{1}{14},$$
$$\text{P}(X=1)=\frac{_6\text{C}_3\times_4\text{C}_1}{_{10}\text{C}_4}=\frac{8}{21},$$
$$\text{P}(X=2)=\frac{_6\text{C}_2\times_4\text{C}_2}{_{10}\text{C}_4}=\frac{3}{7},$$
$$\text{P}(X=3)=\frac{_6\text{C}_1\times_4\text{C}_3}{_{10}\text{C}_4}=\frac{4}{35},$$
$$\text{P}(X=4)=\frac{_4\text{C}_4}{_{10}\text{C}_4}=\frac{1}{210}$$
이므로 X의 확률분포를 표로 나타내면 다음과 같다.

X	0	1	2	3	4	합계
$\text{P}(X=x)$	$\frac{1}{14}$	$\frac{8}{21}$	$\frac{3}{7}$	$\frac{4}{35}$	$\frac{1}{210}$	1

이때 $\text{P}(X=3)+\text{P}(X=4)=\dfrac{5}{42}$이므로
$$\text{P}(X\geq3)=\frac{5}{42}\qquad\therefore a=3$$

답 3

0347 확률의 총합은 1이므로
$$\frac{1}{4}+\frac{1}{3}+a+\frac{1}{6}=1\qquad\therefore a=\frac{1}{4}$$
$$\text{E}(X)=-1\times\frac{1}{4}+0\times\frac{1}{3}+1\times\frac{1}{4}+2\times\frac{1}{6}=\frac{1}{3},$$
$$\text{E}(X^2)=(-1)^2\times\frac{1}{4}+0^2\times\frac{1}{3}+1^2\times\frac{1}{4}+2^2\times\frac{1}{6}=\frac{7}{6}$$
이므로
$$\begin{aligned}
\text{V}(X)&=\text{E}(X^2)-\{\text{E}(X)\}^2\\
&=\frac{7}{6}-\left(\frac{1}{3}\right)^2=\frac{19}{18}
\end{aligned}$$

답 $\dfrac{19}{18}$

0348 확률의 총합은 1이므로
$$\text{P}(X=2)+\text{P}(X=3)+\text{P}(X=4)+\text{P}(X=5)=1$$
$$k+2k+3k+4k=1$$
$$10k=1\qquad\therefore k=\frac{1}{10}$$

따라서 X의 확률분포를 표로 나타내면 다음과 같다.

X	2	3	4	5	합계
$\text{P}(X=x)$	$\frac{1}{10}$	$\frac{1}{5}$	$\frac{3}{10}$	$\frac{2}{5}$	1

$$\text{E}(X)=2\times\frac{1}{10}+3\times\frac{1}{5}+4\times\frac{3}{10}+5\times\frac{2}{5}=4,$$
$$\text{E}(X^2)=2^2\times\frac{1}{10}+3^2\times\frac{1}{5}+4^2\times\frac{3}{10}+5^2\times\frac{2}{5}=17$$
이므로
$$\text{V}(X)=\text{E}(X^2)-\{\text{E}(X)\}^2=17-4^2=1$$
$$\therefore \sigma(X)=\sqrt{\text{V}(X)}=1$$

답 ③

0349 $\text{P}(X=-2)=a$, $\text{P}(X=-1)=b$라 하면 확률의 총합은 1이므로
$$a+b+\frac{1}{4}+\frac{1}{2}=1$$
$$\therefore a+b=\frac{1}{4}\qquad\cdots\cdots\ \text{㉠}\qquad \boxed{\text{1단계}}$$
$\text{E}(X)=\dfrac{1}{6}$이므로
$$-2\times a+(-1)\times b+0\times\frac{1}{4}+1\times\frac{1}{2}=\frac{1}{6}$$
$$\therefore 2a+b=\frac{1}{3}\qquad\cdots\cdots\ \text{㉡}\qquad \boxed{\text{2단계}}$$
㉠, ㉡을 연립하여 풀면 $a=\dfrac{1}{12}$, $b=\dfrac{1}{6}$
$$\therefore \text{P}(X=-1)=\frac{1}{6}\qquad \boxed{\text{3단계}}$$

답 $\dfrac{1}{6}$

	채점 요소	비율
1단계	확률의 총합이 1임을 이용하여 식 세우기	30 %
2단계	$\text{E}(X)=\dfrac{1}{6}$임을 이용하여 식 세우기	40 %
3단계	$\text{P}(X=-1)$ 구하기	30 %

0350 확률변수 X가 가질 수 있는 값은 0, 1, 2, 3이고, 그 확률은 각각
$$\text{P}(X=0)=\frac{_6\text{C}_3}{_{10}\text{C}_3}=\frac{1}{6},$$
$$\text{P}(X=1)=\frac{_4\text{C}_1\times_6\text{C}_2}{_{10}\text{C}_3}=\frac{1}{2},$$
$$\text{P}(X=2)=\frac{_4\text{C}_2\times_6\text{C}_1}{_{10}\text{C}_3}=\frac{3}{10},$$
$$\text{P}(X=3)=\frac{_4\text{C}_3}{_{10}\text{C}_3}=\frac{1}{30}$$
이므로 X의 확률분포를 표로 나타내면 다음과 같다.

X	0	1	2	3	합계
$\text{P}(X=x)$	$\frac{1}{6}$	$\frac{1}{2}$	$\frac{3}{10}$	$\frac{1}{30}$	1

$$\text{E}(X)=0\times\frac{1}{6}+1\times\frac{1}{2}+2\times\frac{3}{10}+3\times\frac{1}{30}=\frac{6}{5},$$

$E(X^2)=0^2\times\dfrac{1}{6}+1^2\times\dfrac{1}{2}+2^2\times\dfrac{3}{10}+3^2\times\dfrac{1}{30}=2$이므로

$$V(X)=E(X^2)-\{E(X)\}^2$$
$$=2-\left(\dfrac{6}{5}\right)^2=\dfrac{14}{25}$$

답 $\dfrac{14}{25}$

0351 확률변수 X가 가질 수 있는 값은 0, 1, 2이고, 그 확률은 각각

$$P(X=0)=\dfrac{_4C_2}{_7C_2}=\dfrac{2}{7},$$
$$P(X=1)=\dfrac{_3C_1\times_4C_1}{_7C_2}=\dfrac{4}{7},$$
$$P(X=2)=\dfrac{_3C_2}{_7C_2}=\dfrac{1}{7}$$

이므로 X의 확률분포를 표로 나타내면 다음과 같다.

X	0	1	2	합계
$P(X=x)$	$\dfrac{2}{7}$	$\dfrac{4}{7}$	$\dfrac{1}{7}$	1

$$\therefore E(X)=0\times\dfrac{2}{7}+1\times\dfrac{4}{7}+2\times\dfrac{1}{7}=\dfrac{6}{7}$$

답 $\dfrac{6}{7}$

0352 4장의 카드 중에서 2장의 카드를 뽑는 경우의 수는

$$_4C_2=6$$

뽑은 카드에 적힌 두 수를 a, b $(a<b)$라 하고, 순서쌍 (a, b)로 나타내면 두 수 중 큰 수가

2인 경우는 $(1, 2)$의 1가지

3인 경우는 $(1, 3)$, $(2, 3)$의 2가지

4인 경우는 $(1, 4)$, $(2, 4)$, $(3, 4)$의 3가지

따라서 확률변수 X가 가질 수 있는 값은 2, 3, 4이고 그 확률은 각각

$$P(X=2)=\dfrac{1}{6},\ P(X=3)=\dfrac{2}{6}=\dfrac{1}{3},$$
$$P(X=4)=\dfrac{3}{6}=\dfrac{1}{2}$$

이므로 X의 확률분포를 표로 나타내면 다음과 같다.

X	2	3	4	합계
$P(X=x)$	$\dfrac{1}{6}$	$\dfrac{1}{3}$	$\dfrac{1}{2}$	1

$E(X)=2\times\dfrac{1}{6}+3\times\dfrac{1}{3}+4\times\dfrac{1}{2}=\dfrac{10}{3}$,

$E(X^2)=2^2\times\dfrac{1}{6}+3^2\times\dfrac{1}{3}+4^2\times\dfrac{1}{2}=\dfrac{35}{3}$이므로

$$V(X)=E(X^2)-\{E(X)\}^2=\dfrac{35}{3}-\left(\dfrac{10}{3}\right)^2=\dfrac{5}{9}$$

$$\therefore \sigma(X)=\sqrt{V(X)}=\sqrt{\dfrac{5}{9}}=\dfrac{\sqrt{5}}{3}$$

답 ①

0353 $E(X)=5$이므로 $E(Y)=E(aX+10)=20$에서

$aE(X)+10=20$, $5a+10=20$

$5a=10$ $\therefore a=2$

또 $V(X)=4$이므로

$$b=V(Y)=V(2X+10)$$
$$=2^2V(X)=4\times4=16$$
$$\therefore ab=32$$

답 32

0354 $E(3X+1)=16$에서

$3E(X)+1=16$ $\therefore E(X)=5$

$\sigma(-3X+2)=6$에서

$|-3|\sigma(X)=6$ $\therefore \sigma(X)=2$

$$\therefore E(X)+V(X)=5+2^2=9$$

답 ③

0355 확률변수 $Y=\dfrac{X-100}{4}=\dfrac{1}{4}X-25$에 대하여

$$a=E(Y)=E\left(\dfrac{1}{4}X-25\right)$$
$$=\dfrac{1}{4}E(X)-25$$
$$=\dfrac{1}{4}\times120-25=5$$

이때 $V(Y)=E(Y^2)-\{E(Y)\}^2$이므로

$$b=E(Y^2)=V(Y)+\{E(Y)\}^2$$
$$=V\left(\dfrac{1}{4}X-25\right)+5^2$$
$$=\left(\dfrac{1}{4}\right)^2V(X)+25$$
$$=\dfrac{1}{16}\times48+25=28$$
$$\therefore a+b=33$$

답 33

0356 $E(X)=m$이므로

$$E(T)=E\left(a\times\dfrac{X-m}{\sigma}+b\right)$$
$$=\dfrac{a}{\sigma}\times E(X)-\dfrac{am}{\sigma}+b$$
$$=\dfrac{am}{\sigma}-\dfrac{am}{\sigma}+b=b$$
$$\therefore b=65$$

또 $\sigma(X)=\sigma$이므로

$$\sigma(T)=\sigma\left(a\times\dfrac{X-m}{\sigma}+b\right)$$
$$=\left|\dfrac{a}{\sigma}\right|\sigma(X)=\dfrac{a}{\sigma}\times\sigma=a$$
$$\therefore a=15$$
$$\therefore b-a=50$$

답 50

0357 확률의 총합은 1이므로

$$P(X=-2)+P(X=0)+P(X=2)+P(X=4)=1$$
$$\dfrac{-2+k}{16}+\dfrac{k}{16}+\dfrac{2+k}{16}+\dfrac{4+k}{16}=1$$
$$4k+4=16 \quad \therefore k=3$$

따라서 X의 확률분포를 표로 나타내면 다음과 같다.

X	-2	0	2	4	합계
$P(X=x)$	$\dfrac{1}{16}$	$\dfrac{3}{16}$	$\dfrac{5}{16}$	$\dfrac{7}{16}$	1

$E(X)=-2\times\dfrac{1}{16}+0\times\dfrac{3}{16}+2\times\dfrac{5}{16}+4\times\dfrac{7}{16}=\dfrac{9}{4}$,

$E(X^2)=(-2)^2\times\dfrac{1}{16}+0^2\times\dfrac{3}{16}+2^2\times\dfrac{5}{16}+4^2\times\dfrac{7}{16}=\dfrac{17}{2}$

이므로

$$V(X)=E(X^2)-\{E(X)\}^2$$
$$=\dfrac{17}{2}-\left(\dfrac{9}{4}\right)^2=\dfrac{55}{16}$$
$$\therefore V(4X+3)=4^2V(X)=16\times\dfrac{55}{16}=55$$

답 ④

0358 확률의 총합은 1이므로

$$\dfrac{1}{2}+a+4a^2=1$$
$$8a^2+2a-1=0,\qquad (2a+1)(4a-1)=0$$
$$\therefore a=-\dfrac{1}{2} \text{ 또는 } a=\dfrac{1}{4}$$

이때 $0\le P(X=x)\le 1$이므로 $a=\dfrac{1}{4}$ … **1단계**

따라서 X의 확률분포를 표로 나타내면 다음과 같다.

X	200	300	500	합계
$P(X=x)$	$\dfrac{1}{2}$	$\dfrac{1}{4}$	$\dfrac{1}{4}$	1

$$\therefore E(X)=200\times\dfrac{1}{2}+300\times\dfrac{1}{4}+500\times\dfrac{1}{4}$$
$$=300$$ … **2단계**
$$\therefore E(aX-5)=E\left(\dfrac{1}{4}X-5\right)=\dfrac{1}{4}E(X)-5$$
$$=\dfrac{1}{4}\times300-5=70$$ … **3단계**

답 70

	채점 요소	비율
1단계	a의 값 구하기	30 %
2단계	$E(X)$ 구하기	40 %
3단계	$E(aX-5)$ 구하기	30 %

0359 $E(X)=0\times\dfrac{1}{8}+1\times\dfrac{1}{4}+2\times\dfrac{1}{8}+3\times\dfrac{1}{2}=2$,

$E(X^2)=0^2\times\dfrac{1}{8}+1^2\times\dfrac{1}{4}+2^2\times\dfrac{1}{8}+3^2\times\dfrac{1}{2}=\dfrac{21}{4}$이므로

$$V(X)=E(X^2)-\{E(X)\}^2$$
$$=\dfrac{21}{4}-2^2=\dfrac{5}{4}$$

이때 확률변수 $Y=aX+b$에 대하여

$$E(Y)=E(aX+b)=aE(X)+b=2a+b$$
$$V(Y)=V(aX+b)=a^2V(X)=\dfrac{5}{4}a^2$$

따라서 $2a+b=14$, $\dfrac{5}{4}a^2=20$이므로

$$a=4,\ b=6\ (\because a>0)$$
$$\therefore ab=24$$

답 24

0360 확률변수 X가 가질 수 있는 값은 0, 1, 2이고, 그 확률은 각각

$$P(X=0)=\dfrac{{}_4C_2}{{}_6C_2}=\dfrac{2}{5},$$
$$P(X=1)=\dfrac{{}_2C_1\times{}_4C_1}{{}_6C_2}=\dfrac{8}{15},$$
$$P(X=2)=\dfrac{{}_2C_2}{{}_6C_2}=\dfrac{1}{15}$$

이므로 X의 확률분포를 표로 나타내면 다음과 같다.

X	0	1	2	합계
$P(X=x)$	$\dfrac{2}{5}$	$\dfrac{8}{15}$	$\dfrac{1}{15}$	1

$E(X)=0\times\dfrac{2}{5}+1\times\dfrac{8}{15}+2\times\dfrac{1}{15}=\dfrac{2}{3}$,

$E(X^2)=0^2\times\dfrac{2}{5}+1^2\times\dfrac{8}{15}+2^2\times\dfrac{1}{15}=\dfrac{4}{5}$이므로

$$V(X)=E(X^2)-\{E(X)\}^2$$
$$=\dfrac{4}{5}-\left(\dfrac{2}{3}\right)^2=\dfrac{16}{45}$$
$$\therefore V(4-3X)=(-3)^2V(X)$$
$$=9\times\dfrac{16}{45}=\dfrac{16}{5}$$

답 ⑤

0361 확률변수 X가 가질 수 있는 값은 3, 5, 7이고, 그 확률은 각각

$$P(X=3)=\dfrac{1}{6},$$
$$P(X=5)=\dfrac{2}{6}=\dfrac{1}{3},$$
$$P(X=7)=\dfrac{3}{6}=\dfrac{1}{2}$$

이므로 X의 확률분포를 표로 나타내면 다음과 같다.

X	3	5	7	합계
$P(X=x)$	$\dfrac{1}{6}$	$\dfrac{1}{3}$	$\dfrac{1}{2}$	1

$$\therefore E(X)=3\times\dfrac{1}{6}+5\times\dfrac{1}{3}+7\times\dfrac{1}{2}=\dfrac{17}{3}$$
$$\therefore E(9X+2)=9E(X)+2=9\times\dfrac{17}{3}+2=53$$

답 53

0362 확률변수 X가 가질 수 있는 값은 1, 2, 3, a이고, X의 확률분포를 표로 나타내면 다음과 같다.

X	1	2	3	a	합계
$P(X=x)$	$\dfrac{1}{5}$	$\dfrac{1}{5}$	$\dfrac{2}{5}$	$\dfrac{1}{5}$	1

$$\therefore E(X)=1\times\dfrac{1}{5}+2\times\dfrac{1}{5}+3\times\dfrac{2}{5}+a\times\dfrac{1}{5}=\dfrac{a+9}{5}$$

이때 $E(5X-6)=8$이므로

$$5E(X)-6=8, \qquad 5\times\frac{a+9}{5}-6=8$$

$$\therefore a=5 \qquad \cdots \text{1단계}$$

$$E(X^2)=1^2\times\frac{1}{5}+2^2\times\frac{1}{5}+3^2\times\frac{2}{5}+5^2\times\frac{1}{5}=\frac{48}{5}$$
이므로

$$V(X)=E(X^2)-\{E(X)\}^2$$

$$=\frac{48}{5}-\left(\frac{14}{5}\right)^2=\frac{44}{25}$$

$$\therefore \sigma(X)=\sqrt{V(X)}=\sqrt{\frac{44}{25}}=\frac{2\sqrt{11}}{5} \qquad \cdots \text{2단계}$$

$$\therefore \sigma(5X-6)=|5|\sigma(X)=5\times\frac{2\sqrt{11}}{5}$$

$$=2\sqrt{11} \qquad \cdots \text{3단계}$$

답 $2\sqrt{11}$

채점 요소	비율
1단계 a의 값 구하기	50 %
2단계 $\sigma(X)$ 구하기	30 %
3단계 $\sigma(5X-6)$ 구하기	20 %

0363 확률변수 X는 이항분포 $B\left(5,\ \frac{1}{10}\right)$을 따르므로 X의 확률질량함수는

$$P(X=x)={}_5C_x\left(\frac{1}{10}\right)^x\left(\frac{9}{10}\right)^{5-x} (x=0,\ 1,\ 2,\ 3,\ 4,\ 5)$$

$$\therefore P(X\geq1)=1-P(X=0)$$

$$=1-{}_5C_0\left(\frac{9}{10}\right)^5$$

$$=1-\left(\frac{9}{10}\right)^5$$

답 ⑤

0364 확률변수 X의 확률질량함수는

$$P(X=x)={}_nC_x\left(\frac{1}{3}\right)^x\left(\frac{2}{3}\right)^{n-x} (x=0,\ 1,\ 2,\ \cdots,\ n)$$

$P(X=n-1)=16P(X=n)$에서

$${}_nC_{n-1}\left(\frac{1}{3}\right)^{n-1}\left(\frac{2}{3}\right)^1=16\times{}_nC_n\left(\frac{1}{3}\right)^n$$

$$n\times\frac{2}{3^n}=16\times\frac{1}{3^n}$$

$$2n=16 \qquad \therefore n=8$$

답 8

0365 과녁을 명중시키는 횟수를 X라 하면 확률변수 X는 이항분포 $B\left(4,\ \frac{4}{5}\right)$를 따르므로 X의 확률질량함수는

$$P(X=x)={}_4C_x\left(\frac{4}{5}\right)^x\left(\frac{1}{5}\right)^{4-x} (x=0,\ 1,\ 2,\ 3,\ 4)$$

따라서 구하는 확률은

$$P(X\geq2)=1-\{P(X=0)+P(X=1)\}$$

$$=1-\left\{{}_4C_0\left(\frac{1}{5}\right)^4+{}_4C_1\left(\frac{4}{5}\right)^1\left(\frac{1}{5}\right)^3\right\}$$

$$=1-\frac{17}{625}=\frac{608}{625}$$

답 $\dfrac{608}{625}$

0366 예약을 취소하는 비즈니스석 예약자의 수를 X라 하면 확률변수 X는 이항분포 $B(20,\ 0.1)$을 따르므로 X의 확률질량함수는

$$P(X=x)={}_{20}C_x\times0.1^x\times0.9^{20-x} (x=0,\ 1,\ 2,\ \cdots,\ 20)$$

이때 좌석이 부족하려면 $X\leq1$이어야 하므로 구하는 확률은

$$P(X\leq1)=P(X=0)+P(X=1)$$

$$={}_{20}C_0\times0.9^{20}+{}_{20}C_1\times0.1\times0.9^{19}$$

$$=0.122+20\times0.1\times0.135$$

$$=0.392$$

답 **0.392**

0367 $E(X)=10$에서 $\quad 20p=10 \quad \therefore p=\frac{1}{2}$

즉 확률변수 X는 이항분포 $B\left(20,\ \frac{1}{2}\right)$을 따르므로

$$V(X)=20\times\frac{1}{2}\times\frac{1}{2}=5$$

이때 $V(X)=E(X^2)-\{E(X)\}^2$에서

$$E(X^2)=V(X)+\{E(X)\}^2$$

$$=5+10^2=105$$

답 ②

0368 확률변수 X는 이항분포 $B\left(36,\ \frac{2}{3}\right)$를 따르므로

$$E(X)=36\times\frac{2}{3}=24$$

$$V(X)=36\times\frac{2}{3}\times\frac{1}{3}=8$$

$$\therefore E(X)+V(X)=32$$

답 32

0369 확률변수 X의 확률질량함수는

$$P(X=x)={}_4C_x p^x(1-p)^{4-x} (x=0,\ 1,\ 2,\ 3,\ 4)$$

따라서 $P(X=4)=\dfrac{256}{625}$에서

$${}_4C_4 p^4=\frac{256}{625}, \qquad p^4=\left(\frac{4}{5}\right)^4$$

$$\therefore p=\frac{4}{5} (\because 0\leq p\leq1)$$

즉 확률변수 X는 이항분포 $B\left(4,\ \frac{4}{5}\right)$를 따르므로

$$\sigma(X)=\sqrt{4\times\frac{4}{5}\times\frac{1}{5}}=\frac{4}{5}$$

답 $\dfrac{4}{5}$

0370 확률변수 X가 이항분포 $B\left(72,\ \frac{1}{6}\right)$을 따르므로

$$E(X)=72\times\frac{1}{6}=12$$

$$V(X)=72\times\frac{1}{6}\times\frac{5}{6}=10$$

12와 10을 두 근으로 하고 최고차항의 계수가 1인 이차방정식은

$$(x-12)(x-10)=0$$

$$\therefore x^2-22x+120=0$$

따라서 $a=-22,\ b=120$이므로

$$a+b=98$$

답 98

0371 $E(X)=2$, $V(X)=\dfrac{3}{2}$이므로

$$np=2 \qquad\qquad \cdots\cdots\; \text{㉠}$$
$$np(1-p)=\dfrac{3}{2} \qquad\qquad \cdots\cdots\; \text{㉡} \quad \cdots\; \boxed{\text{1단계}}$$

㉠을 ㉡에 대입하면

$$2(1-p)=\dfrac{3}{2} \qquad \therefore\; p=\dfrac{1}{4}$$

$p=\dfrac{1}{4}$을 ㉠에 대입하면

$$\dfrac{1}{4}n=2 \qquad \therefore\; n=8 \qquad \cdots\; \boxed{\text{2단계}}$$

따라서 확률변수 X는 이항분포 $B\!\left(8,\dfrac{1}{4}\right)$을 따르므로 X의 확률질량함수는

$$P(X=x)={}_8C_x\!\left(\dfrac{1}{4}\right)^{x}\!\left(\dfrac{3}{4}\right)^{8-x} (x=0,\,1,\,2,\,\cdots,\,8)$$

$$\therefore\; \dfrac{P(X=3)}{P(X=2)}=\dfrac{{}_8C_3\!\left(\frac{1}{4}\right)^{3}\!\left(\frac{3}{4}\right)^{5}}{{}_8C_2\!\left(\frac{1}{4}\right)^{2}\!\left(\frac{3}{4}\right)^{6}}=\dfrac{2}{3} \quad \cdots\; \boxed{\text{3단계}}$$

답 $\dfrac{2}{3}$

채점 요소		비율
1단계	n, p에 대한 식 세우기	30 %
2단계	n, p의 값 구하기	30 %
3단계	$\dfrac{P(X=3)}{P(X=2)}$의 값 구하기	40 %

0372 3개의 동전을 동시에 던져서 앞면이 2개, 뒷면이 1개 나올 확률은

$$_3C_2\!\left(\dfrac{1}{2}\right)^{2}\!\left(\dfrac{1}{2}\right)^{1}=\dfrac{3}{8}$$

따라서 확률변수 X는 이항분포 $B\!\left(6,\dfrac{3}{8}\right)$을 따르므로

$$E(X)=6\times\dfrac{3}{8}=\dfrac{9}{4}$$

답 $\dfrac{9}{4}$

0373 확률변수 X는 이항분포 $B\!\left(50,\dfrac{3}{5}\right)$을 따르므로

$$\sigma(X)=\sqrt{50\times\dfrac{3}{5}\times\dfrac{2}{5}}=2\sqrt{3}$$

답 ③

0374 윷가락 4개를 동시에 던져서 걸이 나올 확률은

$$_4C_3\!\left(\dfrac{3}{5}\right)^{3}\!\left(\dfrac{2}{5}\right)^{1}=\dfrac{216}{625}$$

따라서 확률변수 X는 이항분포 $B\!\left(25,\dfrac{216}{625}\right)$을 따르므로

$$E(X)=25\times\dfrac{216}{625}=\dfrac{216}{25}$$

답 ④

0375 장난감 한 개가 정상일 확률은 $1-\dfrac{1}{10}=\dfrac{9}{10}$

상자 한 개가 정상일 확률은 $1-\dfrac{1}{9}=\dfrac{8}{9}$

따라서 장난감과 상자가 모두 정상일 확률은

$$\dfrac{9}{10}\times\dfrac{8}{9}=\dfrac{4}{5}$$

즉 확률변수 X는 이항분포 $B\!\left(100,\dfrac{4}{5}\right)$를 따르므로

$$V(X)=100\times\dfrac{4}{5}\times\dfrac{1}{5}=16$$

답 16

0376 주머니에서 한 개의 공을 꺼낼 때, 흰 공이 나올 확률은 $\dfrac{4}{4+m}$이므로 확률변수 X는 이항분포 $B\!\left(n,\dfrac{4}{4+m}\right)$를 따른다.

이때 $E(X)=40$, $V(X)=24$이므로

$$n\times\dfrac{4}{4+m}=40 \qquad\qquad \cdots\cdots\; \text{㉠}$$
$$n\times\dfrac{4}{4+m}\times\left(1-\dfrac{4}{4+m}\right)=24 \qquad \cdots\cdots\; \text{㉡}$$

㉠을 ㉡에 대입하면 $\quad 40\times\dfrac{m}{4+m}=24$

$$5m=3m+12 \qquad \therefore\; m=6$$

$m=6$을 ㉠에 대입하면

$$\dfrac{2}{5}n=40 \qquad \therefore\; n=100$$

$$\therefore\; n-m=94$$

답 94

0377 확률변수 X는 이항분포 $B\!\left(n,\dfrac{1}{3}\right)$을 따르므로

$$V(X)=n\times\dfrac{1}{3}\times\dfrac{2}{3}=\dfrac{2}{9}n$$

$V(2X+3)=32$에서

$$2^2V(X)=32, \quad \dfrac{8}{9}n=32 \quad \therefore\; n=36$$

따라서 확률변수 X는 이항분포 $B\!\left(36,\dfrac{1}{3}\right)$을 따르므로

$$E(X)=36\times\dfrac{1}{3}=12$$

$$\therefore\; E(2X+3)=2E(X)+3$$
$$=2\times12+3=27$$

답 27

0378 확률변수 X는 이항분포 $B\!\left(500,\dfrac{3}{10}\right)$을 따르므로

$$V(X)=500\times\dfrac{3}{10}\times\dfrac{7}{10}=105$$

$$\therefore\; V\!\left(\dfrac{1}{3}X-1\right)=\left(\dfrac{1}{3}\right)^{2}V(X)$$
$$=\dfrac{1}{9}\times105=\dfrac{35}{3}$$

답 $\dfrac{35}{3}$

0379 확률변수 X는 이항분포 $B\!\left(5,\dfrac{1}{2}\right)$을 따르므로

$$E(X)=5\times\dfrac{1}{2}=\dfrac{5}{2}$$
$$V(X)=5\times\dfrac{1}{2}\times\dfrac{1}{2}=\dfrac{5}{4}$$

이때 $E(aX+b)=2$이므로 $\quad aE(X)+b=2$

$$\therefore\; \dfrac{5}{2}a+b=2 \qquad\qquad \cdots\cdots\; \text{㉠}$$

$\mathrm{V}(aX+b)=20$이므로

$$a^2\mathrm{V}(X)=20, \qquad \frac{5}{4}a^2=20$$

$$a^2=16 \qquad \therefore a=4 \ (\because a>0)$$

$a=4$를 ㉠에 대입하면

$$10+b=2 \qquad \therefore b=-8$$

$$\therefore ab=-32$$

답 ③

0380 주사위를 30번 던질 때, 3의 배수의 눈이 나오는 횟수를 Y라 하면 확률변수 Y는 이항분포 $\mathrm{B}\!\left(30, \dfrac{1}{3}\right)$을 따르므로

$$\mathrm{E}(Y)=30\times\frac{1}{3}=10$$

이때 3의 배수가 아닌 눈이 나오는 횟수는 $30-Y$이므로

$$X=3Y-(30-Y)=4Y-30$$

$$\therefore \mathrm{E}(X)=\mathrm{E}(4Y-30)=4\mathrm{E}(Y)-30$$

$$=4\times10-30=10$$

답 10

0381 동전의 앞면을 H, 뒷면을 T라 하고 50원짜리 동전 1개와 100원짜리 동전 2개를 동시에 던져서 나오는 결과를 표로 나타내면 다음과 같다.

50원	100원	100원	받는 금액
H	H	H	250원
H	H	T	150원
H	T	H	150원
H	T	T	50원
T	H	H	200원
T	H	T	100원
T	T	H	100원
T	T	T	0원

한 번의 게임에서 받을 수 있는 금액을 X원이라 하면 확률변수 X가 가질 수 있는 값은 0, 50, 100, 150, 200, 250이고, 그 확률은 각각

$$\mathrm{P}(X=0)=\frac{1}{8}, \ \mathrm{P}(X=50)=\frac{1}{8},$$

$$\mathrm{P}(X=100)=\frac{2}{8}=\frac{1}{4}, \ \mathrm{P}(X=150)=\frac{2}{8}=\frac{1}{4},$$

$$\mathrm{P}(X=200)=\frac{1}{8}, \ \mathrm{P}(X=250)=\frac{1}{8}$$

이므로 X의 확률분포를 표로 나타내면 다음과 같다.

X	0	50	100	150	200	250	합계
$\mathrm{P}(X=x)$	$\dfrac{1}{8}$	$\dfrac{1}{8}$	$\dfrac{1}{4}$	$\dfrac{1}{4}$	$\dfrac{1}{8}$	$\dfrac{1}{8}$	1

$$\therefore \mathrm{E}(X)=0\times\frac{1}{8}+50\times\frac{1}{8}+100\times\frac{1}{4}+150\times\frac{1}{4}$$

$$+200\times\frac{1}{8}+250\times\frac{1}{8}$$

$$=125$$

따라서 구하는 기댓값은 125원이다.

답 ③

0382 한 번의 게임에서 받을 수 있는 금액을 X원이라 하고 확률변수 X의 확률분포를 표로 나타내면 다음과 같다.

X	-1500	5000	합계
$\mathrm{P}(X=x)$	$\dfrac{a}{3+a}$	$\dfrac{3}{3+a}$	1

··· 1단계

이때 $\mathrm{E}(X)=450$이므로

$$-1500\times\frac{a}{3+a}+5000\times\frac{3}{3+a}=450$$

··· 2단계

$$-1500a+15000=1350+450a$$

$$1950a=13650 \qquad \therefore a=7$$

··· 3단계

답 7

	채점 요소	비율
1단계	한 번의 게임에서 받을 수 있는 금액을 X원으로 놓고 확률변수 X의 확률분포를 표로 나타내기	40 %
2단계	기댓값이 450원임을 이용하여 식 세우기	40 %
3단계	a의 값 구하기	20 %

0383 1장의 응모권으로 받을 수 있는 당첨금을 X원이라 하면 확률변수 X가 가질 수 있는 값은 0, 5500, 22000, 110000이고, 그 확률은 각각

$$\mathrm{P}(X=0)=\frac{{}_9\mathrm{C}_3}{{}_{12}\mathrm{C}_3}=\frac{21}{55},$$

$$\mathrm{P}(X=5500)=\frac{{}_3\mathrm{C}_1\times{}_9\mathrm{C}_2}{{}_{12}\mathrm{C}_3}=\frac{27}{55},$$

$$\mathrm{P}(X=22000)=\frac{{}_3\mathrm{C}_2\times{}_9\mathrm{C}_1}{{}_{12}\mathrm{C}_3}=\frac{27}{220},$$

$$\mathrm{P}(X=110000)=\frac{{}_3\mathrm{C}_3}{{}_{12}\mathrm{C}_3}=\frac{1}{220}$$

따라서 X의 확률분포를 표로 나타내면 다음과 같다.

X	0	5500	22000	110000	합계
$\mathrm{P}(X=x)$	$\dfrac{21}{55}$	$\dfrac{27}{55}$	$\dfrac{27}{220}$	$\dfrac{1}{220}$	1

$$\therefore \mathrm{E}(X)$$

$$=0\times\frac{21}{55}+5500\times\frac{27}{55}+22000\times\frac{27}{220}$$

$$+110000\times\frac{1}{220}$$

$$=5900$$

따라서 손해를 보지 않으려면 응모권 1장을 최소 5900원에 팔아야 한다.

답 5900원

시험에 꼭 나오는 문제   • 본책 065~067쪽

0384 확률의 총합은 1이므로

$$\mathrm{P}(X=-2)+\mathrm{P}(X=-1)+\cdots+\mathrm{P}(X=2)=1$$

$$\frac{k}{3}+\frac{k}{2}+k+\frac{k}{2}+\frac{k}{3}=1$$
$$\frac{8}{3}k=1 \qquad \therefore k=\frac{3}{8}$$

답 $\dfrac{3}{8}$

0385 확률의 총합은 1이므로
$$a+\frac{a}{2}+a^2=1, \qquad 2a^2+3a-2=0$$
$$(a+2)(2a-1)=0 \qquad \therefore a=-2 \text{ 또는 } a=\frac{1}{2}$$

이때 $0\leq \mathrm{P}(X=x)\leq 1$이므로 $a=\dfrac{1}{2}$

한편 $X^2=25$에서 $X=-5$ 또는 $X=5$
$$\therefore \mathrm{P}(X^2=25)=\mathrm{P}(X=-5)+\mathrm{P}(X=5)$$
$$=\frac{1}{2}+\frac{1}{4}=\frac{3}{4}$$

답 $\dfrac{3}{4}$

0386 $X^2-6X+8<0$에서
$$(X-2)(X-4)<0 \qquad \therefore 2<X<4$$
이때 확률변수 X가 가질 수 있는 값은 1, 2, 3, 4, 5이므로
$$\mathrm{P}(X^2-6X+8<0)=\mathrm{P}(2<X<4)$$
$$=\mathrm{P}(X=3)$$

카드에 적힌 두 수의 차가 3인 경우는 1과 4, 2와 5, 3과 6이 적힌 카드를 뽑는 경우의 3가지이므로
$$\mathrm{P}(X^2-6X+8<0)=\mathrm{P}(X=3)$$
$$=\frac{3}{{}_6\mathrm{C}_2}=\frac{1}{5}$$

답 ①

참고| 확률변수 X의 확률분포를 표로 나타내면 다음과 같다.

X	1	2	3	4	5	합계
$\mathrm{P}(X=x)$	$\dfrac{1}{3}$	$\dfrac{4}{15}$	$\dfrac{1}{5}$	$\dfrac{2}{15}$	$\dfrac{1}{15}$	1

0387 확률변수 X가 가질 수 있는 값은 0, 1, 2, 3이므로
$$\mathrm{P}(X\geq 2)=\mathrm{P}(X=2)+\mathrm{P}(X=3)$$
$$=\frac{{}_4\mathrm{C}_2\times {}_6\mathrm{C}_1}{{}_{10}\mathrm{C}_3}+\frac{{}_4\mathrm{C}_3}{{}_{10}\mathrm{C}_3}$$
$$=\frac{3}{10}+\frac{1}{30}=\frac{1}{3}$$

답 $\dfrac{1}{3}$

0388 $\sigma(X)=\mathrm{E}(X)$에서 $\{\sigma(X)\}^2=\{\mathrm{E}(X)\}^2$
$$\therefore \mathrm{V}(X)=\{\mathrm{E}(X)\}^2$$
이때 $\mathrm{V}(X)=\mathrm{E}(X^2)-\{\mathrm{E}(X)\}^2$이므로
$$\mathrm{E}(X^2)-\{\mathrm{E}(X)\}^2=\{\mathrm{E}(X)\}^2$$
$$\therefore \mathrm{E}(X^2)=2\{\mathrm{E}(X)\}^2$$
$$\mathrm{E}(X)=0\times\frac{1}{10}+1\times\frac{1}{2}+a\times\frac{2}{5}=\frac{2}{5}a+\frac{1}{2},$$
$$\mathrm{E}(X^2)=0^2\times\frac{1}{10}+1^2\times\frac{1}{2}+a^2\times\frac{2}{5}=\frac{2}{5}a^2+\frac{1}{2}$$이므로
$$\frac{2}{5}a^2+\frac{1}{2}=2\left(\frac{2}{5}a+\frac{1}{2}\right)^2$$
$$\frac{2}{25}a^2-\frac{4}{5}a=0, \qquad a^2-10a=0$$
$$a(a-10)=0 \qquad \therefore a=10 \ (\because a>1)$$

$$\therefore \mathrm{E}(X^2)+\mathrm{E}(X)$$
$$=\left(\frac{2}{5}\times 100+\frac{1}{2}\right)+\left(\frac{2}{5}\times 10+\frac{1}{2}\right)=45$$

답 ⑤

0389 확률변수 X가 가질 수 있는 값은 2, 3, 4, 5이고, 그 확률은 각각
$$\mathrm{P}(X=2)=\frac{{}_1\mathrm{C}_1\times {}_1\mathrm{C}_1}{{}_4\mathrm{C}_2}=\frac{1}{6},$$
$$\mathrm{P}(X=3)=\frac{{}_2\mathrm{C}_1\times {}_1\mathrm{C}_1}{{}_4\mathrm{C}_2}=\frac{1}{3},$$
$$\mathrm{P}(X=4)=\frac{{}_2\mathrm{C}_1\times {}_1\mathrm{C}_1}{{}_4\mathrm{C}_2}=\frac{1}{3},$$
$$\mathrm{P}(X=5)=\frac{{}_2\mathrm{C}_2}{{}_4\mathrm{C}_2}=\frac{1}{6}$$
이므로 X의 확률분포를 표로 나타내면 다음과 같다.

X	2	3	4	5	합계
$\mathrm{P}(X=x)$	$\dfrac{1}{6}$	$\dfrac{1}{3}$	$\dfrac{1}{3}$	$\dfrac{1}{6}$	1

$$\mathrm{E}(X)=2\times\frac{1}{6}+3\times\frac{1}{3}+4\times\frac{1}{3}+5\times\frac{1}{6}=\frac{7}{2},$$
$$\mathrm{E}(X^2)=2^2\times\frac{1}{6}+3^2\times\frac{1}{3}+4^2\times\frac{1}{3}+5^2\times\frac{1}{6}=\frac{79}{6}$$이므로
$$\mathrm{V}(X)=\mathrm{E}(X^2)-\{\mathrm{E}(X)\}^2$$
$$=\frac{79}{6}-\left(\frac{7}{2}\right)^2=\frac{11}{12}$$
$$\therefore \sigma(X)=\sqrt{\mathrm{V}(X)}=\sqrt{\frac{11}{12}}=\frac{\sqrt{33}}{6}$$

답 $\dfrac{\sqrt{33}}{6}$

0390 확률변수 X가 가질 수 있는 값은 0, 1, 2, 3, 4이므로
$$\mathrm{P}(X=0)={}_4\mathrm{C}_0\left(\frac{1}{2}\right)^0\left(\frac{1}{2}\right)^4=\frac{1}{16}$$
$$\mathrm{P}(X=1)={}_4\mathrm{C}_1\left(\frac{1}{2}\right)^1\left(\frac{1}{2}\right)^3=\frac{1}{4}$$
$$\mathrm{P}(X\geq 2)=1-\{\mathrm{P}(X=0)+\mathrm{P}(X=1)\}$$
$$=1-\left(\frac{1}{16}+\frac{1}{4}\right)=\frac{11}{16}$$

이때 확률변수 Y가 가질 수 있는 값은 0, 1, 2이고, 그 확률은 각각
$$\mathrm{P}(Y=0)=\mathrm{P}(X=0)=\frac{1}{16},$$
$$\mathrm{P}(Y=1)=\mathrm{P}(X=1)=\frac{1}{4},$$
$$\mathrm{P}(Y=2)=\mathrm{P}(X\geq 2)=\frac{11}{16}$$

이므로 Y의 확률분포를 표로 나타내면 다음과 같다.

Y	0	1	2	합계
$\mathrm{P}(Y=y)$	$\dfrac{1}{16}$	$\dfrac{1}{4}$	$\dfrac{11}{16}$	1

$$\therefore \mathrm{E}(Y)=0\times\frac{1}{16}+1\times\frac{1}{4}+2\times\frac{11}{16}=\frac{13}{8}$$

답 ②

0391 $\mathrm{E}(2X+4)=12$에서
$$2\mathrm{E}(X)+4=12 \qquad \therefore \mathrm{E}(X)=4$$

$V(2X)=36$에서　　$2^2V(X)=36$

$\quad\therefore V(X)=9$

이때 $V(X)=E(X^2)-\{E(X)\}^2$이므로

$\quad E(X^2)=V(X)+\{E(X)\}^2$

$\qquad\qquad=9+4^2=25$　　　　**답 25**

0392 $E(X)=-2\times\dfrac{4}{9}+(-1)\times\dfrac{4}{9}+0\times\dfrac{1}{9}=-\dfrac{4}{3}$,

$E(X^2)=(-2)^2\times\dfrac{4}{9}+(-1)^2\times\dfrac{4}{9}+0^2\times\dfrac{1}{9}=\dfrac{20}{9}$이므로

$\quad V(X)=E(X^2)-\{E(X)\}^2$

$\qquad\quad=\dfrac{20}{9}-\left(-\dfrac{4}{3}\right)^2=\dfrac{4}{9}$

따라서 $\sigma(X)=\sqrt{V(X)}=\sqrt{\dfrac{4}{9}}=\dfrac{2}{3}$이므로

$\quad \sigma(Y)=\sigma(-3X+7)=|-3|\sigma(X)$

$\qquad\quad=3\times\dfrac{2}{3}=2$　　　　**답 2**

0393 확률의 총합은 1이므로

$\dfrac{-a+2}{10}+\dfrac{2}{10}+\dfrac{a+2}{10}+\dfrac{2a+2}{10}=1$

$2a+8=10$　　$\therefore a=1$

따라서 X의 확률분포를 표로 나타내면 다음과 같다.

X	-1	0	1	2	합계
$P(X=x)$	$\dfrac{1}{10}$	$\dfrac{1}{5}$	$\dfrac{3}{10}$	$\dfrac{2}{5}$	1

$E(X)=-1\times\dfrac{1}{10}+0\times\dfrac{1}{5}+1\times\dfrac{3}{10}+2\times\dfrac{2}{5}=1$,

$E(X^2)=(-1)^2\times\dfrac{1}{10}+0^2\times\dfrac{1}{5}+1^2\times\dfrac{3}{10}+2^2\times\dfrac{2}{5}=2$

이므로

$\quad V(X)=E(X^2)-\{E(X)\}^2=2-1^2=1$

$\quad\therefore V(-5X+1)=(-5)^2V(X)$

$\qquad\qquad\qquad\quad=25\times1=25$　　**답 25**

0394 확률변수 X의 확률질량함수는

$P(X=x)={}_{10}C_x\left(\dfrac{1}{2}\right)^x\left(\dfrac{1}{2}\right)^{10-x}$ $(x=0,\,1,\,2,\,\cdots,\,10)$

$\quad\therefore P(X\leq2)$

$\quad=P(X=0)+P(X=1)+P(X=2)$

$\quad={}_{10}C_0\left(\dfrac{1}{2}\right)^{10}+{}_{10}C_1\left(\dfrac{1}{2}\right)^1\left(\dfrac{1}{2}\right)^9+{}_{10}C_2\left(\dfrac{1}{2}\right)^2\left(\dfrac{1}{2}\right)^8$

$\quad=\dfrac{7}{128}$

따라서 $p=128$, $q=7$이므로

$\quad p+q=135$　　　　**답 135**

0395 $E(X)=6$에서　　$np=6$　　　$\cdots\cdots$ ㉠

$V(X)=E(X^2)-\{E(X)\}^2=40-6^2=4$이므로

$\quad np(1-p)=4$　　　　　$\cdots\cdots$ ㉡

㉠을 ㉡에 대입하면

$\quad 6(1-p)=4$　　$\therefore p=\dfrac{1}{3}$

$p=\dfrac{1}{3}$을 ㉠에 대입하면

$\quad\dfrac{1}{3}n=6$　　$\therefore n=18$　　　**답 ③**

0396 한 번의 시행에서 빨간 공이 나올 확률은 $\dfrac{2}{8}=\dfrac{1}{4}$이므로

확률변수 X는 이항분포 $B\left(n,\,\dfrac{1}{4}\right)$을 따른다.

$\quad\therefore E(X)=n\times\dfrac{1}{4}=\dfrac{1}{4}n$

$\qquad V(X)=n\times\dfrac{1}{4}\times\dfrac{3}{4}=\dfrac{3}{16}n$

이때 $V(X)=E(X^2)-\{E(X)\}^2$에서

$\quad\dfrac{3}{16}n=\dfrac{11}{2}-\left(\dfrac{1}{4}n\right)^2$,　　$n^2+3n-88=0$

$(n+11)(n-8)=0$

$\quad\therefore n=8$ ($\because n$은 자연수)　　**답 8**

0397 확률변수 X는 이항분포 $B\left(180,\,\dfrac{1}{6}\right)$을 따르므로

$\quad E(X)=180\times\dfrac{1}{6}=30$

$\quad\sigma(X)=\sqrt{180\times\dfrac{1}{6}\times\dfrac{5}{6}}=5$

$\quad\therefore E(Y)-\sigma(Y)=E(2X-15)-\sigma(2X-15)$

$\qquad\qquad=2E(X)-15-|2|\sigma(X)$

$\qquad\qquad=2\times30-15-2\times5$

$\qquad\qquad=35$　　　　**답 ②**

0398 두 개의 주사위를 동시에 던져서 두 눈의 수의 곱이 홀수일 확률은

$\dfrac{1}{2}\times\dfrac{1}{2}=\dfrac{1}{4}$

따라서 확률변수 X는 이항분포 $B\left(160,\,\dfrac{1}{4}\right)$을 따르므로

$\quad E(X)=160\times\dfrac{1}{4}=40$

$\quad V(X)=160\times\dfrac{1}{4}\times\dfrac{3}{4}=30$

이때 $V(X)=E(X^2)-\{E(X)\}^2$이므로

$\quad E(X^2)=V(X)+\{E(X)\}^2$

$\qquad\qquad=30+40^2=1630$

$\quad\therefore f(a)=E((X-a)^2)$

$\qquad\quad=E(X^2-2aX+a^2)$

$\qquad\quad=E(X^2)-2aE(X)+a^2$

$\qquad\quad=1630-2a\times40+a^2$

$\qquad\quad=(a-40)^2+30$

따라서 $f(a)$는 $a=40$에서 최솟값 30을 갖는다.　　**답 30**

일반적으로 두 확률변수 X, Y에 대하여
$$\mathrm{E}(X+Y)=\mathrm{E}(X)+\mathrm{E}(Y)$$
가 성립한다.

0399 전체 제비의 개수를 n, 제비 1개를 뽑아서 받을 수 있는 상금을 X원이라 하고 확률변수 X의 확률분포를 표로 나타내면 다음과 같다.

X	0	10000	100000	합계
$\mathrm{P}(X=x)$	$\dfrac{n-6}{n}$	$\dfrac{5}{n}$	$\dfrac{1}{n}$	1

이때 $\mathrm{E}(X)=100$이므로
$$0\times\frac{n-6}{n}+10000\times\frac{5}{n}+100000\times\frac{1}{n}=100$$
$$100n=150000 \qquad \therefore\ n=1500$$
따라서 전체 제비의 개수는 1500이다.　　　　　**답 1500**

0400 $\mathrm{P}(0\leq X\leq 2)=\dfrac{5}{6}$에서
$$\mathrm{P}(X=0)+\mathrm{P}(X=1)+\mathrm{P}(X=2)=\frac{5}{6}$$
$$1-\mathrm{P}(X=-1)=\frac{5}{6}$$
$$\therefore\ \mathrm{P}(X=-1)=\frac{1}{6}$$
즉 $\dfrac{5-a}{6}=\dfrac{1}{6}$이므로　　$a=4$　　　… **1단계**

따라서 X의 확률분포를 표로 나타내면 다음과 같다.

X	-1	0	1	2	합계
$\mathrm{P}(X=x)$	$\dfrac{1}{6}$	$\dfrac{1}{3}$	$\dfrac{1}{3}$	$\dfrac{1}{6}$	1

$$\mathrm{E}(X)=-1\times\frac{1}{6}+0\times\frac{1}{3}+1\times\frac{1}{3}+2\times\frac{1}{6}=\frac{1}{2},$$
$$\mathrm{E}(X^2)=(-1)^2\times\frac{1}{6}+0^2\times\frac{1}{3}+1^2\times\frac{1}{3}+2^2\times\frac{1}{6}=\frac{7}{6}$$이므로
$$\mathrm{V}(X)=\mathrm{E}(X^2)-\{\mathrm{E}(X)\}^2$$
$$=\frac{7}{6}-\left(\frac{1}{2}\right)^2=\frac{11}{12}　　…\ \textbf{2단계}$$
$$\therefore\ \mathrm{V}(aX+3)=\mathrm{V}(4X+3)$$
$$=4^2\mathrm{V}(X)$$
$$=16\times\frac{11}{12}=\frac{44}{3}　　…\ \textbf{3단계}$$

답 $\dfrac{44}{3}$

채점 요소		비율
1단계	a의 값 구하기	30 %
2단계	$\mathrm{V}(X)$ 구하기	50 %
3단계	$\mathrm{V}(aX+3)$ 구하기	20 %

0401 확률변수 X가 가질 수 있는 값은 1, 2, 3이고, 그 확률은 각각
$$\mathrm{P}(X=1)=\frac{{}_5\mathrm{C}_1\times{}_2\mathrm{C}_2}{{}_7\mathrm{C}_3}=\frac{1}{7},$$
$$\mathrm{P}(X=2)=\frac{{}_5\mathrm{C}_2\times{}_2\mathrm{C}_1}{{}_7\mathrm{C}_3}=\frac{4}{7},$$
$$\mathrm{P}(X=3)=\frac{{}_5\mathrm{C}_3}{{}_7\mathrm{C}_3}=\frac{2}{7}$$
이므로 X의 확률분포를 표로 나타내면 다음과 같다.

X	1	2	3	합계
$\mathrm{P}(X=x)$	$\dfrac{1}{7}$	$\dfrac{4}{7}$	$\dfrac{2}{7}$	1

… **1단계**
$$\therefore\ \mathrm{E}(X)=1\times\frac{1}{7}+2\times\frac{4}{7}+3\times\frac{2}{7}=\frac{15}{7}　　…\ \textbf{2단계}$$
$$\therefore\ \mathrm{E}(7X-5)=7\mathrm{E}(X)-5$$
$$=7\times\frac{15}{7}-5=10　　…\ \textbf{3단계}$$

답 10

채점 요소		비율
1단계	확률변수 X의 확률분포 구하기	40 %
2단계	$\mathrm{E}(X)$ 구하기	30 %
3단계	$\mathrm{E}(7X-5)$ 구하기	30 %

0402 확률변수 X가 이항분포 $\mathrm{B}\left(10,\ \dfrac{4}{5}\right)$를 따르므로 X의 확률질량함수는
$$\mathrm{P}(X=x)={}_{10}\mathrm{C}_x\left(\frac{4}{5}\right)^x\left(\frac{1}{5}\right)^{10-x}\ (x=0,\ 1,\ 2,\ \cdots,\ 10)$$

… **1단계**
$$\therefore\ \mathrm{P}(X\leq 1)=\mathrm{P}(X=0)+\mathrm{P}(X=1)$$
$$={}_{10}\mathrm{C}_0\left(\frac{1}{5}\right)^{10}+{}_{10}\mathrm{C}_1\left(\frac{4}{5}\right)^1\left(\frac{1}{5}\right)^9$$
$$=\frac{41}{5^{10}}　　…\ \textbf{2단계}$$
$$\therefore\ k=41　　…\ \textbf{3단계}$$

답 41

채점 요소		비율
1단계	확률변수 X의 확률질량함수 구하기	40 %
2단계	$\mathrm{P}(X\leq 1)$ 구하기	50 %
3단계	k의 값 구하기	10 %

0403 바닥에 놓인 면에 적힌 수가 1일 확률은 $\dfrac{1}{4}$이므로 확률변수 X는 이항분포 $\mathrm{B}\left(80,\ \dfrac{1}{4}\right)$을 따른다.
$$\therefore\ \mathrm{E}(X)=80\times\frac{1}{4}=20$$
$$\mathrm{V}(X)=80\times\frac{1}{4}\times\frac{3}{4}=15　　…\ \textbf{1단계}$$

이때 $V(X)=E(X^2)-\{E(X)\}^2$이므로
$$E(X^2)=V(X)+\{E(X)\}^2=15+20^2=415 \quad \cdots \text{2단계}$$

답 **415**

채점 요소	비율
1단계 $E(X)$, $V(X)$ 구하기	70 %
2단계 $E(X^2)$ 구하기	30 %

0404 **전략** 확률의 총합은 1임과 분산을 이용하여 a, b, c 사이의 관계식을 구한다.

확률변수 X에 대하여 확률의 총합은 1이므로
$$a+b+c+b+a=1$$
$$\therefore 2a+2b+c=1 \quad \cdots\cdots ㉠$$
$$\begin{aligned}E(X)&=1\times a+3\times b+5\times c+7\times b+9\times a\\&=10a+10b+5c=5(2a+2b+c)\\&=5\ (\because ㉠)\end{aligned}$$
$$\begin{aligned}E(X^2)&=1^2\times a+3^2\times b+5^2\times c+7^2\times b+9^2\times a\\&=82a+58b+25c\end{aligned}$$
이므로 $V(X)=E(X^2)-\{E(X)\}^2$에서
$$\frac{31}{5}=82a+58b+25c-5^2$$
$$\therefore 82a+58b+25c=\frac{156}{5} \quad \cdots\cdots ㉡$$

또 확률변수 Y에 대하여
$$\begin{aligned}E(Y)&=1\times\left(a+\frac{1}{20}\right)+3\times b+5\times\left(c-\frac{1}{10}\right)\\&\quad+7\times b+9\times\left(a+\frac{1}{20}\right)\\&=10a+10b+5c=5(2a+2b+c)\\&=5\ (\because ㉠),\end{aligned}$$
$$\begin{aligned}E(Y^2)&=1^2\times\left(a+\frac{1}{20}\right)+3^2\times b+5^2\times\left(c-\frac{1}{10}\right)\\&\quad+7^2\times b+9^2\times\left(a+\frac{1}{20}\right)\\&=82a+58b+25c+\frac{8}{5}\\&=\frac{156}{5}+\frac{8}{5}\ (\because ㉡)\\&=\frac{164}{5}\end{aligned}$$
이므로
$$\begin{aligned}V(Y)&=E(Y^2)-\{E(Y)\}^2\\&=\frac{164}{5}-5^2=\frac{39}{5}\\\therefore 10\times V(Y)&=10\times\frac{39}{5}=78\end{aligned}$$

답 **78**

0405 **전략** 주사위를 던진 횟수에 따른 확률을 각각 구한다.

(ⅰ) $X=1$인 경우

주사위를 던져서 3 이상의 눈이 나와야 하므로
$$P(X=1)=\frac{4}{6}=\frac{2}{3}$$

(ⅱ) $X=2$인 경우

주사위를 던질 때, 첫 번째에는 1의 눈이 나오고 두 번째에는 2 이상의 눈이 나오거나 첫 번째에서 2의 눈이 나와야 하므로
$$P(X=2)=\frac{1}{6}\times\frac{5}{6}+\frac{1}{6}=\frac{11}{36}$$

(ⅲ) $X=3$인 경우

주사위를 던질 때, 첫 번째와 두 번째 모두 1의 눈이 나와야 하므로
$$P(X=3)=\frac{1}{6}\times\frac{1}{6}=\frac{1}{36}$$

이상에서 X의 확률분포를 표로 나타내면 다음과 같다.

X	1	2	3	합계
$P(X=x)$	$\dfrac{2}{3}$	$\dfrac{11}{36}$	$\dfrac{1}{36}$	1

$$\begin{aligned}\therefore E(X)&=1\times\frac{2}{3}+2\times\frac{11}{36}+3\times\frac{1}{36}\\&=\frac{49}{36}\end{aligned}$$

답 $\dfrac{49}{36}$

0406 **전략** 확률변수 X의 확률질량함수와 $V(X)=1$임을 이용하여 n, p에 대한 식을 세운다.

확률변수 X의 확률질량함수는
$$P(X=x)={}_n\mathrm{C}_x\,p^x(1-p)^{n-x}\ (x=0,\ 1,\ 2,\ \cdots,\ n)$$
이때 $P(X=n-1)=4P(X=n)$이므로
$${}_n\mathrm{C}_{n-1}\,p^{n-1}(1-p)^1=4\times{}_n\mathrm{C}_n\,p^n$$
$$\therefore n(1-p)=4p \quad \cdots\cdots ㉠$$
또 $V(X)=1$이므로
$$np(1-p)=1 \quad \cdots\cdots ㉡$$
㉠을 ㉡에 대입하면
$$4p^2=1, \qquad p^2=\frac{1}{4}$$
$$\therefore p=\frac{1}{2}\ (\because 0<p<1)$$
$p=\dfrac{1}{2}$을 ㉠에 대입하면
$$\frac{1}{2}n=2 \qquad \therefore n=4$$
따라서 확률변수 X는 이항분포 $\mathrm{B}\left(4,\ \dfrac{1}{2}\right)$을 따르므로
$$m=E(X)=4\times\frac{1}{2}=2$$
이때 $\sigma=\sigma(X)=\sqrt{V(X)}=1$이므로 $|X-m|<\sigma$에서
$$|X-2|<1, \qquad -1<X-2<1$$
$$\therefore 1<X<3$$
$$\begin{aligned}\therefore P(|X-m|<\sigma)&=P(1<X<3)\\&=P(X=2)\\&={}_4\mathrm{C}_2\left(\frac{1}{2}\right)^2\left(\frac{1}{2}\right)^2\\&=\frac{3}{8}\end{aligned}$$

답 $\dfrac{3}{8}$

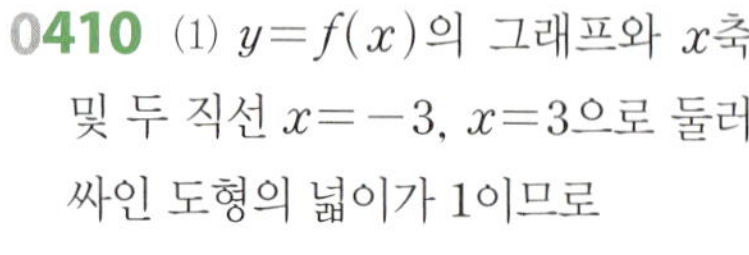
05 확률분포 (2)

본책 069쪽, 071쪽

0407 ㄱ. $0 \le x \le 1$에서 함수 $y=f(x)$의 그래프는 오른쪽 그림과 같다.

이때 $y=f(x)$의 그래프와 x축 및 두 직선 $x=0$, $x=1$로 둘러싸인 도형의 넓이가 1이므로 $f(x)$는 확률밀도함수가 될 수 있다.

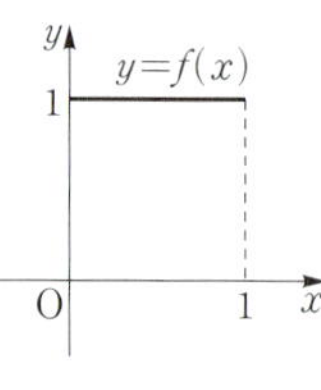

ㄴ. $0 \le x \le 1$에서 함수 $y=f(x)$의 그래프는 오른쪽 그림과 같다.

이때 $y=f(x)$의 그래프와 x축 및 직선 $x=1$로 둘러싸인 도형의 넓이가 1이 아니므로 $f(x)$는 확률밀도함수가 될 수 없다.

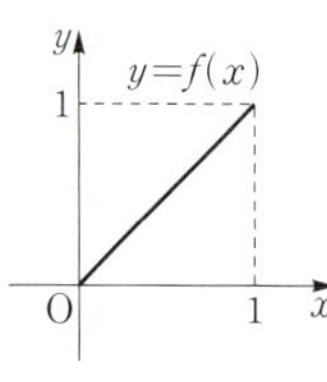

ㄷ. $0 \le x \le 1$에서 함수 $y=f(x)$의 그래프는 오른쪽 그림과 같다.

이때 $0 \le x < \dfrac{1}{2}$에서 $f(x)<0$이므로 $f(x)$는 확률밀도함수가 될 수 없다.

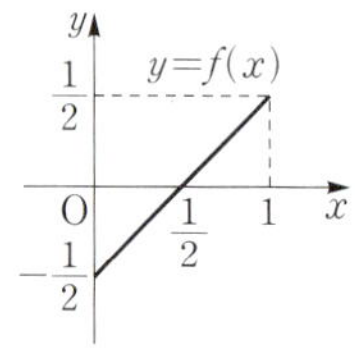

ㄹ. $0 \le x \le 1$에서 함수 $y=f(x)$의 그래프는 오른쪽 그림과 같다.

이때 $y=f(x)$의 그래프와 x축 및 직선 $x=0$으로 둘러싸인 도형의 넓이가 1이므로 $f(x)$는 확률밀도함수가 될 수 있다.

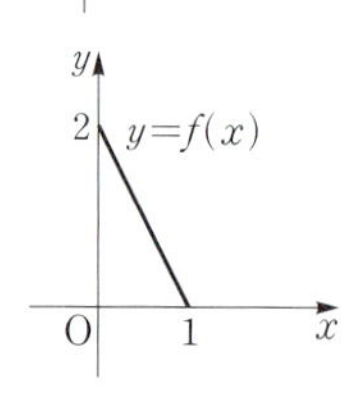

이상에서 확률밀도함수가 될 수 있는 것은 ㄱ, ㄹ이다.

답 ㄱ, ㄹ

0408 $P(X \ge 1)$은 $y=f(x)$의 그래프와 x축 및 두 직선 $x=1$, $x=3$으로 둘러싸인 도형의 넓이와 같으므로

$$P(X \ge 1)=2 \times \frac{1}{3}=\frac{2}{3}$$

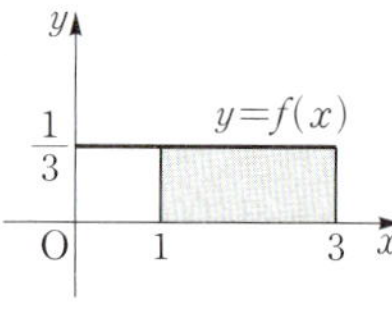

답 $\dfrac{2}{3}$

0409 $P(0 \le X \le 3)$은 $y=f(x)$의 그래프와 x축 및 직선 $x=3$으로 둘러싸인 도형의 넓이와 같으므로

$$P(0 \le X \le 3)=\frac{1}{2} \times 3 \times \frac{3}{8}$$

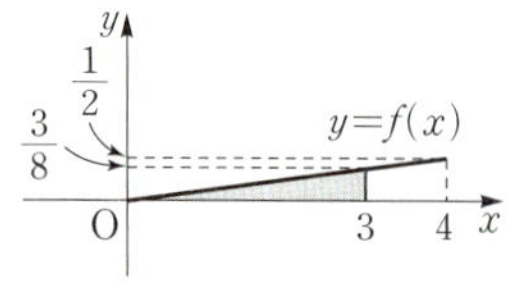

$$=\frac{9}{16}$$

답 $\dfrac{9}{16}$

0410 (1) $y=f(x)$의 그래프와 x축 및 두 직선 $x=-3$, $x=3$으로 둘러싸인 도형의 넓이가 1이므로

$$6 \times k=1 \qquad \therefore k=\frac{1}{6}$$

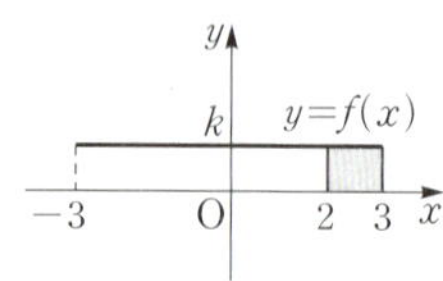

(2) $P(X \ge 2)$는 $y=f(x)$의 그래프와 x축 및 두 직선 $x=2$, $x=3$으로 둘러싸인 도형의 넓이와 같으므로

$$P(X \ge 2)=1 \times \frac{1}{6}=\frac{1}{6}$$

답 (1) $\dfrac{1}{6}$ (2) $\dfrac{1}{6}$

0411 (1) $f(x)=kx$라 하면

$y=f(x)$의 그래프와 x축 및 직선 $x=2$로 둘러싸인 도형의 넓이가 1이므로

$$\frac{1}{2} \times 2 \times 2k=1 \qquad \therefore k=\frac{1}{2}$$

$$\therefore f(x)=\frac{1}{2}x$$

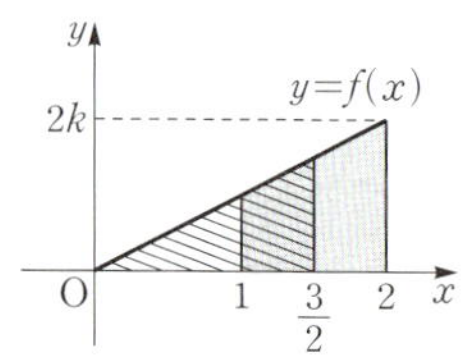

(2) $P(1 \le X \le 2)$는 $y=f(x)$의 그래프와 x축 및 두 직선 $x=1$, $x=2$로 둘러싸인 도형의 넓이와 같으므로

$$P(1 \le X \le 2)=\frac{1}{2} \times \left(\frac{1}{2}+1\right) \times 1=\frac{3}{4}$$

(3) $P\left(X \le \dfrac{3}{2}\right)$은 $y=f(x)$의 그래프와 x축 및 직선 $x=\dfrac{3}{2}$으로 둘러싸인 도형의 넓이와 같으므로

$$P\left(X \le \frac{3}{2}\right)=\frac{1}{2} \times \frac{3}{2} \times \frac{3}{4}=\frac{9}{16}$$

답 (1) $f(x)=\dfrac{1}{2}x$ (2) $\dfrac{3}{4}$ (3) $\dfrac{9}{16}$

0412 **답** $\mathrm{N}(6, 2^2)$　　**0413** **답** $\mathrm{N}(8, 3^2)$

0414 (1) $\mathrm{E}(X)=10$, $\sigma(X)=3$이므로

$$\mathrm{E}(Y)=\mathrm{E}(2X-1)=2\mathrm{E}(X)-1$$
$$=2 \times 10-1=19$$
$$\sigma(Y)=\sigma(2X-1)=|2|\sigma(X)$$
$$=2 \times 3=6$$

(2) 확률변수 Y의 평균이 19, 표준편차가 6이므로 Y는 정규분포 $\mathrm{N}(19, 6^2)$을 따른다.

답 (1) $\mathrm{E}(Y)=19$, $\sigma(Y)=6$ (2) $\mathrm{N}(19, 6^2)$

0415 ㄹ. σ의 값이 작아질수록 폭이 좁아진다. (거짓)

이상에서 옳은 것은 ㄱ, ㄴ, ㄷ이다.

답 ㄱ, ㄴ, ㄷ

0416 $P(0.5 \le Z \le 2)=P(0 \le Z \le 2)-P(0 \le Z \le 0.5)$
$$=0.4772-0.1915$$
$$=0.2857$$

답 0.2857

0417 $\mathrm{P}(Z\geq2)=\mathrm{P}(Z\geq0)-\mathrm{P}(0\leq Z\leq2)$
$\qquad\qquad\quad=0.5-0.4772$
$\qquad\qquad\quad=0.0228$ **답 0.0228**

0418 $\mathrm{P}(Z\leq1)=\mathrm{P}(Z\leq0)+\mathrm{P}(0\leq Z\leq1)$
$\qquad\qquad\quad=0.5+0.3413$
$\qquad\qquad\quad=0.8413$ **답 0.8413**

0419 $\mathrm{P}(Z\leq-1.5)=\mathrm{P}(Z\geq1.5)$
$\qquad\qquad\qquad=\mathrm{P}(Z\geq0)-\mathrm{P}(0\leq Z\leq1.5)$
$\qquad\qquad\qquad=0.5-0.4332$
$\qquad\qquad\qquad=0.0668$ **답 0.0668**

0420 $\mathrm{P}(-0.5\leq Z\leq0.5)$
$=\mathrm{P}(-0.5\leq Z\leq0)+\mathrm{P}(0\leq Z\leq0.5)$
$=2\mathrm{P}(0\leq Z\leq0.5)$
$=2\times0.1915=0.383$ **답 0.383**

0421 $\mathrm{P}(Z\geq-0.5)=\mathrm{P}(Z\leq0.5)$
$\qquad\qquad\qquad=\mathrm{P}(Z\leq0)+\mathrm{P}(0\leq Z\leq0.5)$
$\qquad\qquad\qquad=0.5+0.1915$
$\qquad\qquad\qquad=0.6915$ **답 0.6915**

0422 $\mathrm{P}(Z\leq a)=0.9772$에서
$\mathrm{P}(Z\leq0)+\mathrm{P}(0\leq Z\leq a)=0.9772$
$0.5+\mathrm{P}(0\leq Z\leq a)=0.9772$
$\therefore \mathrm{P}(0\leq Z\leq a)=0.4772$
$\therefore a=2$ **답 2**

0423 $\mathrm{P}(Z\geq a)=0.3085$에서
$\mathrm{P}(Z\geq0)-\mathrm{P}(0\leq Z\leq a)=0.3085$
$0.5-\mathrm{P}(0\leq Z\leq a)=0.3085$
$\therefore \mathrm{P}(0\leq Z\leq a)=0.1915$
$\therefore a=0.5$ **답 0.5**

0424 $\mathrm{P}(-a\leq Z\leq a)=0.8664$에서
$\mathrm{P}(-a\leq Z\leq0)+\mathrm{P}(0\leq Z\leq a)=0.8664$
$2\mathrm{P}(0\leq Z\leq a)=0.8664$
$\therefore \mathrm{P}(0\leq Z\leq a)=0.4332$
$\therefore a=1.5$ **답 1.5**

0425 $\mathrm{P}(-a\leq Z\leq2a)=0.8185$에서
$\mathrm{P}(-a\leq Z\leq0)+\mathrm{P}(0\leq Z\leq2a)=0.8185$
$\therefore \mathrm{P}(0\leq Z\leq a)+\mathrm{P}(0\leq Z\leq2a)=0.8185$
이때
$\mathrm{P}(0\leq Z\leq1)+\mathrm{P}(0\leq Z\leq2)=0.3413+0.4772$
$\qquad\qquad\qquad\qquad\qquad\qquad=0.8185$
이므로 $\quad a=1$ **답 1**

0426 **답** $Z=\dfrac{X-5}{2}$ **0427** **답** $Z=\dfrac{X-30}{3}$

0428 (2) $\mathrm{P}(4\leq X\leq14)=\mathrm{P}\left(\dfrac{4-8}{4}\leq Z\leq\dfrac{14-8}{4}\right)$
$\qquad\qquad\qquad=\mathrm{P}(-1\leq Z\leq1.5)$
$\qquad\qquad\qquad=\mathrm{P}(-1\leq Z\leq0)+\mathrm{P}(0\leq Z\leq1.5)$
$\qquad\qquad\qquad=\mathrm{P}(0\leq Z\leq1)+\mathrm{P}(0\leq Z\leq1.5)$
$\qquad\qquad\qquad=0.3413+0.4332$
$\qquad\qquad\qquad=0.7745$
답 (1) $Z=\dfrac{X-8}{4}$ (2) **0.7745**

0429 $\mathrm{E}(X)=48\times\dfrac{1}{4}=12$
$\sigma(X)=\sqrt{48\times\dfrac{1}{4}\times\dfrac{3}{4}}=3$
따라서 X는 근사적으로 정규분포 $\mathrm{N}(12,\ 3^2)$을 따른다.
답 $\mathbf{N}(12,\ 3^2)$

0430 $\mathrm{E}(X)=180\times\dfrac{5}{6}=150$
$\sigma(X)=\sqrt{180\times\dfrac{5}{6}\times\dfrac{1}{6}}=5$
따라서 X는 근사적으로 정규분포 $\mathrm{N}(150,\ 5^2)$을 따른다.
답 $\mathbf{N}(150,\ 5^2)$

0431 (1) $\mathrm{E}(X)=162\times\dfrac{1}{3}=54$
$\qquad \sigma(X)=\sqrt{162\times\dfrac{1}{3}\times\dfrac{2}{3}}=6$
따라서 X는 근사적으로 정규분포 $\mathrm{N}(54,\ 6^2)$을 따르므로
$\qquad Z=\dfrac{X-54}{6}$
(2) $\mathrm{P}(42\leq X\leq60)=\mathrm{P}\left(\dfrac{42-54}{6}\leq Z\leq\dfrac{60-54}{6}\right)$
$\qquad\qquad\qquad=\mathrm{P}(-2\leq Z\leq1)$
$\qquad\qquad\qquad=\mathrm{P}(-2\leq Z\leq0)+\mathrm{P}(0\leq Z\leq1)$
$\qquad\qquad\qquad=\mathrm{P}(0\leq Z\leq2)+\mathrm{P}(0\leq Z\leq1)$
$\qquad\qquad\qquad=0.4772+0.3413=0.8185$
답 (1) $Z=\dfrac{X-54}{6}$ (2) **0.8185**

유형 익히기
• 본책 072~080쪽

0432 함수 $y=f(x)$의 그래프와 x축 및 직선 $x=2$로 둘러싸인 도형의 넓이가 1이므로
$\dfrac{1}{2}\times(1+2)\times a=1 \qquad \therefore a=\dfrac{2}{3}$ **답** $\dfrac{2}{3}$

0433 ① $0<x\le1$에서 $f(x)<0$이므로 확률밀도함수의 그래프가 될 수 없다.

② 함수 $y=f(x)$의 그래프와 x축 및 두 직선 $x=-1$, $x=1$로 둘러싸인 도형의 넓이가 1이 아니므로 확률밀도함수의 그래프가 될 수 없다.

③ $-1<x<1$에서 $f(x)<0$이므로 확률밀도함수의 그래프가 될 수 없다.

④ $f(x)\ge0$이고, 함수 $y=f(x)$의 그래프와 x축으로 둘러싸인 도형의 넓이가 1이므로 확률밀도함수의 그래프가 될 수 있다.

⑤ 함수 $y=f(x)$의 그래프와 x축 및 직선 $x=1$로 둘러싸인 도형의 넓이가 1이 아니므로 확률밀도함수의 그래프가 될 수 없다.

답 ④

0434 함수 $y=f(x)$의 그래프는 오른쪽 그림과 같다.

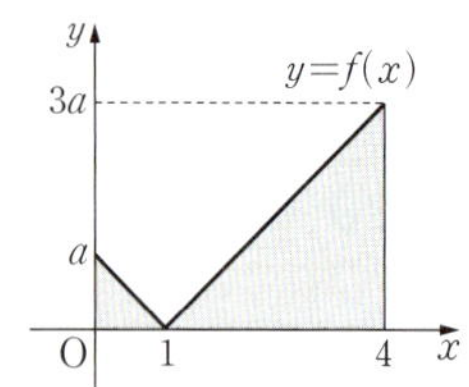

이때 $y=f(x)$의 그래프와 x축 및 두 직선 $x=0$, $x=4$로 둘러싸인 도형의 넓이가 1이므로

$$\frac{1}{2}\times1\times a+\frac{1}{2}\times3\times3a=1$$

$$5a=1 \qquad \therefore a=\frac{1}{5}$$

답 $\dfrac{1}{5}$

0435 함수 $y=f(x)$의 그래프와 x축 및 직선 $x=1$로 둘러싸인 도형의 넓이가 1이므로

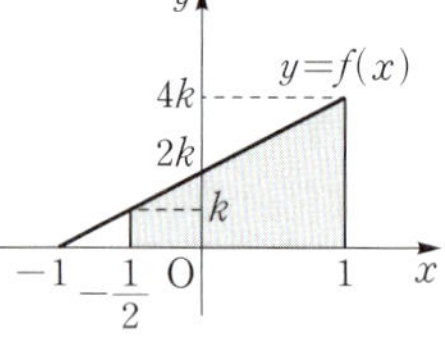

$$\frac{1}{2}\times2\times4k=1 \qquad \therefore k=\frac{1}{4}$$

$P\left(-\dfrac{1}{2}\le X\le1\right)$은 $y=f(x)$의 그래프와 x축 및 두 직선 $x=-\dfrac{1}{2}$, $x=1$로 둘러싸인 도형의 넓이와 같으므로

$$P\left(-\frac{1}{2}\le X\le1\right)=\frac{1}{2}\times\left(\frac{1}{4}+1\right)\times\frac{3}{2}=\frac{15}{16}$$

답 ⑤

다른 풀이 $P\left(-\dfrac{1}{2}\le X\le1\right)=1-P\left(-1\le X\le-\dfrac{1}{2}\right)$

$$=1-\frac{1}{2}\times\frac{1}{2}\times\frac{1}{4}=\frac{15}{16}$$

0436 함수 $y=f(x)$의 그래프와 x축으로 둘러싸인 도형의 넓이가 1이므로

$$\frac{1}{2}\times4\times a=1 \qquad \therefore a=\frac{1}{2} \qquad \cdots\ \boxed{1단계}$$

$0\le x\le2$에서 $y=f(x)$의 그래프는 두 점 $\left(0,\dfrac{1}{2}\right)$, $(2,0)$을 지나는 직선이므로 그 직선의 방정식은

$$\frac{x}{2}+\frac{y}{\frac{1}{2}}=1 \qquad \therefore y=-\frac{1}{4}x+\frac{1}{2}$$

따라서 $f(1)=\dfrac{1}{4}$이고 $P(|X|\le1)$, 즉 $P(-1\le X\le1)$은 $y=f(x)$의 그래프와 x축 및 두 직선 $x=-1$, $x=1$로 둘러싸인 도형의 넓이와 같으므로

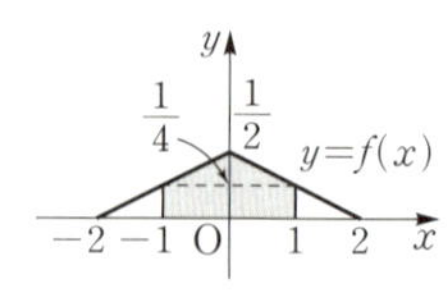

$$P(|X|\le1)=2P(0\le X\le1)$$

$$=2\times\frac{1}{2}\times\left(\frac{1}{2}+\frac{1}{4}\right)\times1=\frac{3}{4} \qquad \cdots\ \boxed{2단계}$$

답 $\dfrac{3}{4}$

채점 요소		비율
1단계	a의 값 구하기	30 %
2단계	$P(|X|\le1)$ 구하기	70 %

0437 함수 $y=f(x)$의 그래프는 오른쪽 그림과 같고 구하는 확률은 $P(X\le6)$이므로 $y=f(x)$의 그래프와 x축 및 직선 $x=6$으로 둘러싸인 도형의 넓이와 같다.

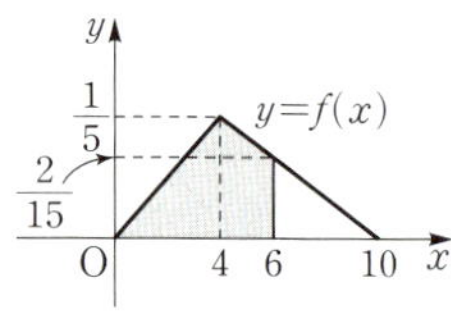

따라서 구하는 확률은

$$P(X\le6)=\frac{1}{2}\times4\times\frac{1}{5}+\frac{1}{2}\times\left(\frac{1}{5}+\frac{2}{15}\right)\times2$$

$$=\frac{11}{15}$$

답 $\dfrac{11}{15}$

다른 풀이 $P(X\le6)=1-P(6\le X\le10)$

$$=1-\frac{1}{2}\times4\times\frac{2}{15}=\frac{11}{15}$$

0438 두 함수 $y=f(x)$, $y=g(x)$의 그래프의 대칭축이 각각 $x=x_1$, $x=x_2$이므로

$$E(X_1)=x_1, \ E(X_2)=x_2$$

ㄱ. 평균이 m인 정규분포의 확률밀도함수의 그래프는 직선 $x=m$에 대하여 대칭이므로

$$P(X_1\ge x_1)=P(X_2\le x_2)=0.5 \ (거짓)$$

ㄴ. $x_1<x_2$이므로 $\qquad E(X_1)<E(X_2)$ (참)

ㄷ. $y=f(x)$의 그래프가 $y=g(x)$의 그래프보다 가운데 부분의 높이는 낮고 양옆으로 퍼져있으므로

$$\sigma(X_1)>\sigma(X_2) \ (거짓)$$

ㄹ. $f(x_1)<g(x_2)$이므로

$$f(E(X_1))<g(E(X_2)) \ (참)$$

이상에서 옳은 것은 ㄴ, ㄹ이다.

답 ③

0439 평균이 m인 정규분포의 확률밀도함수의 그래프는 직선 $x=m$에 대하여 대칭이므로 평균이 가장 높은 학교는 B이다.

또 표준편차가 클수록 확률밀도함수의 그래프의 가운데 부분의 높이는 낮아지고 양옆으로 퍼지므로 표준편차가 가장 큰 학교는 C이다.

답 B, C

0440 ㄱ. 확률변수 X의 정규분포곡선은 직선 $x=m$에 대하여 대칭이므로

$$\mathrm{P}(X\leq m)=\mathrm{P}(X\geq m)=0.5 \text{ (참)}$$

ㄴ. $a\leq 0$이면 $m+a\leq m$이므로

$$\mathrm{P}(X\leq m+a)\leq \mathrm{P}(X\leq m)=0.5 \text{ (거짓)}$$

ㄷ. 정규분포곡선과 x축 사이의 넓이는 1이므로

$$\mathrm{P}(X\leq a)+\mathrm{P}(X\geq a)=1 \text{ (참)}$$

이상에서 옳은 것은 ㄱ, ㄷ이다.

답 ③

0441 확률변수 X의 정규분포곡선은 오른쪽 그림과 같이 직선 $x=44$에 대하여 대칭이므로 $\mathrm{P}(t-3\leq X\leq t+2)$ 가 최대가 되려면

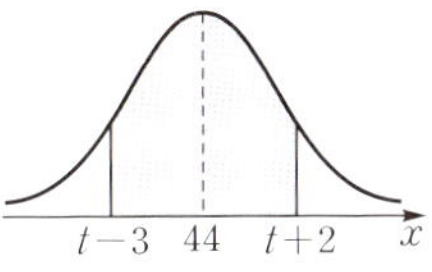

$$\frac{(t-3)+(t+2)}{2}=44$$

$$\therefore t=\frac{89}{2}$$

답 ②

0442 확률변수 X의 정규분포곡선은 직선 $x=a$에 대하여 대칭이므로 조건 ㈎에서

$$a=\frac{-2+12}{2}=5$$

또 조건 ㈏에서 $\left(\frac{1}{2}\right)^2\mathrm{V}(X)=1$

$$\therefore \mathrm{V}(X)=4$$

즉 $b^2=4$이므로 $b=2$ $(\because b>0)$

$$\therefore a+b=7$$

답 7

0443 $m=20$, $\sigma=4$이므로

$$\begin{aligned}
\mathrm{P}(12\leq X\leq 28)&=\mathrm{P}(20-8\leq X\leq 20+8)\\
&=\mathrm{P}(m-2\sigma\leq X\leq m+2\sigma)\\
&=2\mathrm{P}(m\leq X\leq m+2\sigma)\\
&=2\times 0.4772\\
&=0.9544
\end{aligned}$$

답 0.9544

0444 $\mathrm{P}(m-\sigma\leq X\leq m+\sigma)=a$에서

$$2\mathrm{P}(m-\sigma\leq X\leq m)=a$$

$$\therefore \mathrm{P}(m-\sigma\leq X\leq m)=\frac{a}{2}$$

$\mathrm{P}(m-2\sigma\leq X\leq m+2\sigma)=b$에서

$$2\mathrm{P}(m\leq X\leq m+2\sigma)=b$$

$$\therefore \mathrm{P}(m\leq X\leq m+2\sigma)=\frac{b}{2}$$

$$\begin{aligned}
\therefore \mathrm{P}&(m-\sigma\leq X\leq m+2\sigma)\\
&=\mathrm{P}(m-\sigma\leq X\leq m)+\mathrm{P}(m\leq X\leq m+2\sigma)\\
&=\frac{a+b}{2}
\end{aligned}$$

답 ④

0445 $\mathrm{P}(X\leq k)=0.0013$에서

$$\mathrm{P}(X\leq m)-\mathrm{P}(k\leq X\leq m)=0.0013$$

$$0.5-\mathrm{P}(k\leq X\leq m)=0.0013$$

$$\therefore \mathrm{P}(k\leq X\leq m)=0.4987$$

이때 $\mathrm{P}(m\leq X\leq m+3\sigma)=0.4987$이므로

$$\mathrm{P}(m-3\sigma\leq X\leq m)=0.4987$$

$$\therefore k=m-3\sigma=48-3\times 3=39$$

답 39

0446 확률변수 X, Y가 각각 정규분포 $\mathrm{N}(10,\ 2^2)$, $\mathrm{N}(20,\ 3^2)$을 따르므로

$$Z_X=\frac{X-10}{2},\ Z_Y=\frac{Y-20}{3}$$

으로 놓으면 확률변수 Z_X, Z_Y는 모두 표준정규분포 $\mathrm{N}(0,\ 1)$을 따른다.

이때 $\mathrm{P}(10\leq X\leq 14)=\mathrm{P}(20\leq Y\leq k)$에서

$$\mathrm{P}\left(\frac{10-10}{2}\leq Z_X\leq \frac{14-10}{2}\right)$$

$$=\mathrm{P}\left(\frac{20-20}{3}\leq Z_Y\leq \frac{k-20}{3}\right)$$

$$\therefore \mathrm{P}(0\leq Z_X\leq 2)=\mathrm{P}\left(0\leq Z_Y\leq \frac{k-20}{3}\right)$$

따라서 $2=\frac{k-20}{3}$이므로

$$k-20=6 \quad \therefore k=26$$

답 ③

0447 확률변수 X가 정규분포 $\mathrm{N}(17,\ \sigma^2)$을 따르므로 $Z=\frac{X-17}{\sigma}$로 놓으면 확률변수 Z는 표준정규분포 $\mathrm{N}(0,\ 1)$을 따른다.

따라서 $\frac{X-17}{\sigma}=\frac{X-m}{6}$이므로 $m=17$, $\sigma=6$

$$\therefore m-\sigma=11$$

답 11

0448 확률변수 X, Y가 각각 정규분포 $\mathrm{N}(4,\ 1^2)$, $\mathrm{N}(m,\ 2^2)$을 따르므로

$$Z_X=X-4,\ Z_Y=\frac{Y-m}{2}$$

으로 놓으면 확률변수 Z_X, Z_Y는 모두 표준정규분포 $\mathrm{N}(0,\ 1)$을 따른다. ⋯ 1단계

이때 $\mathrm{P}(1\leq X\leq 7)=2\mathrm{P}(m\leq Y\leq 2m+3)$에서

$$\mathrm{P}(1-4\leq Z_X\leq 7-4)$$

$$=2\mathrm{P}\left(\frac{m-m}{2}\leq Z_Y\leq \frac{(2m+3)-m}{2}\right)$$

$$\mathrm{P}(-3\leq Z_X\leq 3)=2\mathrm{P}\left(0\leq Z_Y\leq \frac{m+3}{2}\right)$$

$$\therefore \mathrm{P}(0\leq Z_X\leq 3)=\mathrm{P}\left(0\leq Z_Y\leq \frac{m+3}{2}\right) \quad \text{⋯ 2단계}$$

따라서 $3=\frac{m+3}{2}$이므로 $m=3$ ⋯ 3단계

답 3

채점 요소	비율
1단계 확률변수 X, Y를 각각 표준화하기	20 %
2단계 주어진 식을 Z_X, Z_Y에 대한 식으로 나타내기	50 %
3단계 m의 값 구하기	30 %

0449 확률변수 X, Y가 각각 정규분포 $\mathrm{N}(a, 3^2)$, $\mathrm{N}(a+7, 4^2)$을 따르므로

$$Z_X=\frac{X-a}{3},\ Z_Y=\frac{Y-(a+7)}{4}$$

로 놓으면 확률변수 Z_X, Z_Y는 모두 표준정규분포 $\mathrm{N}(0, 1)$을 따른다.

이때 $\mathrm{P}(X\geq b)=\mathrm{P}(Y\leq b)$에서

$$\mathrm{P}\left(Z_X\geq\frac{b-a}{3}\right)=\mathrm{P}\left(Z_Y\leq\frac{b-(a+7)}{4}\right)$$

즉 $\dfrac{b-a}{3}+\dfrac{b-(a+7)}{4}=0$이므로

$$4b-4a+3b-3a-21=0$$
$$\therefore a-b=-3$$

답 -3

0450 $Z=\dfrac{X-25}{8}$로 놓으면 확률변수 Z는 표준정규분포 $\mathrm{N}(0, 1)$을 따르므로

$$
\begin{aligned}
\mathrm{P}(|X-23|\leq10)&=\mathrm{P}(-10\leq X-23\leq10)\\
&=\mathrm{P}(13\leq X\leq33)\\
&=\mathrm{P}\left(\frac{13-25}{8}\leq Z\leq\frac{33-25}{8}\right)\\
&=\mathrm{P}(-1.5\leq Z\leq1)\\
&=\mathrm{P}(-1.5\leq Z\leq0)+\mathrm{P}(0\leq Z\leq1)\\
&=\mathrm{P}(0\leq Z\leq1.5)+\mathrm{P}(0\leq Z\leq1)\\
&=0.4332+0.3413\\
&=0.7745
\end{aligned}
$$

답 ③

0451 $Z=\dfrac{X-12}{6}$로 놓으면 확률변수 Z는 표준정규분포 $\mathrm{N}(0, 1)$을 따른다.

① $\mathrm{P}(X\geq12)=\mathrm{P}\left(Z\geq\dfrac{12-12}{6}\right)=\mathrm{P}(Z\geq0)=0.5$

② $\mathrm{P}(X\leq18)=\mathrm{P}\left(Z\leq\dfrac{18-12}{6}\right)=\mathrm{P}(Z\leq1)$
$$=\mathrm{P}(Z\leq0)+\mathrm{P}(0\leq Z\leq1)$$
$$=0.5+0.3413=0.8413$$

③ $\mathrm{P}(0\leq X\leq12)=\mathrm{P}\left(\dfrac{0-12}{6}\leq Z\leq\dfrac{12-12}{6}\right)$
$$=\mathrm{P}(-2\leq Z\leq0)=\mathrm{P}(0\leq Z\leq2)$$
$$=0.4772$$

④ $\mathrm{P}(6\leq X\leq18)=\mathrm{P}\left(\dfrac{6-12}{6}\leq Z\leq\dfrac{18-12}{6}\right)$
$$=\mathrm{P}(-1\leq Z\leq1)=2\mathrm{P}(0\leq Z\leq1)$$
$$=2\times0.3413=0.6826$$

⑤ $\mathrm{P}(18\leq X\leq24)=\mathrm{P}\left(\dfrac{18-12}{6}\leq Z\leq\dfrac{24-12}{6}\right)$
$$=\mathrm{P}(1\leq Z\leq2)$$
$$=\mathrm{P}(0\leq Z\leq2)-\mathrm{P}(0\leq Z\leq1)$$
$$=0.4772-0.3413$$
$$=0.1359$$

답 ⑤

0452 $\mathrm{E}(X)=25$, $\sigma(X)=10$이므로
$$\mathrm{E}(Y)=\mathrm{E}(2X+4)=2\mathrm{E}(X)+4=2\times25+4=54$$
$$\sigma(Y)=\sigma(2X+4)=|2|\sigma(X)=2\times10=20$$

따라서 확률변수 Y는 정규분포 $\mathrm{N}(54, 20^2)$을 따르므로

$Z=\dfrac{Y-54}{20}$로 놓으면 확률변수 Z는 표준정규분포 $\mathrm{N}(0, 1)$을 따른다.

$$
\begin{aligned}
\therefore \mathrm{P}(Y\leq94)&=\mathrm{P}\left(Z\leq\frac{94-54}{20}\right)=\mathrm{P}(Z\leq2)\\
&=\mathrm{P}(Z\leq0)+\mathrm{P}(0\leq Z\leq2)\\
&=0.5+0.4772=0.9772
\end{aligned}
$$

답 0.9772

0453 $Z=\dfrac{X-50}{5}$으로 놓으면 확률변수 Z는 표준정규분포 $\mathrm{N}(0, 1)$을 따르므로 $\mathrm{P}(40\leq X\leq a)=0.8185$에서

$$
\begin{aligned}
&\mathrm{P}\left(\frac{40-50}{5}\leq Z\leq\frac{a-50}{5}\right)\\
&=\mathrm{P}\left(-2\leq Z\leq\frac{a-50}{5}\right)\\
&=\mathrm{P}(-2\leq Z\leq0)+\mathrm{P}\left(0\leq Z\leq\frac{a-50}{5}\right)\\
&=\mathrm{P}(0\leq Z\leq2)+\mathrm{P}\left(0\leq Z\leq\frac{a-50}{5}\right)\\
&=0.4772+\mathrm{P}\left(0\leq Z\leq\frac{a-50}{5}\right)=0.8185\\
&\therefore \mathrm{P}\left(0\leq Z\leq\frac{a-50}{5}\right)=0.3413
\end{aligned}
$$

이때 $\mathrm{P}(0\leq Z\leq1)=0.3413$이므로

$$\frac{a-50}{5}=1,\qquad a-50=5$$
$$\therefore a=55$$

답 55

0454 $Z=\dfrac{X-m}{\sigma}$으로 놓으면 확률변수 Z는 표준정규분포 $\mathrm{N}(0, 1)$을 따르므로 $\mathrm{P}(|X-m|\leq k\sigma)=0.9544$에서

$$
\begin{aligned}
\mathrm{P}(-k\sigma\leq X-m\leq k\sigma)&=\mathrm{P}\left(-k\leq\frac{X-m}{\sigma}\leq k\right)\\
&=\mathrm{P}(-k\leq Z\leq k)\\
&=2\mathrm{P}(0\leq Z\leq k)=0.9544
\end{aligned}
$$

$$\therefore \mathrm{P}(0\leq Z\leq k)=0.4772$$

이때 $\mathrm{P}(0\leq Z\leq2)=0.4772$이므로

$$k=2$$

답 2

0455 $Z=\dfrac{X-m}{2}$으로 놓으면 확률변수 Z는 표준정규분포

$N(0,1)$을 따르므로 $P(X\geq24)=0.3085$에서

$$P\left(Z\geq\frac{24-m}{2}\right)=P(Z\geq0)-P\left(0\leq Z\leq\frac{24-m}{2}\right)$$
$$=0.3085$$
$$\therefore P\left(0\leq Z\leq\frac{24-m}{2}\right)=0.1915$$

이때 $P(0\leq Z\leq0.5)=0.1915$이므로

$$\frac{24-m}{2}=0.5, \quad 24-m=1$$
$$\therefore m=23$$

답 23

0456 $Z=\dfrac{X-20}{3}$으로 놓으면 확률변수 Z는 표준정규분포

$N(0,1)$을 따르므로 $P(X\leq k)=0.9332$에서

$$P\left(Z\leq\frac{k-20}{3}\right)=P(Z\leq0)+P\left(0\leq Z\leq\frac{k-20}{3}\right)$$
$$=0.9332$$
$$\therefore P\left(0\leq Z\leq\frac{k-20}{3}\right)=0.4332$$

이때 $P(0\leq Z\leq1.5)=0.4332$이므로

$$\frac{k-20}{3}=1.5, \quad k-20=4.5$$
$$\therefore k=24.5$$

답 24.5

0457 사과 한 개의 무게를 X g이라 하면 확률변수 X는 정규

분포 $N(250,15^2)$을 따르므로 $Z=\dfrac{X-250}{15}$으로 놓으면 확률

변수 Z는 표준정규분포 $N(0,1)$을 따른다.

따라서 구하는 확률은

$$P(220\leq X\leq265)=P\left(\frac{220-250}{15}\leq Z\leq\frac{265-250}{15}\right)$$
$$=P(-2\leq Z\leq1)$$
$$=P(-2\leq Z\leq0)+P(0\leq Z\leq1)$$
$$=P(0\leq Z\leq2)+P(0\leq Z\leq1)$$
$$=0.48+0.34=0.82$$

답 ④

0458 막대 모양 과자의 길이를 X cm라 하면 확률변수 X는

정규분포 $N(13,2^2)$을 따르므로 $Z=\dfrac{X-13}{2}$으로 놓으면 확률

변수 Z는 표준정규분포 $N(0,1)$을 따른다.

따라서 구하는 확률은

$$P(X\geq15)=P\left(Z\geq\frac{15-13}{2}\right)$$
$$=P(Z\geq1)$$
$$=P(Z\geq0)-P(0\leq Z\leq1)$$
$$=0.5-0.3413=0.1587$$

답 0.1587

0459 2학년 학생들의 수학 점수를 X점이라 하면 확률변수 X

는 정규분포 $N(57,8^2)$을 따르므로 $Z=\dfrac{X-57}{8}$로 놓으면 확

률변수 Z는 표준정규분포 $N(0,1)$을 따른다.

따라서 구하는 확률은

$$P(X\leq45)=P\left(Z\leq\frac{45-57}{8}\right)$$
$$=P(Z\leq-1.5)=P(Z\geq1.5)$$
$$=P(Z\geq0)-P(0\leq Z\leq1.5)$$
$$=0.5-0.43=0.07$$

답 ①

0460 신입생들의 키를 X cm라 하면 확률변수 X는 정규분

포 $N(165,5.5^2)$을 따르므로 $Z=\dfrac{X-165}{5.5}$로 놓으면 확률변수

Z는 표준정규분포 $N(0,1)$을 따른다. ··· **1단계**

$$\therefore P(X\geq176)=P\left(Z\geq\frac{176-165}{5.5}\right)$$
$$=P(Z\geq2)$$
$$=P(Z\geq0)-P(0\leq Z\leq2)$$
$$=0.5-0.48=0.02 \quad\cdots\ \textbf{2단계}$$

따라서 키가 176 cm 이상인 학생 수는

$$1000\times0.02=20 \quad\cdots\ \textbf{3단계}$$

답 20

채점 요소		비율
1단계	신입생들의 키를 X cm로 놓고 확률변수 X를 표준화하기	40 %
2단계	$P(X\geq176)$ 구하기	40 %
3단계	키가 176 cm 이상인 학생 수 구하기	20 %

0461 지현이가 등교하는 데 걸리는 시간을 X분이라 하면 확

률변수 X는 정규분포 $N(35,5^2)$을 따르므로 $Z=\dfrac{X-35}{5}$로

놓으면 확률변수 Z는 표준정규분포 $N(0,1)$을 따른다.

지각하지 않으려면 등교하는 데 걸리는 시간이 37분 이하이어야

하므로 구하는 확률은

$$P(X\leq37)=P\left(Z\leq\frac{37-35}{5}\right)=P(Z\leq0.4)$$
$$=P(Z\leq0)+P(0\leq Z\leq0.4)$$
$$=0.5+0.1554=0.6554$$

답 0.6554

0462 골프공 한 개의 무게를 X g이라 하면 확률변수 X는 정

규분포 $N(45.5,0.5^2)$을 따르므로 $Z=\dfrac{X-45.5}{0.5}$로 놓으면 확

률변수 Z는 표준정규분포 $N(0,1)$을 따른다.

이때 골프공의 기준 무게가 46 g이므로 불량품이려면

$|X-46|\geq1$에서

$$X-46\leq-1 \text{ 또는 } X-46\geq1$$
$$\therefore X\leq45 \text{ 또는 } X\geq47$$

따라서 구하는 확률은
$$P(X \le 45) + P(X \ge 47)$$
$$= P\left(Z \le \frac{45 - 45.5}{0.5}\right) + P\left(Z \ge \frac{47 - 45.5}{0.5}\right)$$
$$= P(Z \le -1) + P(Z \ge 3)$$
$$= P(Z \ge 1) + P(Z \ge 3)$$
$$= \{P(Z \ge 0) - P(0 \le Z \le 1)\}$$
$$\quad + \{P(Z \ge 0) - P(0 \le Z \le 3)\}$$
$$= (0.5 - 0.3413) + (0.5 - 0.4987)$$
$$= 0.16$$

답 ②

0463 응시자의 점수를 X점이라 하면 확률변수 X는 정규분포 $N(58, 10^2)$을 따르므로 $Z = \dfrac{X - 58}{10}$로 놓으면 확률변수 Z는 표준정규분포 $N(0, 1)$을 따른다.

합격자의 최저 점수를 a점이라 하면 $P(X \ge a) = \dfrac{360}{4500} = 0.08$
이므로
$$P\left(Z \ge \frac{a - 58}{10}\right) = P(Z \ge 0) - P\left(0 \le Z \le \frac{a - 58}{10}\right)$$
$$= 0.08$$
$$\therefore P\left(0 \le Z \le \frac{a - 58}{10}\right) = 0.42$$

이때 $P(0 \le Z \le 1.4) = 0.42$이므로
$$\frac{a - 58}{10} = 1.4 \qquad \therefore a = 72$$

따라서 합격자의 최저 점수는 72점이다.

답 ②

0464 학생들의 수학 점수를 X점이라 하면 확률변수 X는 정규분포 $N(80, 10^2)$을 따르므로 $Z = \dfrac{X - 80}{10}$으로 놓으면 확률변수 Z는 표준정규분포 $N(0, 1)$을 따른다.

수학 성적이 상위 11 % 이내에 속하는 학생의 최저 점수를 a점이라 하면 $P(X \ge a) = 0.11$이므로
$$P\left(Z \ge \frac{a - 80}{10}\right) = P(Z \ge 0) - P\left(0 \le Z \le \frac{a - 80}{10}\right)$$
$$= 0.11$$
$$\therefore P\left(0 \le Z \le \frac{a - 80}{10}\right) = 0.39$$

이때 $P(0 \le Z \le 1.23) = 0.39$이므로
$$\frac{a - 80}{10} = 1.23 \qquad \therefore a = 92.3$$

따라서 상위 11 % 이내에 속하는 학생의 최저 점수는 92.3점이다.

답 92.3점

0465 오렌지의 당도를 X Brix라 하면 확률변수 X는 정규분포 $N(14, 2^2)$을 따르므로 $Z = \dfrac{X - 14}{2}$로 놓으면 확률변수 Z는 표준정규분포 $N(0, 1)$을 따른다.

$P(X \le a) = \dfrac{320}{2000} = 0.16$에서
$$P\left(Z \le \frac{a - 14}{2}\right) = P\left(Z \ge \frac{14 - a}{2}\right)$$
$$= P(Z \ge 0) - P\left(0 \le Z \le \frac{14 - a}{2}\right)$$
$$= 0.16$$
$$\therefore P\left(0 \le Z \le \frac{14 - a}{2}\right) = 0.34$$

이때 $P(0 \le Z \le 1) = 0.34$이므로
$$\frac{14 - a}{2} = 1 \qquad \therefore a = 12$$

답 12

0466 응시한 학생의 점수를 X점이라 하면 확률변수 X는 정규분포 $N(87.4, 2.5^2)$을 따르므로 $Z = \dfrac{X - 87.4}{2.5}$로 놓으면 확률변수 Z는 표준정규분포 $N(0, 1)$을 따른다.

학교 대표로 뽑힌 학생의 최저 점수를 k점이라 하면
$$P(X \ge k) = \frac{5}{400} = 0.0125$$이므로
$$P\left(Z \ge \frac{k - 87.4}{2.5}\right) = P(Z \ge 0) - P\left(0 \le Z \le \frac{k - 87.4}{2.5}\right)$$
$$= 0.0125$$
$$\therefore P\left(0 \le Z \le \frac{k - 87.4}{2.5}\right) = 0.4875$$

이때 $P(0 \le Z \le 2.24) = 0.4875$이므로
$$\frac{k - 87.4}{2.5} = 2.24 \qquad \therefore k = 93$$

따라서 학교 대표로 뽑힌 학생의 최저 점수는 93점이다.

답 93점

0467 제품의 무게를 X kg이라 하면 확률변수 X는 정규분포 $N(12.25, 0.1^2)$을 따르므로 $Z = \dfrac{X - 12.25}{0.1}$로 놓으면 확률변수 Z는 표준정규분포 $N(0, 1)$을 따른다.

기계의 가동을 멈추고 조사에 들어갈 확률이 0.0228이므로
$P(X \le a) = 0.0228$에서
$$P\left(Z \le \frac{a - 12.25}{0.1}\right) = P\left(Z \ge \frac{12.25 - a}{0.1}\right)$$
$$= P(Z \ge 0) - P\left(0 \le Z \le \frac{12.25 - a}{0.1}\right)$$
$$= 0.0228$$
$$\therefore P\left(0 \le Z \le \frac{12.25 - a}{0.1}\right) = 0.4772$$

이때 $P(0 \le Z \le 2) = 0.4772$이므로
$$\frac{12.25 - a}{0.1} = 2 \qquad \therefore a = 12.05$$

답 ②

0468 A 반 학생들의 몸무게를 X kg이라 하면 확률변수 X는 정규분포 $N(57.3, 7^2)$을 따르므로 $Z_X = \dfrac{X - 57.3}{7}$으로 놓으면 확률변수 Z_X는 표준정규분포 $N(0, 1)$을 따른다.

따라서 A 반 학생의 몸무게가 65 kg 이상일 확률은

$$P(X \geq 65) = P\left(Z_X \geq \frac{65-57.3}{7}\right) = P(Z_X \geq 1.1)$$
$$= P(Z_X \geq 0) - P(0 \leq Z_X \leq 1.1)$$
$$= 0.5 - 0.36 = 0.14$$

한편 B 반 학생들의 몸무게를 Y kg이라 하면 확률변수 Y는 정규분포 $N(60.1, 5^2)$을 따르므로 $Z_Y = \dfrac{Y-60.1}{5}$로 놓으면 확률변수 Z_Y는 표준정규분포 $N(0, 1)$을 따른다.

이때 A 반과 B 반의 학생 수가 서로 같으므로 A 반 학생의 몸무게가 65 kg 이상일 확률은 B 반 학생의 몸무게가 k kg 이상일 확률의 $\dfrac{1}{2}$배이다.

즉 $P(X \geq 65) = \dfrac{1}{2} P(Y \geq k)$이므로

$P(Y \geq k) = 2P(X \geq 65) = 2 \times 0.14 = 0.28$에서

$$P\left(Z_Y \geq \frac{k-60.1}{5}\right)$$
$$= P(Z_Y \geq 0) - P\left(0 \leq Z_Y \leq \frac{k-60.1}{5}\right) = 0.28$$
$$\therefore P\left(0 \leq Z_Y \leq \frac{k-60.1}{5}\right) = 0.22$$

이때 $P(0 \leq Z \leq 0.58) = 0.22$이므로

$$\frac{k-60.1}{5} = 0.58 \qquad \therefore k = 63$$

답 63

0469 확률변수 X는 이항분포 $B\left(150, \dfrac{3}{5}\right)$을 따르므로

$$E(X) = 150 \times \frac{3}{5} = 90$$
$$V(X) = 150 \times \frac{3}{5} \times \frac{2}{5} = 36$$

이때 150은 충분히 큰 수이므로 확률변수 X는 근사적으로 정규분포 $N(90, 6^2)$을 따른다.

따라서 $Z = \dfrac{X-90}{6}$으로 놓으면 확률변수 Z는 표준정규분포 $N(0, 1)$을 따르므로

$$P(96 \leq X \leq 105) = P\left(\frac{96-90}{6} \leq Z \leq \frac{105-90}{6}\right)$$
$$= P(1 \leq Z \leq 2.5)$$
$$= P(0 \leq Z \leq 2.5) - P(0 \leq Z \leq 1)$$
$$= 0.4938 - 0.3413$$
$$= 0.1525$$

답 ③

0470 확률변수 X는 이항분포 $B\left(225, \dfrac{4}{5}\right)$를 따르므로

$$E(X) = 225 \times \frac{4}{5} = 180$$
$$V(X) = 225 \times \frac{4}{5} \times \frac{1}{5} = 36$$

이때 225는 충분히 큰 수이므로 확률변수 X는 근사적으로 정규분포 $N(180, 6^2)$을 따른다.

$$\therefore a = 180, b = 36 \qquad\qquad \cdots \text{1단계}$$

따라서 $Z = \dfrac{X-180}{6}$으로 놓으면 확률변수 Z는 표준정규분포 $N(0, 1)$을 따르므로

$$P(168 \leq X \leq 180) = P\left(\frac{168-180}{6} \leq Z \leq \frac{180-180}{6}\right)$$
$$= P(-2 \leq Z \leq 0)$$
$$= P(0 \leq Z \leq 2)$$
$$\therefore c = 2 \qquad\qquad \cdots \text{2단계}$$
$$\therefore a+b+c = 218 \qquad\qquad \cdots \text{3단계}$$

답 218

채점 요소		비율
1단계	a, b의 값 구하기	40 %
2단계	c의 값 구하기	50 %
3단계	$a+b+c$의 값 구하기	10 %

0471 확률변수 X는 이항분포 $B\left(180, \dfrac{5}{6}\right)$를 따르므로

$$E(X) = 180 \times \frac{5}{6} = 150$$
$$V(X) = 180 \times \frac{5}{6} \times \frac{1}{6} = 25$$

이때 180은 충분히 큰 수이므로 확률변수 X는 근사적으로 정규분포 $N(150, 5^2)$을 따른다.

따라서 $Z = \dfrac{X-150}{5}$으로 놓으면 확률변수 Z는 표준정규분포 $N(0, 1)$을 따르므로

$$P(X \geq 160) = P\left(Z \geq \frac{160-150}{5}\right)$$
$$= P(Z \geq 2)$$
$$= P(Z \geq 0) - P(0 \leq Z \leq 2)$$
$$= 0.5 - 0.4772$$
$$= 0.0228$$

답 0.0228

0472 1의 눈이 나오는 횟수를 X라 하면 확률변수 X는 이항분포 $B\left(720, \dfrac{1}{6}\right)$을 따르므로

$$E(X) = 720 \times \frac{1}{6} = 120$$
$$V(X) = 720 \times \frac{1}{6} \times \frac{5}{6} = 100$$

이때 720은 충분히 큰 수이므로 확률변수 X는 근사적으로 정규분포 $N(120, 10^2)$을 따른다.

따라서 $Z = \dfrac{X-120}{10}$으로 놓으면 확률변수 Z는 표준정규분포 $N(0, 1)$을 따르므로 구하는 확률은

$$P(130 \leq X \leq 140) = P\left(\frac{130-120}{10} \leq Z \leq \frac{140-120}{10}\right)$$
$$= P(1 \leq Z \leq 2)$$
$$= P(0 \leq Z \leq 2) - P(0 \leq Z \leq 1)$$
$$= 0.4772 - 0.3413$$
$$= 0.1359$$

답 ②

0473 흰 공이 나오는 횟수를 X라 하면 확률변수 X는 이항분포 $\mathrm{B}\left(192,\ \dfrac{1}{4}\right)$을 따르므로

$$\mathrm{E}(X)=192\times\frac{1}{4}=48$$

$$\mathrm{V}(X)=192\times\frac{1}{4}\times\frac{3}{4}=36$$

이때 192는 충분히 큰 수이므로 확률변수 X는 근사적으로 정규분포 $\mathrm{N}(48,\ 6^2)$을 따른다.

따라서 $Z=\dfrac{X-48}{6}$로 놓으면 확률변수 Z는 표준정규분포 $\mathrm{N}(0,\ 1)$을 따르므로 구하는 확률은

$$\mathrm{P}(X\geq57)=\mathrm{P}\left(Z\geq\frac{57-48}{6}\right)=\mathrm{P}(Z\geq1.5)$$

$$=\mathrm{P}(Z\geq0)-\mathrm{P}(0\leq Z\leq1.5)$$

$$=0.5-0.4332=0.0668 \qquad \text{답 ②}$$

0474 세 학생 A, B, C가 가위바위보를 한 번 하여 비길 확률은

$$\frac{3+3!}{_3\Pi_3}=\frac{3+6}{3^3}=\frac{1}{3}$$

이므로 비긴 횟수를 X라 하면 확률변수 X는 이항분포 $\mathrm{B}\left(72,\ \dfrac{1}{3}\right)$을 따른다.

$$\therefore\ \mathrm{E}(X)=72\times\frac{1}{3}=24$$

$$\mathrm{V}(X)=72\times\frac{1}{3}\times\frac{2}{3}=16$$

이때 72는 충분히 큰 수이므로 확률변수 X는 근사적으로 정규분포 $\mathrm{N}(24,\ 4^2)$을 따른다.

따라서 $Z=\dfrac{X-24}{4}$로 놓으면 확률변수 Z는 표준정규분포 $\mathrm{N}(0,\ 1)$을 따르므로 구하는 확률은

$$\mathrm{P}(20\leq X\leq26)=\mathrm{P}\left(\frac{20-24}{4}\leq Z\leq\frac{26-24}{4}\right)$$

$$=\mathrm{P}(-1\leq Z\leq0.5)$$

$$=\mathrm{P}(-1\leq Z\leq0)+\mathrm{P}(0\leq Z\leq0.5)$$

$$=\mathrm{P}(0\leq Z\leq1)+\mathrm{P}(0\leq Z\leq0.5)$$

$$=0.3413+0.1915=0.5328$$

$$\text{답 ①}$$

0475 예약을 취소하는 승객의 수를 X라 하면 확률변수 X는 이항분포 $\mathrm{B}\left(400,\ \dfrac{1}{5}\right)$을 따르므로

$$\mathrm{E}(X)=400\times\frac{1}{5}=80$$

$$\mathrm{V}(X)=400\times\frac{1}{5}\times\frac{4}{5}=64$$

이때 400은 충분히 큰 수이므로 확률변수 X는 근사적으로 정규분포 $\mathrm{N}(80,\ 8^2)$을 따른다. $\qquad\cdots$ **1단계**

따라서 $Z=\dfrac{X-80}{8}$으로 놓으면 확률변수 Z는 표준정규분포 $\mathrm{N}(0,\ 1)$을 따른다. $\qquad\cdots$ **2단계**

탑승객이 정원을 초과하지 않으려면 예약을 취소하는 승객이 $400-340=60$(명) 이상이어야 하므로 구하는 확률은

$$\mathrm{P}(X\geq60)=\mathrm{P}\left(Z\geq\frac{60-80}{8}\right)$$

$$=\mathrm{P}(Z\geq-2.5)=\mathrm{P}(Z\leq2.5)$$

$$=\mathrm{P}(Z\leq0)+\mathrm{P}(0\leq Z\leq2.5)$$

$$=0.5+0.4938=0.9938 \qquad\cdots\text{ 3단계}$$

$$\text{답 } 0.9938$$

	채점 요소	비율
1단계	예약을 취소하는 승객의 수를 X로 놓고 확률변수 X가 따르는 정규분포 구하기	40 %
2단계	확률변수 X를 표준화하기	20 %
3단계	탑승객이 정원을 초과하지 않을 확률 구하기	40 %

0476 448번의 시행 중 10점을 얻는 횟수를 X라 하면 1점을 잃는 횟수는 $448-X$이므로 이 게임을 448번 시행한 후의 점수는

$$10X-(448-X)=11X-448$$

따라서 $11X-448\geq245$에서

$$X\geq63$$

한편 확률변수 X는 이항분포 $\mathrm{B}\left(448,\ \dfrac{1}{8}\right)$을 따르므로

$$\mathrm{E}(X)=448\times\frac{1}{8}=56$$

$$\mathrm{V}(X)=448\times\frac{1}{8}\times\frac{7}{8}=49$$

이때 448은 충분히 큰 수이므로 확률변수 X는 근사적으로 정규분포 $\mathrm{N}(56,\ 7^2)$을 따른다.

따라서 $Z=\dfrac{X-56}{7}$으로 놓으면 확률변수 Z는 표준정규분포 $\mathrm{N}(0,\ 1)$을 따르므로 구하는 확률은

$$\mathrm{P}(X\geq63)=\mathrm{P}\left(Z\geq\frac{63-56}{7}\right)=\mathrm{P}(Z\geq1)$$

$$=\mathrm{P}(Z\geq0)-\mathrm{P}(0\leq Z\leq1)$$

$$=0.5-0.3413=0.1587 \qquad \text{답 } 0.1587$$

0477 현이네 반 학생들의 국어, 영어, 수학 성적을 각각 X_A, X_B, X_C점이라 하면 확률변수 X_A, X_B, X_C는 각각 정규분포 $\mathrm{N}(80,\ 6^2)$, $\mathrm{N}(55,\ 15^2)$, $\mathrm{N}(65,\ 8^2)$을 따르므로

$$Z_\mathrm{A}=\frac{X_\mathrm{A}-80}{6},\ Z_\mathrm{B}=\frac{X_\mathrm{B}-55}{15},\ Z_\mathrm{C}=\frac{X_\mathrm{C}-65}{8}$$

로 놓으면 확률변수 Z_A, Z_B, Z_C는 모두 표준정규분포 $\mathrm{N}(0,\ 1)$을 따른다.

다른 학생들이 현이보다 국어, 영어, 수학 성적이 높을 확률은 각각

$$\mathrm{P}(X_\mathrm{A}>86)=\mathrm{P}\left(Z_\mathrm{A}>\frac{86-80}{6}\right)=\mathrm{P}(Z_\mathrm{A}>1)$$

$$\mathrm{P}(X_\mathrm{B}>85)=\mathrm{P}\left(Z_\mathrm{B}>\frac{85-55}{15}\right)=\mathrm{P}(Z_\mathrm{B}>2)$$

$$\mathrm{P}(X_\mathrm{C}>80)=\mathrm{P}\left(Z_\mathrm{C}>\frac{80-65}{8}\right)=\mathrm{P}\left(Z_\mathrm{C}>\frac{15}{8}\right)$$

이때 $P(Z_B>2)<P\left(Z_C>\dfrac{15}{8}\right)<P(Z_A>1)$이므로

$$P(X_B>85)<P(X_C>80)<P(X_A>86)$$

따라서 상대적으로 성적이 가장 좋은 과목은 영어이다.

답 영어

참고 현이보다 성적이 높을 확률이 낮은 과목일수록 상대적으로 현이의 성적이 좋다.

0478 1반, 2반, 3반 학생들의 봉사 시간을 각각 X_1, X_2, X_3 시간이라 하면 확률변수 X_1, X_2, X_3은 각각 정규분포 $N(40, 3^2)$, $N(46, 7^2)$, $N(39, 4^2)$을 따르므로

$$Z_1=\dfrac{X_1-40}{3},\ Z_2=\dfrac{X_2-46}{7},\ Z_3=\dfrac{X_3-39}{4}$$

로 놓으면 확률변수 Z_1, Z_2, Z_3은 모두 표준정규분포 $N(0, 1)$을 따른다.

1반의 다른 학생들이 A보다 봉사 시간이 길 확률은

$$P(X_1>42)=P\left(Z_1>\dfrac{42-40}{3}\right)=P\left(Z_1>\dfrac{2}{3}\right)$$

2반의 다른 학생들이 B보다 봉사 시간이 길 확률은

$$P(X_2>47)=P\left(Z_2>\dfrac{47-46}{7}\right)=P\left(Z_2>\dfrac{1}{7}\right)$$

3반의 다른 학생들이 C보다 봉사 시간이 길 확률은

$$P(X_3>49)=P\left(Z_3>\dfrac{49-39}{4}\right)=P\left(Z_3>\dfrac{5}{2}\right)$$

이때 $P\left(Z_3>\dfrac{5}{2}\right)<P\left(Z_1>\dfrac{2}{3}\right)<P\left(Z_2>\dfrac{1}{7}\right)$이므로

$$P(X_3>49)<P(X_1>42)<P(X_2>47)$$

따라서 자기 반에서 상대적으로 봉사 시간이 긴 학생부터 차례대로 나열하면 C, A, B이다.

답 ④

0479 맞히는 문제의 개수를 X라 하면 확률변수 X는 이항분포 $B\left(100, \dfrac{1}{5}\right)$을 따르므로

$$E(X)=100\times\dfrac{1}{5}=20$$

$$V(X)=100\times\dfrac{1}{5}\times\dfrac{4}{5}=16$$

이때 100은 충분히 큰 수이므로 확률변수 X는 근사적으로 정규분포 $N(20, 4^2)$을 따른다.

따라서 $Z=\dfrac{X-20}{4}$으로 놓으면 확률변수 Z는 표준정규분포 $N(0, 1)$을 따르므로 $P(X\geq a)=0.02$에서

$$P\left(Z\geq\dfrac{a-20}{4}\right)=P(Z\geq0)-P\left(0\leq Z\leq\dfrac{a-20}{4}\right)$$
$$=0.02$$

$$\therefore\ P\left(0\leq Z\leq\dfrac{a-20}{4}\right)=0.48$$

이때 $P(0\leq Z\leq2)=0.48$이므로

$$\dfrac{a-20}{4}=2 \qquad \therefore\ a=28$$

답 ⑤

0480 확률변수 X는 이항분포 $B(2500, 0.02)$를 따르므로

$$E(X)=2500\times0.02=50$$

$$V(X)=2500\times0.02\times0.98=49$$

이때 2500은 충분히 큰 수이므로 확률변수 X는 근사적으로 정규분포 $N(50, 7^2)$을 따른다.

따라서 $Z=\dfrac{X-50}{7}$으로 놓으면 확률변수 Z는 표준정규분포 $N(0, 1)$을 따르므로 $P(k\leq X\leq57)=0.6826$에서

$$P\left(\dfrac{k-50}{7}\leq Z\leq\dfrac{57-50}{7}\right)$$
$$=P\left(\dfrac{k-50}{7}\leq Z\leq1\right)$$
$$=P\left(\dfrac{k-50}{7}\leq Z\leq0\right)+P(0\leq Z\leq1)$$
$$=P\left(0\leq Z\leq\dfrac{50-k}{7}\right)+0.3413=0.6826$$

$$\therefore\ P\left(0\leq Z\leq\dfrac{50-k}{7}\right)=0.3413$$

이때 $P(0\leq Z\leq1)=0.3413$이므로

$$\dfrac{50-k}{7}=1 \qquad \therefore\ k=43$$

답 43

0481 확률변수 X는 이항분포 $B\left(600, \dfrac{3}{5}\right)$을 따르므로

$$E(X)=600\times\dfrac{3}{5}=360,\ V(X)=600\times\dfrac{3}{5}\times\dfrac{2}{5}=144$$

이때 600은 충분히 큰 수이므로 확률변수 X는 근사적으로 정규분포 $N(360, 12^2)$을 따른다.

따라서 $Z=\dfrac{X-360}{12}$으로 놓으면 확률변수 Z는 표준정규분포 $N(0, 1)$을 따르므로 $P(|X-360|\geq a)=0.14$, 즉 $P(X-360\leq-a)+P(X-360\geq a)=0.14$에서

$$P\left(Z\leq-\dfrac{a}{12}\right)+P\left(Z\geq\dfrac{a}{12}\right)$$
$$=2P\left(Z\geq\dfrac{a}{12}\right)=2\left\{P(Z\geq0)-P\left(0\leq Z\leq\dfrac{a}{12}\right)\right\}$$
$$=0.14$$

$$\therefore\ P\left(0\leq Z\leq\dfrac{a}{12}\right)=0.43$$

이때 $P(0\leq Z\leq1.5)=0.43$이므로

$$\dfrac{a}{12}=1.5 \qquad \therefore\ a=18$$

답 ①

0482 주사위를 288번 던져서 3의 배수의 눈이 나오는 횟수를 X라 하면 그 외의 눈이 나오는 횟수는 $288-X$이다.

따라서 점수를 Y점이라 하면

$$Y=4X-2(288-X)=6X-576$$

이때 확률변수 X는 이항분포 $B\left(288, \dfrac{1}{3}\right)$을 따르므로

$$E(X)=288\times\dfrac{1}{3}=96,\ \sigma(X)=\sqrt{288\times\dfrac{1}{3}\times\dfrac{2}{3}}=8$$

$$\therefore \mathrm{E}(Y)=\mathrm{E}(6X-576)=6\mathrm{E}(X)-576$$
$$=6\times96-576=0$$
$$\sigma(Y)=\sigma(6X-576)=6\sigma(X)=6\times8=48$$

288은 충분히 큰 수이므로 확률변수 Y는 근사적으로 정규분포 $\mathrm{N}(0,\,48^2)$을 따른다.

따라서 $Z=\dfrac{Y}{48}$로 놓으면 확률변수 Z는 표준정규분포 $\mathrm{N}(0,\,1)$을 따르므로 $\mathrm{P}(Y\leq k)=0.31$에서

$$\mathrm{P}\!\left(Z\leq\frac{k}{48}\right)=\mathrm{P}\!\left(Z\geq-\frac{k}{48}\right)$$
$$=\mathrm{P}(Z\geq0)-\mathrm{P}\!\left(0\leq Z\leq-\frac{k}{48}\right)=0.31$$
$$\therefore \mathrm{P}\!\left(0\leq Z\leq-\frac{k}{48}\right)=0.19$$

이때 $\mathrm{P}(0\leq Z\leq0.5)=0.19$이므로

$$-\frac{k}{48}=0.5 \qquad \therefore k=-24$$

답 ②

시험에 꼭 나오는 문제

0483 함수 $y=f(x)$의 그래프와 x축으로 둘러싸인 도형의 넓이가 1이므로

$$\frac{1}{2}\times6\times2k=1 \qquad \therefore k=\frac{1}{6}$$

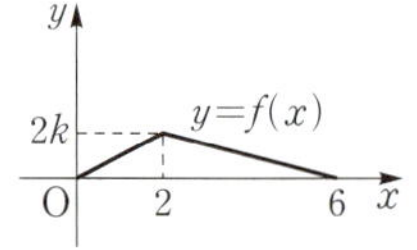

답 $\dfrac{1}{6}$

0484 $\mathrm{P}(X\leq k)$는 함수 $y=f(x)$의 그래프와 x축 및 두 직선 $x=0$, $x=k$로 둘러싸인 도형의 넓이와 같으므로

$$\mathrm{P}(X\leq k)=\frac{1}{2}\times\left(1-\frac{k}{2}+1\right)\times k$$
$$=k-\frac{k^2}{4}$$

즉 $k-\dfrac{k^2}{4}=\dfrac{3}{4}$이므로 $\quad k^2-4k+3=0$

$$(k-1)(k-3)=0 \qquad \therefore k=1\ (\because 0<k<2)$$

답 ③

0485 함수 $y=f(x)$의 그래프와 x축 및 두 직선 $x=0$, $x=3$으로 둘러싸인 도형의 넓이가 1이므로

$$\frac{1}{2}\times1\times k+\frac{1}{2}\times2\times2k=1$$
$$\frac{5}{2}k=1 \qquad \therefore k=\frac{2}{5}$$

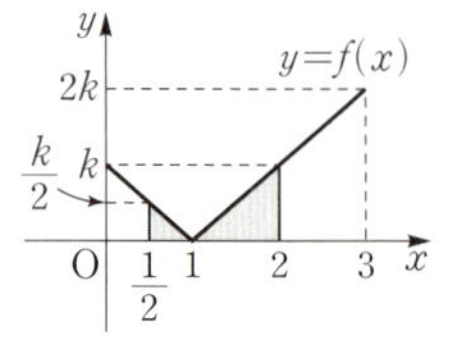

$\mathrm{P}\!\left(\dfrac{1}{2}\leq X\leq2\right)$는 $y=f(x)$의 그래프와 x축 및 두 직선 $x=\dfrac{1}{2}$, $x=2$로 둘러싸인 도형의 넓이와 같으므로

$$\mathrm{P}\!\left(\frac{1}{2}\leq X\leq2\right)=\frac{1}{2}\times\frac{1}{2}\times\frac{1}{5}+\frac{1}{2}\times1\times\frac{2}{5}=\frac{1}{4}$$

답 ③

0486 확률밀도함수의 그래프는 평균이 클수록 오른쪽에 위치하고, 표준편차가 클수록 가운데 부분의 높이는 낮아지면서 양옆으로 퍼진 모양이 되므로 두 과목의 성적의 확률밀도함수의 그래프로 알맞은 것은 ①이다.

답 ①

0487 확률변수 X의 확률밀도함수를 $f(x)$라 하자.

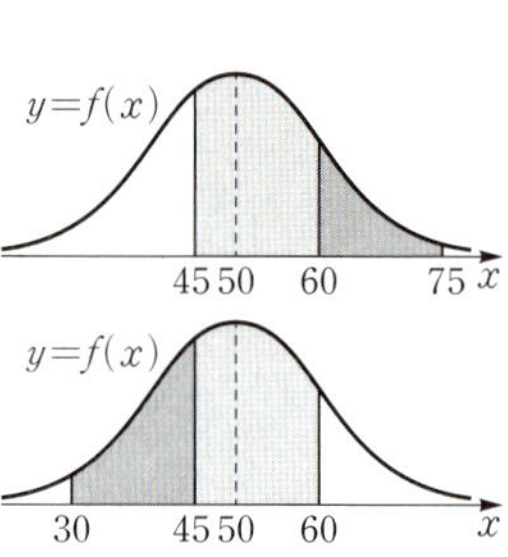

ㄱ. $y=f(x)$의 그래프가 직선 $x=50$에 대하여 대칭이므로

$$\mathrm{P}(45\leq X\leq60)$$
$$=\mathrm{P}(45\leq X\leq50)$$
$$\quad+\mathrm{P}(50\leq X\leq55)+\mathrm{P}(55\leq X\leq60)$$
$$=\mathrm{P}(50\leq X\leq55)+\mathrm{P}(50\leq X\leq55)$$
$$\quad+\mathrm{P}(55\leq X\leq60)$$
$$=2\mathrm{P}(50\leq X\leq55)+\mathrm{P}(55\leq X\leq60)$$
$$>2\mathrm{P}(50\leq X\leq55)\ (참)$$

ㄴ. [반례] $a=15$일 때
$$\mathrm{P}(45\leq X\leq60)$$
$$>\mathrm{P}(60\leq X\leq75)\ (거짓)$$

ㄷ. [반례] $a=15$일 때
$$\mathrm{P}(45\leq X\leq60)$$
$$>\mathrm{P}(30\leq X\leq45)\ (거짓)$$

이상에서 옳은 것은 ㄱ뿐이다.

답 ①

0488 확률변수 X, Y가 각각 정규분포 $\mathrm{N}(8,\,3^2)$, $\mathrm{N}(9,\,4^2)$을 따르므로

$$Z_X=\frac{X-8}{3},\ Z_Y=\frac{Y-9}{4}$$

로 놓으면 Z_X, Z_Y는 모두 표준정규분포 $\mathrm{N}(0,\,1)$을 따른다.

$\mathrm{P}(X\geq k)=\mathrm{P}(Y\geq k)$에서

$$\mathrm{P}\!\left(Z_X\geq\frac{k-8}{3}\right)=\mathrm{P}\!\left(Z_Y\geq\frac{k-9}{4}\right)$$

따라서 $\dfrac{k-8}{3}=\dfrac{k-9}{4}$이므로

$$4k-32=3k-27 \qquad \therefore k=5$$

답 ⑤

0489 확률변수 X, Y가 각각 정규분포 $\mathrm{N}(m,\,\sigma^2)$, $\mathrm{N}(40,\,4^2)$을 따르므로

$$Z_X=\frac{X-m}{\sigma},\ Z_Y=\frac{Y-40}{4}$$

으로 놓으면 Z_X, Z_Y는 모두 표준정규분포 $\mathrm{N}(0,\,1)$을 따른다.

$\mathrm{P}(m-4\leq X\leq m+4)=\mathrm{P}(32\leq Y\leq48)$에서

$$\mathrm{P}\!\left(\frac{m-4-m}{\sigma}\leq Z_X\leq\frac{m+4-m}{\sigma}\right)$$
$$=\mathrm{P}\!\left(\frac{32-40}{4}\leq Z_Y\leq\frac{48-40}{4}\right)$$
$$\therefore \mathrm{P}\!\left(-\frac{4}{\sigma}\leq Z_X\leq\frac{4}{\sigma}\right)=\mathrm{P}(-2\leq Z_Y\leq2)$$

따라서 $\dfrac{4}{\sigma}=2$이므로　　$\sigma=2$

$$\therefore \mathrm{V}(2X+1)=2^2\mathrm{V}(X)=4\times2^2=16$$

답 16

0490 조건 ㈎에서

$$\mathrm{E}(Y)=\mathrm{E}(3X-a)=3\mathrm{E}(X)-a$$

즉 $m=3m-a$이므로　　$a=2m$

또 $\sigma(Y)=\sigma(3X-a)=|3|\sigma(X)=3\times2=6$이므로 확률변수 Y는 정규분포 $\mathrm{N}(m,\,6^2)$을 따른다.

따라서 $Z_X=\dfrac{X-m}{2}$, $Z_Y=\dfrac{Y-m}{6}$으로 놓으면 확률변수 Z_X, Z_Y는 표준정규분포 $\mathrm{N}(0,\,1)$을 따르므로

$\mathrm{P}(X\le4)=\mathrm{P}(Y\ge a)$, 즉 $\mathrm{P}(X\le4)=\mathrm{P}(Y\ge2m)$에서

$$\mathrm{P}\!\left(Z_X\le\dfrac{4-m}{2}\right)=\mathrm{P}\!\left(Z_Y\ge\dfrac{m}{6}\right)$$

즉 $\dfrac{4-m}{2}+\dfrac{m}{6}=0$이므로

$$12-3m+m=0\qquad\therefore m=6$$

$$\therefore \mathrm{P}(Y\ge9)=\mathrm{P}\!\left(Z_Y\ge\dfrac{9-6}{6}\right)$$
$$=\mathrm{P}(Z_Y\ge0.5)$$
$$=\mathrm{P}(Z_Y\ge0)-\mathrm{P}(0\le Z_Y\le0.5)$$
$$=0.5-0.1915=0.3085$$

답 ⑤

0491 $Z=\dfrac{X-50}{4}$으로 놓으면 확률변수 Z는 표준정규분포 $\mathrm{N}(0,\,1)$을 따르므로 $\mathrm{P}(X\ge a)=0.6915$에서

$$\mathrm{P}\!\left(Z\ge\dfrac{a-50}{4}\right)=\mathrm{P}\!\left(Z\le\dfrac{50-a}{4}\right)$$
$$=\mathrm{P}(Z\le0)+\mathrm{P}\!\left(0\le Z\le\dfrac{50-a}{4}\right)$$
$$=0.6915$$

$$\therefore \mathrm{P}\!\left(0\le Z\le\dfrac{50-a}{4}\right)=0.1915$$

이때 $\mathrm{P}(0\le Z\le0.5)=0.1915$이므로

$$\dfrac{50-a}{4}=0.5\qquad\therefore a=48$$

답 48

0492 쿠키 한 개의 무게를 X g이라 하면 확률변수 X는 정규분포 $\mathrm{N}(30,\,2^2)$을 따르므로 $Z=\dfrac{X-30}{2}$으로 놓으면 확률변수 Z는 표준정규분포 $\mathrm{N}(0,\,1)$을 따른다.

따라서 구하는 확률은

$$\mathrm{P}(29\le X\le32)=\mathrm{P}\!\left(\dfrac{29-30}{2}\le Z\le\dfrac{32-30}{2}\right)$$
$$=\mathrm{P}(-0.5\le Z\le1)$$
$$=\mathrm{P}(-0.5\le Z\le0)+\mathrm{P}(0\le Z\le1)$$
$$=\mathrm{P}(0\le Z\le0.5)+\mathrm{P}(0\le Z\le1)$$
$$=0.1915+0.3413$$
$$=0.5328$$

답 ②

0493 지원자의 점수를 X점이라 하면 확률변수 X는 정규분포 $\mathrm{N}(389,\,12^2)$을 따르므로 $Z=\dfrac{X-389}{12}$로 놓으면 확률변수 Z는 표준정규분포 $\mathrm{N}(0,\,1)$을 따른다.

이때 합격하기 위한 최저 점수가 407점이므로 합격할 확률은

$$\mathrm{P}(X\ge407)=\mathrm{P}\!\left(Z\ge\dfrac{407-389}{12}\right)=\mathrm{P}(Z\ge1.5)$$
$$=\mathrm{P}(Z\ge0)-\mathrm{P}(0\le Z\le1.5)$$
$$=0.5-0.43=0.07$$

따라서 $\dfrac{n}{600}=0.07$이므로　　$n=42$

답 ④

0494 A 제품의 중량을 X라 하면 확률변수 X는 정규분포 $\mathrm{N}(9,\,0.4^2)$을 따르므로 $Z_X=\dfrac{X-9}{0.4}$로 놓으면 확률변수 Z_X는 표준정규분포 $\mathrm{N}(0,\,1)$을 따른다.

따라서 A 제품 중에서 임의로 선택한 1개의 중량이 8.9 이상 9.4 이하일 확률은

$$\mathrm{P}(8.9\le X\le9.4)=\mathrm{P}\!\left(\dfrac{8.9-9}{0.4}\le Z_X\le\dfrac{9.4-9}{0.4}\right)$$
$$=\mathrm{P}(-0.25\le Z_X\le1)$$

한편 B 제품의 중량을 Y라 하면 확률변수 Y는 정규분포 $\mathrm{N}(20,\,1^2)$을 따르므로 $Z_Y=Y-20$으로 놓으면 확률변수 Z_Y는 표준정규분포 $\mathrm{N}(0,\,1)$을 따른다.

따라서 B 제품 중에서 임의로 선택한 1개의 중량이 19 이상 k 이하일 확률은

$$\mathrm{P}(19\le Y\le k)=\mathrm{P}(19-20\le Z_Y\le k-20)$$
$$=\mathrm{P}(-1\le Z_Y\le k-20)$$
$$=\mathrm{P}(20-k\le Z_Y\le1)$$

즉 $\mathrm{P}(-0.25\le Z_X\le1)=\mathrm{P}(20-k\le Z_Y\le1)$이므로

$$-0.25=20-k\qquad\therefore k=20.25$$

답 ④

0495 참가자들의 기록을 X분이라 하면 확률변수 X는 정규분포 $\mathrm{N}(160,\,20^2)$을 따르므로 $Z=\dfrac{X-160}{20}$으로 놓으면 확률변수 Z는 표준정규분포 $\mathrm{N}(0,\,1)$을 따른다.

기록이 a분 이하일 때 상위 20 % 이내에 든다고 하면

$$\mathrm{P}(X\le a)=\dfrac{20}{100}=0.2$$이므로

$$\mathrm{P}\!\left(Z\le\dfrac{a-160}{20}\right)=\mathrm{P}\!\left(Z\ge\dfrac{160-a}{20}\right)$$
$$=\mathrm{P}(Z\ge0)-\mathrm{P}\!\left(0\le Z\le\dfrac{160-a}{20}\right)$$
$$=0.2$$

$$\therefore \mathrm{P}\!\left(0\le Z\le\dfrac{160-a}{20}\right)=0.3$$

이때 $\mathrm{P}(0\le Z\le0.84)=0.3$이므로

$$\dfrac{160-a}{20}=0.84\qquad\therefore a=143.2$$

따라서 기록이 143.2분 이하이면 상위 20 % 이내에 든다.

달 **143.2분**

0496 $V(X)=n\times\dfrac{1}{2}\times\dfrac{1}{2}=\dfrac{n}{4}$이므로

$$\dfrac{n}{4}=9 \qquad \therefore n=36$$

즉 확률변수 X는 이항분포 $B\left(36,\dfrac{1}{2}\right)$을 따르므로

$$E(X)=36\times\dfrac{1}{2}=18$$

이때 36은 충분히 큰 수이므로 확률변수 X는 근사적으로 정규분포 $N(18,3^2)$을 따른다.

따라서 $Z=\dfrac{X-18}{3}$로 놓으면 확률변수 Z는 표준정규분포 $N(0,1)$을 따르므로

$$\begin{aligned}
P(X\leq24)&=P\left(Z\leq\dfrac{24-18}{3}\right)=P(Z\leq2)\\
&=P(Z\leq0)+P(0\leq Z\leq2)\\
&=0.5+0.4772=0.9772
\end{aligned}$$

달 ⑤

0497 맞힌 문제 수를 X라 하면 확률변수 X는 이항분포 $B\left(256,\dfrac{1}{2}\right)$을 따르므로

$$E(X)=256\times\dfrac{1}{2}=128$$

$$V(X)=256\times\dfrac{1}{2}\times\dfrac{1}{2}=64$$

이때 256은 충분히 큰 수이므로 확률변수 X는 근사적으로 정규분포 $N(128,8^2)$을 따른다.

따라서 $Z=\dfrac{X-128}{8}$로 놓으면 확률변수 Z는 표준정규분포 $N(0,1)$을 따르므로 구하는 확률은

$$\begin{aligned}
P(X\geq120)&=P\left(Z\geq\dfrac{120-128}{8}\right)\\
&=P(Z\geq-1)=P(Z\leq1)\\
&=P(Z\leq0)+P(0\leq Z\leq1)\\
&=0.5+0.3413\\
&=0.8413
\end{aligned}$$

달 ④

0498 주사위를 162번 던져서 5 이상의 눈이 나오는 횟수를 X라 하면 4 이하의 눈이 나오는 횟수는 $162-X$이므로 게임을 162번 했을 때, 상금에서 벌금을 뺀 금액은

$$1000X-300(162-X)=1300X-48600(\text{원})$$

따라서 $1300X-48600\geq25500$에서

$$X\geq57$$

한편 확률변수 X는 이항분포 $B\left(162,\dfrac{1}{3}\right)$을 따르므로

$$E(X)=162\times\dfrac{1}{3}=54,\ V(X)=162\times\dfrac{1}{3}\times\dfrac{2}{3}=36$$

이때 162는 충분히 큰 수이므로 확률변수 X는 근사적으로 정규분포 $N(54,6^2)$을 따른다.

따라서 $Z=\dfrac{X-54}{6}$로 놓으면 확률변수 Z는 표준정규분포 $N(0,1)$을 따르므로 구하는 확률은

$$\begin{aligned}
P(X\geq57)&=P\left(Z\geq\dfrac{57-54}{6}\right)=P(Z\geq0.5)\\
&=P(Z\geq0)-P(0\leq Z\leq0.5)\\
&=0.5-0.1915\\
&=0.3085
\end{aligned}$$

달 **0.3085**

0499 $Z_X=\dfrac{X-42}{4}$, $Z_Y=\dfrac{Y-37}{5}$, $Z_W=\dfrac{W-40}{2}$으로 놓으면 확률변수 Z_X, Z_Y, Z_W는 모두 표준정규분포 $N(0,1)$을 따르므로

$$a=P(X\geq45)=P\left(Z_X\geq\dfrac{45-42}{4}\right)=P\left(Z_X\geq\dfrac{3}{4}\right)$$

$$b=P(Y\geq42)=P\left(Z_Y\geq\dfrac{42-37}{5}\right)=P(Z_Y\geq1)$$

$$\begin{aligned}
c&=P(W\leq39)=P\left(Z_W\leq\dfrac{39-40}{2}\right)\\
&=P\left(Z_W\leq-\dfrac{1}{2}\right)=P\left(Z_W\geq\dfrac{1}{2}\right)
\end{aligned}$$

이때 $P(Z_Y\geq1)<P\left(Z_X\geq\dfrac{3}{4}\right)<P\left(Z_W\geq\dfrac{1}{2}\right)$이므로

$$b<a<c$$

달 ③

0500 스트라이크의 개수를 X라 하면 확률변수 X는 이항분포 $B\left(1458,\dfrac{1}{3}\right)$을 따르므로

$$E(X)=1458\times\dfrac{1}{3}=486$$

$$V(X)=1458\times\dfrac{1}{3}\times\dfrac{2}{3}=324$$

이때 1458은 충분히 큰 수이므로 확률변수 X는 근사적으로 정규분포 $N(486,18^2)$을 따른다.

따라서 $Z=\dfrac{X-486}{18}$으로 놓으면 확률변수 Z는 표준정규분포 $N(0,1)$을 따르므로 $P(X\geq a)=0.0668$에서

$$\begin{aligned}
&P\left(Z\geq\dfrac{a-486}{18}\right)\\
&=P(Z\geq0)-P\left(0\leq Z\leq\dfrac{a-486}{18}\right)\\
&=0.0668\\
&\therefore P\left(0\leq Z\leq\dfrac{a-486}{18}\right)=0.4332
\end{aligned}$$

이때 $P(0\leq Z\leq1.5)=0.4332$이므로

$$\dfrac{a-486}{18}=1.5 \qquad \therefore a=513$$

달 ③

0501 함수 $y=f(x)$의 그래프와 x축 및 직선 $x=4$로 둘러싸인 도형의 넓이가 1이므로

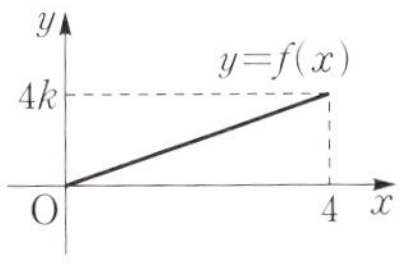

$$\frac{1}{2}\times 4\times 4k=1$$

$$\therefore k=\frac{1}{8} \qquad \cdots \text{1단계}$$

한편 t에 대한 이차방정식 $t^2+2Xt+1=0$의 판별식을 D라 할 때, 이 이차방정식이 실근을 가지려면

$$\frac{D}{4}=X^2-1\geq 0, \qquad (X+1)(X-1)\geq 0$$

$$\therefore X\leq -1 \ \text{또는} \ X\geq 1$$

이때 $0\leq X\leq 4$이므로

$$1\leq X\leq 4 \qquad \cdots \text{2단계}$$

$\mathrm{P}(1\leq X\leq 4)$는 $y=f(x)$의 그래프와 x축 및 두 직선 $x=1$, $x=4$로 둘러싸인 도형의 넓이와 같으므로 구하는 확률은

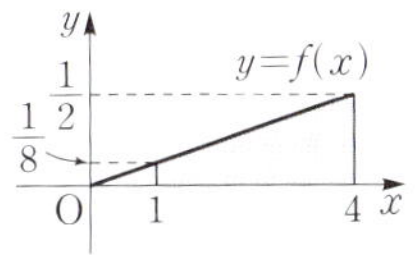

$$\mathrm{P}(1\leq X\leq 4)$$

$$=\frac{1}{2}\times\left(\frac{1}{8}+\frac{1}{2}\right)\times 3=\frac{15}{16} \qquad \cdots \text{3단계}$$

답 $\dfrac{15}{16}$

	채점 요소	비율
1단계	k의 값 구하기	30 %
2단계	이차방정식이 실근을 갖도록 하는 X의 값의 범위 구하기	30 %
3단계	확률 구하기	40 %

0502 조건 ㈎에서 $\mathrm{E}(2Y-1)=9$이므로

$$2\mathrm{E}(Y)-1=9 \qquad \therefore \mathrm{E}(Y)=5$$

또 $\sigma(2Y-1)=2$이므로

$$2\sigma(Y)=2 \qquad \therefore \sigma(Y)=1$$

이때 확률변수 Y는 정규분포 $\mathrm{N}(m, \sigma^2)$을 따르므로

$$m=5, \ \sigma=1 \qquad \cdots \text{1단계}$$

따라서 확률변수 X, Y가 각각 정규분포 $\mathrm{N}(4, 3^2)$, $\mathrm{N}(5, 1^2)$을 따르므로

$$Z_X=\frac{X-4}{3}, \ Z_Y=Y-5$$

로 놓으면 확률변수 Z_X, Z_Y는 모두 표준정규분포 $\mathrm{N}(0, 1)$을 따른다. $\qquad \cdots \text{2단계}$

조건 ㈏에서 $\mathrm{P}(X\leq k)>\mathrm{P}(Y\geq 4)$이므로

$$\mathrm{P}\left(Z_X\leq\frac{k-4}{3}\right)>\mathrm{P}(Z_Y\geq 4-5)$$

$$\therefore \mathrm{P}\left(Z_X\leq\frac{k-4}{3}\right)>\mathrm{P}(Z_Y\geq -1)=\mathrm{P}(Z_Y\leq 1)$$

따라서 $\dfrac{k-4}{3}>1$이므로 $\qquad k>7 \qquad \cdots \text{3단계}$

답 $k>7$

	채점 요소	비율
1단계	m, σ의 값 구하기	30 %
2단계	확률변수 X, Y를 각각 표준화하기	20 %
3단계	k의 값의 범위 구하기	50 %

0503 $Z=\dfrac{X-100}{20}$으로 놓으면 확률변수 Z는 표준정규분포 $\mathrm{N}(0, 1)$을 따른다. $\qquad \cdots \text{1단계}$

$\mathrm{P}(60\leq X\leq a)=0.9759$에서

$$\mathrm{P}\left(\frac{60-100}{20}\leq Z\leq\frac{a-100}{20}\right)$$

$$=\mathrm{P}\left(-2\leq Z\leq\frac{a-100}{20}\right)$$

$$=\mathrm{P}(-2\leq Z\leq 0)+\mathrm{P}\left(0\leq Z\leq\frac{a-100}{20}\right)$$

$$=\mathrm{P}(0\leq Z\leq 2)+\mathrm{P}\left(0\leq Z\leq\frac{a-100}{20}\right)$$

$$=0.4772+\mathrm{P}\left(0\leq Z\leq\frac{a-100}{20}\right)=0.9759$$

$$\therefore \mathrm{P}\left(0\leq Z\leq\frac{a-100}{20}\right)=0.4987 \qquad \cdots \text{2단계}$$

이때 $\mathrm{P}(0\leq Z\leq 3)=0.4987$이므로

$$\frac{a-100}{20}=3 \qquad \therefore a=160 \qquad \cdots \text{3단계}$$

답 160

	채점 요소	비율
1단계	확률변수 X를 표준화하기	20 %
2단계	$\mathrm{P}(60\leq X\leq a)=0.9759$를 표준정규분포표를 이용할 수 있도록 변형하기	50 %
3단계	a의 값 구하기	30 %

0504 2개 모두 앞면이 나오는 횟수를 X라 하면 확률변수 X는 이항분포 $\mathrm{B}\left(192, \dfrac{1}{4}\right)$을 따르므로

$$\mathrm{E}(X)=192\times\frac{1}{4}=48$$

$$\mathrm{V}(X)=192\times\frac{1}{4}\times\frac{3}{4}=36$$

이때 192는 충분히 큰 수이므로 확률변수 X는 근사적으로 정규분포 $\mathrm{N}(48, 6^2)$을 따른다. $\qquad \cdots \text{1단계}$

따라서 $Z=\dfrac{X-48}{6}$로 놓으면 확률변수 Z는 표준정규분포 $\mathrm{N}(0, 1)$을 따르므로 구하는 확률은

$$\mathrm{P}(54\leq X\leq 60)=\mathrm{P}\left(\frac{54-48}{6}\leq Z\leq\frac{60-48}{6}\right)$$

$$=\mathrm{P}(1\leq Z\leq 2)$$

$$=\mathrm{P}(0\leq Z\leq 2)-\mathrm{P}(0\leq Z\leq 1)$$

$$=0.4772-0.3413$$

$$=0.1359 \qquad \cdots \text{2단계}$$

답 0.1359

	채점 요소	비율
1단계	2개 모두 앞면이 나오는 횟수를 X로 놓고 확률변수 X가 따르는 정규분포 구하기	50 %
2단계	앞면이 나오는 횟수가 54 이상 60 이하일 확률 구하기	50 %

0505 〔전략〕 두 확률변수 X, Y의 분산이 같으면 두 확률밀도함수 $f(x)$, $g(x)$의 그래프의 모양이 같음을 이용한다.

$E(X)=m_1$, $E(Y)=m_2$, $V(X)=V(Y)=\sigma^2$으로 놓으면 확률밀도함수 $y=f(x)$의 그래프는 직선 $x=m_1$에 대하여 대칭이므로 $f(a)=f(3a)$에서

$$m_1=\frac{a+3a}{2}=2a$$

함수 $y=f(x)$의 그래프를 x축의 방향으로 평행이동하면 함수 $y=g(x)$의 그래프와 일치하고 $f(a)=f(3a)=g(2a)$이므로

$$g(0)=g(2a) \ \text{또는} \ g(2a)=g(4a)$$

이때 확률밀도함수 $y=g(x)$의 그래프는 직선 $x=m_2$에 대하여 대칭이므로

$$m_2=\frac{0+2a}{2}=a \ \text{또는} \ m_2=\frac{2a+4a}{2}=3a$$

그런데 $P(Y\leq 2a)=0.6915$에서 $m_2<2a$이므로

$$m_2=a \ (\because \ a>0)$$

따라서 확률변수 Y는 정규분포 $N(a, \sigma^2)$을 따르므로 $Z_Y=\dfrac{Y-a}{\sigma}$로 놓으면 확률변수 Z_Y는 표준정규분포 $N(0, 1)$을 따른다.

$P(Y\leq 2a)=0.6915$에서

$$P\left(Z_Y\leq\frac{2a-a}{\sigma}\right)=P\left(Z_Y\leq\frac{a}{\sigma}\right)$$
$$=P(Z_Y\leq 0)+P\left(0\leq Z_Y\leq\frac{a}{\sigma}\right)$$
$$=0.6915$$
$$\therefore \ P\left(0\leq Z_Y\leq\frac{a}{\sigma}\right)=0.1915$$

이때 $P(0\leq Z\leq 0.5)=0.1915$이므로

$$\frac{a}{\sigma}=0.5 \qquad \therefore \ \sigma=2a$$

즉 확률변수 X는 정규분포 $N(2a, (2a)^2)$을 따르므로 $Z_X=\dfrac{X-2a}{2a}$로 놓으면 확률변수 Z_X는 표준정규분포 $N(0, 1)$을 따른다.

$$\therefore \ P(0\leq X\leq 3a)$$
$$=P\left(\frac{0-2a}{2a}\leq Z_X\leq\frac{3a-2a}{2a}\right)$$
$$=P(-1\leq Z_X\leq 0.5)$$
$$=P(-1\leq Z_X\leq 0)+P(0\leq Z_X\leq 0.5)$$
$$=P(0\leq Z_X\leq 1)+P(0\leq Z_X\leq 0.5)$$
$$=0.3413+0.1915$$
$$=0.5328$$

답 ①

0506 〔전략〕 $E(aX+b)=aE(X)+b$, $\sigma(aX+b)=|a|\sigma(X)$임을 이용하여 먼저 $E(Y)$, $\sigma(Y)$를 구한다.

$E(X)=32$, $\sigma(X)=4$이므로

$$E(Y)=E(2X-24)=2E(X)-24=2\times 32-24=40$$
$$\sigma(Y)=\sigma(2X-24)=2\sigma(X)=2\times 4=8$$
$$\therefore \ m=40, \ \sigma=8$$

따라서 확률변수 X, Y는 각각 정규분포 $N(32, 4^2)$, $N(40, 8^2)$을 따르므로

$$Z_X=\frac{X-32}{4}, \ Z_Y=\frac{Y-40}{8}$$

으로 놓으면 확률변수 Z_X, Z_Y는 모두 표준정규분포 $N(0, 1)$을 따른다.

오른쪽 그림에서 색칠한 도형의 넓이를 S라 하면

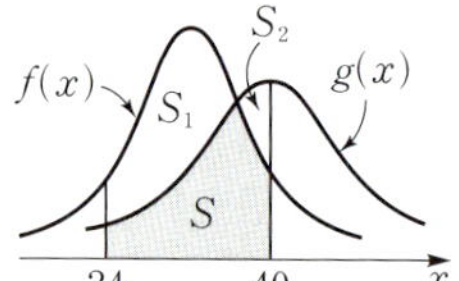

$$S_1=P(24\leq X\leq 40)-S$$
$$S_2=P(24\leq Y\leq 40)-S$$
$$\therefore \ S_1-S_2$$
$$=\{P(24\leq X\leq 40)-S\}-\{P(24\leq Y\leq 40)-S\}$$
$$=P(24\leq X\leq 40)-P(24\leq Y\leq 40)$$
$$=P\left(\frac{24-32}{4}\leq Z_X\leq\frac{40-32}{4}\right)$$
$$\quad -P\left(\frac{24-40}{8}\leq Z_Y\leq\frac{40-40}{8}\right)$$
$$=P(-2\leq Z_X\leq 2)-P(-2\leq Z_Y\leq 0)$$
$$=P(0\leq Z\leq 2)=0.4772$$

답 0.4772

0507 〔전략〕 음료 한 병의 양과 불량품의 개수를 각각 확률변수로 놓는다.

음료 한 병의 양을 X mL라 하면 확률변수 X는 정규분포 $N(250, 5^2)$을 따르므로 $Z_X=\dfrac{X-250}{5}$으로 놓으면 확률변수 Z_X는 표준정규분포 $N(0, 1)$을 따른다.

따라서 음료 한 병이 불량품일 확률은

$$P(X\leq 245)=P\left(Z_X\leq\frac{245-250}{5}\right)$$
$$=P(Z_X\leq -1)=P(Z_X\geq 1)$$
$$=P(Z_X\geq 0)-P(0\leq Z_X\leq 1)$$
$$=0.5-0.34=0.16$$

따라서 525병의 음료 중 불량품의 개수를 Y라 하면 확률변수 Y는 이항분포 $B(525, 0.16)$을 따르므로

$$E(Y)=525\times 0.16=84$$
$$\sigma(Y)=\sqrt{525\times 0.16\times 0.84}=8.4$$

이때 525는 충분히 큰 수이므로 확률변수 Y는 근사적으로 정규분포 $N(84, 8.4^2)$을 따른다.

따라서 $Z_Y=\dfrac{Y-84}{8.4}$로 놓으면 확률변수 Z_Y는 표준정규분포 $N(0, 1)$을 따르므로 구하는 확률은

$$P(Y\geq 63)=P\left(Z_Y\geq\frac{63-84}{8.4}\right)$$
$$=P(Z_Y\geq -2.5)=P(Z_Y\leq 2.5)$$
$$=P(Z_Y\leq 0)+P(0\leq Z_Y\leq 2.5)$$
$$=0.5+0.49=0.99$$

답 0.99

06 통계적 추정

교과서 **문제** 정복하기

0508 답 ㄱ, ㄴ

0509 (1) 4개의 공 중에서 2개의 공을 꺼내는 중복순열의 수와 같으므로 $_4\Pi_2=4^2=16$

(2) 4개의 공 중에서 2개의 공을 꺼내는 순열의 수와 같으므로 $_4P_2=12$

답 (1) **16**　(2) **12**

0510 (1) 모집단의 숫자 1, 2, 3 중에서 크기가 2인 표본을 복원추출하는 경우의 수는 $_3\Pi_2=3^2=9$

$\overline{X}=\dfrac{3}{2}$인 경우는 $(1, 2)$, $(2, 1)$의 2가지이므로
$$P\left(\overline{X}=\frac{3}{2}\right)=\frac{2}{9}$$

$\overline{X}=\dfrac{5}{2}$인 경우는 $(2, 3)$, $(3, 2)$의 2가지이므로
$$P\left(\overline{X}=\frac{5}{2}\right)=\frac{2}{9}$$

$\overline{X}=3$인 경우는 $(3, 3)$의 1가지이므로
$$P(\overline{X}=3)=\frac{1}{9}$$

따라서 표를 완성하면 다음과 같다.

$\overline{X}$	1	$\dfrac{3}{2}$	2	$\dfrac{5}{2}$	3	합계
$P(\overline{X}=\overline{x})$	$\dfrac{1}{9}$	$\dfrac{2}{9}$	$\dfrac{1}{3}$	$\dfrac{2}{9}$	$\dfrac{1}{9}$	1

(2) $E(\overline{X})=1\times\dfrac{1}{9}+\dfrac{3}{2}\times\dfrac{2}{9}+2\times\dfrac{1}{3}+\dfrac{5}{2}\times\dfrac{2}{9}+3\times\dfrac{1}{9}=2$

$V(\overline{X})=E(\overline{X}^2)-\{E(\overline{X})\}^2$
$$=1^2\times\frac{1}{9}+\left(\frac{3}{2}\right)^2\times\frac{2}{9}+2^2\times\frac{1}{3}+\left(\frac{5}{2}\right)^2\times\frac{2}{9}$$
$$\qquad+3^2\times\frac{1}{9}-2^2$$
$$=\frac{1}{3}$$

$\sigma(\overline{X})=\sqrt{\dfrac{1}{3}}=\dfrac{\sqrt{3}}{3}$

답 (1) $\dfrac{2}{9}$, $\dfrac{2}{9}$, $\dfrac{1}{9}$　(2) 평균: **2**, 분산: $\dfrac{1}{3}$, 표준편차: $\dfrac{\sqrt{3}}{3}$

0511 (1) $E(\overline{X})=30$

(2) $V(\overline{X})=\dfrac{81}{9}=9$

(3) $\sigma(\overline{X})=\dfrac{\sqrt{81}}{\sqrt{9}}=3$

답 (1) **30**　(2) **9**　(3) **3**

0512 (1) $E(\overline{X})=60$

(2) $V(\overline{X})=\dfrac{8^2}{16}=4$

(3) $\sigma(\overline{X})=\dfrac{8}{\sqrt{16}}=2$

답 (1) **60**　(2) **4**　(3) **2**

0513 (1) $E(X)=-1\times\dfrac{1}{4}+0\times\dfrac{1}{2}+1\times\dfrac{1}{4}=0$

$V(X)=E(X^2)-\{E(X)\}^2$
$$=(-1)^2\times\frac{1}{4}+0^2\times\frac{1}{2}+1^2\times\frac{1}{4}-0^2=\frac{1}{2}$$

$\sigma(X)=\sqrt{\dfrac{1}{2}}=\dfrac{\sqrt{2}}{2}$

(2) $E(\overline{X})=E(X)=0$

$V(\overline{X})=\dfrac{\dfrac{1}{2}}{3}=\dfrac{1}{6}$

$\sigma(\overline{X})=\dfrac{\dfrac{\sqrt{2}}{2}}{\sqrt{3}}=\dfrac{\sqrt{6}}{6}$

답 풀이 참조

0514 (1) $E(\overline{X})=300$, $V(\overline{X})=\dfrac{10^2}{25}=4$

(2) $N(300, 2^2)$

(3) $Z=\dfrac{\overline{X}-300}{2}$

(4) $P(\overline{X}\geq302)=P\left(Z\geq\dfrac{302-300}{2}\right)$
$$=P(Z\geq1)=P(Z\geq0)-P(0\leq Z\leq1)$$
$$=0.5-0.3413=0.1587$$

답 풀이 참조

0515 $E(\overline{X})=600$, $V(\overline{X})=\dfrac{24^2}{36}=16$이므로 표본평균 $\overline{X}$는 정규분포 $N(600, 4^2)$을 따른다.

따라서 $Z=\dfrac{\overline{X}-600}{4}$으로 놓으면 확률변수 Z는 표준정규분포 $N(0, 1)$을 따른다.

(1) $P(\overline{X}\leq592)=P\left(Z\leq\dfrac{592-600}{4}\right)$
$$=P(Z\leq-2)=P(Z\geq2)$$
$$=P(Z\geq0)-P(0\leq Z\leq2)$$
$$=0.5-0.4772$$
$$=0.0228$$

(2) $P(590\leq\overline{X}\leq606)=P\left(\dfrac{590-600}{4}\leq Z\leq\dfrac{606-600}{4}\right)$
$$=P(-2.5\leq Z\leq1.5)$$
$$=P(-2.5\leq Z\leq0)+P(0\leq Z\leq1.5)$$
$$=P(0\leq Z\leq2.5)+P(0\leq Z\leq1.5)$$
$$=0.4938+0.4332=0.927$$

답 (1) **0.0228**　(2) **0.927**

0516 $\hat{p}=\dfrac{4}{500}=\dfrac{1}{125}$

답 $\dfrac{1}{125}$

0517 $p=\dfrac{60}{800}=\dfrac{3}{40}$, $\hat{p}=\dfrac{8}{80}=\dfrac{1}{10}$

답 $p=\dfrac{3}{40}$, $\hat{p}=\dfrac{1}{10}$

0518 $\mathrm{E}(\hat{p})=0.8$, $\sigma(\hat{p})=\sqrt{\dfrac{0.8\times0.2}{100}}=0.04$

답 평균: 0.8, 표준편차: 0.04

0519 $\mathrm{E}(\hat{p})=0.8$, $\sigma(\hat{p})=\sqrt{\dfrac{0.8\times0.2}{2500}}=0.008$

답 평균: 0.8, 표준편차: 0.008

0520 모비율이 0.1, 표본의 크기가 100이므로

$$\mathrm{E}(\hat{p})=0.1,\ \mathrm{V}(\hat{p})=\dfrac{0.1\times0.9}{100}=0.0009,$$

$$\sigma(\hat{p})=\sqrt{0.0009}=0.03$$

답 평균: 0.1, 분산: 0.0009, 표준편차: 0.03

0521 모비율이 0.2, 표본의 크기가 400이므로

$$\mathrm{E}(\hat{p})=0.2,\ \sigma(\hat{p})=\sqrt{\dfrac{0.2\times0.8}{400}}=0.02$$

이때 400은 충분히 큰 수이므로 $\hat{p}$은 근사적으로 정규분포 $\mathrm{N}(0.2,\ 0.02^2)$을 따른다.

답 $\mathrm{N}(0.2,\ 0.02^2)$

0522 답 ㈎ $\mathrm{N}\!\left(m,\ \dfrac{\sigma^2}{n}\right)$ ㈏ $\dfrac{\overline{X}-m}{\dfrac{\sigma}{\sqrt{n}}}$ ㈐ $1.96\dfrac{\sigma}{\sqrt{n}}$

0523 (1) 모평균 m에 대한 신뢰도 $95\,\%$의 신뢰구간은

$$60-1.96\times\dfrac{6}{\sqrt{100}}\le m\le 60+1.96\times\dfrac{6}{\sqrt{100}}$$

$$\therefore\ 58.824\le m\le 61.176$$

(2) 모평균 m에 대한 신뢰도 $99\,\%$의 신뢰구간은

$$60-2.58\times\dfrac{6}{\sqrt{100}}\le m\le 60+2.58\times\dfrac{6}{\sqrt{100}}$$

$$\therefore\ 58.452\le m\le 61.548$$

답 (1) $58.824\le m\le 61.176$ (2) $58.452\le m\le 61.548$

0524 표본의 크기 400은 충분히 큰 수이므로 모표준편차 대신 표본표준편차 10을 이용한다.

(1) 모평균 m에 대한 신뢰도 $95\,\%$의 신뢰구간은

$$100-1.96\times\dfrac{10}{\sqrt{400}}\le m\le 100+1.96\times\dfrac{10}{\sqrt{400}}$$

$$\therefore\ 99.02\le m\le 100.98$$

(2) 모평균 m에 대한 신뢰도 $99\,\%$의 신뢰구간은

$$100-2.58\times\dfrac{10}{\sqrt{400}}\le m\le 100+2.58\times\dfrac{10}{\sqrt{400}}$$

$$\therefore\ 98.71\le m\le 101.29$$

답 (1) $99.02\le m\le 100.98$ (2) $98.71\le m\le 101.29$

0525 (1) 모비율 p에 대한 신뢰도 $95\,\%$의 신뢰구간은

$$0.36-1.96\sqrt{\dfrac{0.36\times0.64}{1600}}\le p$$

$$\le 0.36+1.96\sqrt{\dfrac{0.36\times0.64}{1600}}$$

$$\therefore\ 0.33648\le p\le 0.38352$$

(2) 모비율 p에 대한 신뢰도 $99\,\%$의 신뢰구간은

$$0.36-2.58\sqrt{\dfrac{0.36\times0.64}{1600}}\le p$$

$$\le 0.36+2.58\sqrt{\dfrac{0.36\times0.64}{1600}}$$

$$\therefore\ 0.32904\le p\le 0.39096$$

답 (1) $0.33648\le p\le 0.38352$
(2) $0.32904\le p\le 0.39096$

0526 확률의 총합은 1이므로

$$\dfrac{1}{4}+\dfrac{1}{4}+a=1\qquad \therefore\ a=\dfrac{1}{2}$$

따라서 확률변수 X에 대하여

$$\mathrm{E}(X)=-1\times\dfrac{1}{4}+0\times\dfrac{1}{4}+1\times\dfrac{1}{2}=\dfrac{1}{4}$$

$$\mathrm{V}(X)=(-1)^2\times\dfrac{1}{4}+0^2\times\dfrac{1}{4}+1^2\times\dfrac{1}{2}-\left(\dfrac{1}{4}\right)^2=\dfrac{11}{16}$$

이때 표본의 크기가 11이므로

$$\mathrm{E}(\overline{X})=\dfrac{1}{4},\ \mathrm{V}(\overline{X})=\dfrac{\dfrac{11}{16}}{11}=\dfrac{1}{16}$$

$$\therefore\ \mathrm{E}(\overline{X})+\mathrm{V}(\overline{X})=\dfrac{5}{16}$$

답 $\dfrac{5}{16}$

0527 모평균이 20, 모분산이 10^2, 표본의 크기가 25이므로

$$\mathrm{E}(\overline{X})=20,\ \mathrm{V}(\overline{X})=\dfrac{10^2}{25}=4$$

따라서 $\mathrm{V}(\overline{X})=\mathrm{E}(\overline{X}^2)-\{\mathrm{E}(\overline{X})\}^2$에서

$$\mathrm{E}(\overline{X}^2)=\mathrm{V}(\overline{X})+\{\mathrm{E}(\overline{X})\}^2$$

$$=4+20^2=404$$

답 404

0528 확률변수 X의 확률분포는 다음 표와 같다.

X	0	1	2	합계
$\mathrm{P}(X=x)$	$\dfrac{1}{6}$	$\dfrac{1}{3}$	$\dfrac{1}{2}$	1

따라서 $\mathrm{E}(X)=0\times\dfrac{1}{6}+1\times\dfrac{1}{3}+2\times\dfrac{1}{2}=\dfrac{4}{3}$이므로

$$\mathrm{V}(X)=0^2\times\dfrac{1}{6}+1^2\times\dfrac{1}{3}+2^2\times\dfrac{1}{2}-\left(\dfrac{4}{3}\right)^2=\dfrac{5}{9}$$

$$\therefore\ \sigma(X)=\sqrt{\dfrac{5}{9}}=\dfrac{\sqrt{5}}{3}$$

이때 표본의 크기가 4이므로

$$\sigma(\overline{X})=\frac{\dfrac{\sqrt{5}}{3}}{\sqrt{4}}=\frac{\sqrt{5}}{6}$$

$$\therefore \sigma(6\overline{X})=6\sigma(\overline{X})=6\times\frac{\sqrt{5}}{6}=\sqrt{5}$$

답 $\sqrt{5}$

0529 상자에서 임의로 1장의 카드를 꺼낼 때, 카드에 적힌 숫자를 X라 하면 확률변수 X의 확률분포는 다음 표와 같다.

X	1	2	6	합계
$P(X=x)$	$\dfrac{2}{3}$	$\dfrac{1}{6}$	$\dfrac{1}{6}$	1

따라서 $E(X)=1\times\dfrac{2}{3}+2\times\dfrac{1}{6}+6\times\dfrac{1}{6}=2$이므로

$$V(X)=1^2\times\frac{2}{3}+2^2\times\frac{1}{6}+6^2\times\frac{1}{6}-2^2=\frac{10}{3}$$

이때 표본의 크기가 2이므로

$$V(\overline{X})=\frac{\dfrac{10}{3}}{2}=\frac{5}{3}$$

답 $\dfrac{5}{3}$

0530 주머니에서 임의로 1개의 구슬을 꺼낼 때, 구슬에 적힌 숫자를 X라 하면 확률변수 X의 확률분포는 다음 표와 같다.

X	1	2	3	4	합계
$P(X=x)$	$\dfrac{1}{4}$	$\dfrac{1}{4}$	$\dfrac{1}{4}$	$\dfrac{1}{4}$	1

따라서 $E(X)=1\times\dfrac{1}{4}+2\times\dfrac{1}{4}+3\times\dfrac{1}{4}+4\times\dfrac{1}{4}=\dfrac{5}{2}$이므로

$$V(X)=1^2\times\frac{1}{4}+2^2\times\frac{1}{4}+3^2\times\frac{1}{4}+4^2\times\frac{1}{4}-\left(\frac{5}{2}\right)^2$$
$$=\frac{5}{4}$$

이때 표본의 크기가 3이므로

$$E(\overline{X})=\frac{5}{2},\ V(\overline{X})=\frac{\dfrac{5}{4}}{3}=\frac{5}{12}$$

$$\therefore E(2\overline{X}-3)+V(6\overline{X})=2E(\overline{X})-3+6^2V(\overline{X})$$
$$=2\times\frac{5}{2}-3+36\times\frac{5}{12}$$
$$=17$$

답 ④

0531 상자에서 임의로 1개의 공을 꺼낼 때, 공에 적힌 숫자를 X라 하면 확률변수 X의 확률분포는 다음 표와 같다.

X	0	1	2	3	합계
$P(X=x)$	$\dfrac{1}{5}$	$\dfrac{1}{5}$	$\dfrac{1}{5}$	$\dfrac{2}{5}$	1

··· **1단계**

따라서 $E(X)=0\times\dfrac{1}{5}+1\times\dfrac{1}{5}+2\times\dfrac{1}{5}+3\times\dfrac{2}{5}=\dfrac{9}{5}$이므로

$$V(X)=0^2\times\frac{1}{5}+1^2\times\frac{1}{5}+2^2\times\frac{1}{5}+3^2\times\frac{2}{5}-\left(\frac{9}{5}\right)^2$$
$$=\frac{34}{25}$$

··· **2단계**

이때 표본의 크기가 n이므로 $V(\overline{X})=\dfrac{34}{25n}$

따라서 $\dfrac{34}{25n}=\dfrac{1}{50}$이므로

$$n=68$$

··· **3단계**

답 **68**

	채점 요소	비율
1단계	모집단의 확률분포를 표로 나타내기	30 %
2단계	모분산 구하기	30 %
3단계	n의 값 구하기	40 %

0532 모집단이 정규분포 $N(50,\ 10^2)$을 따르므로 임의추출한 25명이 통근하는 데 걸리는 시간의 평균을 $\overline{X}$분이라 하면 표본평균 $\overline{X}$는 정규분포 $N\!\left(50,\ \dfrac{10^2}{25}\right)$, 즉 $N(50,\ 2^2)$을 따른다.

따라서 $Z=\dfrac{\overline{X}-50}{2}$으로 놓으면 확률변수 Z는 표준정규분포 $N(0,\ 1)$을 따르므로 구하는 확률은

$$P(\overline{X}\le 45)=P\!\left(Z\le\frac{45-50}{2}\right)$$
$$=P(Z\le -2.5)=P(Z\ge 2.5)$$
$$=P(Z\ge 0)-P(0\le Z\le 2.5)$$
$$=0.5-0.4938=0.0062$$

답 **0.0062**

0533 표본평균 $\overline{X}$는 정규분포 $N\!\left(60,\ \dfrac{10^2}{16}\right)$, 즉 $N(60,\ 2.5^2)$을 따르므로 $Z=\dfrac{\overline{X}-60}{2.5}$으로 놓으면 확률변수 Z는 표준정규분포 $N(0,\ 1)$을 따른다.

$$\therefore P(55\le\overline{X}\le 65)=P\!\left(\frac{55-60}{2.5}\le Z\le\frac{65-60}{2.5}\right)$$
$$=P(-2\le Z\le 2)=2P(0\le Z\le 2)$$
$$=2\times 0.4772=0.9544$$

답 **0.9544**

0534 모집단이 정규분포 $N(52,\ 18^2)$을 따르므로 임의추출한 81명의 모의고사 수학 성적의 평균을 $\overline{X}$점이라 하면 표본평균 $\overline{X}$는 정규분포 $N\!\left(52,\ \dfrac{18^2}{81}\right)$, 즉 $N(52,\ 2^2)$을 따른다.

따라서 $Z=\dfrac{\overline{X}-52}{2}$로 놓으면 확률변수 Z는 표준정규분포 $N(0,\ 1)$을 따르므로 구하는 확률은

$$P(47\le\overline{X}\le 50)=P\!\left(\frac{47-52}{2}\le Z\le\frac{50-52}{2}\right)$$
$$=P(-2.5\le Z\le -1)$$
$$=P(1\le Z\le 2.5)$$
$$=P(0\le Z\le 2.5)-P(0\le Z\le 1)$$
$$=0.4938-0.3413$$
$$=0.1525$$

답 **0.1525**

0535 모집단이 정규분포 $N(300, 24^2)$을 따르므로 임의추출한 64개의 공의 무게의 평균을 $\overline{X}$ g이라 하면 표본평균 $\overline{X}$는 정규분포 $N\left(300, \dfrac{24^2}{64}\right)$, 즉 $N(300, 3^2)$을 따른다.

따라서 $Z=\dfrac{\overline{X}-300}{3}$으로 놓으면 확률변수 Z는 표준정규분포 $N(0, 1)$을 따르므로 구하는 확률은

$$
\begin{aligned}
P(\overline{X}\geq294) &= P\left(Z\geq\dfrac{294-300}{3}\right)\\
&=P(Z\geq-2)\\
&=P(Z\leq2)\\
&=P(Z\leq0)+P(0\leq Z\leq2)\\
&=0.5+0.4772\\
&=0.9772
\end{aligned}
$$

답 ⑤

0536 표본평균 $\overline{X}$는 정규분포 $N\left(m, \dfrac{20^2}{25}\right)$, 즉 $N(m, 4^2)$을 따르므로 $Z=\dfrac{\overline{X}-m}{4}$으로 놓으면 확률변수 Z는 표준정규분포 $N(0, 1)$을 따른다.

$$
\begin{aligned}
\therefore P(|\overline{X}-m|\geq6) &= P\left(\left|\dfrac{\overline{X}-m}{4}\right|\geq\dfrac{6}{4}\right)\\
&=P(|Z|\geq1.5)\\
&=P(Z\leq-1.5)+P(Z\geq1.5)\\
&=2P(Z\geq1.5)\\
&=2\{P(Z\geq0)-P(0\leq Z\leq1.5)\}\\
&=2\times(0.5-0.4332)\\
&=0.1336
\end{aligned}
$$

답 0.1336

0537 모집단이 정규분포 $N(100, 8^2)$을 따르므로 임의추출한 비누 4개의 무게의 평균을 $\overline{X}$ g이라 하면 표본평균 $\overline{X}$는 정규분포 $N\left(100, \dfrac{8^2}{4}\right)$, 즉 $N(100, 4^2)$을 따른다.

따라서 $Z=\dfrac{\overline{X}-100}{4}$으로 놓으면 확률변수 Z는 표준정규분포 $N(0, 1)$을 따르므로 비누 4개의 무게가 392 g 이상 416 g 이하일 확률은

$$
\begin{aligned}
P(392\leq4\overline{X}\leq416) &= P(98\leq\overline{X}\leq104)\\
&=P\left(\dfrac{98-100}{4}\leq Z\leq\dfrac{104-100}{4}\right)\\
&=P(-0.5\leq Z\leq1)\\
&=P(0\leq Z\leq0.5)+P(0\leq Z\leq1)\\
&=0.1915+0.3413\\
&=0.5328
\end{aligned}
$$

이때 정품으로 판정되는 세트의 개수를 확률변수 Y라 하면 Y는 이항분포 $B(5000, 0.5328)$을 따르므로 구하는 평균 개수는

$$
E(Y)=5000\times0.5328=2664
$$

답 2664

0538 표본평균 $\overline{X}$는 정규분포 $N\left(10, \dfrac{2^2}{n}\right)$을 따르므로 $Z=\dfrac{\overline{X}-10}{\dfrac{2}{\sqrt{n}}}$으로 놓으면 확률변수 Z는 표준정규분포 $N(0, 1)$을 따른다.

따라서 $P(\overline{X}\geq11)=0.1587$에서

$$
\begin{aligned}
P\left(Z\geq\dfrac{11-10}{\dfrac{2}{\sqrt{n}}}\right) &= P\left(Z\geq\dfrac{\sqrt{n}}{2}\right)\\
&=P(Z\geq0)-P\left(0\leq Z\leq\dfrac{\sqrt{n}}{2}\right)\\
&=0.1587
\end{aligned}
$$

$$
\therefore P\left(0\leq Z\leq\dfrac{\sqrt{n}}{2}\right)=0.3413
$$

이때 $P(0\leq Z\leq1)=0.3413$이므로

$$
\dfrac{\sqrt{n}}{2}=1 \quad \therefore n=4
$$

답 4

0539 표본평균 $\overline{X}$는 정규분포 $N\left(80, \dfrac{16^2}{n}\right)$을 따른다.

··· **1단계**

따라서 $Z=\dfrac{\overline{X}-80}{\dfrac{16}{\sqrt{n}}}$으로 놓으면 확률변수 Z는 표준정규분포 $N(0, 1)$을 따르므로 $P\left(\overline{X}\leq\dfrac{648}{\sqrt{n}}\right)=0.6915$에서

$$
\begin{aligned}
P\left(Z\leq\dfrac{\dfrac{648}{\sqrt{n}}-80}{\dfrac{16}{\sqrt{n}}}\right) &\\
=P(Z\leq40.5-5\sqrt{n}) &\\
=P(Z\leq0)+P(0\leq Z\leq40.5-5\sqrt{n}) &\\
=0.6915 &
\end{aligned}
$$

$$
\therefore P(0\leq Z\leq40.5-5\sqrt{n})=0.1915
$$

··· **2단계**

이때 $P(0\leq Z\leq0.5)=0.1915$이므로

$$
40.5-5\sqrt{n}=0.5, \quad \sqrt{n}=8
$$

$$
\therefore n=64
$$

··· **3단계**

답 64

채점 요소	비율
1단계 표본평균 $\overline{X}$의 확률분포 구하기	20 %
2단계 주어진 확률을 표준정규분포표를 이용할 수 있도록 변형하기	50 %
3단계 n의 값 구하기	30 %

0540 모집단이 정규분포 $N(120, 5^2)$을 따르고 표본의 크기가 n이므로 표본평균 $\overline{X}$는 정규분포 $N\left(120, \dfrac{5^2}{n}\right)$을 따른다.

따라서 $Z=\dfrac{\overline{X}-120}{\dfrac{5}{\sqrt{n}}}$으로 놓으면 확률변수 Z는 표준정규분포

$N(0, 1)$을 따르므로 $P(119 \le \overline{X} \le 121) \ge 0.9$에서

$$P\left(\frac{119-120}{\frac{5}{\sqrt{n}}} \le Z \le \frac{121-120}{\frac{5}{\sqrt{n}}} \right)$$

$$= P\left(-\frac{\sqrt{n}}{5} \le Z \le \frac{\sqrt{n}}{5} \right)$$

$$= 2P\left(0 \le Z \le \frac{\sqrt{n}}{5} \right) \ge 0.9$$

$$\therefore P\left(0 \le Z \le \frac{\sqrt{n}}{5} \right) \ge 0.45$$

이때 $P(0 \le Z \le 1.6) = 0.45$이므로

$$\frac{\sqrt{n}}{5} \ge 1.6, \quad \sqrt{n} \ge 8$$

$$\therefore n \ge 64$$

따라서 n의 최솟값은 64이다. 답 64

0541 모집단이 정규분포 $N(60, 15^2)$을 따르고 표본의 크기가 100이므로 표본평균 $\overline{X}$는 정규분포 $N\left(60, \frac{15^2}{100}\right)$, 즉 $N(60, 1.5^2)$을 따른다.

따라서 $Z = \frac{\overline{X} - 60}{1.5}$으로 놓으면 확률변수 Z는 표준정규분포 $N(0, 1)$을 따르므로 $P(\overline{X} \le k) = 0.0013$에서

$$P\left(Z \le \frac{k-60}{1.5} \right) = P\left(Z \ge \frac{60-k}{1.5} \right)$$

$$= P(Z \ge 0) - P\left(0 \le Z \le \frac{60-k}{1.5} \right)$$

$$= 0.0013$$

$$\therefore P\left(0 \le Z \le \frac{60-k}{1.5} \right) = 0.4987$$

이때 $P(0 \le Z \le 3) = 0.4987$이므로

$$\frac{60-k}{1.5} = 3, \quad 60-k = 4.5$$

$$\therefore k = 55.5$$

답 55.5

0542 표본평균 $\overline{X}$는 정규분포 $N\left(250, \frac{14^2}{49}\right)$, 즉 $N(250, 2^2)$을 따르므로 $Z = \frac{\overline{X} - 250}{2}$으로 놓으면 확률변수 Z는 표준정규분포 $N(0, 1)$을 따른다.

따라서 $P(\overline{X} \ge k) \le 0.0062$에서

$$P\left(Z \ge \frac{k-250}{2} \right) = P(Z \ge 0) - P\left(0 \le Z \le \frac{k-250}{2} \right)$$

$$\le 0.0062$$

$$\therefore P\left(0 \le Z \le \frac{k-250}{2} \right) \ge 0.4938$$

이때 $P(0 \le Z \le 2.5) = 0.4938$이므로

$$\frac{k-250}{2} \ge 2.5, \quad k-250 \ge 5$$

$$\therefore k \ge 255$$

따라서 실수 k의 최솟값은 255이다. 답 255

0543 표본평균 $\overline{X}$, $\overline{Y}$는 각각 정규분포 $N\left(m, \frac{\sigma^2}{16}\right)$, $N\left(\frac{m}{2}, \frac{\sigma^2}{16}\right)$을 따르므로

$$Z_{\overline{X}} = \frac{\overline{X} - m}{\frac{\sigma}{4}}, \quad Z_{\overline{Y}} = \frac{\overline{Y} - \frac{m}{2}}{\frac{\sigma}{4}}$$

으로 놓으면 확률변수 $Z_{\overline{X}}$, $Z_{\overline{Y}}$는 모두 표준정규분포 $N(0, 1)$을 따른다.

따라서 $P(\overline{X} \le 21) = P(\overline{Y} \ge 21)$에서

$$P\left(Z_{\overline{X}} \le \frac{21-m}{\frac{\sigma}{4}} \right) = P\left(Z_{\overline{Y}} \ge \frac{21-\frac{m}{2}}{\frac{\sigma}{4}} \right)$$

이므로 $\quad \dfrac{21-m}{\frac{\sigma}{4}} + \dfrac{21-\frac{m}{2}}{\frac{\sigma}{4}} = 0 \qquad \therefore m = 28$

또 $P(\overline{X} \ge m - \sigma) = P(\overline{Y} \le 25)$에서

$$P\left(Z_{\overline{X}} \ge \frac{-\sigma}{\frac{\sigma}{4}} \right) = P\left(Z_{\overline{Y}} \le \frac{25-\frac{28}{2}}{\frac{\sigma}{4}} \right)$$

$$\therefore P(Z_X \ge -4) = P\left(Z_Y \le \frac{44}{\sigma} \right)$$

즉 $-4 + \dfrac{44}{\sigma} = 0$이므로 $\quad \sigma = 11$

$$\therefore m + \sigma = 39$$

답 39

0544 휴대폰 400개 중 불량품의 비율을 $\hat{p}$이라 하면 모비율은 0.02, 표본의 크기는 400이므로

$$E(\hat{p}) = 0.02, \quad V(\hat{p}) = \frac{0.02 \times 0.98}{400} = 0.007^2$$

이때 400은 충분히 큰 수이므로 표본비율 $\hat{p}$은 근사적으로 정규분포 $N(0.02, 0.007^2)$을 따른다.

따라서 $Z = \dfrac{\hat{p} - 0.02}{0.007}$로 놓으면 확률변수 Z는 근사적으로 표준정규분포 $N(0, 1)$을 따르므로 구하는 확률은

$$P(\hat{p} \le 0.027) = P\left(Z \le \frac{0.027-0.02}{0.007} \right)$$

$$= P(Z \le 1)$$

$$= P(Z \le 0) + P(0 \le Z \le 1)$$

$$= 0.5 + 0.3413 = 0.8413$$

답 0.8413

0545 2100명 중에서 혈액형이 B형인 사람의 비율을 $\hat{p}$이라 하면 모비율은 0.3, 표본의 크기는 2100이므로

$$E(\hat{p}) = 0.3, \quad V(\hat{p}) = \frac{0.3 \times 0.7}{2100} = 0.01^2$$

이때 2100은 충분히 큰 수이므로 표본비율 $\hat{p}$은 근사적으로 정규분포 $N(0.3, 0.01^2)$을 따른다.

따라서 $Z=\dfrac{\hat{p}-0.3}{0.01}$으로 놓으면 확률변수 Z는 근사적으로 표준정규분포 $N(0,\ 1)$을 따르므로 구하는 확률은

$$P\left(\hat{p}\geq\dfrac{588}{2100}\right)=P(\hat{p}\geq0.28)$$
$$=P\left(Z\geq\dfrac{0.28-0.3}{0.01}\right)$$
$$=P(Z\geq-2)=P(Z\leq2)$$
$$=P(Z\leq0)+P(0\leq Z\leq2)$$
$$=0.5+0.4772$$
$$=0.9772$$

답 ⑤

0546 지하철 승객 100명 중에서 환승하는 승객의 비율을 $\hat{p}$이라 하면 모비율은 0.2, 표본의 크기는 100이므로

$$E(\hat{p})=0.2,\ V(\hat{p})=\dfrac{0.2\times0.8}{100}=0.04^2$$

이때 100은 충분히 큰 수이므로 표본비율 $\hat{p}$은 근사적으로 정규분포 $N(0.2,\ 0.04^2)$을 따른다.

따라서 $Z=\dfrac{\hat{p}-0.2}{0.04}$로 놓으면 확률변수 Z는 근사적으로 표준정규분포 $N(0,\ 1)$을 따르므로 구하는 확률은

$$P\left(\dfrac{20}{100}\leq\hat{p}\leq\dfrac{30}{100}\right)=P(0.2\leq\hat{p}\leq0.3)$$
$$=P\left(\dfrac{0.2-0.2}{0.04}\leq Z\leq\dfrac{0.3-0.2}{0.04}\right)$$
$$=P(0\leq Z\leq2.5)$$
$$=0.4938$$

답 **0.4938**

0547 표본평균이 120, 모표준편차가 5, 표본의 크기가 100이므로 모평균 m에 대한 신뢰도 95 %의 신뢰구간은

$$120-1.96\times\dfrac{5}{\sqrt{100}}\leq m\leq120+1.96\times\dfrac{5}{\sqrt{100}}$$
$$\therefore 119.02\leq m\leq120.98$$

답 **119.02≤m≤120.98**

0548 표본평균이 20, 모표준편차가 10, 표본의 크기가 400이므로 모평균 m에 대한 신뢰도 99 %의 신뢰구간은

$$20-2.58\times\dfrac{10}{\sqrt{400}}\leq m\leq20+2.58\times\dfrac{10}{\sqrt{400}}$$
$$\therefore 18.71\leq m\leq21.29$$

답 ①

0549 표본평균이 245, 표본의 크기가 100이고, 100은 충분히 큰 수이므로 모표준편차 대신 표본표준편차 20을 이용한다.

따라서 모평균 m에 대한 신뢰도 95 %의 신뢰구간은

$$245-1.96\times\dfrac{20}{\sqrt{100}}\leq m\leq245+1.96\times\dfrac{20}{\sqrt{100}}$$
$$\therefore 241.08\leq m\leq248.92$$

즉 신뢰구간에 속하는 자연수는 242, 243, 244, …, 248의 7개이다.

답 **7**

0550 표본의 크기가 225이고, 225는 충분히 큰 수이므로 모표준편차 대신 표본표준편차 3을 이용한다.

따라서 모평균 m에 대한 신뢰도 99 %의 신뢰구간은

$$\overline{x}-3\times\dfrac{3}{\sqrt{225}}\leq m\leq\overline{x}+3\times\dfrac{3}{\sqrt{225}}$$
$$\therefore \overline{x}-0.6\leq m\leq\overline{x}+0.6$$

이것이 $9.4\leq m\leq a$와 같으므로

$$\overline{x}-0.6=9.4,\ a=\overline{x}+0.6$$
$$\therefore \overline{x}=10,\ a=10.6$$
$$\therefore \overline{x}+a=20.6$$

답 ②

0551 표본평균이 140, 모표준편차가 15이므로 모평균 m에 대한 신뢰도 95 %의 신뢰구간은

$$140-2\times\dfrac{15}{\sqrt{n}}\leq m\leq140+2\times\dfrac{15}{\sqrt{n}}$$

이것이 $137\leq m\leq143$과 같으므로

$$2\times\dfrac{15}{\sqrt{n}}=3,\qquad\sqrt{n}=10\qquad\therefore n=100$$

답 ②

0552 모표준편차가 5이므로 모평균 m에 대한 신뢰도 99 %의 신뢰구간은

$$\overline{x}-2.58\times\dfrac{5}{\sqrt{n}}\leq m\leq\overline{x}+2.58\times\dfrac{5}{\sqrt{n}}$$

이것이 $27.85\leq m\leq32.15$와 같으므로

$$\overline{x}-2.58\times\dfrac{5}{\sqrt{n}}=27.85,\ \overline{x}+2.58\times\dfrac{5}{\sqrt{n}}=32.15$$
$$\therefore \overline{x}=30,\ n=36$$
$$\therefore \overline{x}+n=66$$

답 ①

0553 표본평균의 값을 $\overline{x}$라 하면 모평균 m에 대한 신뢰도 95 %의 신뢰구간은

$$\overline{x}-1.96\dfrac{\sigma}{\sqrt{n}}\leq m\leq\overline{x}+1.96\dfrac{\sigma}{\sqrt{n}}$$

이것이 $138.24\leq m\leq161.76$과 같으므로

$$\overline{x}-1.96\dfrac{\sigma}{\sqrt{n}}=138.24,\ \overline{x}+1.96\dfrac{\sigma}{\sqrt{n}}=161.76$$
$$\therefore \overline{x}=150,\ \dfrac{\sigma}{\sqrt{n}}=6$$

… 1단계

따라서 모평균 m에 대한 신뢰도 99 %의 신뢰구간은

$$150-2.58\times6\leq m\leq150+2.58\times6$$
$$\therefore 134.52\leq m\leq165.48$$

… 2단계

즉 신뢰도 99 %의 신뢰구간에 속하는 정수의 최솟값은 135이다.

… 3단계

답 **135**

채점 요소		비율
1단계	표본평균의 값과 $\dfrac{\sigma}{\sqrt{n}}$의 값 구하기	60 %
2단계	모평균 m에 대한 신뢰도 99 % 의 신뢰구간 구하기	30 %
3단계	신뢰구간에 속하는 정수의 최솟값 구하기	10 %

0554 표본평균이 66, 모표준편차가 20, 표본의 크기가 25이

므로 $\mathrm{P}(|Z|\leq k)=\dfrac{\alpha}{100}$라 할 때, 모평균 m에 대한 신뢰도 $\alpha\%$

의 신뢰구간은

$$66-k\frac{20}{\sqrt{25}}\leq m\leq 66+k\frac{20}{\sqrt{25}}$$

$$\therefore\ 66-4k\leq m\leq 66+4k$$

이것이 $58.48\leq m\leq 73.52$와 같으므로

$$4k=7.52 \quad \therefore\ k=1.88$$

이때 $\mathrm{P}(|Z|\leq 1.88)=2\mathrm{P}(0\leq Z\leq 1.88)=2\times 0.47=0.94$이

므로

$$\frac{\alpha}{100}=0.94 \quad \therefore\ \alpha=94$$

답 94

0555 모표준편차가 5, 표본의 크기가 100이므로 모평균 m에

대한 신뢰도 95 %의 신뢰구간의 길이는

$$2\times 1.96\times\frac{5}{\sqrt{100}}=1.96$$

답 1.96

0556 표본의 크기가 121이고, 121은 충분히 큰 수이므로 모

표준편차 대신 표본표준편차 11을 이용한다.

이때 모평균 m에 대한 신뢰도 95 %의 신뢰구간이 $a\leq m\leq b$이

므로 $\quad b-a=2\times 1.96\times\dfrac{11}{\sqrt{121}}=3.92$

또 모평균 m에 대한 신뢰도 99 %의 신뢰구간이 $c\leq m\leq d$이므

로 $\quad d-c=2\times 2.58\times\dfrac{11}{\sqrt{121}}=5.16$

$$\therefore\ |(d-c)-(b-a)|=1.24$$

답 ④

0557 모표준편차가 σ, 표본의 크기가 100일 때, 모평균 m에

대한 신뢰도 95 %의 신뢰구간의 길이 l은

$$l=2\times 1.96\times\frac{\sigma}{\sqrt{100}}$$

따라서 모표준편차가 σ, 표본의 크기가 400일 때, 모평균 m에

대한 신뢰도 95 %의 신뢰구간의 길이는

$$2\times 1.96\times\frac{\sigma}{\sqrt{400}}=2\times 1.96\times\frac{\sigma}{\sqrt{100}}\times\frac{1}{2}=\frac{1}{2}l$$

답 ②

0558 모표준편차가 3이고 모평균 m에 대한 신뢰도 99 %의

신뢰구간이 $a\leq m\leq b$이므로 $b-a\leq 2$에서

$$2\times 3\times\frac{3}{\sqrt{n}}\leq 2, \quad \sqrt{n}\geq 9 \quad \therefore\ n\geq 81$$

따라서 n의 최솟값은 81이다.

답 81

0559 $\mathrm{P}(|Z|\leq k)=\dfrac{\alpha}{100}$라 하면 모표준편차가 σ, 표본의 크

기가 64일 때, 모평균 m에 대한 신뢰도 $\alpha\%$의 신뢰구간의 길이

l은

$$l=2k\frac{\sigma}{\sqrt{64}}=\frac{1}{4}k\sigma$$

··· **1단계**

모표준편차가 σ, 표본의 크기가 n일 때, 모평균 m에 대한 신뢰

도 $\alpha\%$의 신뢰구간의 길이 l'은

$$l'=2k\frac{\sigma}{\sqrt{n}}$$

··· **2단계**

이때 $l'=2l$이므로 $\quad 2k\dfrac{\sigma}{\sqrt{n}}=2\times\dfrac{1}{4}k\sigma$

$$\sqrt{n}=4 \quad \therefore\ n=16$$

··· **3단계**

답 16

채점 요소	비율
1단계 l을 k, σ에 대한 식으로 나타내기	40 %
2단계 l'을 n, k, σ에 대한 식으로 나타내기	40 %
3단계 n의 값 구하기	20 %

0560 모표준편차가 2, 표본의 크기가 36이고

$$\mathrm{P}(|Z|\leq 2)=2\mathrm{P}(0\leq Z\leq 2)=2\times 0.48=0.96$$

이때 모평균 m에 대한 신뢰도 96 %의 신뢰구간이 $a\leq m\leq b$이

므로

$$b-a=2\times 2\times\frac{2}{\sqrt{36}}=\frac{4}{3}$$

또 $\mathrm{P}(|Z|\leq k)=\dfrac{\alpha}{100}$라 하면 모평균 m에 대한 신뢰도 $\alpha\%$의

신뢰구간이 $c\leq m\leq d$이므로

$$d-c=2\times k\times\frac{2}{\sqrt{36}}=\frac{2}{3}k$$

$d-c=\dfrac{1}{2}(b-a)$이므로

$$\frac{2}{3}k=\frac{1}{2}\times\frac{4}{3} \quad \therefore\ k=1$$

이때 $\mathrm{P}(|Z|\leq 1)=2\mathrm{P}(0\leq Z\leq 1)=2\times 0.34=0.68$이므로

$$\frac{\alpha}{100}=0.68 \quad \therefore\ \alpha=68$$

답 68

0561 모표준편차가 10이므로 모평균 m에 대한 신뢰도 95 %

의 신뢰구간은

$$\bar{x}-1.96\times\frac{10}{\sqrt{n}}\leq m\leq\bar{x}+1.96\times\frac{10}{\sqrt{n}}$$

$$-1.96\times\frac{10}{\sqrt{n}}\leq m-\bar{x}\leq 1.96\times\frac{10}{\sqrt{n}}$$

$$\therefore\ |m-\bar{x}|\leq 1.96\times\frac{10}{\sqrt{n}}$$

이때 $|m-\bar{x}|\leq 2$이어야 하므로

$$1.96\times\frac{10}{\sqrt{n}}\leq 2, \quad \sqrt{n}\geq 9.8 \quad \therefore\ n\geq 96.04$$

따라서 n의 최솟값은 97이다.

답 ⑤

0562 표본평균의 값을 $\bar{x}$, 표본의 크기를 n이라 하면 모표준편

차가 15이므로 모평균 m에 대한 신뢰도 99 %의 신뢰구간은

$$\bar{x}-3\times\frac{15}{\sqrt{n}}\leq m\leq\bar{x}+3\times\frac{15}{\sqrt{n}}$$

$$-3\times\frac{15}{\sqrt{n}}\leq m-\bar{x}\leq 3\times\frac{15}{\sqrt{n}}$$

$$\therefore |m-\overline{x}| \leq 3 \times \frac{15}{\sqrt{n}}$$

이때 모평균과 표본평균의 차가 3 cm 이하이어야 하므로

$$3 \times \frac{15}{\sqrt{n}} \leq 3, \qquad \sqrt{n} \geq 15 \qquad \therefore n \geq 225$$

따라서 표본의 크기의 최솟값은 225이다. **탭 225**

0563 표본평균의 값을 $\overline{x}$, 모표준편차를 σ라 하면 모평균 m에 대한 신뢰도 95 %의 신뢰구간은

$$\overline{x} - 2 \times \frac{\sigma}{\sqrt{n}} \leq m \leq \overline{x} + 2 \times \frac{\sigma}{\sqrt{n}}$$

$$-2 \times \frac{\sigma}{\sqrt{n}} \leq m - \overline{x} \leq 2 \times \frac{\sigma}{\sqrt{n}}$$

$$\therefore |m-\overline{x}| \leq 2 \times \frac{\sigma}{\sqrt{n}}$$

이때 모평균과 표본평균의 차가 모표준편차의 $\frac{1}{5}$ 이하이어야 하므로

$$2 \times \frac{\sigma}{\sqrt{n}} \leq \frac{1}{5}\sigma, \qquad \sqrt{n} \geq 10 \qquad \therefore n \geq 100$$

따라서 n의 최솟값은 100이다. **탭 100**

0564 표본비율을 $\hat{p}$이라 하면 $\hat{p} = \frac{320}{400} = 0.8$

이때 400은 충분히 큰 수이므로 모비율 p에 대한 신뢰도 99 %의 신뢰구간은

$$0.8 - 2.58\sqrt{\frac{0.8 \times 0.2}{400}} \leq p \leq 0.8 + 2.58\sqrt{\frac{0.8 \times 0.2}{400}}$$

$$\therefore 0.7484 \leq p \leq 0.8516 \qquad \text{탭 } 0.7484 \leq p \leq 0.8516$$

0565 표본비율을 $\hat{p}$이라 하면 $\hat{p} = \frac{1}{5} = 0.2$

이때 100은 충분히 큰 수이므로 모비율 p에 대한 신뢰도 95 %의 신뢰구간은

$$0.2 - 2\sqrt{\frac{0.2 \times 0.8}{100}} \leq p \leq 0.2 + 2\sqrt{\frac{0.2 \times 0.8}{100}}$$

$$\therefore 0.12 \leq p \leq 0.28 \qquad \text{탭 } 0.12 \leq p \leq 0.28$$

0566 표본비율을 $\hat{p}$이라 하면 $\hat{p} = 0.25$

따라서 모비율 p에 대한 신뢰도 95 %의 신뢰구간은

$$0.25 - 1.96\sqrt{\frac{0.25 \times 0.75}{n}} \leq p$$

$$\leq 0.25 + 1.96\sqrt{\frac{0.25 \times 0.75}{n}}$$

$$\therefore 0.25 - 0.49\sqrt{\frac{3}{n}} \leq p \leq 0.25 + 0.49\sqrt{\frac{3}{n}}$$

이것이 $0.201 \leq p \leq 0.299$와 같으므로

$$0.49\sqrt{\frac{3}{n}} = 0.049, \qquad \sqrt{n} = 10\sqrt{3}$$

$$\therefore n = 300 \qquad \text{탭 } ③$$

0567 표본비율을 $\hat{p}$이라 하면 $\hat{p} = 0.1$

이때 신뢰도 95 %로 추정한 신뢰구간의 길이가 0.05 이하이므로

$$2 \times 2\sqrt{\frac{0.1 \times 0.9}{n}} \leq 0.05, \qquad \sqrt{n} \geq 24$$

$$\therefore n \geq 576$$

따라서 n의 최솟값은 576이다. **탭 576**

0568 표본비율을 $\hat{p}$이라 하면 $\hat{p} = 0.64$

이때 900은 충분히 큰 수이고

$$P(|Z| \leq 2.6) = 2 \times 0.495 = 0.99$$

이므로 모비율에 대한 신뢰도 99 %의 신뢰구간의 길이는

$$2 \times 2.6\sqrt{\frac{0.64 \times 0.36}{900}} = 0.0832 \qquad \text{탭 } 0.0832$$

0569 표본비율을 $\hat{p}$이라 하면 $\hat{p} = 0.16$

따라서 모비율 p에 대한 신뢰도 99 %의 신뢰구간은

$$0.16 - 3\sqrt{\frac{0.16 \times 0.84}{n}} \leq p \leq 0.16 + 3\sqrt{\frac{0.16 \times 0.84}{n}}$$

$$-3\sqrt{\frac{0.16 \times 0.84}{n}} \leq p - 0.16 \leq 3\sqrt{\frac{0.16 \times 0.84}{n}}$$

$$\therefore |p - 0.16| \leq 3\sqrt{\frac{0.16 \times 0.84}{n}}$$

이때 모비율과 표본비율의 차가 0.03 이하이어야 하므로

$$3\sqrt{\frac{0.16 \times 0.84}{n}} \leq 0.03, \qquad \sqrt{n} \geq \sqrt{1344}$$

$$\therefore n \geq 1344$$

따라서 n의 최솟값은 1344이다. **탭 1344**

0570 표본비율을 $\hat{p}$이라 하면 표본의 크기가 36일 때, 신뢰도 99 %의 신뢰구간의 길이 l은

$$l = 2 \times 3\sqrt{\frac{\hat{p}(1-\hat{p})}{36}} = \sqrt{\hat{p}(1-\hat{p})}$$

또 표본의 크기가 n일 때, 신뢰도 95 %의 신뢰구간의 길이 l'은

$$l' = 2 \times 2\sqrt{\frac{\hat{p}(1-\hat{p})}{n}} = \frac{4}{\sqrt{n}} \times \sqrt{\hat{p}(1-\hat{p})}$$

이때 $l = 3l'$이므로

$$\sqrt{\hat{p}(1-\hat{p})} = 3 \times \frac{4}{\sqrt{n}} \times \sqrt{\hat{p}(1-\hat{p})}$$

$$\sqrt{n} = 12 \qquad \therefore n = 144 \qquad \text{탭 } ③$$

0571 $P(|Z| \leq k) = \frac{\alpha}{100}$라 하면

$$b - a = 2k\frac{\sigma}{\sqrt{n}}$$

ㄱ. α의 값이 커지면 k의 값이 커지므로 $b-a$의 값이 커진다.

(참)

ㄴ. 표본평균의 값은 $b-a$의 값과 관계가 없다. (거짓)

ㄷ. n의 값이 커지면 $b-a$의 값은 작아진다. (거짓)

이상에서 옳은 것은 ㄱ뿐이다. **탭 ①**

0572 모표준편차를 σ, 표본의 크기를 n, $\mathrm{P}(|Z|\le k)=\dfrac{\alpha}{100}$

라 하면 신뢰구간의 길이는 $\quad 2k\dfrac{\sigma}{\sqrt{n}}$

ㄱ. 표본의 크기가 $100n$일 때, 신뢰구간의 길이는

$$2k\dfrac{\sigma}{\sqrt{100n}}=\dfrac{1}{10}\times 2k\dfrac{\sigma}{\sqrt{n}}$$

따라서 신뢰구간의 길이는 $\dfrac{1}{10}$배가 된다. (참)

ㄴ. 표본의 크기가 일정할 때, 신뢰도가 높아지면 k의 값이 커지므로 신뢰구간의 길이는 길어진다. (거짓)

ㄷ. 표본평균의 값을 $\overline{x}$라 하면 모평균 m에 대한 신뢰도 $\alpha\,\%$의 신뢰구간은

$$\overline{x}-k\dfrac{\sigma}{\sqrt{n}}\le m\le \overline{x}+k\dfrac{\sigma}{\sqrt{n}}$$

$\mathrm{P}(|Z|\le k')=\dfrac{\alpha}{200}$라 하면 모평균 m에 대한 신뢰도 $\dfrac{\alpha}{2}\,\%$의 신뢰구간은

$$\overline{x}-k'\dfrac{\sigma}{\sqrt{n}}\le m\le \overline{x}+k'\dfrac{\sigma}{\sqrt{n}}$$

이때 $k'<k$이므로 신뢰도 $\alpha\,\%$의 신뢰구간은 신뢰도 $\dfrac{\alpha}{2}\,\%$의 신뢰구간을 포함한다. (참)

이상에서 옳은 것은 ㄱ, ㄷ이다. **답** ㄱ, ㄷ

시험에 꼭 나오는 문제

0573 모표준편차가 60, 표본의 크기가 n이므로

$$\mathrm{V}(\overline{X})=\dfrac{60^2}{n}=\dfrac{3600}{n}$$

이때 $\mathrm{V}(\overline{X})\le 10$이어야 하므로

$$\dfrac{3600}{n}\le 10 \qquad \therefore n\ge 360$$

따라서 n의 최솟값은 360이다. **답** 360

0574 확률변수 X에 대하여

$$\mathrm{E}(X)=100\times\dfrac{1}{5}=20,\ \sigma(X)=\sqrt{100\times\dfrac{1}{5}\times\dfrac{4}{5}}=4$$

이때 표본의 크기가 4이므로

$$\mathrm{E}(\overline{X})=20,\ \sigma(\overline{X})=\dfrac{4}{\sqrt{4}}=2$$

$$\therefore \mathrm{E}(2\overline{X}-3)+\sigma(2\overline{X}-3)$$
$$=2\mathrm{E}(\overline{X})-3+2\sigma(\overline{X})$$
$$=2\times 20-3+2\times 2=41$$

답 ②

0575 ㄱ. $\overline{X_1}$, $\overline{X_2}$, $\overline{X_3}$의 값은 알 수 없다. (거짓)

ㄴ. $\mathrm{E}(\overline{X_1})=\mathrm{E}(\overline{X_2})=\mathrm{E}(\overline{X_3})=m$ (참)

ㄷ. $\sigma(\overline{X_1})=\dfrac{\sigma}{\sqrt{100}}=\dfrac{\sigma}{10}$, $\sigma(\overline{X_2})=\dfrac{\sigma}{\sqrt{225}}=\dfrac{\sigma}{15}$,

$\sigma(\overline{X_3})=\dfrac{\sigma}{\sqrt{400}}=\dfrac{\sigma}{20}$ 이므로

$$\sigma(\overline{X_1})>\sigma(\overline{X_2})>\sigma(\overline{X_3})\ (\text{참})$$

이상에서 옳은 것은 ㄴ, ㄷ이다. **답** ⑤

0576 $\mathrm{E}(X)=-1\times\dfrac{1}{8}+0\times\dfrac{1}{2}+1\times\dfrac{1}{8}+2\times\dfrac{1}{4}=\dfrac{1}{2}$

$\mathrm{V}(X)=(-1)^2\times\dfrac{1}{8}+0^2\times\dfrac{1}{2}+1^2\times\dfrac{1}{8}+2^2\times\dfrac{1}{4}-\left(\dfrac{1}{2}\right)^2$
$$=1$$

이때 표본의 크기가 2이므로

$$\mathrm{E}(\overline{X})=\dfrac{1}{2},\ \mathrm{V}(\overline{X})=\dfrac{1}{2}$$

$$\therefore \mathrm{E}(\overline{X})\mathrm{V}(\overline{X})=\dfrac{1}{4}$$

답 ①

0577 주머니에서 임의로 1장의 카드를 꺼낼 때, 카드에 적힌 숫자를 X라 하면 확률변수 X의 확률분포는 다음 표와 같다.

X	1	2	3	합계
$\mathrm{P}(X=x)$	$\dfrac{1}{6}$	$\dfrac{2}{3}$	$\dfrac{1}{6}$	1

따라서 $\mathrm{E}(X)=1\times\dfrac{1}{6}+2\times\dfrac{2}{3}+3\times\dfrac{1}{6}=2$이므로

$$\mathrm{V}(X)=1^2\times\dfrac{1}{6}+2^2\times\dfrac{2}{3}+3^2\times\dfrac{1}{6}-2^2=\dfrac{1}{3}$$

이때 표본의 크기가 4이므로

$$\mathrm{E}(\overline{X})=2,\ \mathrm{V}(\overline{X})=\dfrac{\frac{1}{3}}{4}=\dfrac{1}{12}$$

$\mathrm{V}(\overline{X})=\mathrm{E}(\overline{X}^2)-\{\mathrm{E}(\overline{X})\}^2$에서

$$\mathrm{E}(\overline{X}^2)=\mathrm{V}(\overline{X})+\{\mathrm{E}(\overline{X})\}^2=\dfrac{1}{12}+2^2=\dfrac{49}{12}$$

따라서 $p=12$, $q=49$이므로

$$p+q=61$$

답 61

0578 모집단이 정규분포 $\mathrm{N}(40,\ 9^2)$을 따르므로 임의추출한 36명이 일주일 동안 운동하는 시간의 평균을 $\overline{X}$분이라 하면 표본평균 $\overline{X}$는 정규분포 $\mathrm{N}\left(40,\ \dfrac{9^2}{36}\right)$, 즉 $\mathrm{N}(40,\ 1.5^2)$을 따른다.

따라서 $Z=\dfrac{\overline{X}-40}{1.5}$으로 놓으면 확률변수 Z는 표준정규분포 $\mathrm{N}(0,\ 1)$을 따르므로 구하는 확률은

$$\mathrm{P}(37\le \overline{X}\le 43)=\mathrm{P}\left(\dfrac{37-40}{1.5}\le Z\le \dfrac{43-40}{1.5}\right)$$
$$=\mathrm{P}(-2\le Z\le 2)=2\mathrm{P}(0\le Z\le 2)$$
$$=2\times 0.4772=0.9544$$

답 0.9544

0579 모집단이 정규분포 $N(10, 2^2)$을 따르므로 임의추출한 초콜릿 25개의 무게의 평균을 $\overline{X}$ g이라 하면 표본평균 $\overline{X}$는 정규분포 $N\left(10, \dfrac{2^2}{25}\right)$, 즉 $N(10, 0.4^2)$을 따른다.

따라서 $Z=\dfrac{\overline{X}-10}{0.4}$으로 놓으면 확률변수 Z는 표준정규분포 $N(0, 1)$을 따르므로 구하는 확률은

$$\begin{aligned} P(25\overline{X}\leq 240)=P(\overline{X}\leq 9.6)&=P\left(Z\leq\dfrac{9.6-10}{0.4}\right)\\ &=P(Z\leq -1)=P(Z\geq 1)\\ &=P(Z\geq 0)-P(0\leq Z\leq 1)\\ &=0.5-0.3413=0.1587 \end{aligned}$$

답 ②

0580 모집단이 정규분포 $N(40, 4^2)$을 따르고 표본의 크기가 n이므로 표본평균 $\overline{X}$는 정규분포 $N\left(40, \dfrac{4^2}{n}\right)$을 따른다.

따라서 $Z=\dfrac{\overline{X}-40}{\dfrac{4}{\sqrt{n}}}$으로 놓으면 확률변수 Z는 표준정규분포 $N(0, 1)$을 따르므로 $P(\overline{X}\geq 42)=0.0228$에서

$$\begin{aligned} P\left(Z\geq\dfrac{42-40}{\dfrac{4}{\sqrt{n}}}\right)=P\left(Z\geq\dfrac{\sqrt{n}}{2}\right)&\\ =P(Z\geq 0)-P\left(0\leq Z\leq\dfrac{\sqrt{n}}{2}\right)&\\ =0.0228& \end{aligned}$$

$$\therefore P\left(0\leq Z\leq\dfrac{\sqrt{n}}{2}\right)=0.4772$$

이때 $P(0\leq Z\leq 2)=0.4772$이므로

$$\dfrac{\sqrt{n}}{2}=2 \qquad \therefore n=16$$

답 16

0581 모집단이 정규분포 $N(360, 20^2)$을 따르므로 임의추출한 2500개의 무선 이어폰의 사용 시간의 평균을 $\overline{X}$분이라 하면 표본평균 $\overline{X}$는 정규분포 $N\left(360, \dfrac{20^2}{2500}\right)$, 즉 $N(360, 0.4^2)$을 따른다.

따라서 $Z=\dfrac{\overline{X}-360}{0.4}$으로 놓으면 확률변수 Z는 표준정규분포 $N(0, 1)$을 따르므로 $P(\overline{X}\leq k)=0.0062$에서

$$\begin{aligned} P\left(Z\leq\dfrac{k-360}{0.4}\right)=P\left(Z\geq\dfrac{360-k}{0.4}\right)&\\ =P(Z\geq 0)-P\left(0\leq Z\leq\dfrac{360-k}{0.4}\right)&\\ =0.0062& \end{aligned}$$

$$\therefore P\left(0\leq Z\leq\dfrac{360-k}{0.4}\right)=0.4938$$

이때 $P(0\leq Z\leq 2.5)=0.4938$이므로

$$\dfrac{360-k}{0.4}=2.5, \qquad 360-k=1$$

$$\therefore k=359$$

답 359

0582 1600명의 학생 중에서 컴퓨터 자격증 A를 가진 학생의 비율을 $\hat{p}$이라 하면 모비율은 0.8, 표본의 크기는 1600이므로

$$E(\hat{p})=0.8, \ V(\hat{p})=\dfrac{0.8\times 0.2}{1600}=0.01^2$$

이때 1600은 충분히 큰 수이므로 표본비율 $\hat{p}$은 근사적으로 정규분포 $N(0.8, 0.01^2)$을 따른다.

따라서 $Z=\dfrac{\hat{p}-0.8}{0.01}$로 놓으면 확률변수 Z는 근사적으로 표준정규분포 $N(0, 1)$을 따르므로 구하는 확률은

$$\begin{aligned} P\left(\hat{p}\geq\dfrac{78}{100}\right)&=P(\hat{p}\geq 0.78)\\ &=P\left(Z\geq\dfrac{0.78-0.8}{0.01}\right)\\ &=P(Z\geq -2)=P(Z\leq 2)\\ &=P(Z\leq 0)+P(0\leq Z\leq 2)\\ &=0.5+0.4772\\ &=0.9772 \end{aligned}$$

답 0.9772

0583 표본평균이 365, 표본의 크기가 64이고, 64는 충분히 큰 수이므로 모표준편차 대신 표본표준편차 24를 이용한다.

따라서 모평균 m에 대한 신뢰도 95 %의 신뢰구간은

$$365-1.96\times\dfrac{24}{\sqrt{64}}\leq m\leq 365+1.96\times\dfrac{24}{\sqrt{64}}$$

$$\therefore 359.12\leq m\leq 370.88$$

즉 신뢰구간에 속하는 자연수는 360, 361, 362, $\cdots$, 370의 11개이다.

답 11

0584 모표준편차가 16, 표본의 크기가 64이므로 모평균 m에 대한 신뢰도 95 %의 신뢰구간은

$$\overline{x}-1.96\times\dfrac{16}{\sqrt{64}}\leq m\leq\overline{x}+1.96\times\dfrac{16}{\sqrt{64}}$$

$$\therefore \overline{x}-3.92\leq m\leq\overline{x}+3.92$$

이것이 $240.12\leq m\leq a$와 같으므로

$$\overline{x}-3.92=240.12, \ \overline{x}+3.92=a$$

$$\therefore \overline{x}=244.04, \ a=247.96$$

$$\therefore \overline{x}+a=492$$

답 ③

0585 표본평균이 4860, 모표준편차가 700이므로 모평균 m에 대한 신뢰도 99 %의 신뢰구간은

$$4860-3\times\dfrac{700}{\sqrt{n}}\leq m\leq 4860+3\times\dfrac{700}{\sqrt{n}}$$

이것이 $4710\leq m\leq 5010$과 같으므로

$$3\times\dfrac{700}{\sqrt{n}}=150, \qquad \sqrt{n}=14$$

$$\therefore n=196$$

답 196

0586 모표준편차가 10, 표본의 크기가 100일 때, 모평균 m에 대한 신뢰도 95 %의 신뢰구간이 $a\leq m\leq b$이므로

$$b-a=2\times 2\times\dfrac{10}{\sqrt{100}}=4$$

모표준편차가 10, 표본의 크기가 n일 때, 모평균 m에 대한 신뢰도 99 %의 신뢰구간이 $c \leq m \leq d$이므로

$$d-c = 2 \times 2.6 \times \frac{10}{\sqrt{n}} = \frac{52}{\sqrt{n}}$$

이때 $b-a \geq d-c$이므로

$$4 \geq \frac{52}{\sqrt{n}}, \qquad \sqrt{n} \geq 13 \qquad \therefore n \geq 169$$

따라서 n의 최솟값은 169이다. **답 169**

0587 표본비율을 $\hat{p}$이라 하면 $\hat{p} = \dfrac{240}{600} = 0.4$

이때 600은 충분히 큰 수이므로 모비율 p에 대한 신뢰도 95 %의 신뢰구간은

$$0.4 - 1.96\sqrt{\frac{0.4 \times 0.6}{600}} \leq p \leq 0.4 + 1.96\sqrt{\frac{0.4 \times 0.6}{600}}$$

$$\therefore 0.3608 \leq p \leq 0.4392$$

답 ②

0588 표본비율을 $\hat{p}$이라 하면

$$\hat{p} = \frac{0.5484 + 0.6516}{2} = 0.6$$

따라서 구하는 직장인의 수는

$$600 \times 0.6 = 360$$

답 360

0589 표본비율을 $\hat{p}$이라 하면 $\hat{p} = \dfrac{90}{100} = 0.9$

표본의 크기를 n이라 하면 모비율 p에 대한 신뢰도 95 %의 신뢰구간은

$$0.9 - 2\sqrt{\frac{0.9 \times 0.1}{n}} \leq p \leq 0.9 + 2\sqrt{\frac{0.9 \times 0.1}{n}}$$

$$-\frac{0.6}{\sqrt{n}} \leq p - 0.9 \leq \frac{0.6}{\sqrt{n}}$$

$$\therefore |p - 0.9| \leq \frac{0.6}{\sqrt{n}}$$

이때 모비율과 표본비율의 차가 0.01 이하이어야 하므로

$$\frac{0.6}{\sqrt{n}} \leq 0.01, \qquad \sqrt{n} \geq 60 \qquad \therefore n \geq 3600$$

따라서 표본은 3600명 이상이어야 한다. **답 3600명**

0590 $\mathrm{P}(|Z| \leq k_1) = 0.95$, $\mathrm{P}(|Z| \leq k_2) = 0.99$라 할 때, 각각의 신뢰구간의 길이를 구하면 다음과 같다.

① $2k_1 \times \dfrac{\sigma}{\sqrt{100}} = \dfrac{k_1}{5}\sigma$

② $2k_2 \times \dfrac{\sigma}{\sqrt{100}} = \dfrac{k_2}{5}\sigma$

③ $2k_1 \times \dfrac{\sigma}{\sqrt{256}} = \dfrac{k_1}{8}\sigma$

④ $2k_2 \times \dfrac{\sigma}{\sqrt{400}} = \dfrac{k_2}{10}\sigma$

⑤ $2k_1 \times \dfrac{\sigma}{\sqrt{400}} = \dfrac{k_1}{10}\sigma$

이때 $k_1 < k_2$이므로

$$\frac{k_2}{10}\sigma < \frac{k_2}{5}\sigma, \quad \frac{k_1}{10}\sigma < \frac{k_1}{8}\sigma < \frac{k_1}{5}\sigma < \frac{k_2}{5}\sigma$$

따라서 신뢰구간의 길이가 가장 긴 것은 ②이다. **답 ②**

0591 확률의 총합은 1이므로

$$\frac{1}{4} + a + b = 1 \qquad \therefore a + b = \frac{3}{4}$$ ⋯ **1단계**

$\mathrm{E}(X) = -8 \times \dfrac{1}{4} + 0 \times a + 8 \times b = 8b - 2$이므로

$$\mathrm{V}(X) = (-8)^2 \times \frac{1}{4} + 0^2 \times a + 8^2 \times b - (8b-2)^2$$

$$= -64b^2 + 96b + 12$$

이때 표본의 크기가 4이므로

$$\mathrm{V}(\overline{X}) = \frac{-64b^2 + 96b + 12}{4}$$

$$= -16b^2 + 24b + 3$$ ⋯ **2단계**

즉 $-16b^2 + 24b + 3 = 11$이므로

$$2b^2 - 3b + 1 = 0, \qquad (2b-1)(b-1) = 0$$

$$\therefore b = \frac{1}{2} \ (\because 0 < b < 1)$$

따라서 $a + \dfrac{1}{2} = \dfrac{3}{4}$이므로 $a = \dfrac{1}{4}$

$$\therefore ab = \frac{1}{8}$$ ⋯ **3단계**

답 $\dfrac{1}{8}$

채점 요소		비율
1단계	확률의 총합이 1임을 이용하여 a, b에 대한 식 세우기	20 %
2단계	$\mathrm{V}(\overline{X})$를 b에 대한 식으로 나타내기	50 %
3단계	ab의 값 구하기	30 %

0592 모집단이 정규분포 $\mathrm{N}(m, 5^2)$을 따르므로 임의추출한 225병의 요구르트의 용량의 평균을 $\overline{X}$ mL라 하면 표본평균 $\overline{X}$는 정규분포 $\mathrm{N}\left(m, \dfrac{5^2}{225}\right)$, 즉 $\mathrm{N}\left(m, \left(\dfrac{1}{3}\right)^2\right)$을 따른다. ⋯ **1단계**

따라서 $Z = \dfrac{\overline{X} - m}{\dfrac{1}{3}}$으로 놓으면 확률변수 Z는 표준정규분포 $\mathrm{N}(0, 1)$을 따르므로 $\mathrm{P}(\overline{X} \geq 198) = 0.9987$에서

$$\mathrm{P}\left(Z \geq \frac{198 - m}{\dfrac{1}{3}}\right) = \mathrm{P}(Z \geq 594 - 3m)$$

$$= \mathrm{P}(Z \leq 3m - 594)$$
$$= \mathrm{P}(Z \leq 0) + \mathrm{P}(0 \leq Z \leq 3m - 594)$$
$$= 0.9987$$

$$\therefore \mathrm{P}(0 \leq Z \leq 3m - 594) = 0.4987$$ ⋯ **2단계**

이때 $\mathrm{P}(0 \leq Z \leq 3) = 0.4987$이므로

$$3m - 594 = 3 \qquad \therefore m = 199$$ ⋯ **3단계**

답 199

채점 요소	비율
1단계 표본평균 $\overline{X}$의 확률분포 구하기	20 %
2단계 주어진 확률을 표준정규분포표를 이용할 수 있도록 변형하기	50 %
3단계 m의 값 구하기	30 %

0593 표본비율을 $\hat{p}$이라 하면　　$\hat{p}=0.8$

이때 신뢰도 99 %로 추정한 신뢰구간의 길이가 0.1이므로

$$2\times 3\sqrt{\frac{0.8\times 0.2}{n}}=0.1 \qquad \cdots\text{ **1단계**}$$

$$\sqrt{n}=24 \qquad \therefore n=576 \qquad \cdots\text{ **2단계**}$$

답 576

채점 요소	비율
1단계 신뢰구간의 길이를 이용하여 n에 대한 식 세우기	70 %
2단계 n의 값 구하기	30 %

0594 **전략** $\hat{p}$이 근사적으로 따르는 정규분포를 구하여 $\hat{p}$을 표준화한다.

모비율은 0.7, 표본의 크기는 n이므로

$$\mathrm{E}(\hat{p})=0.7,\ \mathrm{V}(\hat{p})=\frac{0.7\times 0.3}{n}=\frac{0.21}{n}$$

따라서 $\hat{p}$은 근사적으로 정규분포 $\mathrm{N}\Big(0.7,\ \dfrac{0.21}{n}\Big)$을 따르므로

$Z=\dfrac{\hat{p}-0.7}{\sqrt{\dfrac{0.21}{n}}}$ 로 놓으면 확률변수 Z는 근사적으로 표준정규분포

$\mathrm{N}(0,\ 1)$을 따른다.

$\mathrm{P}(\hat{p}\leq 0.8)=0.8413$에서

$$\mathrm{P}\Bigg(Z\leq \frac{0.8-0.7}{\sqrt{\dfrac{0.21}{n}}}\Bigg)=\mathrm{P}\Big(Z\leq \sqrt{\frac{n}{21}}\,\Big)$$

$$=\mathrm{P}(Z\leq 0)+\mathrm{P}\Big(0\leq Z\leq \sqrt{\frac{n}{21}}\,\Big)$$

$$=0.8413$$

$$\therefore \mathrm{P}\Big(0\leq Z\leq \sqrt{\frac{n}{21}}\,\Big)=0.3413$$

이때 $\mathrm{P}(0\leq Z\leq 1)=0.3413$이므로

$$\sqrt{\frac{n}{21}}=1,\qquad \frac{n}{21}=1$$

$$\therefore n=21$$

답 21

0595 **전략** 각 신뢰구간을 $\overline{x_1}$, $\overline{x_2}$, σ에 대한 식으로 나타내고 주어진 조건을 이용한다.

표본평균이 $\overline{x_1}$, 표본의 크기가 100일 때, 모평균 m에 대한 신뢰도 95 %의 신뢰구간은

$$\overline{x_1}-1.96\times \frac{\sigma}{\sqrt{100}}\leq m\leq \overline{x_1}+1.96\times \frac{\sigma}{\sqrt{100}}$$

$$\therefore \overline{x_1}-0.196\sigma\leq m\leq \overline{x_1}+0.196\sigma$$

표본평균이 $\overline{x_2}$, 표본의 크기가 400일 때, 모평균 m에 대한 신뢰도 99 %의 신뢰구간은

$$\overline{x_2}-2.58\times \frac{\sigma}{\sqrt{400}}\leq m\leq \overline{x_2}+2.58\times \frac{\sigma}{\sqrt{400}}$$

$$\therefore \overline{x_2}-0.129\sigma\leq m\leq \overline{x_2}+0.129\sigma$$

이때 $a=c$이므로　　$\overline{x_1}-0.196\sigma=\overline{x_2}-0.129\sigma$

$$\therefore \overline{x_1}-\overline{x_2}=0.067\sigma$$

$\overline{x_1}-\overline{x_2}=1.34$이므로　　$0.067\sigma=1.34$

$$\therefore \sigma=20$$

$$\therefore b-a=\overline{x_1}+0.196\sigma-(\overline{x_1}-0.196\sigma)$$

$$=0.392\sigma$$

$$=0.392\times 20=7.84$$

답 ②

0596 **전략** 표본평균 $\overline{X_A}$, $\overline{X_B}$의 분포를 이용하여 참, 거짓을 판별한다.

표본평균 $\overline{X_A}$는 정규분포 $\mathrm{N}\Big(m,\ \dfrac{\sigma^2}{25}\Big)$, 즉 $\mathrm{N}\Big(m,\ \Big(\dfrac{\sigma}{5}\Big)^2\Big)$을 따르고 표본평균 $\overline{X_B}$는 정규분포 $\mathrm{N}\Big(m,\ \dfrac{\sigma^2}{100}\Big)$, 즉 $\mathrm{N}\Big(m,\ \Big(\dfrac{\sigma}{10}\Big)^2\Big)$을 따른다.

따라서 $Z_A=\dfrac{\overline{X_A}-m}{\dfrac{\sigma}{5}}$, $Z_B=\dfrac{\overline{X_B}-m}{\dfrac{\sigma}{10}}$ 으로 놓으면 확률변수 Z_A, Z_B는 모두 표준정규분포 $\mathrm{N}(0,\ 1)$을 따른다.

ㄱ. $\mathrm{V}(\overline{X_A})=\dfrac{\sigma^2}{25}$, $\mathrm{V}(\overline{X_B})=\dfrac{\sigma^2}{100}$이므로

$$\mathrm{V}(\overline{X_A})>\mathrm{V}(\overline{X_B})\ (\text{참})$$

ㄴ. $\mathrm{P}(\overline{X_A}\leq m+5)=\mathrm{P}\Big(Z_A\leq \dfrac{m+5-m}{\dfrac{\sigma}{5}}\Big)=\mathrm{P}\Big(Z_A\leq \dfrac{25}{\sigma}\Big)$

$$\mathrm{P}(\overline{X_B}\leq m+5)=\mathrm{P}\Big(Z_B\leq \dfrac{m+5-m}{\dfrac{\sigma}{10}}\Big)=\mathrm{P}\Big(Z_B\leq \dfrac{50}{\sigma}\Big)$$

이때 $0<\dfrac{25}{\sigma}<\dfrac{50}{\sigma}$이므로

$$\mathrm{P}\Big(Z_A\leq \frac{25}{\sigma}\Big)<\mathrm{P}\Big(Z_B\leq \frac{50}{\sigma}\Big)$$

$$\therefore \mathrm{P}(\overline{X_A}\leq m+5)<\mathrm{P}(\overline{X_B}\leq m+5)\ (\text{참})$$

ㄷ. $\mathrm{P}(|Z|\leq k)=0.95$라 하면

$$b-a=2k\times \frac{\sigma}{\sqrt{25}}=\frac{2k\sigma}{5}$$

$$d-c=2k\times \frac{\sigma}{\sqrt{100}}=\frac{k\sigma}{5}$$

$$\therefore b-a>d-c\ (\text{거짓})$$

이상에서 옳은 것은 ㄱ, ㄴ이다.

답 ㄱ, ㄴ

개념원리 RPM 확률과 통계

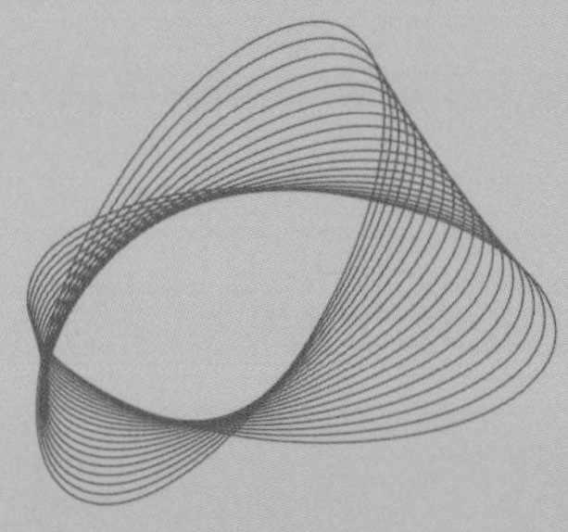

개념원리 RPM 확률과 통계